위키드
프라블럼

위키드
프라블럼

Wicked
Problem

환경저널리스트
한삼희의
기후 난제 이야기

궁리
KungRee

영국 런던 킹스칼리지의 마이크 흄 교수가 '기후 변화는 위키드 프라블럼(wicked problem)'이라고 썼다(Why We Disagree about Climate Change 10장, Mike Hulme, 2009). 그 구절을 읽는 순간 절묘하게 맞아떨어지는 표현이라고 생각했다.

'위키드'란 단어는 '사악하다', '짓궂다', '골치 아프다', '모순적이다' 등의 의미를 함축하고 있다. 흄 교수는 '불확실하고 복잡하고 일관성 없다', '명확하게 규정하기 어렵다', '최적 해법을 찾아내기 힘들다', '문제 하나를 풀려고 하면 예기치 못한 더 복잡한 문제가 등장한다'는 식으로 설명했다.

'위키드'란 말의 적합한 한국말 번역어가 없을까 고민하던 중에 마침 기후의 '위키드'한 성격을 보여주는 뉴스가 나왔다. 2016년 1월 19일 조간 신문 1면 제목이 '진짜 겨울'이었다. 그날 아침 수도권과 중부지방에 한파 경보·주의보가 발령됐다. 서울 아침 예상 기온이 영하 15도였다. 기사를 읽어보니 한파 원인을 설명하고 있었다. '북극 찬 공기가 평소엔 북극권을 감아싸고 도는 강한 제트기류(polar vortex)에 막혀 북극 안에서 맴돌지만 지구 온난화로 제트기류가 약해진 틈을 타 남하했다'는 것이었다.

그즈음의 한파는 우리만 겪은 것이 아니다. 미국 동부 일대는 눈폭풍에 뒤덮여 '스노마겟돈(snowmageddon)'이란 신조어까지 등장했다. 아열대 기후권인 중국 광저우에선 87년 만에 눈이 내렸다. 대만에선 저체온증으로 적어도 85명이 숨졌다는 보도가 나왔다.

세계 곳곳에 강추위가 찾아온 것은 아이러니하게도 북극 일대가 더워졌기 때문이다. 보통 때는 북극과 북반구 중위도 지역 사이에 기온·기압 차가 크기 때문에 강한 제트기류가 생긴다. 북극에서 남쪽으로 불어가는 바람이 지구 자전 영향으로 동쪽으로 쏠리면서 시계 반대 방향으로 돌게 된다. 북극을 둘러싸고 한 바퀴 감아도는 제트기류가 생겨나는 것이다.

북극은 지구 전역에서도 가장 온난화에 민감한 지역이다. 바다 얼음(sea ice)의 존재 때문이다. 북극 바다 얼음은 면적이 최소로 줄어드는 9월을 기준으로 할 때 위성 관측이 처음 시작된 1979년보다 30% 이상 감소했다. 바다 얼음은 태양으로부터 들어오는 입사 에너지의 85% 이상을 우주로 반사시킨다. 반면 얼음이 녹은 다음 노출되는 바닷물은 태양 에너지 가운데 5~10%만 반사시키고 대부분을 흡수해버린다. 이 때문에 북극권은 온난화로 인한 기온 상승폭이 다른 지역보다 훨씬 높게 나타난다. 결과적으로 북극과 중위도 사이 기온·기압 낙차(落差)가 좁혀진다. 그 영향으로 제트기류는 약해진다.

제트기류는 북극권을 한 바퀴 돌면서 북극 찬 기단이 남쪽으로 내려오지 못하게 가둬두는 역할을 한다. 일종의 둑(fence)인 것이다. 그런데 제트기류가 헐거워지면 북극 기단이 중위도 지방까지 내려와버린다. 헐거워진 제트기류가 출렁거리면서 어떤 때는 아시아에, 어떤 때는 유럽이나 북미 지역에 혹한이 몰아치는 것이다. 북극권 찬 공기의 혀가 남쪽으로 이리저리 낼름거린다고 할 수 있다.

이 현상을 한마디로 요약하면 '지구 온난화가 한파를 몰고 온다'는 것이 된다. 온난화가 강추위의 원인이 될 수 있는 것이다. 기후 변화 현상의 '골치 아프고 모순적이고 고약한' 성격을 드러내는 예라고 할 수 있다.

과학 현상만 그런 게 아니다. 기후 변화 관련 정책도 당초 취지와는 엉뚱한 결과를 낳을 수 있다. 홈 교수는 그 예로 유럽 국가들의 '바이오 디젤 장려책'을 들었다. 저탄소 에너지 소비를 부추기자는 취지에서 식물에서 추출하는 바이오 디젤을 차량 연료로 쓰도록 한 정책이다. 그러자 인도네시아, 말레이시아 등이 바이오 디젤을 생산해 수출하려고 열대 밀림을 베어내고 야자나무 플랜테이션을 조성했다. 그 바람에 열대 밀림 습지 피트층에 갇혀 있던 농축된 유기물질들이 파헤쳐져 분해되면서 엄청난 양의 이산화탄소와 메탄가스를 뿜어냈다. 결과적으로 온실가스 배출을 줄여보자고 도입했던 정책이 되레 온실가스를 더 많이 배출하는 결과를 초래했다. 기후 변화 문제는 많은 요소들이 복잡한 인과 관계 사슬로 얽혀 있는 바람에 그걸 해결해보겠다고 섣불리 덤벼들다가는 예측 못했던 더 골치 아픈 상황으로 빠져들 수가 있다.

기후 변화는 직관과 감성으로는 이해하기 힘들다는 특징이 있다. 이산화탄소는 냄새도 없고, 보이지도 않고, 그 자체로 무슨 반감이나 공포를 불러오는 물질이 아니다. 이산화탄소가 일으키는 위기의 실체는 명확하지 않고, 멀게 느껴지고, 추상적이다. 주전자를 만졌다가 손을 데면 주전자가 얼마나 뜨거운지 알 수 있다. 남에게서 주전자가 뜨겁다는 말을 전해들었을 때는 뜨거움의 정도를 실감하기 어렵다.

기후 변화는 기온 상승이 축적돼 어떤 임계점(tipping point)에 도달하기까지는 미세한 변화가 점진적으로 진행될 뿐이다. 변화의 속도가 급박한 것이라면 사람들을 각성시키기가 쉬울 것이다. 그러나 100년 뒤 기온이 2도, 3도 오른다는 것이 무슨 의미를 갖는지 이해시키기는 쉽지 않다.

한국인이 1년간 배출하는 이산화탄소 양은 1인당 12톤쯤 된다. 세계 평균 배출량은 4.51톤(2012년, 세계에너지기구 통계)이다. 그런데 서울~뉴욕 1만 1000km를 비행기로 왕복하면 승객 1인당 이산화탄소 배출량이 대략 2톤쯤 된다. 뉴욕 출장을 두 번만 다녀와도 얼추 세계 평균치에 근접하는 이산화탄소를 내뿜는 셈이다.

2015년 12월 체결된 파리기후협정은 '지구 평균 기온을 산업혁명 전보다 2도 이상 높지 않게, 가능하다면 1.5도 아래로 묶는다'는 걸 목표로 정했다. 그러자면 세계 70억 인구가 수십 년 사이 1인당 평균 이산화탄소 배출량을 연간 1~2톤 수준까지 끌어내려야 한다.

문제는 서울~뉴욕간 항공 여행을 한 차례 하는 것만으로도 파리협정의 목표와 비교해볼 때 이미 1~2년치 배출이 된다는 점이다. 이런 사실을 해외 출장이나 해외 관광을 다니는 사람들에게 설명하면서 '비행기 여행을 자제하라'고 말한다면 무슨 반응이 올까? '너나 잘하라'는 얘기나 듣기 딱 알맞다.

이산화탄소 배출 측면에선 비행기 여행의 영향은 상당히 강한 편이다. 그럼에도 비행기 여행을 자주 하는 사람들이 무슨 죄의식을 느낀다는 얘기를 들어본 적이 없다. 비행기 타는 행동이 이산화탄소를 배출해, 그것이 기온 상승을 일으키고, 그로 인해 지구 어딘가의 사람이 피해를 입기까지의 인과 관계 사슬이 워낙 길고 복잡하기 때문이다.

기후 변화에의 관심은 본질적으로 이타적(利他的) 성격을 갖는다. 지금 우리가 배출하는 이산화탄소로 인해 우리 세대가 심각한 피해를 입는 일은 없을 것이다. 우리의 손자 세대, 또는 손자의 손자 세대쯤 가서야 기후 변화의 구체적인 피해들이 나타날 것이다. 기후 변화는 지역적으로 봐서도 가해자(加害者)와 피해자(被害者) 사이에 커다란 공간적 간격이 놓여 있다. 온실가스를 다량 배출하는 것은 주로 선진국 소비자들이다. 50년 뒤, 100년 뒤 그 피해에 가장 첨예하게 직면하게 될 사람들은 저개발국 국민이다. 지금의 선진국 국민들이 몇 세대 뒤 개도국 국민에게 피해를 끼치는 구조다. 이런 종류 사안에서 선진국 국민 가운데 도덕적 책임을 심각하게 느끼는 이타적인 사람이 과연 얼마나 되겠는가. 기후 변화는 정말 풀기 어려운 '위키드'한 문제다.

기후를 만들어내는 요소엔 여러 가지가 있다. 바다도 있고, 대기도 있고, 육상 생태계가 있고, 빙하도 있다. 이것들은 기후 시스템 안에서 반응하는 속도가 저마다 다르다. 대기는 수 시간~수 주, 바다 표층수는 수 일~수 개월, 육상 생태계는 수 시간~수 세기가 걸린다. 가장 느린 반응을 보이는 것은 남극 빙하, 그린란드 빙하 같은 대륙 빙하다. 100~1만 년에 걸쳐 서서히 녹거나 더 커진다(Earth's Climate: Past and Future 1장, William Ruddiman, 2008). 지금 세대가 이산화탄소를 과도하게 배출한 다음, 그 결과로서 빙하가 녹는 것은 1000년쯤 지나서나 나타날 수 있다. 환경단체 회원들이 '1000년 뒤 빙하가 녹아 바닷가가 잠겨버릴 수 있으니 승용차 대신 버스 · 지하철을 타고 다닙시다'라면서 거리 서명 운동을 벌인다고 하자. 시민들 가운데는 '1000년 뒤 빙하 걱정하지 말고 눈 앞 차량이나 조심하라'고 냉소적으로 반응하는 사람이 훨씬 많지 않을까.

기후는 카오스(chaos) 방식으로 작동한다. 기후 변수들간 복잡한 상호작용 때문에 장래 무슨 일이 어떻게 벌어질지 내다보기 힘들다. 지구 온난화는 과도기적으로 한파를 불러올 수도 있다. 온실가스 배출이 언제쯤 어느 지역에 어떤 결과로 나타날지 도무지 예측하기 힘들다. 강력한 태풍이 동남아시아 어느 나라를 덮쳐 엄청난 피해를 안겼을 때, 그것이 지구 온난화 때문인지 또는 온난화와 관계 없는 자연 현상으로 봐야 할지 과학자들도 정답을 주지 못한다.

이런 불확실성(不確實性)을 놓고 어떤 이들은 '최악의 경우 맞닥뜨릴 리스크가 너무 크니까 상황이 좀 불분명하더라도 온실가스 감축 노력에 당장 착수해야 한다'고 주장한다. 반면 다른 이들은 '온실가스 배출을 줄이는 데 따르는 고통과 손실이 너무 크니 불확실성이 어느 정도 정리돼 상황이 명확해진 다음 행동하는 것이 현명하다'는 논리를 내세운다. 두 진영의 목소리를 하나로 수렴시킨다는 것은 힘든 일이다.

기후 변화를 막기 위해선 전 지구적 협동 작업이 필요하다. 세계의 모든 이가 호흡, 난방, 조리, 교통 등 모든 활동 과정에서 많건 적건 온실가스를 배출하고 있다. 개인 개인이 지구 온난화에 기여하는 부분은 극미(極微)한 부분들이다. 한국인 한 명이 연간 배출하는 12톤의 이산화탄소는 전 세계 연간 배출량의 30억분의 1에 해당한다. 한국인 개인 개인은 '30억분의 1'의 책임을 지고 있는 것이다. 결국 '나 하나 실천해봐야 무슨 소용이 있느냐' 하는 '집합행동의 문제(collective action problem)'란 벽에 부딪히게 된다(Reason in a Dark Time 6장, Dale Jamieson, 2014).

기후 변화가 지닌 '위키드'한 속성들은 기후 변화를 어떻게 받아들일지, 기후 변화를 놓고 어떤 행동을 취하는 것이 옳은지의 판단을 안개 속 상태로 만들어버린다. 이 책은 기후 변화의 '위키드'한 속성을 넘어, 그 안개 속에서 기후 변화를 이해할 수 있는 신호들을 찾아보자는 노력이다. 불확실하거나 판단이 명료하지 않았던 부분들 가운데 정리할 수 있는 부분은 정리해볼 것이다. 그러고도 남는 불확실·불명확의 부분들은 무엇인지 부각시키고, 그런 불확실성·불명확성 아래서 우리가 취할 수 있는 합리적 선택은 무엇인지, 그런 선택을 뒷받침하는 논리엔 어떤 것이 있는지 제시해볼 생각이다.

기후 변화는 전문적인 분야다. 전문 주제를 저널리스트인 필자가 과연 손을 댈 수 있을까 하는 의문도 들었다. 책의 전개 과정에서 필자의 부족함이 드러날 것이다. 그럼에도 책을 쓰겠다고 마음먹게 된 것은 저널리스트는 저널리스트로서 기여할 부분이 있다는 생각에서다. 현대의 학문은 분야별로 분리되어 좁고 깊게 이뤄진다. 전문가들은 전공이 아닌 분야에 대해선 말하기 조심스러워한다. 학문 세계의 엄격성이란 기준 아래서 연구를 해왔고 후속 세대들에게도 그런 자세를 요구하고 있기 때문이다.

그러다 보니 전문가들 사이에선 기후 변화 이슈의 전체 그림을 그려보려고 하는 시도가 드물다. 남의 분야에 발을 들여놓는 것은 두려운 일이고 자칫 낭패를 겪을 수도 있다. 기자는 그런 엄격성에선 덜 구애를 받는 편이다. 학문 세계에서 요구하는 '근거·인용의 구체 명시', '작더라도 새로운 논리·사실의 제기' 등 요구 조건에 꼭 얽매일 필요는 없다. 기자는 짧은 시간 안에 핵심을 찾는 직업이라고 할 수 있다. 필요할 경우 디테일은 건너뛰고 과감하게 단순화시킬 수도 있다.

지식의 진보를 위해선 좁고 깊은 천착이 중요하다. 그렇더라도 이따금은 내가 어느 빌딩숲 골목길에서 좌표 없이 헤매고 있는 것은 아닌지 돌아보는 맥락적 성찰이 필요하다. 골목길에서 나와 산 위로 올라가 전체 지형을 살펴보는 중간 휴식도 요긴할 때가 있다.

이 책이 일반인들에겐 다소 어려울 수 있다. 필자의 능력 부족이라고 말할 수밖에 없다. 변명을 한다면 기후 변화라는 문제가 워낙 복잡하고 다학제적(多學際的) 성격을 갖기 때문에 종합적 시각을 제시한다는 것이 여간 힘든 일이 아니다. 기후 변화의 전체 그림을 투박하게나마 이해하고 싶다는 독자는 끈기를 갖고 읽어봐주기 바란다.

최근 수십 년 사이의 환경적 각성은 지구가 얼마나 좁고 유한하며, 인간의 힘은 강력하고 파괴적인가를 알게 됐다는 사실이다. 제트기를 타고 한나절이면 지구 반대편에 닿는다. 우주에서 본 지구 영상은 가냘픈 모습이다. 사람이 쓰레기를 버리고 화학 물질을 뿜어대고 화석 연료를 태우면서 그 연약한 지구에 생채기를 내고 있다는 생각이 자리잡고 있다.

그런 측면이 있을 것이다. 한편으로 필자는 지구의 기후 변화를 일으키는 지질학적·천문학적 요인들을 더듬어보면서 인간 존재는 미미(微微)한 것 아닌가 하는 느낌을 갖게 됐다. '지구의 시간'과 '사람의 시간'은 급(級)이 다르다. 사람은 지구의 지질학적 시간의 거대함과 그 시간의 거대 흐름이 만들어내는 대륙 규모의 변화를 감지할 수조차 없다.

필자는 2015년 5월 신문 칼럼에 '지구는 얼마나 크고 인간은 미약한지'라는 제목의 글을 쓴 일이 있다. 그 칼럼에서 '개미 집단이 아무리 똑똑해지더라도 사람이 만든 도시 풍경을 이해할 수 없을 것'이라고 했다. '개미 집단'은 인간을 비유한 것이고, '도시 풍경'은 지구의 지질학적 움직임을 말한다. 인간이 아무리 지구 표면에 건물을 짓고 고속도로를 세우고 유독가스를 뿜어대더라도 지구의 지각(地殼) 동력이 만들어내는 초장기 변화 앞에선 무력할 수밖에 없다.

그렇다 해도 인간에겐 인간의 시간이 있다고 본다. 인간은 인간의 시간 속에서 의미를 찾고 만족하고 안주한다. 인간의 미약함이 인간 존재의 의미를 훼손하는 것은 아닐 것이다. 그런데다가 인간은 지구 역사상 최초로 한 종(種)으로서 먼 미래의 기후 조건을 바꿔놓을 수 있는 위치에 와 있다. 현 세대의 선택으로 수백 년, 수천 년, 더 나아가서는 수만 년 뒤 후손 세대의 지구상 생존 조건을 바꿔놓을 수 있는 상황이다. 스스로 그런 지배적 영향력을 갖게 됐다는 것을 인식하고 있다면 그에 따른 윤리적 책임도 진지하게 숙고해야 한다. 이 책의 주제는 그런 윤리 문제를 고민해보자는 것이다.

이 책은 소속 조선일보에서 2015년 10월부터 2016년 2월까지 필자에게 준 넉 달의 말미 덕분에 가능했다. 전부터 자료 준비를 해왔다고는 하지만 그 넉 달의 농축이 아니었다면 결실을 보기 힘들었을 것이다. 책을 만드는 작업은 두뇌의 집중과 연속적인 지구력이 필요하다는 걸 실감했다. 일상의 부담에서 벗어나 중국 상하이와 샤먼의 도서관과 산책로에서 보냈던 시간들을 잊기 어려울 것이다.

궁리출판사를 만난 것은 필자에게 행운이었다. 이갑수 대표님의 주제에 대한 폭넓은 이해, 김현숙 주간님의 출판 분야 전문 식견 덕분에 모양을 갖춘 책을 낼 수 있었다. 책 출간을 도와주신 출판사 다른 분들에게도 깊은 감사의 말씀을 드린다. 필자가 전문 학술 트레이닝을 받은 입장은 아니라서 일부 전문용어 번역에 어색한 부분이 있을 수 있다. 전적으로 필자 책임이다.

2016년 9월

한삼희

차례

들어가는 글 … 5

상세
차례

들어가는 글 … 5

❽
윤리적 접근
⋮
325

❾
에너지 전략
⋮
391

10

**파스칼의
내기**

⋮

453

1

러디먼의
추리 기후학

Wicked
Problem

책 원고 작업이 한창 진행되던 단계에서 뜻하지 않은 논문을 만나게 됐다. 《네이처》지 2016년 1월 14일자 인터넷판에 실린 논문으로 '과거 · 미래의 빙기 도래를 가능케 하는 태양 입사량-이산화탄소의 임계점(Critical Insolation-CO$_2$ relation for diagnosing past and future Glacial Inception)'이란 제목이다. 포츠담 기후영향 분석연구소(Potsdam Institute for Climate Impact Research)의 안드레이 가노폴스키(Andrey Ganopolski) 박사가 주도해 작성한 논문이다.

《네이처》에 발표된
'화석 연료가 빙하기 도래 막고 있다' 논문

가노폴스키 박사의 논문을 발견하고 굉장히 반가웠다. 이번 장에서 다룰 윌리엄 러디먼(William Ruddiman) 교수의 이론을 뒷받침해주고 있었기 때문이다. 러디먼 교수 이론은 도발적이다. 인류가 산업혁명 이전에 이미 수천 년간 농업 경작을 통해 대기 중 온실가스 농도를 높여놨고 기온을 끌어올렸다는 것이다. 그로 인해 이미 시작됐어야 할 빙기(氷期)의 도래를 막았다는 주장이다.

러디먼 교수의 '농업 기인 온난화' 이론은 가설(hypothesis) 단계다. 기후학계의 검증이 진행되고 있는 상황이다. 그런데도 한 장(章)을 할애해 그 이론을 소개하기로 했다. 러디먼 가설의 논리 흐름을 따라가다 보면 기후 변화의 메커니즘들을 자연스럽게 음미할 수 있기 때문이다. 그의 이론 구성은 수사관이 범행 현장에 흩어져 있는 증거와 주변 정황을 수집해 용의자 범위를 좁혀가는 것처럼 진행된다. 기후 변화의 역학(力學)을 이해하는 데는 안성맞춤 소재이다.

다만 러디먼 교수 이론에 대해선 아직 반론이 적지 않다. 기존 이론의 민감한 부분들을 건드리고 있기 때문이다. 검증 안 된 가설을 소개하는 것에 부담이 있었던 것이 사실이다. 그런데 가노폴스키 논문이 그런 찜찜함을 상당 부분 해소해줬다.

가노폴스키 논문의 골자는 ① 현재의 지구 궤도 상황에선 북반구 여름철 고위도 태양 입사량이 거의 최저 수준이다 ② 그런데도 아직 빙기로 들어가는 조짐조차 보이지 않고 있다 ③ 모종의 이유로 산업혁명 직전까지 이미 온실가스 농도가 상당 수준 높아져 있었기 때문이다 ④ 산업혁명 이후의 온실가스 배출이 없었더라도 지구의 다음번 빙기는 5만 년 뒤에나 찾아오게 돼 있었다 ⑤ 산업혁명 이후 진행된 온실가스 배출로 앞으로 10만 년은 빙기가 도래하지 않을 것이다, 라고 요약해볼 수 있다.

여기서 '빙기(氷期)'라는 용어는 유럽과 북미에 대륙 빙하가 형성됐던 시기를 말한다. 반면 '간빙기(間氷期)'는 빙기 사이에 긴 시기로 지금처럼 유럽과 북미 대륙 빙하가 녹아 없어진 상태의 시기를 말한다. 남극과 그린란드 빙하는 빙기건 간빙기건 줄곧 존재해왔다.

이에 반해 '빙하기(氷河期)'는 빙기와 간빙기를 합쳐 부르는 용어다. 대략 280만 년 전부터 지금까지 이어져온 빙하기 동안 북미-유럽 대륙 빙하가 있었던 빙기와 대륙 빙하가 녹았던 간빙기가 교대로 찾아왔다. 지난 90만 년 동안은 빙기가 9만 년쯤 지속되다가 간빙기 1만 년을 거쳐 다시 빙기로 돌아가는 '10만 년 사이클'이었다. 지금은 1만 년 이상 간빙기가 계속되고 있다.*

가노폴스키 박사는 《네이처》 논문에서 지난 80만 년 동안 벌어진 8번의 빙기-간빙기 교대 과정을 추적했다. 그는 빙기 도래 원인으로 ① 북위 65도 지점의 여름철 햇빛 강도 ② 이산화탄소(CO_2) 농도의 두 가지를 지목했다.

여름철 햇빛이 약하면 가을~겨울~봄에 내린 눈이 여름에도 녹지 않고 계속 쌓여 빙하를 만들어낸다. '북위 65도'는 햇빛 세기 변화가 빙하를 형성하는지에 대한 지표가 되는 민감한 지점이다. 문제의 '북위 65도 지점 여름철 햇빛 강도'는 지구 궤도 변화에 따라 달라진다. 지구~태양 간 거리가 먼지 가까운지의 '거리' 변수와 지구축 기울기가 큰지 작은지 하는 '기울기' 변수가 작용하는 것이다. 지구 궤도 변화에 따른 햇빛 세기의 강약은 규칙적 사이클에 따라 변화하기 때문에 시기별 정확한 추정·예측이 가능하다.

또 하나 작용하는 힘은 온실가스인 '이산화탄소 농도'다. 이산화탄소 농도가 높으면 기온이 올라가 빙하가 녹는다. 농도가 낮으면 기온이 떨어져 빙하가 형성된다. 시기별 이산화탄소 농도는 빙하를 굴착해 캐낸 아이스코어(ice core)를 분석해 확인이 가능하다.

---

* 이 책에선 대륙 빙하가 존재하던 시기를 주로 '빙기'로 표기하겠지만 때론 엄밀한 구분 없이 '빙하기'라는 말도 사용하려고 한다. 일반적으로 대륙 빙하가 형성된 때만을 지칭해 '빙하기'로 표기하는 관행이 있기 때문이다. '빙하기'가 '빙기'를 뜻하는 말인지, 아니면 '빙기와 간빙기가 교대하는 전체 시기'를 뜻하는 것인지는 맥락에 따라 판단할 수 있을 것이다.

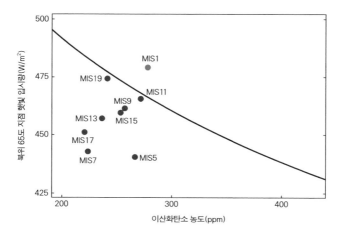

그림 1 《네이처》의 가노폴스키 논문에 실린 '빙하 형성 임계치' 그래프를 변형했다.

가노폴스키 박사는 기후 모델들을 이용해 '여름철 햇빛 강도'와 '이산화탄소 농도'가 어떤 조합(combination)을 이룰 때 빙하가 형성되는지 분석했다. 그 결과 얻어낸 것이 〈그림 1〉이다.

〈그림 1〉에서 실선 아래쪽은 빙하가 형성되는 조건이고 위쪽은 빙하가 녹는 조건이다. 실선이 '빙하 형성 임계치(threshold)'라고 할 수 있다. 이산화탄소 농도가 높으면 여름철 북위 65도의 햇빛이 아주 약해야 빙하가 형성되고, 이산화탄소 농도가 낮으면 햇빛 세기가 좀 강해도 빙하가 만들어진다. 〈그림 1〉에 찍힌 점들은 과거 80만 년 동안 빙하가 형성되기 시작했던 시기들(MIS 5 · MIS 7 · MIS 9 · MIS 11 · MIS 13 · MIS 15 · MIS 17 · MIS 19)*과 지금 현재(MIS 1 · 산업혁명 직전 상황)의 '햇

---

* 'MIS'는 'Marine Isotope Stage'의 약자로 바다 밑바닥 퇴적토의 유기물 성분 속 산소동위원소(양성자는 8개인데 중성자가 10개인 무거운 '18-산소' 동위원소) 값을 갖고 분류한 지질 시대 구분을 말한다. 대륙 빙하가 형성됐던 시기는 '18-산소' 동위원소 값이 크게 나타난다. 산소동위원소 분석에 대해선 다음 장에서 자세히 설명할 예정이다.

빛 세기+이산화탄소 농도' 조건이다. 과거 8번의 '빙하 형성(galcial inception) 시기'에는 '햇빛 세기+이산화탄소 농도'의 조합이 실선 아래 빙하 형성 조건에 놓여 있다. 실선에 거의 접근해 아슬아슬하게 빙하가 형성됐던 때가 40만 년 전(MIS 11)과 80만 년 전(MIS 19)이었다. 반면 현재(MIS 1)의 조건은 임계치(실선)에서 위쪽으로 상당히 거리를 두고 떨어져 있어 빙하가 형성될 수 없는 상황이다.

산업혁명 직전 상황(MIS 1)의 이산화탄소 농도는 대략 280ppm이었다. 가노폴스키 박사는 그래프 분석을 토대로 "CO_2 농도가 만일 (280ppm이 아니라) 240ppm이었다면 지구는 수천 년 전부터 이미 빙하가 형성되기 시작했을 것"이라고 주장했다. 가노폴스키 박사가 논문에서 명시하지는 않고 있지만 'CO_2 240ppm' 상황을 거론한 것은 윌리엄 러디먼 교수의 '농업 기인 온난화 가설'을 염두에 둔 것이다. 러디먼 교수는 '인류가 농업 경작을 하는 바람에 이산화탄소 농도가 40ppm 상승해 산업혁명 직전 단계에 280ppm까지 도달했다'고 주장했다.

앞으로 10만 년은
간빙기가 계속될 수밖에 없다

가노폴스키 박사는 이어 인류가 산업혁명 이후 화석 연료를 태우면서 배출한 이산화탄소의 누적량이 '탄소 중량 기준'[**]으로 ① 5000억 톤 ②

[**] 이산화탄소에 포함된 탄소의 양은 이산화탄소 질량의 '3.67분의 1'이다. 왜냐하면 탄소(C)는 원소 질량이 '6'인데 산소(O)의 원소 질량은 '8'이기 때문이다. 한 개의 탄소(원소 질량 6)가 산소(원소 질량 8) 두 개와 결합해 만들어지는 이산화탄소(CO_2)의 질량은 '22'이다. 간혹 온난화를 다루는 글 중에 탄소의 양과 이산화탄소의 양을 혼동하는 경우가 있어 주의해야 한다.

1조 톤 ③1조 5000억 톤에 달했을 경우의 세 가지 시나리오 별로 향후 10만 년 동안 빙기가 도래할 가능성을 따져봤다.

3장에서 자세히 다루겠지만, 산업혁명 이후 지금까지 배출한 이산화탄소의 양은 탄소 중량 기준으로 5450억 톤이다. 따라서 ①의 '누적 배출량 5000억 톤' 시나리오는 인류가 지금부터는 더 이상 화석 연료를 태우지 않는 상황을 가정한 것이다. ②의 '1조 톤 배출'과 ③의 '1조 5000억 톤 배출' 상황은 지금부터 화석 연료 소비를 어느 정도 절제할 경우의 상황으로 상당히 가능성 높은 시나리오라고 할 수 있다. 그 분석 결과 나온 그래프가 〈그림 2〉이다.

산업혁명 후 5450억 톤을 배출했는데 그중 2400억 톤이 공기 중에 남아 현재의 대기 중 농도가 280ppm에서 400ppm으로 120ppm 상승했다. 나머지 3000억 톤 정도는 바다와 육상 생태계에 흡수됐다. 바다와 육상 생태계의 흡수 능력은 이산화탄소 축적량이 늘어날수록 떨어질 것으로 예측된다. 그걸 감안하면 1조 톤이 배출되는 경우 대기 중 농도는 대략 500ppm대 초반, 1조 5000억 톤이 배출되면 600ppm 언저리가 될 것이다.

〈그림 2〉에서 현재 시점부터 오른쪽으로 표시된 짙은 푸른 선이 인류가 일체 화석 연료를 태우지 않았다고 가정했을 경우 예상되는 미래 이산화탄소 농도의 변화 추세다. 산업혁명 직전 280ppm이던 이산화탄소 농도는 점진적으로 240ppm 수준까지 떨어지게 된다. 이 상황에선 향후 5만 년 뒤면 이산화탄소 농도가 그래프에서 회색 실선으로 표시된 '빙하 생성 시작 임계치' 아래에 놓이게 된다. 요컨대 '인간이 화석 연료를 캐내 쓰지 않았다면 5만 년 뒤엔 빙기로 들어설 수 있다'는 것이다.

주황색 선은 지금부터 즉각 화석 연료 소비를 중단하는 '누적 배출

■ 1조 5000억 톤 배출　　■ 1조 톤 배출　　5000억 톤 배출　　■ 일체 배출 없었을 경우

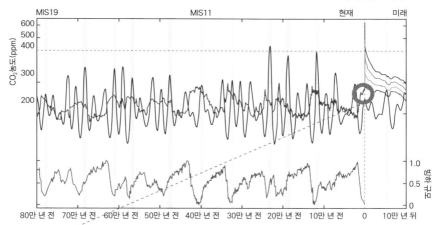

그림 2 《네이처》의 가노폴스키 논문에서 인용. 주파수 사이클 비슷한 모양의 위쪽 연한 회색 선은 빙하 생성이 시작될 수 있는 CO_2 농도의 임계값을 표시한 것이다. 이 값은 북위 65도 지점의 여름철 태양 입사량에 따라 변화한다. 파란 실선은 아이스코어에서 확인된 과거 80만 년 동안의 이산화탄소 농도와, 산업혁명 이후의 인위적 이산화탄소 배출이 없었다고 가정했을 경우 10만 년 후의 미래까지 예상되는 이산화탄소 농도 변화 추세를 표시한 것이다. 주황색 선은 인위적 이산화탄소 배출량이 5000억 톤일 경우, 빨간색 선은 1조 톤, 갈색 선은 1조 5000억 톤일 경우의 미래 이산화탄소 농도의 예상 변화 추세. 이산화탄소 농도가 회색 선으로 표시된 '빙하 생성 시작 임계값 농도'보다 아래쪽에 위치해 있을 경우 빙하 생성이 시작될 수 있는 조건이다. 아래쪽 짙은 실선은 80만 년 전부터 지금까지의 빙하량의 변화 추세를 나타낸다. 수직으로 표시된 파란 색 바는 실제 빙하 생성이 시작됐던 시기들을 나타낸다. 오른쪽 연녹색 바는 화석 연료 연소로 인한 인위적 이산화탄소 배출이 없었을 경우 향후 5만 년쯤 후 빙하 생성이 가능했다는 것을 표시한 것이다. 수평의 점선은 현재의 이산화탄소 농도를 나타낸다. 확대해서 뽑아낸 동그라미 부분에 대해선 뒤에 러디먼 이론을 소개하면서 설명이 나온다.

량 5000억 톤' 시나리오 상황이고, 빨간색 선은 '1조 톤', 갈색 선은 '1조 5000억 톤' 배출 상황을 그린 것이다. 그래프를 보면 지금부터 당장 더 이상 화석 연료를 태우지 않기로 한다고 하더라도(주황색 선 상황) 지구 는 10만 년이 지나야 대륙 빙하가 형성될 수 있는 임계 상황에 다다르 게 된다. 그러나 인류는 이미 탄소 중량 기준으로 '5000억 톤'보다 더 많은 이산화탄소를 배출해놨기 때문에 이는 실현 가능성 없는 시나리 오다. 보다 현실적인 가정인 '1조 톤'과 '1조 5000억 톤' 상황에서는 10

만 년이 지나더라도 지구엔 빙기가 찾아오지 않을 거라는 분석 결과다.

〈그림 2〉의 아래쪽 짙은 실선이 나타내고 있듯, 과거 80만 년 동안 지구는 대략 10만 년에 한 번 꼴로 1만 년 정도 길이의 간빙기를 맞았다. 현재의 간빙기는 이미 1만 년 이상 지속됐다. 다른 때 같았으면 빙하가 생성되기 시작했을 것이다. 이 때문에 1970년대엔 빙하기가 곧 도래한다는 경고가 많았다. 그러나 빙하는 만들어지지 않고 있다. 앞으로도 최소 10만 년은 간빙기가 계속된다는 것이다. 인간의 힘이 280만 년 지속된 빙기-간빙기의 사이클을 뒤바꿔놓는 상황으로 돌입한 것이다.

은퇴 교수에게 찾아온
'콜롬보 모멘트'

윌리엄 러디먼 교수는 '농업 기인 온난화 가설'을 내놓은 학자다. 그는 공개된 자료를 검토하다가 '그런데 이게 왜 이렇지?'라는 의문을 품게 됐다. 그는 의문을 흘려보내지 않고 파고들어 다른 과학자들이 생각지 못했던 새로운 이론 세계를 구축했다.

윌리엄 러디먼 교수는 1943년생이다. 2016년 기준 만 73세다. 그만한 나이에 아직도 활동적으로 연구를 계속하고 있다.

해양지질학을 전공한 그는 컬럼비아 대학의 라몬트-도허티 연구소 연구원 생활을 하다가 1991년부터 버지니아 대학 환경과학과 교수로 일했고 2001년 교수직에서 은퇴했다. 그는 은퇴 후 명예교수(emeritus) 신분으로 현역 연구원-교수 시절보다 더 정력적인 연구 활동을 했다. 학계에서 주목을 받은 것은 은퇴 후 내놓은 '농업 기인 온난화 가설'이다. 그는 자신의 가설을 보강하고 발전시킨 논문과 기고 40여 편을 과학저널에 발표했다. 2005년엔 자신의 주장을 정리한 『쟁기질, 전염병, 그리고 석유; 인간이 어떻게 기후를 조종해왔나(Plows, Plagues, and Petroleum; how humans took control of climate)』란 책을 펴내 해마다 최고 과학서적에 수여되는 파이베타카파(Phi Beta Kappa) 상을 수상했다.

그가 자신의 가설을 발표한 것은 2003년 《클라이밋 체인지(Climate Change)》에 실은 논문(The anthropogenic greenhouse era began thousands of years ago)에서다. 그의 주장 골자는 다음의 세 가지로 요약된다. ① 인류가 지구 대기 조성을 바꾸기 시작한 것은 200년 전 산업혁명 때부터가 아니라 그보다 훨씬 앞서 수천 년 전 농사를 시작하면서부터다. 인간 집단은 8000년 전부터 화전(火田) 방식 농법으로 지구 곳곳 숲을 대규모로 파괴했다. 5000년 전쯤 본격화된 벼농사는 아시아 일대에 광범위한 인위적 습지를 만들어났다. ② 숲의 파괴와 논 습지의 확산으로 인한 온실가스(이산화탄소와 메탄가스) 배출로 지난 수천 년간 지구 기온은 대략 0.8도 정도 상승되는 효과가 있었다. 고위도 극지방의 경우 기온 상승치는 평균치보다 훨씬 큰 2도 정도였다. 이것이 지구 궤도 주기에 따라 이미 시작됐어야 했을 대륙 빙하의 형성, 다시 말해 빙기로의 돌입을 막아줬다. ③ 지난 2000년 사이 여러 차례 일시적으로 이산화탄소 농도가 5~10ppm 떨어지곤 했던 것은 태양 활동이나 화산 활동에 의한 것이 아니라 페스트 같은 전염병이 대대적으로 퍼진 때문이었다. 전염병이 돌자 사람들은 모여 살던 거주지를 방치하고 떠났다. 그러자 농경지였던 곳에 나무가 들어차 숲으로 변하면서 대기 중 이산화탄소를 빨아들여 고정시켰다.

러디먼 교수 가설이 등장한 것은 기후 과학계에 '인류세(Anthro-pocene)'라는 용어가 유행하기 시작하던 때였다. '인류세'라는 말을 처음 사용한 이는 1970년대에 '인간이 내뿜는 가스들이 성층권 오존층을 깨뜨릴 수 있다'는 가설을 발표해 1995년 노벨화학상을 수상한 폴 크루첸(Paul Crutzen, 1933~) 교수다. 그는 독일 막스플랑크 연구소 등에서 활동했고 2009년 서울대에 석좌교수로 초빙되기도 했다. 크루첸 교수는 2000년 발표한 에세이에서 1700년대 후반 산업혁명이 시작된 이후의 지질학적 시대를 '인류세'로 부르자고 제안했다. 인간이 온실가스를 대규모로 내뿜어 지구의 대기 조성에 미친 영향이 '너무나 뚜렷(clearly noticeable)'하다는 것이다. 그는 2006년 발표한 글에서는 '온실가스 배출을 줄이려는 이제까지의 노력이 거둔 성과가 너무 미미하기 때문에 지구 온난화가 통제 불능한 상황으로 치달을 경우에 대비한 과감한 위기 대응 계획(radical contingency plan)의 출구 전략을 검토해야 하는 단계에 이르렀다'고 주장하기도 했다. 그 주장은 지구공학(Geo-engineering) 논의의 봇물을 트는 계기가 됐다.

지질학에선 1만 1500년 전쯤 기온이 급상승했던 시기부터 현재에 이르는 시대를 충적세(Holocene·沖積世·홀로세)로 부른다. 농업 경작이 시작되고 인류 문명이 등장하게 된 과정의 시기를 별도의 지질학적 시대로 분류한 것이다. 그런데 크루첸 교수는 산업혁명 이후 지난 200년 동안 전개된 인간 활동이 지난 1만여 년간 안정적으로 유지돼온 지구 기후를 근본적으로 다시 바꿔놓고 있다며 충적세와 구분해 인류세로 부르자고 제안한 것이다.

그런 때에 러디먼 교수는 '인류가 지구의 대기 조성을 바꿔놓기 시작한 것은 산업혁명이 시작된 200년 전이 아니라 농업이 본격화한 8000

년 전부터였다'고 주장하고 나섰다. 그러면서 러디먼 교수는 '농업 기인 온난화가 아니었다면 북미 대륙 극지방에선 이미 빙기로 접어드는 초기 단계에 들어섰을 것'이라고 주장했다. 수천 년 전부터의 농업 경작으로 인한 온난화, 여기에 더하여 200년 전부터 더 강력한 속도로 보태진 공업 기원의 온난화가 아니었다면 지구는 이미 얼어붙기 시작했을 것이라는 주장이다.

러디먼은 이런 혁신적 아이디어를 떠올렸던 순간을 2005년 펴낸 『쟁기질, 전염병, 그리고 석유』에서 미국 텔레비전 시리즈의 〈형사 콜롬보〉에 비유해 설명했다. 버버리 코트 차림에 시거를 물고 등장하는 형사반장 콜롬보는 용의자나 목격자들 설명을 듣고는 물러가다가 어느 순간 고개를 갸웃거리면서 몸을 돌려 '그런데 말이지요…' 하고 다시 질문을 던진다. 러디먼은 이 순간을 '콜롬보 모멘트'라고 표현했다. 뭔가 맞아떨어지지 않는 부분이 생겼다는 뜻이다.

그는 기후학자의 연구가 형사반장의 수사와 비슷하다고 했다. 기후학자는 수천 년 전, 수만 년 전 벌어졌던 일들이 왜 그렇게 전개된 것인지 원인을 밝히기 위해 증거와 정황들을 수집해 나간다. 그 작업이 범인은 이미 달아나고 없는 범죄 현장에 뒤늦게 도착한 형사반장이 증거들을 모아가면서 용의자를 압축해가는 것과 비슷하다고 묘사한 것이다. 러디먼 자신도 과거의 기후 변화 증거들을 검토하다가 콜롬보 반장이 맞닥뜨렸던 "어! 왜 이래?" 하는 순간에 마주쳤다는 것이다. 도무지 종래 패턴으로는 설명 안 되는 부분을 발견한 것이다. 바로 5000년 전부터 나타나기 시작한 메탄 농도의 변칙 상승이었다.

러디먼 교수 주장은 기발한 착상이긴 한데 아직 '가설(hypothesis)' 단계에 머물러 있다. 일반 대중에게도 별로 소개된 적이 없다. 그의 가설은 아직 과학계에서 비판과 조정, 반박과 수용의 과정을 거치는 중이라고 할 수 있다. 어떤 결말로 귀결될지 알 수 없다. 궁극엔 사실에 부합하지 않는다는 판정이 내려질 수도 있다. 그러나 그의 발상을 좇아가다 보면 지구 기후 문제를 '지난 200년 산업혁명이 몰고온 온난화'라는 좁은 관점에서만이 아니라, 수천 년~수천만 년에 이르는 거대 지질 시대의 흐름에서 보는 새로운 시야를 만나게 된다.

계속 하락해야 할 메탄가스 농도가 5000년 전부터 상승

러디먼 교수의 '콜롬보 모멘트'는 그가 1980~90년대 빙하에서 캐낸 아이스코어(ice core) 자료에 담긴 온실가스 농도와 기온의 변화 추세를 들여다보던 중 찾아왔다. 1만 년 전부터의 충적세(홀로세) 기간 중 꾸준히 하락해오던 메탄가스 농도가 5000년 전부터 느닷없이 상승 추세로 돌아서버린 것이다.

러디먼 교수가 들여다보던 것은 지난 35만 년 동안의 남극 빙하 아이스코어 자료였다. 그 기간 동안 지구는 '10만 년의 빙기(glacial) → 1만 년의 간빙기(inter-glacial) → 10만 년의 빙기 → 1만 년의 간빙기→ …' 사이클로 움직이면서 현재의 간빙기를 포함해 4차례의 간빙기를 겪어왔다. 그런데 아이스코어 속에 간직돼 있던 메탄가스 농도를 분석해보면, 빙기에서 간빙기로 넘어가면서 최대치로 상승했다가 다시 빙기로 들어설 때까지 1만 년 동안 꾸준히 하강하는 추세를 밟곤 했다. 앞서의

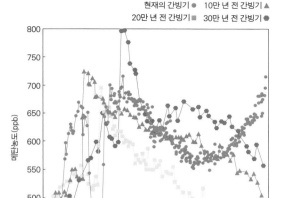

그림 3 William F. Ruddiman, Earth Transformed(2014) 2장에서 인용. 현재의 간빙기와 지난 세 번의 간빙기 기간 동안 아이스코어에 담긴 메탄가스(CH₄) 농도 변화. 과거 세 번의 간빙기 그래프는 현재의 간빙기 주기에 상응하게 시기를 맞췄다. 붉은 색이 지금의 간빙기를 말한다. 녹색, 파란색, 자주색의 지난 세 번의 간빙기 때는 메탄 농도가 최고값에 달한 후 서서히 낮아졌지만 이번 간빙기에는 낮아지던 도중 다시 상승하는 변칙 움직임을 나타냈다.

지난 세 차례 간빙기 때는 어김없이 그런 패턴이 나타났다. 그런데 이 번 간빙기 때는 그 추세에서 일탈해 5000년 전쯤부터 상승 추세로 뒤 집혀버린 것이다.〈그림 3〉

　지구 대기 중 메탄 농도는 '밀란코비치 사이클'이라 불리는 태양의 궤도 변화에 발맞춰 규칙적인 상승과 하강을 반복해왔다. 확실한 패턴 이 있었던 것이다. 여기서 핵심은 '여름철 북반구 일사량(日射量)'이다. 이걸 편의상 A값이라고 하자. 북반구 여름철 일사량이 중요한 이유는 그것이 지구가 빙기로 가느냐, 간빙기로 가느냐를 결정하기 때문이다. 빙기에는 북미와 유라시아 대륙 북부에 두께 2~3km에 이르는 거대 빙 하가 형성된다.

이런 거대 빙하는 아이러니하게도 겨울에 얼마나 추우냐가 아니라 여름이 얼마나 따뜻하냐에 따라 성장과 쇠퇴가 결정된다. 겨울은 어차 피 눈이 녹지 않고 쌓일 만큼 충분히 춥다. 문제는 쌓인 눈이 여름에 녹 느냐 녹지 않느냐다. 여름에 녹지 않은 눈은 작년, 재작년 쌓인 눈 위에 다시 새로운 눈 더미를 올려놓게 된다. 그래서 서서히 얼음으로 굳어가 면서 거대 빙하가 형성되는 것이다. 여기에 수천 년이 걸린다. 이어 여 름철 태양빛이 강렬해지는 사이클로 들어서면 다시 수천 년에 걸쳐 빙 하가 녹아 결국 바닥 토양이 드러나게 된다.

빙기-간빙기 사이클을 결정짓는 북반구 여름철 태양 입사량, 즉 A값 은 지구 궤도에 작용하는 몇 가지 사이클의 결합된 작용에 의해 변화한 다. 가장 뚜렷하게 작용하는 힘은 2만 3000년 사이클의 주기적 강약(强 弱)이다. 2만 3000년을 주기로 지구~태양의 거리가 달라지기 때문이 다. 이에 대한 자세한 설명은 4장에서 할 예정이다. 여기서는 여름철에 북반구로 내리쬐는 태양 입사량 강도가 2만 3000년 주기를 갖고 변화 한다는 사실만 기억하자.

대기 중 메탄 농도는 바로 2만 3000년 주기의 A값에 따라 출렁거려 왔다. A값이 높아지면 메탄 농도가 따라서 상승했다. A값이 떨어지면 메탄 수치도 낮아졌다.

지구 궤도 변화에 따라 움직이는 A값은 지금으로부터 1만 1000년 전 최고조에 달했다가 그 후 서서히 내리막길을 밟아왔다. 지금도 계속 내 리막이다.〈그림 4〉

따라서 지구 대기 중 메탄 농도 역시 1만 1000년 전부터 죽 낮아져야 맞다. 그런데 계속 하강 추세를 밟아야 할 메탄 농도가 5000년 전부터

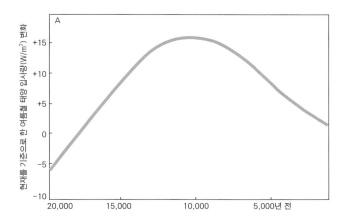

그림 4 William F. Ruddiman, Earth Transformed(2014) 1장 그림을 변용. 지금 시점과 대비해 2만 년 전부터 변화해온 북위 65도 지점 여름철 태양 입사량 강도를 나타낸다.

는 웬일인지 상승 쪽으로 방향을 튼 것이다. A값(북반구에 내리쬐는 여름철 태양 입사량 강도)과 메탄 농도 사이의 동반 움직임에서 갑자기 탈동조화(decoupling) 현상이 나타났다. 러디먼 교수는 이 변칙적 움직임을 발견하고는 '이상하네!~'라고 의문을 품게 된 것이다. '콜롬보 모멘트'가 찾아온 것이다.

햇빛 세기가 몬순 강도를 결정짓는다는
쿠츠바흐 이론

여기서 A값(여름철 북반구 태양 입사량 강도)과 메탄 농도가 동반해 변화하는 원리를 설명하고 넘어가자. A값은 궤도 변화에 따라 규칙적으로 변화해왔다. 따라서 A값이 1만 년 전엔 어땠고, 5000년 전엔 어땠는지 정확하게 계산해낼 수 있다. 메탄가스 농도는 빙하의 얼음층에 갇힌 기포(氣泡)를 분석해 알아낸다. 과학자들이 빙하 표면으로부터 아래쪽으로 직경 10cm 정도의 얼음 기둥을 캐낸 다음 그 속에 갇힌 기포의 구성 성분을 분석해 메탄가스 농도를 확인한다. 메탄가스뿐 아니라 이산화 탄소, 먼지 등의 성분도 측정하게 된다. 얼음 기둥의 어느 깊이에서 분리해낸 기포인가에 따라 그 기포가 빙하에 갇힌 연대를 추정할 수 있다. 굉장히 조심스런 작업이지만 이것이 가능하다고 한다.

그렇다면 대기 중 메탄가스 농도는 왜 북반구 여름철 태양 입사량, 즉 A값의 움직임에 맞춰 변화하는 것일까? 이걸 규명한 것은 존 쿠츠바흐(John E. Kutzbach)라는 미국 기후학자였다. 그는 1981년 '궤도 몬순(monsoon) 이론'이라 이름 붙일 수 있을 가설을 발표했다.

지구 기후에 가장 큰 영향을 미치는 요소는 북미와 유라시아 대륙의 거대 빙하 존재 여부다. 이것엔 못 미치지만 또 하나 중요한 요소가 아시아-아프리카 대륙에 내리는 몬순 강우의 강약(强弱)이다. 여름철 몬순 강우가 강할 때는 아시아-아프리카 대륙 일대에 광범위한 습지가 형성된다. 빙기에서 간빙기로 넘어가면서 나타나는 현상이다. 반면 일단 간빙기로 들어선 다음에는 차츰 몬순 강우가 약해진다. 그러면서 장기간에 걸쳐 열대-아열대의 습지가 서서히 말라붙는다. 그런 후 빙기로 접어들게 된다.

여름철 햇빛의 세기가 열대-아열대 지역의 건기-우기 사이클을 결정짓는 메커니즘은 이렇다. 우선 여름철 태양이 적도 대륙을 뜨겁게 달구면 공기 덩어리가 하늘로 올라간다. 그러면서 기압이 낮아지고, 바다로부터 습기를 머금은 공기 덩어리가 빈 자리를 채우려고 들어온다. 들어온 바다 쪽 공기 덩어리가 해발 고도가 높은 육지의 산맥을 타고 올라가면서 기온이 차가워지면 머금고 있던 습기가 응결돼 비를 뿌린다.〈그림 5〉 이걸 몬순 강우라고 한다. 2013년 히말라야 안나푸르나 트

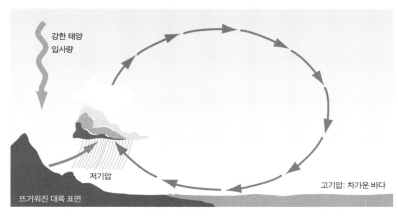

그림 5 William F. Ruddiman, Earth Transformed(2014) 1장 그림을 변용.

레킹을 갔을 때 늘 오후 3~4시쯤 되면 비를 뿌렸다. 그것도 몬순 강우였을 것이다. 한낮에 육지가 뜨거워지면서 바다 쪽에서 밀려 들어온 공기 덩어리가 히말라야 산맥을 타고 오르다가 비를 뿌리는 것이다.

　이런 현상은 아시아-아프리카 대륙에서 광범위하게 일어났다. 여름철 한낮 대서양과 인도양 쪽에서 아프리카·아시아 대륙 쪽으로 불어 간 습기를 머금은 공기층이 산악 지대를 타고 올라가면서 많은 비를 뿌리는 것이다. 태양 입사량이 강할수록 몬순 강우도 강해진다. 반대로 태양 입사량이 약해지면 몬순 강우는 뜸해진다.

　여름에 열대-아열대 대륙에 비가 많이 오면 곳곳에 호수, 연못, 습지가 생긴다. 여름철 강한 햇빛과 많은 비의 영향으로 나무·풀도 무성하게 자란다. 특히 사하라 남부와 그 아래쪽 사헬 지방 곳곳에 호수와 연못이 형성되고 식생이 풍부해지면서 코끼리·하마·악어 같은 대형 동물들이 서식했다.〈그림 6〉 사하라 일대에선 이런 대형 동물이 수천 년 전까지 광범위하게 서식했던 흔적들이 발견된다.

　습지 주변 식물들은 여름철에 호수와 연못에 물이 차면서 잠기게 되

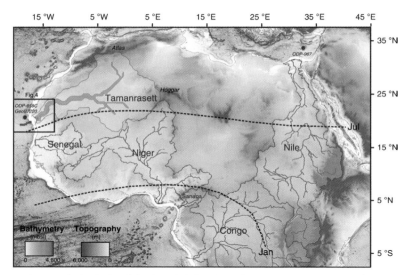

그림 6   수천 년 전 아프리카 대륙 일대에 형성돼 있던 강줄기를 복원한 그림. 《Nature Communications》저널에 실린 내용을 영국 《가디언》지가 2015년 11월 10일자 인터넷판 'Ancient river network discovered buried under Saharan sand' 기사를 통해 보도했다.

고, 물 속에 잠긴 식물은 산소 부족 상황에서 혐기성 분해를 거쳐 메탄을 발생시킨다. 논에서 많은 메탄가스가 나오는 것과 같은 원리이다. 아프리카와 아시아 대륙 일대에서 습지 메탄이 대량 발생하면서 대기 중 메탄가스 농도가 올라간다. 몬순 강우가 약해지는 사이클에는 메탄 농도가 떨어진다. 태양 궤도 변화 → 여름철 북반구 태양 입사량 → 아프리카-아시아 대륙 몬순 강우 → 습지 형성 → 습지 메탄 배출 → 대기 중 메탄 농도의 연쇄 현상이 벌어지는 것이다.

　한 가지 의문이 생길 수 있다. 지구의 공전 궤도는 타원형이다. 지구~태양 간 거리는 북반구가 여름일 때 가까워졌다면 겨울철, 다시 말해 남반구가 여름철일 때는 반대로 멀어진다. 따라서 지구~태양 간 거리만 생각한다면 북반구 여름철 입사량이 약해지면 남반구 여름철(북반구론 겨울철) 입사량은 강해지고, 북반구 여름철 입사량이 강해지면 남반구 여름철(북반구 겨울철) 입사량은 약해진다. 그렇다면 적도 북쪽 여름철 입사량이 약해지면 그 반대 계절, 즉 남반구가 여름철이 될 때의 남반구 쪽 입사량은 강해져 종합적으로 지구 전체가 받는 태양 입사량엔 큰 변화가 없는 게 아닐까 하는 것이다. 이 문제는 지구의 대륙 분포가 주로 북반구에 편중돼 있다는 사실로 설명할 수 있다. 북반구에 훨씬 넓은 대륙이 분포하는데다 고도가 높은 산악 지형이 대체로 북반구에 있기 때문에 지구 궤도에 따른 몬순 강도의 변화는 주로 북반구를 기준으로 움직이는 것이다.

여름철 북반구 태양 입사량을 결정 짓는 지구 궤도는 대략 2만 3000년을 주기로 해서 변해왔다. 지구 궤도를 결정짓는 요소에는 ①편심률(eccentricity) ②지구 기울기(tilt) ③세차 운동(precession of equinox)의 세 가지가 있다. 이에 대한 본격 설명은 다음 장으로 미루기로 한다. 여기서는 세 요소가 각각 독립적으로 움직이면서 위도별, 계절별로 태양 입사량의 여러 진동(振動)을 그려낸다는 정도만 이해하고 넘어가자. 그런데 '북반구 열대-아열대 지역의 여름철 태양 입사량'의 경우 지구 궤도의 세 가지 사이클 가운데 세차 운동이 주도적으로 작용하면서 2만 3000년을 주기로 약해졌다 강해졌다를 반복한다.

이런 원리에 따라 1만 1000년 전 최고에 달했던 북반구 여름 몬순 강우의 강도는 차츰 내리막을 밟아왔다. 1만 1000년 전 당시는 여름철 태양 복사량이 지금보다 8% 정도 강했다. 그랬다가 복사량이 약해지는 패턴이 5000년 전까지만 해도 되풀이되고 있었다. '간빙기 들어서고 나서는 메탄가스 농도가 내려간다'는 추세는 앞서 세 번의 간빙기에선 예외 없이 나타난 흐름이다.

그런데 이번 간빙기 들어와서는 5000년 전을 고비로 메탄가스 농도의 변화가 이런 규칙성에서 일탈하기 시작했다. 1만 1000년 전 최고점에 도달한 메탄가스 농도는 그 뒤 지구 궤도의 움직임으로 볼 때 계속 하락 추세를 밟았어야 했다. 그런 다음 지금쯤부터 다시 상승 추세로 바뀐 뒤 1만 년쯤 후 다시 고점에 도달해야 쿠츠바흐의 '궤도 몬순 이론'에 맞아떨어진다. 그러나 러디먼 교수가 뒤져본 빙하 속 메탄가스 농도는 5000년쯤 전부터 돌연 상승 추세로 거슬러 올라가기 시작했다. 도대체 무슨 일이 벌어진 것일까?

논에서 나온 메탄가스가
범인이었다

메탄가스 농도 상승 추세는 5000년간 계속돼왔다. 현재의 지구 궤도는 북반구 여름철 태양 입사량이 아주 약한 수준에 와 있다. 태양 입사량이 작기 때문에 열대-아열대 몬순 강도 역시 약하고 아시아와 아프리카 대륙은 강우량이 적어 건기 상태다. 따라서 자연적으로 습지에서 발생하는 메탄가스 양은 굉장히 적다. 이런 지구 궤도 변화 요인만 작용했다면 대기 중 메탄 농도는 450ppb 정도가 됐어야 맞다. 그러나 산업혁명 직전 시기의 메탄 농도는 700ppb 수준이었다. 정상치에서 250ppb 정도 이탈해 있었다. 산업혁명을 거치면서 상승 추세는 한층 가팔라졌다. 서기 2000년 시점에서 메탄 농도는 1750ppb(1.75ppm) 수준까지 와 있다.

산업혁명 전 상황까지 '250ppb의 상승 이탈'을 야기시킨 원인으로 러디먼 교수가 지목한 것은 인류의 벼농사이다. 인류가 야생벼를 경작하기 시작한 것은 7500년쯤 전부터다. 물을 끌어다 대는 관개(灌漑) 논을 조성하기 시작한 것은 5000년 전이다. 당시 사람들은 강가의 저지대를 물로 채워 습지를 만든 후 볍씨를 뿌리는 방법으로 벼를 경작했다. 이 농법은 중국에서 시작돼 아시아 전역으로 퍼져나갔다. 동남아 일대에선 3000년 전부터 산지 경사지에도 논이 조성됐다.

벼는 수몰 상태에서 견디는 힘이 강해 일부러 물에 담가둔다. 그래야 잡초가 자랄 수 없다. 그러면 산소 부족의 물 속 혐기(嫌氣) 상태에서 유기물들이 미생물에 분해되면서 메탄가스가 발생한다. 유기물은 산소 결핍 환경에서 분해될 때는 탄소 성분이 산소와 결합하는 대신 수소와 결합해 메탄을 생성한다.

대기중 메탄가스는 이산화탄소보다는 훨씬 적은 농도로 존재한다. 그렇지만 메탄가스의 열 흡수 능력은 중량 기준으로 이산화탄소의 20배를 넘는다. 다만 공기 중 수명은 10여 년으로 이산화탄소보다 훨씬 짧다. 과학자들은 인간 배출 온실가스에 의한 온난화 작용 중에서 메탄가스가 차지하는 비중을 24% 정도로 본다(Global Warming: the complete briefing 3장, John Houghton, 2004, 번역본 『지구 온난화』). 자연 상태에서의 메탄 배출량은 연간 2억 3000만 톤 정도다. 그중 습지에서 나오는 것이 2억 톤으로 대부분을 차지한다. 현재 인간에 의해 인위적으로 배출되는 양은 3억 1000만 톤 수준이며 그중 논에서 배출되는 것이 5000만 톤 정도다. 그 밖에 에너지 산업 분야에서 새어나오는 양이 9000만 톤, 매립지 발생량이 5000만 톤 정도다. 흥미 있는 것은 소, 양, 사슴 같은 반추(反芻) 동물이 먹이를 되새김하는 과정에서 뿜어내는 양도 8000만 톤 정도로 상당하다는 점이다. 동물들은 흰개미를 빼놓고는 풀의 주 성분인 셀룰로스를 분해하는 효소를 갖고 있지 않다. 반추동물은 그래서 전위(前胃)의 혐기성 환경에서 '미생물에 의한 소화'를 거치게 된다.

이산화탄소 농도 역시
8000년 전부터 변칙 움직임

메탄가스의 경로 이탈을 확인한 러디먼 교수는 이어 메탄가스보다 더 중요한 온실가스인 이산화탄소 농도도 지금의 간빙기(홀로세)에 들어선 후 변칙적으로 움직여왔다는 사실을 알게 됐다. 지난 수십만 년간 이산화탄소 농도는 최고치 280ppm, 최저치는 200ppm 수준에서 오르락내리락하면서 규칙적인 주기성을 갖고 변해왔다. 남극 빙하의 얼음 샘플 기포를 분석해 확인한 바로는 1만 1000년 전 이산화탄소 농도는 264ppm까지 올라갔다. 북반구 대륙 상당 부분이 빙하로 덮였던 2만 년 전 시기에는 200ppm 아래까지 떨어졌던 것이 꾸준히 상승해 그 수준까지 도달했다.

　1만 1000년 전이면 북반구 여름 태양 입사량 강도가 최고조에 달했던 시기다. 그 후 이산화탄소 농도는 하락 추세로 접어들었다. 8000년 전까지는 아주 느린 속도로 농도가 떨어져 261ppm에 도달했다. 그런데 8000년 전을 고비로 추세가 뒤집혔다. 그때부터 이산화탄소 농도가 상승세로 돌아서 산업혁명 직전 시기엔 280ppm까지 올라갔다. 1만 1000년 전부터 시작된 지구 냉각화에 따라 이산화탄소 농도가 꾸준히 하락했다면 산업혁명 직전의 농도는 240ppm 수준에 도달했어야 맞다. 따라서 8000년 사이 이산화탄소 농도를 40ppm 변칙적으로 상승시킨 모종의 요인이 작용한 것이다. 과거 35만 년 사이 있었던 종전 세 차례 간빙기 시절에는 일어나지 않았던 일이다.〈그림 7〉 앞에서 검토한《네이

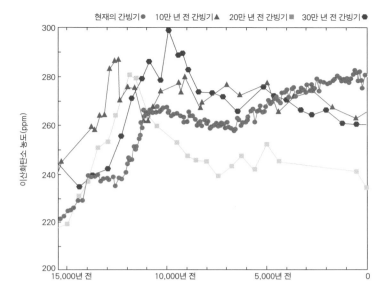

현재의 간빙기● 10만 년 전 간빙기▲ 20만 년 전 간빙기■ 30만 년 전 간빙기●

그림 7 William F. Ruddiman, Earth Transformed(2014) 3장에서 인용. 현재의 간빙기와 지난 세 번의 간빙기 기간 동안 아이스코어에 담긴 이산화탄소(CO_2) 농도 변화. 붉은 색이 지금의 간빙기를 말한다. 녹색, 파란색, 자주색은 35만 년 전까지의 지난 세 번의 간빙기 때 이산화탄소 농도의 변화 추세다. 메탄가스 농도 변화만큼 뚜렷진 않지만, 지난 세 번의 간빙기 때는 농도가 최고값에 달한 후 서서히 낮아진 반면 이번 간빙기에는 도중 다시 상승해왔다.

처》의 가노폴스키 논문 그래프 중 별도로 빼내 확대한 동그라미 부분에서도 CO_2의 변칙 상승을 확인할 수 있다.

261ppm였던 이산화탄소 농도가 8000년 사이 20ppm 정도 상승하려면 이산화탄소의 대기 중 수명을 감안할 때 탄소 중량 기준으로 2000억 톤 정도의 이산화탄소가 어딘가에서 대기 중으로 공급됐어야 한다. 탄소량 2000억 톤이면 이산화탄소 질량으로는 7300억 톤 정도가 된다.

그런데 지난 1만 년 사이 여름철 지구 북반구에 닿는 태양 에너지가 서서히 약화되면서 지구는 꾸준히 냉각돼왔다. 기온의 냉각화는 대기 중 이산화탄소 농도를 떨어지게 만든다. 바다가 차가워지면 바다가 흡수하는 이산화탄소 양이 늘어나기 때문이다. 찬 맥주에는 미지근한 맥주보다 훨씬 많은 이산화탄소가 녹아드는 것과 마찬가지 원리다. 러디먼 교수는 지난 8000년 사이 바다 냉각화로 인해 떨어져야 했던 이산화탄소의 하강분(15ppm 정도)까지 감안할 경우 지구 어디선가에서 3200억 톤의 탄소가 대기 중으로 풀려나왔어야 '261→280ppm'의 이산화탄소 농도 상승이 설명 가능해진다고 봤다.

우선 유력한 원인으로 나무 몸통 속에 탄소 성분으로 고정(固定)돼 있던 이산화탄소가 뭔가의 원인으로 공기 중에 풀려 나오는 경우를 생각해볼 수 있다. 그런데 3200억 톤에 달하는 방대한 양의 탄소가 풀려 나올 정도라면 지구상 숲의 소실 규모가 어느 정도나 돼야 하는 것일까. 산업혁명 이후 지구상에서 벌어진 대대적인 숲의 파괴로 인해 대략 1500억 톤 정도의 탄소가 공기 중으로 풀려나갔다고 한다. 지난 200년 사이 연간 평균 8억 톤 정도씩 '나무 탄소'가 벌채 등 요인으로 대기 중에 방출된 것이다. 인구 규모가 지금과는 비교할 수 없을만큼 보잘것없었을 과거 수천 년 기간 동안 과연 '산업혁명 후 숲 파괴량'의 두 배 가까운 규모의 숲이 소실된다는 것이 가능한 일이었을까? 세계 인구 규모는 6000년 전에는 1000만~2000만 명, 2000년 전에는 2억 명 수준이었을 것으로 추정된다.

바로 이 점 때문에 러디먼 교수 가설은 학계에서 좀체 정설로 인정받지 못하고 있다. 그러나 러디먼 교수는 '시간의 힘(impact of time)'을 감안해야 한다고 주장한다. "산업혁명 전(8000년 동안 서서히, 그러나 꾸준히) 거북이 움직였던 거리를 누적적으로 합쳐보면 산업혁명 후 토끼가 (200년의 짧은 기간 동안 급속도로) 달렸던 거리의 2배에 해당한다(The preindustrial 'tortoise' can cumulatively outdo the industrial 'hare' by a factor of two)"는 것이다(The Anthropogenic Greenhouse Era Began Thousands of Years Ago, In *Climatic Change* 61, 2003). 과거 8000년 동안 연간 4000만 톤씩 탄소가 방출됐다면 그 양은 3200억 톤이 된다. 산업혁명 이후 200년 동안 연간 8억 톤씩 풀려나온 탄소의 누적 방출량 1600억 톤의 두 배가 되는 것이다.

8000년간 화전 농법으로
3200억 톤 탄소 풀려나왔다

러디먼 교수는 8000년 전부터 시작된 화전(火田 · slash and burn) 농법이 연간 4000만 톤씩의 탄소를 방출시켰을 거라고 봤다. 1만 1000년 전 중동 지역에서 시작된 농업은 9400년 전쯤 중국으로도 확산됐다. 8000년 전쯤에는 유럽 대륙 중부지역까지 농업이 퍼져나갔다. 인도로는 8500년 전 전파됐다. 소가 끄는 쟁기(plow)는 6000년 전 등장했다.

당시 인간들은 숲에 불을 지른 후 거기에 씨앗을 뿌려 작물을 키우는 화전 농법을 활용했다. 비옥한 화전 토지에 몇 년 농사를 짓다가 지력(地力)이 떨어지면 다른 곳으로 옮겨갔다. 이후 지력이 회복된 다음에야 다시 돌아와 농사를 지었다. 토지는 넓고 인구는 적다보니 이런 식의 낭비적 화전 농법이 가능했다. 러디먼 교수는 당시 지구상 인구 규모가 작긴 했지만 숲의 파괴 규모가 상당했을 것이라고 추정했다.

농업 발달에 따른 생산성 증가로 인구도 늘기 시작했다. 세계 각지에 문명권도 형성됐다. 숲의 파괴는 더욱 가속화됐다. 2000년 전쯤 문명권 국가들에선 숲 황폐로 목재를 구하기 어렵게 되자 목재를 구하기 위해 이웃나라를 침략하는 정벌 전쟁이 등장할 정도였다.

노르망디 지역에서 해협을 건너가 영국을 지배한 '정복자 윌리엄 왕(William the Conqueror)'이 명령을 내려 1086년 작성된 영국 센서스(Doomsday Survey) 기록이 남아 있다. 그 기록을 보면 평야 지대엔 숲이 10%밖에 남지 않았고, 국토 전체로는 숲의 면적이 15%도 안 됐다고 한다. 당시 영국 인구는 150만 명 수준이었다. 이만한 인구로도 영국 전체의 숲을 황폐화시킬 수 있었다. 2000년 전 중국 한(漢) 제국 시절 인구는 5700만 명으로 추정된다. 중국도 이 시절 이미 심각한 산림 파괴가 진행되어 있었을 것이다.

러디먼 교수 연구팀은 세계 각지 문명 지대에서 벌어진 숲의 소실 규모를 추정해봤다. 농경지와 목초지로 바뀐 숲의 면적을 추정하고, 해당 기후대에서 자라는 식물상을 갖고 단위면적 당 이산화탄소 방출량을 따져 계산한 것이다. 그 결과 8000년 전부터 2000년 전까지의 6000년 동안 2200억~2450억 톤의 탄소가 방출됐을 것이라는 계산을 내놨다.

러디먼 교수는 이런 추정을 토대로 기후 모델을 돌려 이산화탄소와 메탄가스의 변칙 상승으로 인한 온난화 효과를 계산했다. 메탄가스가 250ppb 상승했다면 대략 0.25도 정도 기온을 끌어올리는 효과가 있다. 이산화탄소 40ppm 상승은 0.55도 정도 기온을 상승시켰을 것이다. 두 요인을 합하면 기온이 정상 경로에서 0.8도 정도 변칙 상승을 했다는 것이다. 0.8도라면 산업혁명 이후 화석 연료 연소로 인한 온난화 효과와 거의 맞먹는 수준이다.

여기서 '0.8도'는 지구 전체 평균값이다. 온실가스의 변화에 따른 기후 변화는 극지방에선 훨씬 강도 높게 나타난다. 극지방에선 기온 변화의 효과가 증폭돼 나타나기 때문이다. 러디먼 교수는 극지방 기온 상승은 2도 정도에 달했을 것으로 봤다.

지구 표면이 햇빛을 반사시키는 정도를 '알베도(albedo)'라고 한다. 지구 전체로 봐서 햇빛의 30% 정도는 우주로 되튀어 반사된다. 극지방 얼음에 닿는 햇빛 경우는 84%나 우주로 반사된다. 반면 물은 태양이 중천에서 비칠 때 받은 빛의 5~10%밖에 반사하지 못한다. 북극의 얼음이 녹아 바다로 변하면 더 많은 태양 빛이 지구 표면에 흡수된다. 따라서 극지방에선 '온실가스 온난화 효과'에다 얼음·눈이 녹는 데 따른 '알베도 감소 효과'가 더해져 지구 평균보다 더 강력한 수준의 온난화가 빚어지게 된다.

거꾸로 지구 궤도의 주기 변화가 태양 입사량을 약하게 만들어 지구를 냉각화시키는 쪽으로 작용할 때도 극지방 기온 변화는 지구 평균치보다 증폭돼 나타난다. 극지방이 냉각화로 서서히 얼음과 눈으로 덮여가면 극지방 표면에 닿는 태양빛은 지구를 덥히는 데 쓰이지 못하고 우주 밖으로 되튀어 나간다. 따라서 극지방의 기온 변화는 온난화 방향이건 냉각화 방향이건 열대–온대보다 훨씬 급한 변화 그래프를 그리게 된다.*

'농업 기인 온난화'가
빙기 도래 막아줬다

짚고 넘어갈 부분이 있다. 지난 8000년간 농업으로 인한 이산화탄소

---

* 이처럼 최초의 어떤 요인이 시스템에 변화를 가져온 후, 시스템의 1차 변화가 다시 2차 변화를 불러일으키는 것을 '피드백(feedback) 효과'라고 부른다. '극지방의 온난화 증폭'처럼 2차 변화(알베도 감소에 따른 추가 온난화)가 최초의 1차 변화(온실가스 증가로 인한 온난화)와 같은 방향으로 작용할 때는 '포지티브 피드백(positive feedback)'이라고 한다. 2차 변화가 1차 변화의 반대 방향으로 작용하면서 1차 변화를 상쇄시키는 경우는 '네거티브 피드백(negative feedback)'이라고 한다.

농도 상승 효과는 40ppm 정도였다. 그것이 야기한 기온 상승은 0.55도였다는 것이 러디먼 교수 주장이다. 그런데 산업혁명기에 들어선 다음 현재까지 대략 200년 동안 이산화탄소 농도 상승치는 120ppm 수준이다. 280ppm이었던 것이 400ppm까지 올랐다. 그런데도 산업혁명 이후 기온 상승치는 0.8도 수준에 머물러 있다. 산업혁명 이후 이산화탄소 상승치는 산업혁명 전 농업 기인 이산화탄소 상승치의 3배나 된다. 그런데도 두 요인이 기온 상승을 일으킨 정도는 엇비슷하다는 점이 뭔가 맞아떨어지지 않는다는 느낌을 갖게 할 수 있다.

이건 우선 바다의 반응 속도가 느리기 때문이다. 육지는 햇빛이 토양 깊이 침투하지 못하기 때문에 표면층의 반응성이 강하다. 바다는 비열(比熱) 자체도 높은 데다가 열이 가해져도 수분을 증발시키는 방법으로 열을 방출해낸다. 바다는 수십~200미터 깊이의 표층과 그보다 깊은 심층으로 나뉜다. 두 개 층은 수온이 달라 좀처럼 섞이는 일이 없다. 따라서 심층 바다까지는 열이 거의 전달되지 않는다. 그렇다 하더라도 바다 표면에 가해지는 햇빛 에너지가 표층 바다 전체로 퍼져나가는 데에 대략 25~75년이 걸린다. 그 기간 동안 바다는 온난화를 숨겨주는 역할을 하게 된다.

또한 이산화탄소는 100년 이상의 수명을 갖는 점을 감안해야 한다. 따라서 지금부터 추가 배출을 하지 않는다고 해도 대기 중에 오랜 기간 남아 있는 이산화탄소는 계속 온실효과를 가져오게 된다. 산업혁명 이후 지금까지 화석 연료를 태워 대기 중에 추가시킨 온실가스로 인해 0.85도 정도 기온이 상승했다. 시카고대 데이비드 아처 교수는 이산화탄소 농도가 더 이상 상승하지 않더라도 향후 100~200년 사이 0.4

도의 기온 추가 상승이 불가피하다고 설명한다(The Climate Crisis-An Introductory Guide to Climate Change 5장, 2010). 말하자면 지난 수십 년 동안의 온실가스 증가 효과는 아직 지구 기온-수온의 변화로 반영되지 않은 상태다. 기후학자들은 흔히 '아직 파이프에 남아 있다(still in the pipeline)'는 표현을 쓴다. '저질러진 기후 변화(committed climate change)'라는 용어도 마찬가지 의미이다.

산업혁명 이후 이산화탄소 농도 상승치에 비해 기온 상승이 더딘 또 하나의 이유는 아황산가스 등 대기오염을 일으키는 에어로졸 성분들이 햇빛을 차단해 기온을 떨어뜨리는 냉각화 작용을 하기 때문이다. 온실가스 배출에도 불구하고 1940~70년대 지구 기온이 정체 상태였던 이유는 대기오염 물질들의 냉각화 효과 때문이다.

의미심장한 것은 지난 8000년 사이 농업 요인에 의한 온실가스 증가로 극지방에서 야기된 2도 정도의 기온 상승 효과가 어떤 역할을 했는가 하는 것이다. 지구에 닿는 태양 에너지의 세기는 약 1만 1000년 전 최고조에 달했고 그 후 차츰 약해져왔다. '농업 기인 온난화' 요인만 없었더라면 지구는 지금쯤 상당 수준 냉각화됐을 것이다. 실제로 1970년대에는 과학자들이 '빙하기 도래'를 경고했었다.

러디먼 교수에 따르면 농업 기인 온실가스 배출 상황을 여러 기후 모델에 입력해 계산해보면 캐나다 북동부 배핀 섬 일대 등 북반구 극지방에선 태양 입사량의 약화에 따라 3000~6000년 전쯤부터 빙하 형성의 초반 단계가 시작됐어야 했다. 그걸 농업으로 인한 온실가스 배출이 막아왔다는 것이다. 다만 러디먼 교수도 2005년 《클라이밋 체인지》에 실은 논문(The early anthropogenic hypothesis a year later)에서 자신의 가설에 대해 '그럴듯(plausible)하지만 아직 증명 안 된(unproven) 상태며 추가 연구가 필요하다'고 유보했다.

이산화탄소 농도 변화로
'과거 2000년 역사' 재구성

벼농사와 화전 농법의 확산이 하락 추세를 밟았어야 할 대기 중 메탄과 이산화탄소 농도를 붙들어 맸다는 가설을 내놓은 러디면 교수는 그 다음 단계로 '최근 2000년 역사의 기후 해설'에 착수한다. 최근 2000년 사이 몇 차례 대규모로 확산된 전염병으로 인해 일시적인 냉각화가 초래됐다는 것이다. 지구 궤도 변화로는 설명되지 않는 이산화탄소 농도의 단기 진동을 설명하려는 시도였다.

단순화해 설명하면 이렇다. 페스트 등의 전염병은 인구 규모를 대폭 감소시킨다. 수렵 시대엔 인구 규모 자체도 작았고 사람들이 흩어져 살았기 때문에 전염병이 돈다고 해도 대규모 인명 희생은 없었다. 그러나 농경 시대로 들어와 거주 밀도가 높아졌고 위생 환경이 나빠졌는데다가 가축들이 전염병을 옮기는 일이 많아 주기적으로 많은 인구가 희생됐다.

전염병이 휩쓸면 인구가 감소할 뿐 아니라 살아남은 사람들도 인구 밀집 지역에서 빠져나가게 된다. 농경지는 버려진다. 황폐화된 농경지가 숲으로 변하는 데는 50년이면 충분하다. 숲이 복원되면서 나무들은 대기 중 이산화탄소를 빨아들여 자기 몸체에 고정시킨다. 대기 중 이산화탄소 농도는 떨어진다. 나중 전염병이 수그러들고 사람들이 다시 경작지로 돌아가거나 그들의 후손이 나무를 베어내고 농지를 일구면 이

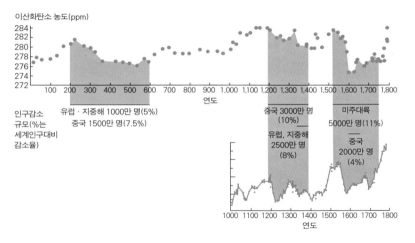

그림 8 William F. Ruddiman, Earth Transformed(2014) 21장에서 인용. 위의 큰 그래프는 지난 2000년 사이 이산화탄소(CO$_2$) 농도 변화, 아래 그래프는 메탄가스(CH$_4$) 농도 변화를 표시한다. 주황색으로 채색된 부분은 대규모 전염병 확산으로 인구 규모가 일시적으로 대폭 감소했던 시기를 나타낸다. 인구 감소 시기가 대체로 이산화탄소와 메탄가스 농도 하락 시기와 일치하고 있다.

산화탄소 농도는 원 위치로 올라가게 된다.

앞서의 〈그림 7〉 그래프를 보면 7000년 전쯤부터 꾸준히 증가하던 이산화탄소 농도의 오르막 추세는 2000년 전쯤부터 둔화 양상을 보였다. 서기 200년부터는 농도가 되레 떨어지기 시작해 서기 600년에서야 다시 회복 추세를 밟았다는 사실이 〈그림 8〉 그래프에 나타나 있다. 그 사이 대체로 5ppm 정도 하락했다. 1200년~1450년에도 5ppm 수준의 농도 하락이 발생했다. 1500년부터는 이산화탄소 농도가 급격히 낮아져 10ppm이나 떨어졌다가 1700년 넘어서서야 회복됐다.

① 서기 200~600년, 이산화탄소 5ppm 하락

② 1200~1400년, 5ppm 하락

③ 1500~1700년, 10ppm 하락

    그동안 과학자들은 이런 일시적 농도 하락을 화산 분출 감소 등으로 설명했다. 화산이 분출될 때 이산화탄소를 대량으로 뿜어내기 때문이다. 이에 반해 러디먼 교수는 최근 2000년 사이의 이산화탄소 농도 일시적 하락 역시 숲의 규모가 달라졌기 때문일 것이라고 보고 원인을 추적했다. 대기 중 이산화탄소 농도가 떨어지기 위해선 대규모로 숲이 생성돼야 한다. 4~10ppm의 변화가 있으려면, 앞서의 계산 (8000년 동안 3200억 톤의 탄소가 풀려나와 대기 중 이산화탄소 농도가 40ppm 상승했음)을 비례적으로 적용할 경우 탄소 중량으로 따져 320억~800억 톤의 탄소가 나무 몸통 속에 갇혀야 한다.

    숲이 파괴될 경우 대기 중으로 풀려나오는 이산화탄소가 전부 대기 중에 축적되는 건 아니다. 시간이 충분히 경과할 경우 풀려나온 이산화탄소의 70% 정도는 심해로 녹아들게 된다. 나머지 30%만 대기와 얕은 바다에 머무는 것이다. 그런데 러디먼 교수가 분석한 2000년 사이의 '전염병 기후 냉각화' 현상은 수십 년 내지 100~200년의 기간 동안 진행된 일들이다. 따라서 '심해로의 이산화탄소 용해' 또는 그 역(逆) 코스인 '심해 이산화탄소의 대기로의 풀려남' 현상이 일어날 수 없는 단기간의 사건들이다. 따라서 새로 무성해진 숲에 고정된 이산화탄소 가운데 심해에서 풀려나와 나무 몸통으로 들어간 양은 무시해도 될 수준으로 봐야 한다. 대부분 대기중 이산화탄소가 광합성 작용을 거쳐 숲에 고정(固定)된 것으로 봐야 한다. 그러므로 실제로는 320억~800억 톤이 아니라 그 3분의 1 수준인 110억~270억 톤의 탄소만 나무 몸통 속으로 고정되면 된다는 설명이다.

페스트 유행으로 인구가 감소하면서
숲 복원돼 CO_2 상승

세 번의 일시적 이산화탄소 농도 하락 가운데 첫 번째는 서기 200~600년 시기다. 당시 지구 전체 인구는 2억 명 정도였다. 그런데 이 기간 중 페스트와 천연두의 유행으로 유럽 인구 3600만 명 가운데 1000만 명이 사망했다. 서기 250년 쯤엔 유럽 전역에 천연두가 유행했다. 서기 500년이 되면 로마 제국이 붕괴하고 비잔틴의 동로마 제국이 콘스탄티노플에 세워진다. 그러고 나서 서기 540년에 페스트가 대유행했다. 역사학자들은 페스트균의 숙주인 쥐가 선박 창고 등에 숨어 있다가 다른 지역으로 병균을 옮기면서 페스트가 확산됐을 것으로 추정한다. 페스트는 항구 도시에서 내륙 도시로 번지면서 비잔틴 로마제국 전역을 황폐화시켰다. 버려진 도시들에 시체가 쌓여갔다. 사망자가 하루에 5000명, 심하면 1만 명을 넘어서는 경우도 있었다고 한다. 그 시기 유럽 인구의 25% 이상 죽었을 것이다. 페스트 유행은 서기 590년까지 계속됐다. 중국에서도 1500만 명의 인구 감소가 있었던 것으로 러디먼 교수 연구팀은 추정했다.

러디먼 교수는 남극 빙하에서 채취한 아이스코어 분석을 통해 이 시기에 이산화탄소 농도가 281ppm에서 276ppm으로 떨어졌다는 사실을 확인했다. 어림잡아 110억 톤 정도의 탄소가 새로 형성된 산림의 나무 몸통들에 고정된 것이다.

그런 다음 이른바 '중세 온난기(Medieval Warm Period)'를 거치면서 한동안 평안한 시대가 찾아왔다. 서기 1000~1300년의 유럽 인구는 7500

만으로 늘어났고 이산화탄소 농도는 283~284ppm 수준에서 안정되게 유지됐다. 그런데 1347~1352년 페스트가 다시 엄습해왔다. 중앙아시아에서 시작해 지중해와 북서 유럽까지 휩쓸었다. 당시 유럽 인구 7500만 명, 세계 인구는 3억 정도였다고 한다. 그런데 불과 5년 사이 유럽 인구의 3분의 1인 2500만 명이 사망한 것으로 추정됐다. 감염된 사람들은 발병 5일 이내에 피를 토하면서 사망했다. 죽은 시신에 검은 반점이 나타나기 때문에 역병은 '흑사병'으로 불렸다. 역사가들은 이 시기에 벌어진 일을 '블랙 데스(Black Death)'라고 부른다.

중국에서도 이 시기에 유럽과 비슷한 인구 급감을 겪었다. 여기엔 전염병 보다 외적 침략이 작용했다. 서기 1200~1400년 시기 몽골족으로부터의 대대적 침략이 있었다. 역사가들은 이 시기 사망 숫자를 2500만~5000만으로 잡는다. 보수적으로 잡은 게 3000만 명이라고 한다. 모두 몽골족의 칼에 죽임을 당했다기보다는 몽골족이 관개 수로나 곡물 운반용 운하 등의 농업 인프라를 파괴하면서 기근이 들어 굶어죽는 경우가 적지 않았다고 한다.

유럽과 중국의 인구 감소가 겹치면서 서기 1200~1400년 사이 이산화탄소 농도는 적어도 5ppm 이상 떨어졌다. 이때는 140억~270억 톤 정도의 이산화탄소가 고정된 것으로 러디먼 교수는 봤다. 러디먼 교수는 이 시기 중국과 유럽의 인구 감소가 전체 지구 인구의 20% 수준이었을 걸로 추정했다.

이산화탄소 농도가 가장 격렬하게 요동을 친 것은 1500~1700년의 시기이다. 미주 대륙에서 유럽인들이 전파시킨 병균에 의한 집단 떼죽음이 있었던 때다. 러디먼 교수가 내놓은 설명에 따르면 미주 대륙에는 유럽인들이 도착하기 전 5500만~6000만 명이 살았다. 그런데 유럽인들과 그들이 동반한 가축들이 몸에 붙여온 전염병으로 인해 1700년까지 인구의 85~90%가 죽고 600만~700만 명만 살아남았다. 천연두, 홍역, 결핵, 탄저병, 말라리아 등 온갖 전염병들이 신대륙 원주민 부락들을 초토화시켰다. 특히 유럽인들은 식량으로 쓰려고 돼지들을 배에 싣고 왔는데, 돼지는 병균의 집합체나 다름 없었다.

제레드 다이아몬드(Jared Diamond, 1937~)가 실감나게 묘사했지만 신대륙 사람들은 그 이전까지 별로 가축을 사육하지 않았다. 사육 가축이라곤 라마와 알파카 정도였다. 가축에서 유래된 전염병도 그다지 겪지 않았다. 원래 시베리아의 추운 지방에서 이주해온 원주민들이라 진화적으로 볼 때 애초부터 전염병에 노출되는 일이 적었다. 당연히 유럽인들이 몰고온 전염병에 대한 면역력도 갖추고 있지 않았다. 스페인의 코르테스가 1519년 600명의 군인을 이끌고 지금의 멕시코 지역 아즈텍 제국을 정복하러 상륙한 이래 2000만 명이었던 인구가 100년 뒤엔 160만 명으로 곤두박질쳤다. 스페인 사람들은 내버려두고 인디언만 골라 죽이는 천연두 때문이었다(Guns, Germs, and Steel 11장, 1997, 번역본 『총, 균, 쇠』).

중미 아즈텍 문명의 경우 유럽인들 도착 후 인구의 95% 이상 죽고 말았던 것으로 추정된다. 페루의 잉카 문명도 한창 때 인구는 1400만 명에 달했다. 그런데 1526년부터 유럽인들이 퍼뜨린 천연두로 인해 역시 90~95% 인구가 사망했다. 아마존에도 1500만 인구가 있었지만 90%가 사망했다. 북미엔 700만 명이 살았는데 1673년 프랑스 사람들이 가서 보니 앞서 유럽에서 전파됐던 전염병으로 마을들이 완전히 황폐화돼 있었다는 기록이 남아 있다.

이 당시의 미주 대륙 역사는 인류 역사상 최대 비극이었다. 약 5000만 명 정도 사망했을 것으로 러디먼 교수는 추정했다. 중국에서도 1600년대 초반 만주족이 명나라로 쳐들어 가면서 2000만 명 정도 인명이 희생됐다. 이 시기 아이스코어 분석에서는 당시 이산화탄소 농도가 10ppm쯤 떨어진 걸로 나온다.

서기 200~600년과 1200~1400년의 인구 감소는 장기간에 걸쳐 느린 속도로 진행됐다. 그런데다가 유럽과 아시아는 원래 인구 밀도가 높은 지역이어서 한번 버려져 산림화한 토지도 나중에 후손들이 다시 정착한다든지 해서 온실가스 농도 감소가 극적인 속도로 전개되지는 않았다. 그러나 1500~1700년 미주에서 벌어진 전염병 대량 살육은 생존 인구 자체가 별로 많지 않아 대부분 농토가 그냥 버려진 채로 장기간 방치됐다. 그래서 이산화탄소가 10ppm이나 떨어졌을 것이라는 것이 러디먼 교수의 해석이다.

공교로운 것은 이 시기가 기후학자들이 '소빙하기(Little Ice Age)'라고 부르는 시기와 맞물린다는 점이다. 기후학자들은 서기 1300~1800년 무렵에 지구 기온이 곤두박질치고 기후가 사나워졌다고 본다. 당시 지구 온도는 0.1~0.2도 정도 하강했고 심한 때는 0.4도까지 떨어졌다. 학자에 따라선 1도 이상 떨어진 걸로 본다. 이로 인해 대규모 기근이 닥쳤고 전염병도 기승을 부렸다. 인구도 크게 줄었다. 영국 런던의 템스 강과 중국 양쯔 강도 얼어붙었다.

이에 대해 러디먼 이전의 기후학자들은 화산 분출이 활발해 지구가 냉각된데다가 지구 궤도의 변화에 따라 태양 입사량 강도가 꾸준히 약화돼온 것이 작용했다고 봤다. 특히 당시 태양 흑점이 극도로 줄어들었던 점을 감안해 태양에서 분출되는 에너지 세기가 약해져 소빙하기의 냉각화 현상이 벌어졌을 걸로 추정해왔다. 태양 흑점은 태양의 에너지가 강할 때 늘어나고 약할 때는 줄어든다. 특히 1645~1715년의 기간 동안엔 아예 태양 흑점이 전혀 관찰되지 않았다. 기후과학자들은 19세기 흑점 연구가였던 부부 과학자의 이름을 따서 이 시기를 '몬더 극소기(Maunder Minimum)'라고 부른다.

러디먼 교수 가설은 인과 관계의 방향을 완전히 반대로 돌려놓았다. 이 시기에 신대륙을 중심으로 광범위하게 창궐했던 전염병을 기후 냉각화와 연결지은 것이다. 이 부분이 러디먼 교수의 '전염병 냉각화' 가설에서 특히 논쟁적인 부분이다. 전염병이 돌면서 인구가 급감했고, 그로 인해 농경지가 숲으로 변했고, 나무가 이산화탄소를 빨아들여 지구가 냉각화됐다는 것이다. 러디먼 교수의 가설이 기존의 기후 이론가들을 불편하게 만들었을 수밖에 없다.

농업 아니었다면
캐나다 배핀 섬에 빙하 형성됐을 것

러디먼 교수의 논리를 따라가다 보면 농업 기인 온난화 덕분에 지구가 빙기로 굴러떨어지는 운명에서 구해진 것은 아닌가 하는 발상에 도달하게 된다. 지구 궤도 변화에 따라 여름철 북반구 태양 입사량은 1만 년 전에 비해 8% 줄었다. 실제 1970년대에는 지구가 빙하기로 들어서고 있다는 주장을 펴는 학자들이 많았다.

러디먼 교수는 지난 수천 년간의 농업 기인 온실가스 배출이 없었을 경우 지구가 어떤 기후 시스템으로 향하고 있었을 것인가를 확인하기 위해 기후 모델을 돌려봤다. 그랬더니 농업 기인 온난화와 산업혁명 이후 온난화의 두 가지 요소가 모두 작동하지 않았다면 북반구 고위도 지역 여름철 기온은 지금보다 2~2.5도가 낮아지는 것으로 나왔다. 겨울철 기온은 5도 정도 떨어진다는 것이다. 겨울철 기온 하강 효과가 더 큰 것은 얼음과 눈에 의한 포지티브 피드백 작용 때문이다.

이렇게 되면 캐나다 북동부의 배핀 섬(Baffin Island)과 래브라도 지역은 여름철에도 눈이 녹지 않는 기후 조건으로 치달아 1년 내내 얼음과 눈에 뒤덮이게 된다고 한다. 빙하가 형성되는 초기 조건이 갖춰지는 것이다. 러디먼 교수는 서기 3000년경엔 얼음 두께가 500~1000m에 도달할 수 있다고 봤다. 본격적인 빙하 시대로 들어서는 것이다.

1975년 과학저널 《사이언스》에는 최근 수백 년 사이 북미 대륙 북동부 배핀 섬의 지의류 사멸 흔적에 대한 연구가 발표됐다. 북극권 지역 바위 표면에 붙어 사는 지의류는 약간의 빗물과 햇빛만 있으면 수십~수백 년에 걸쳐 겨우겨우 생존해 가면서 조금씩 성장한다. 그러나 오랜 기간 햇빛 공급이 끊기면 결국은 죽고 만다. 그런데 과학자들은 배핀 섬 일대에서 광범위한 지의류 사멸 흔적을 발견한 것이다(The Whole Story of Climate‒ What Science Reveals about the Nature of Endless Change 10장, Kirsten Peters, 2012).

과학자들은 탄소동위원소 분석을 시도해 사멸 지의류들이 언제쯤 죽었는지 분석해봤다. 그걸 갖고 해당 지역 일대가 언제쯤 햇빛 공급이 끊겼고, 언제부터 햇빛이 다시 공급돼 지의류가 자라기 시작했는지 확인할 수 있었다. 그 결과 배핀 섬 일대 지의류 사멸 시기는 1600~1900년이었다는 결과가 나왔다. 그 기간 동안 녹지 않는 눈덩이에 덮여 있었던 것이다. 그 결과를 토대가 지구가 소빙하기로 들어갔던 시기에 캐나다 북동부 지역은 빙하가 형성되는 초기 단계의 기후 조건에 들어서고 있었다는 주장을 할 수 있게 된 것이다.

'정신 나간 주장'이란 말까지 나온 러디먼에 대한 반론

러디먼 가설은 획기적이고 도발적이어서 과학계 한편에서는 환호에 가까운 반응을, 다른 편에서는 회의가 섞인 부정적인 반응을 불러일으켰다. 이산화탄소와 메탄 농도가 최근 수천 년 간 변칙적으로 움직여왔다는 사실을 러디먼 이전 학자들은 주목하지 못했다. 러디먼 교수와 견해가 다른 연구자들은 메탄 농도가 증가한 것은 북극 지방 습지가 확장됐기 때문이고, 이산화탄소 농도 상승은 해양의 화학 반응이 변화했기 때문이라는 등의 자연 요인설을 주장했다.

아이스코어 등에 기록된 지구 기후의 역사는 적어도 최근 수십만 년 동안은 지구 궤도 변화에 맞춰 주기적으로 규칙적인 변화를 밟아왔다. 여름철 북반구 햇빛 세기가 강해져 유럽과 북미 지역 대륙 빙하가 녹으면서 간빙기로 들어서고 난 다음부터는 서서히 이산화탄소와 메탄가스 농도가 낮아졌다. 기온도 꾸준히 낮아졌을 것이다. 그런 간빙기가 1만 년쯤 지속된 다음 북극권 지역 대륙에 빙하가 형성되기 시작했다. 그러나 이번 간빙기에는 간빙기에 들어선 지 수천 년 만에 이산화탄소와 메탄가스 농도가 하강이 아니라 상승하는 변칙 움직임을 보였다. 러디먼 교수는 그것이 '자연적 요인' 때문이라면 과거 간빙기들에서는 왜 비슷한 현상이 나타나지 않았느냐고 대응했다.

그런데 스위스 베른 대학 연구팀에서 제시한 반론은 러디먼 교수 가설을 휘청거리게 할 만큼 강력한 것이었다. 남극 아이스코어에서 채취한 지난 8000년 동안의 이산화탄소 샘플에 대해 동위원소 분석을 해본 결과 러디먼 교수의 가설과 동떨어진 결과가 나왔다는 것이다. 식물은 탄소 동위원소 가운데 대기 중에 존재하는 비율보다도 동위원소 13-탄소(δ^{13}C)에 비해 12-탄소(δ^{12}C)를 더 선택적으로 흡수하는 경향이 있다. 러디먼 교수 가설이 맞다면 나무 숲이 분해돼 대기 중 이산화탄소가 늘어난 것이므로 그런 시기의 동위원소 12-탄소 농도는 정상보다 증가해야 맞다. 그것이 확인되지 않고 있다는 것이다. 이 연구는 2009년 《네이처》에 발표됐다. 러디먼 교수팀은 이에 대해 베른대 연구팀이 북극 지방 피트층에서 12-탄소를 흡수해버린 것을 과소평가하고 있다고 주장하면서 방어 논리를 폈다. 논란은 여전히 진행되고 있다.

또 하나 중요한 반론은 수천 년 전 인구는 고작해야 1000만 명, 2000만 명 수준이었을 텐데 그 정도 인구 규모로 대기 중 온실가스 농도를 바꿔놓을 수 있을 만큼 숲을 대규모로 파괴할 수 있었겠느냐는 것이다. 반론을 펴는 학자들은 수천 년 전 집단 거주지들에서 확인된 목탄의 고고학적 증거들도 거론하면서 당시 인간들이 나무를 베어 태운 규모로는 도저히 이산화탄소 증가를 유발시킬 수 없었을 것이라고 주장했다. 심지어는 40ppm에 달하는 이산화탄소 농도 상승을 일으킬 만한 나무 숲 자체가 지구상에는 없었다는 주장까지 나왔다.

이런 반론에 대해 러디먼 교수 연구팀은 인구 규모만 갖고 기계적으로 수천 년 전의 농업 경작 규모를 추정해선 안 된다고 주장했다. 수천 년 전 농민들은 한 군데 농지에서 퇴비를 뿌려 지력을 관리해가며 농사를 지은 것이 아니었다. 숲에 불을 질러 타고 남은 유기물 영양분 덩어리로 기름지게 조성된 토지에 농사를 짓다가 영양분이 소실되고 나면 또 다른 곳의 숲을 찾아가 불을 질렀다. 이런 약탈적 원시 농법을 감안하지 않고 쟁기로 밭을 갈고 가축 분뇨를 뿌려 농지에 영양분을 공급하는 근대적 집약 농법을 전제로 논리를 펴서는 곤란하다는 것이다.

유럽의 6000년 전 마을을 조사한 고고학 연구에 따르면 6가족 30명이 생존하는 데 필요했던 토지 면적이 무려 120ha나 됐었다고 한다. 또 2000년 전 농부는 1인당 경작 면적이 산업혁명 직전 수준의 4~5배에 달했다는 것이다. 중국의 논농사 경우 2000년 전 1인당 경작 면적이 1.6ha였지만 1800년대에는 0.4ha 수준으로 줄어들었다. 최근엔 0.1ha 아래 수준이다. 과거로 거슬러 올라갈수록 인구 1인당 경작 면적이 굉장히 컸다는 점을 감안해야 한다는 것이다.

러디먼 교수와 입장을 같이하는 제드 카플란(Jed Kaplan) 박사는 2010년 과학저널 《홀로세(The Holocene)》에 발표한 논문에서 농법상 차이를 감안해 수천 년 간의 농업 기인 숲 파괴 면적과 그에 따른 이산화탄소 농도 상승치를 추정했다. 그 결과 산업혁명 시기 전까지 농업으로 인한 숲의 파괴로 3400억 톤의 탄소가 배출됐으며, 이것은 대기 중 이산화탄소 농도를 24ppm 끌어올리는 효과를 갖고 있다고 밝혔다(Earth Transformed 11 · 14장, William Ruddiman, 2014년). 반면 러디먼 가설에 반론을 편 학자들은 농업 기인 배출 탄소 양은 기껏해야 500억~900억 톤 수준이었을 것이라고 봤다.

러디먼 교수가 주장한 '농업 기인 이산화탄소 농도 상승치'는 40ppm이다. 카플란 박사가 설명한 24ppm을 뺀 나머지 16ppm에 대해 러디먼 교수는 '포지티브 피드백' 작용을 갖고 설명을 시도했다. 원시적 농업으로 숲이 파괴돼 이산화탄소와 메탄이 배출된 후 그것들에 의해 바다 수온이 올라갔다는 것이다. 그렇게 되면 바다로부터 이산화탄소 등 온실가스들이 더 풀려나온다. 이 부분은 증거로서 뒷받침되고 있다기보다는 추측에 가깝다. 앞으로 더 많은 논쟁과 검증이 필요할 것이다. 기후 과학자들이 자기 가설을 입증하지 못할 경우 검증이 어려운 피드백 메커니즘을 만병통치약처럼 들고 나오는 경우들이 있다.

러디먼 교수에 대해 가장 격렬한 반응을 보인 것은 러디먼 교수의 과거 연구소 동료 과학자였다. 러디먼 교수는 버지니아대로 옮기기 앞서 컬럼비아대 라몬트–도허티 연구소에서 연구원 생활을 했다. 그 라몬트–도허티 연구소의 월리스 브뢰커(Wallace Broeker, 1931~) 박사는 러디먼 가설에 대해 "정신 나간 주장이다. 전부가, 완전히 말이 안 된다(It's an insane argument. It's total and utter nonsense)"라고까지 했다. 브뢰커 박사는 농업으로 인해 숲이 파괴돼 이산화탄소 농도가 상승한 것이라면 이산화탄소 농도 상승 속도는 시간이 지나면서 점점 빨라져야 한다고 했다. 8000년 전, 5000년 전에 비해 2000년 전, 1000년 전의 인구 규모가 비할 바 없이 크고 숲의 파괴 규모도 컸을 것이기 때문이다. 그러나 아이스코어에 기록된 이산화탄소 농도 변화를 보면 최근으로 올수록 농도 상승 속도는 둔해졌다. 브뢰커 박사는 따라서 수천 년 사이 대기 중 이산화탄소 농도 상승은 숲의 파괴에서 비롯된 것이 아니라 심층 해수로부터 이산화탄소가 서서히 풀려나왔기 때문일 거라고 주장했다. 동위원소 12-탄소($\delta^{12}C$)의 비율이 수천 년 사이 증가하지 않고 있는 것도 그걸 뒷받침한다는 것이다.

브뢰커 박사는 또 40만 년 전 간빙기 때에도 지금의 간빙기와 비슷한 현상이 나타났다고 주장했다. 40만 년 전 간빙기는 지금의 간빙기로부터 역으로 거슬러 올라가 다섯 번째 간빙기를 말한다. 러디먼 교수가 '농업 기인 온난화 가설'을 내놨을 때는 아직 이 시기의 아이스코어 분석이 완료되지 않아 분석에 포함시킬 수 없었다. 그런데 브뢰커 교수가 분석해본 결과 40만 년 전 간빙기 때에도 이산화탄소는 무려 2만 8000년 동안이나 상당히 높은 수준(270ppm)을 유지했다. 간빙기 기간이 1만 년 지속되고 나면 이산화탄소 농도가 크게 떨어져 빙기로 접어든다는 러디먼 교수의 기본 전제가 모든 간빙기에 적용되는 것으로 봐서는 곤란하다는 것이다.

브뢰커 박사의 기후과학계의 거목이다. 앞으로도 브뢰커 이름이 자주 등장하겠지만, 그의 '해양 컨베이어 벨트' 이론은 해양 기후학 분야의 기둥에 해당하는 학설이다. 그는 많은 과학자와 언론들이 빙하기 도래를 우려하던 1975년 8월 《사이언스》에 「기후 변화-우리는 지구 온난화라는 벼랑에 서 있는가?(Climate change: Are we on the brink of a pronounced global warming?)」라는 논문을 발표하면서 '지구 온난화'라는 말을 처음 등장시켰다. 그러나 브뢰커 박사의 반론은 감정적 측면도 있다. 러디먼 교수 가설을 비판하면서 동원한 용어들도 그렇지만, 그의 비판 논리에는 꼭 과학적이지만은 않은 동기도 있는 것같다. 브뢰커 박사는 언론에 "러디먼 가설은 (기후 변화 이론의) 거부자(denier · 온난화 이론에 반대 논리를 펴는 사람들에 대한 경멸적 표현)들에게 값싼 무기를 가져다줬다. 만일 원시 농민들이 빙하기를 막아준 것이라면 그건 좋은 것 아니냐는 논리가 가능하기 때문이다. 그건 기후 변화 논란을 흐려버린다. 그것 때문에 내가 좀 감정적으로 반응하는 측면이 있긴 하지만 나는 러디먼 가설을 '나쁜 과학(bad science)'으로 본다"고 말했다.

언론 보도 내용들을 보면 저명한 미국 지질학자인 펜실베이니아 대학 리처드 앨리(Richard Alley) 교수는 "나는 러디먼이 이겼다고 말하지는 않는다. 게임 끝났으니 집에 가자고는 안 한다. 그러나 그는 메탄가스에 관한 한 상당한 진전을 거뒀다"고 했다. 앨리 교수의 평가는 러디먼 교수 연구팀이 2008년 논문에서 중국의 6000~4000년 전 벼농사 경작 규모가 이전에 알려진 것보다 훨씬 대규모였다는 증거를 내놓은 것을 거론한 것이다. 영국의 고기후(paleoclimate) 학자인 에릭 울프(Eric Wolff) 박사는 언론 인터뷰에서 "(현재로선) 아무도 러디먼의 주장을 확실히 무너뜨릴 수 없다"고 했다. 러디먼 교수 자신은 가설이 나온 지 11년이 지난 2014년 "내 느낌으로 소수는 내 이론을 믿고, 다수는 관심이 있지만 확신을 못 갖고 관망하는 수준이다. 그러나 서서히 내게 유리한 쪽으로 정리돼가고 있다"고 했다(Earth Transformed 13장, 2014).

이렇게 평가가 팽팽하게 갈리는 상황에서 2016년 1월 《네이처》에 가노폴스키 박사 논문이 발표됐다. 가노폴스키 박사는 산업혁명 전 이산화탄소 농도가 정상이었다면 240ppm까지 떨어졌을 것이라고 전제했다. 그랬다면 지구는 이미 빙기로 돌입한 상황이었을 것이라는 설명이다. 가노폴스키는 정상이었다면 240ppm이었어야 했을 이산화탄소 농도가 산업혁명 전까지 왜 40ppm 변칙적으로 상승해 280ppm에 도달했는지에 대해 러디먼 교수의 '농업 기인 온난화 가설'을 소개하면서 "아직은 분명치 않다"고 했다. 그러나 가노폴스키 논문이 러디먼 가설의 신빙성을 상당히 높여준 것으로 평가해도 좋을 것이다.

구원일 수도, 재앙일 수도 있는
이중적 존재 이산화탄소

1970년대 중반 지구 궤도와 빙하 사이클을 연구하는 과학자들은 빙하기가 곧 닥친다고 주장했다. 이것은 1940~70년의 기간 동안 지구 평균 기온이 정체, 또는 미세한 냉각화의 흐름을 보인 것과도 관련이 있다. 그러다가 1980년대 들어서는 지구 기후가 차가워지고 있는 것이 아니라 더워지고 있다는 온난화론이 우세해졌다. 기온 추세 자체가 1980~2000년의 20년 동안 급격한 상승세를 보였다.

그런데 러디먼 교수의 '농업이 빙하기 도래를 저지해줬다'는 주장은 기후 변화론 주창자들과 그 반대론자들의 양쪽에서 각기 자신들 입장에 유리한 쪽으로 해석할 수 있는 측면이 있다. 한편으로 보면 농업 확산과 산업혁명이라는 두 가지 인간 활동으로 빚어진 온난화가 빙하기 돌입을 막아줬기 때문에 결국 인간에 이로운 것 아니냐는 논리를 펼 수 있을 것이다. 온난화 회의론자들 입장에서는 "그것 봐라. 온실가스가 되레 인간에 이익을 가져다 준 것 아니냐. 온실가스 배출을 놓고 호들갑 떨 필요 없다"고 주장할 수 있는 것이다.

반면 러디먼 교수 가설은 반대로 해석할 여지도 있다. 과거 1000만 명, 2000만 명 수준의 인간 집단이 원시적 기술의 농법을 갖고도 지구 기후를 바꿔놓을 수 있었다면 수십억 인구가 화석 연료를 캐 쓰면서 배출하는 온실가스 영향력은 얼마나 크겠는가 하는 것이다. 실제 러디먼 교수는 "현재의 온난화 추세는 워낙 속도가 빨라 오랫동안 지속된 간빙기의 안정된 기후 시스템을 뒤흔들 가능성이 있어 인간의 생존과 번영을 위협할 수 있다"고 말했다.

러디먼 교수의 주장에 대해 확실한 결론이 내려지려면 시간이 걸릴 것이다. 다만 러디먼 가설과 가노폴스키 논문을 종합해보면 이산화탄소라는 것은 미묘한 이중적(二重的) 존재라는 것을 알 수 있다. 일정 수준의 이산화탄소 배출은 빙기 도래를 막아주는 효과가 있다. 거대 빙하가 대륙을 뒤덮는 상황은 인간에겐 끔찍한 재앙일 것이다. 그런 의미에서 본다면 300ppm 수준 안팎에서 유지되는 이산화탄소는 인류에겐 '구원(救援)'의 존재가 된다. 그러나 이산화탄소는 현재의 400ppm을 훨씬 넘어 600~700ppm이나 또는 그 이상의 농도까지 치솟을 때 지구 기후·생태 균형을 사납게 뒤흔들어 놓을 가능성이 크다. 재앙을 몰고오는 악마(惡魔)적 존재로 뒤바뀔 수 있다. 기후 변화의 '위키드'한 성격을 여기서 다시 확인하게 된다.

2

빙하기 존재의
검증

Wicked
Problem

기후 변화는 빙하기 문제를 떼어놓고는 이해할 수 없다. 우선 우리가 지금 빙하기에 살고 있다. 현실적으로 남극 대륙과 그린란드에 거대 빙하가 존재한다. 현재는 빙하기 중에서 간빙기(間氷期)에 해당된다. 북미 대륙과 유라시아 대륙의 빙하는 녹아 없는 상태다. 그러나 결국은 빙기(氷期)로 들어설 수밖에 없는 것이 지구 기후의 운명이다.

빙기가 되면 북미와 유라시아 대륙 북부에 거대 빙하가 생성될 것이다. 두께가 2~3km에 달하는 얼음 덩어리는 우리 인식으로는 가늠조차 어렵다. 2016년 현재 세계에서 가장 높다는 두바이의 163층 부르즈갈리파 빌딩 높이가 828m다. 그것의 네 배쯤 되는 높이로 대륙이 얼음에 뒤덮이는 것이다. 지구 기후 시스템은 지금과는 완전히 다른 모습일 것이다.

현재의 빙하기는 280만 년 전쯤 시작됐다. 그전까지는 지금보다 훨씬 따뜻한 날씨였다. 수억 년 전에도 빙하기가 있었다. 그런 먼 과거에 지구가 빙하로 덮였었는지를 알 수 있는 것은 바다 밑바닥 퇴적토 조사를 통해서다. 빙하가 대륙 중심부에서 생성된 후 꾸준히 자라가는 과정을 상상해보자. 지구 궤도 변화로 북반구 여름철에 닿는 햇빛 세기가 약해지면 극지방에 겨울과 봄·가을에 내린 눈은 여름에도 녹지 않고 기존 빙하 위에 쌓여간다. 빙하가 점점 커지는 것이다.

유럽과 북미 지형이
험준하지 않고 완만한 이유

빙하는 흐름을 갖고 있다. 빙하 중심부가 두꺼워질수록 빙하 변두리는 서서히 밖으로 밀려나간다. 여름철에 녹은 수km 두께 빙하 덩어리가 미끄러져 내려갈 때 바닥 토양은 빙하 무게로 깎여 나간다. 빙하 덩어리는 사정없이 바위를 긁고 토양을 깎아 내려간다. 빙하는 그렇게 해서 떨어져 나온 자갈과 바위, 흙덩어리를 끊임없이 빙하 바깥 쪽으로 실어 나른다. 유럽과 북미 대륙 북부 지역에 험준한 산악이 별로 없고 대체로 완만한 구릉지인 이유는 빙하가 성장-쇠퇴를 반복하면서 각진 지형을 깎아버렸기 때문이다.

그렇게 수만 년을 보내다가 다시 지구 궤도가 달라져 여름철 태양의 힘이 강해지면 빙하는 녹아 쇠퇴하기 시작한다. 변두리부터 시작해 빙하가 녹고 두께도 얇아진다. 그러면 빙하가 밀고 내려왔던 바위, 자갈, 모래, 진흙들은 빙하가 후퇴하는 지점에서 쌓이게 된다. 그것들은 강물이 싣고 내려와 퇴적되는 양상과는 확연히 다를 수밖에 없다. 강물은 무거운 바위 덩어리와 큼지막한 자갈은 맨 상류에, 자잘한 자갈은 중류에, 모래와 진흙처럼 미세 입자는 하류에 쌓아놓는다. 덩어리와 입자 크기에 따라 종류별로 퇴적시킨다. 그러나 빙하는 집채만 한 바위에서부터 미세 모래 입자에 이르기까지 범벅으로 섞인 형태로 한 자리에 쌓아놓게 된다.

빙하가 커졌다 작아졌다 하는 과정에서 과거 빙하 흔적은 새로 만들어진 빙하의 작용에 의해 지워진다. 이 때문에 가장 최근 빙하의 흔적 말고는 그 전 시대 빙하 흔적들은 좀체 남아 있지 않게 된다.

그런데 바다는 좀 다르다. 대륙 빙하가 커져 해안까지 닿았다고 생각해보자. 빙하 덩어리 속에 담겨 있던 바위, 자갈, 모래들은 빙하가 바다에 닿아 녹고 나면 그 자리에 쌓인다. 그런 후 다음 번 빙하기에 다시 빙하가 바다로 밀려 들어오면 그때 역시 빙하가 쓸고 내려온 퇴적물들이 먼저의 퇴적물 위에 쌓이게 된다. 이런 식으로 대륙 주변부 얕은 바다에는 빙퇴석(氷堆石 · moraine)들이 층층이 쌓이는 곳이 있게 마련이다. 이런 곳들의 빙퇴석 구조와 성분, 그 속에 섞인 유기물들을 분석하면 빙하의 성장과 쇠퇴가 어느 시기에 어떤 식으로 전개됐는지 어렴풋이나마 짐작할 수 있다.

루이 애거시의 빙하기론 등장

지구 표면을 거대 빙하가 덮은 적이 있었다는 사실을 맨 처음 학문적으로 입증한 사람은 19세기의 스위스 과학자 루이 애거시(Louis Agassiz, 1807~1873)이다.[*]

애거시는 원래 물고기 화석을 연구하는 생물학자였다. 그 분야에서 상당한 입지를 구축했었다고 한다. 그는 독일에서 학위를 땄고 독일 · 프랑스 · 스위스 등에서 연구 활동을 벌였다.

그러던 중 애거시는 1836년 스위스 산악 지대를 방문하게 되었다. 휴가 일정이었는데 장 드 샤르팡티에(Jean de Charpentier)라는 그의 친

---

[*] 애거시 관련 부분은 〈The Whole Story of Climate- What Science Reveals about the Nature of Endless Change, Kirsten Peters, 2012〉, 〈Frozen Earth-The Once and Future Story of Ice Ages, Doug Macdougall, 2005, 번역본『우리는 지금 빙하기에 살고 있다』〉, 〈Ice Ages: Solving the Mystery, John Imbrie, 1979, 번역본『빙하기: 그 비밀을 푼다』〉, 〈판 구조론, 김경렬, 2015〉 등에 주로 의존해 정리했다.

구가 애거시를 산으로 데리고 갔다. 스위스 일대가 과거 두꺼운 빙하에 덮여 있었을 것이라는 생각을 갖고 있던 사람이다. 평소 자기 생각을 애거시에게 말했지만 애거시는 믿지 않았다. 암염 광산 사장이면서 자연과학에 관심이 있었던 드 샤르팡티에는 애거시에게 자기가 봤던 증거들을 보여주려고 애거시를 초청했던 것이다. 애거시는 현장에서 반박 증거를 찾아내 친구 생각이 터무니없다는 걸 일깨워주려 했었다고 한다.

그런데 그때의 알프스 방문에서 애거시는 거꾸로 빙하기의 존재에 관한 돌이킬 수 없는 확신을 갖게 된다. 드 샤르팡티에는 애거시를 산악 빙하 위에 박힌 거대한 바위에 데려갔다. 그 바위는 과거엔 훨씬 높은 고도에 있던 것이었다. 그것이 차츰 흘러내려가고 있다는 걸 애거시에게 보여준다. 다른 곳에는 빙하 위에 세운 움막이 있었는데 이것도 미끄러져 내려가고 있었다. 말하자면 빙하는 흐르는 얼음 강(icy river)이었던 셈이다. 나중에 애거시는 본격적으로 빙하 연구에 착수했을 때 빙하 계곡을 가로질러 여러 개의 기둥을 꽂아두었다. 그리고는 그것들이 시간 흐름에 따라 아래쪽으로 흘러내리고 있고, 기둥들 중에서 가운데 쪽에 꽂았던 기둥들이 더 빨리 흘러내려가 아크 형태를 만들게 된다는 걸 확인했다.

드 샤르팡티에는 애거시를 빙하 끝부분으로도 데려갔다. 그곳은 얼음 덩어리가 녹아 없어지면서 크고 작은 암석과 자갈들이 뒤범벅이 되어 쌓여 있었다. 빙퇴석 더미였다. 그것들이 언덕을 이루고 있었다. 빙하는 자갈 덩어리와 모래 입자들을 빙하 맨 바깥 쪽으로 실어나르는 컨베이어 벨트였다. 그리고 얼음이 녹은 아래쪽으로는 물이 콸콸 흘러내려오고 있었다.

빙하가 옮겨온 자갈 덩어리들은 보통 하천에서 보는 것처럼 둥글둥글하지 않았다. 모나고 각져 있었다. 알프스 꼭대기에서 볼 수 있는 돌들과 비슷했다. 하천의 물 흐름을 타고 쓸려내려와 퇴적됐다면 있을 수 없는 모양이었다. 표면에는 긁힌 자국들이 있었다. 긁힌 자국들은 빙하에 박혀 이동하던 자갈과 돌멩이들이 바닥 암반과 마찰하면서 생긴 것이었다. 암반에도 빙하가 흐르는 방향으로 스크래치들이 남아 있었다. 빙하가 흐른 계곡 양옆 산등성이에도 빙하 흐름과 평행하게 그런 자갈과 흙더미들이 쌓여 있었다. 흐르는 빙하에 의해 옆으로 밀려나 무질서하게 쌓인 것들이었다.

그리고 빙하에서 한참 떨어진 산 아래쪽에선 고립된 바위 덩어리들이 놓여 있었다. 산꼭대기에서 발견되는 것과 같은 형태 바위들이었다. 어떤 것들은 집채만 했다. 흐르는 물의 힘으로는 도저히 실어나를 수 없는 크기의 바위들이 저마다 떨어진 위치에서 발견됐다. 빙퇴석 더미들도 여기저기서 확인할 수 있었다. 어떤 바위나 빙퇴석 더미는 현재의 빙하 위치에서 수십km 아래쪽에서도 발견됐다. 과거엔 빙하가 그 멀리까지 확장돼 있었다는 증거였다.

애거시는 빙하 연구에 착수한 다음해인 1837년 스위스 뇌샤텔에서 열린 스위스 자연사학회 모임에서 '빙하기(Eis Zeit, Ice Age)'라는 제목의 강연을 했다. 스위스 알프스 전역이 빙하로 덮여 있던 시기가 있다는 내용이었다. 그로부터 다시 3년 뒤인 1840년에는 『빙하기의 연구(Studies on Glaciers)』라는 책을 출간했다. 그 책에서 애거시는 과거 북극에서 지중해까지 유럽 대륙 전역이 얼음으로 덮여 있었다고 주장했다.

애거시의 빙하기 이론은 완강한 반론에 부딪혔다. 왜냐하면 그 당시에 주라기 시대의 파충류 화석처럼 온난 기후에서나 살 수 있는 냉혈 동물들의 화석이 발견되곤 했기 때문이다. 스칸디나비아 탄광 속에선 따뜻한 기후에서 자라는 고사리잎 화석이 나오기도 했다. 유럽이 빙하에 덮여 있었다면 어떻게 그런 화석 증거들이 나오겠느냐는 것이었다.

지금 시각에서 본다면 아무 의문이 남지 않는 일이다. 공룡이 살던 것은 1억 년쯤 먼 과거의 일이다. 빙하기는 280만 년 전 시작됐다. 1억 년 전 지층에선 공룡 화석이 나오고 그 뒤 형성된 지표면에서 빙하 흔적들이 확인되는 것은 이상할 게 없다. 그러나 당시 과학자들은 공룡 시대와 빙하 시대가 시간상 멀리 떨어져 선후 관계로 존재했었다는 사실에 생각이 미치지 못했다. '과거에 빙하 시대가 있었다는데 왜 공룡 화석이 나올 수 있느냐'고만 의문을 품었다. 그래서 당시 과학자들 다수는 애거시의 빙하 가설에 대해 스위스에 국한된 현상으로 봤다.

애거시는 1840년대 들어서서는 스위스 밖 증거들을 찾아나섰다. 영국으로 답사를 가서 스코틀랜드, 웨일스 등에서 풍부한 증거들을 확보했다. 1846년에는 미국으로 갔다. 거기서 하버드대 교수로 활동하면서 북미 대륙에도 빙하기가 찾아왔었다는 것을 입증하는 증거들을 수집했다.

이런 그의 활동에 힘입어 1850년대에는 과학계에 빙하기 이론이 확실히 자리를 잡았다. 그러나 애거시는 결정적 편견을 갖고 있었다. 빙하 역시 하느님이 지상의 모든 것을 쓸어버리려 만들어낸 자연 현상이었다며 기독교 신앙을 바탕으로 해설했다. 그는 빙하기가 있었다는 사실을 확인해내긴 했지만 지구상에 왜 빙하기가 나타났는지 그 원인에 대해서는 별로 고민하지 않은 것이다. 그는 빙하를 '신의 위대한 쟁기(God's great plough)'라고 표현하기도 했다. 어쨌든 미국 과학계는 빙하기 이론을 세운 그의 공로를 기려 북미 대륙 최대의 빙하 호수에 '애거시 호(湖)'라는 이름을 붙였다.

애거시의 빙하기 이론은 19세기 유럽 과학계의 골칫거리에 해답을 준 것이다. 당시의 과학자들은 곳곳에서 발견되는 빙퇴석 더미의 미스터리를 놓고 골머리를 앓고 있었다. 빙퇴석 더미들은 집채만 한 바위 덩어리에서부터 작은 모래 알갱이까지 크기가 전혀 종류들이 한데 뒤섞여 있었다. 흐르는 물에 의해 옮겨졌다면 생기기 어려운 현상이었다. 그리고 석회암 지대에 난데없이 1만 톤짜리 거대 바위 덩어리가 하나 놓여 있는 사례도 있었다. 물의 흐름에 의해 운반될 수는 없는 것들이었다.

애거시 시대의 과학자들은 성서에 기록된 노아의 대홍수(Noah's Flood)가 그런 기이한 현상을 만들어냈을 것이라는 '홍수 격변설'을 주장하곤 했다. 빙퇴석 더미에서는 이따금 조개껍질이 발견되기도 했다. 그걸 놓고 대홍수 때 바다가 육지를 덮었기 때문이라고 설명한 학자도 있었다. 이런 설명에 부담을 느낀 일부 과학자들은 '대홍수 때 암석들이 박혀 있던 빙산이 떠내려와 녹으면서 암석이 가라앉아 빙퇴석이 되었다'고 설명하기도 했다. 빙산이 일종의 얼음 뗏목으로 작용했다는 것이다.

19세기 지질학자들은 지층 조사를 통해 그 당시는 존재하지 않던 생물들의 화석들을 속속 발견했다. 지구상에 생물의 대량 멸종이 있었다는 증거였다. 당시는 기후 급변이라든지 생물 멸종 같은 생각은 떠올리기 어려웠던 시대였다. 신의 창조는 완벽한 것이어서 신이 모든 변화를 통제하는데 어떻게 급변이 일어났겠느냐는 것이었다. 애거시는 자신의 빙하설과 생물의 멸종 흔적을 연결시켜 빙하가 지구를 덮으면서 모든 동식물을 한꺼번에 멸종시켰다고 봤다. 지금의 동식물은 신의 창조로 새로 등장한 것이라는 해석이었다.

빙기-간빙기
주기적 교대가 확인되다

애거시의 뒤를 이은 지질학자들은 가장 최근의 빙하기 흔적 아래쪽에 그 빙하기보다 앞선 시기의 온난 기후가 존재했었다는 증거들을 속속 확인했다.[*]

우선 미국 지질학자 찰스 휘틀시(Charles Whittlesey, 1808~1886)는 빙퇴석 언덕 아래쪽에서 토양과 나무가 자랐던 흔적층이 있다는 것을 확인했다. 그보다 더 아래쪽에선 다시 빙퇴석층이 나왔다. 빙기와 간빙기가 교대로 찾아왔다는 것을 보여주는 증거였다. 토머스 크라우더 체임벌린(Thomas Chrowder Chamberlin, 1843~1928)이라는 휘틀시 다음 시대 지질학자 역시 나무 식생층 사이 사이에 낀 여러 층의 빙하기 지층을 확인했다. 그는 장기간의 빙기 사이 사이에 온난기는 잠깐 잠깐 찾아왔었을 것으로 추정했다. 체임벌린은 결국 우리 시대도 나중엔 빙하기로 돌아가지 않겠느냐는 문제 의식을 가졌다.

19세기 후반 유럽과 북미 지질학자들은 유럽의 스칸디나비아, 북미의 허드슨강과 5대호 일대 지역에서 육지가 솟아오르는 현상을 발견했다. 100년에 20~50cm 정도 속도였다. 지질학자들은 이런 육지의 솟아

---

[*] 이 부분은 주로 『The Whole Story of Climate』(Kirsten Peters, 2012)를 참조했다.

오름은 대륙 빙하가 있던 곳에서 빙하가 사라지면서 생긴 반작용이라고 해석했다. 무거운 빙하에 눌려 있던 지각이 빙하가 녹아 사라진 후 사라진 무게에 대한 반동으로 꾸준히 상승해 아직도 솟아오르고 있다는 설명이었다.

과학자들 측정으로 스칸디나비아 반도 부근은 연간 10cm 정도씩 솟아오른다는 사실이 확인됐다. 이 지역은 과거 두께가 3km나 되는 빙하가 누르고 있던 곳이다. 무게 압력으로 따지면 1m²당 무려 2700톤이나 되는 무게가 가해졌던 것이다. 마지막 빙하기 이후 수천 년 사이 그 거대한 빙하가 녹아 사라진 후 스칸디나비아 반도 주변은 지금까지 약 350m 융기했다고 한다. 현재 평균 수심 50m밖에 되지 않는 발트해는 수천 년 뒤엔 육지로 변해 있을 것이다.

1800년대 말에서 1900년대 초반에 이르는 시기에 여러 지질학자들은 빙하가 존재하던 시대에 빙하들이 녹아 이뤄진 거대 빙하 호수가 뭔가의 원인에 의해 붕괴되면서 대홍수를 일으킨 흔적들을 잇따라 발견했다. 미국 유타주의 솔트레이크도 그런 빙하호의 하나였다. 거기에 지금의 5대호에 필적할 정도의 수량이 담긴 적도 있었다. 이 거대 빙하호가 붕괴하면서 엄청난 홍수를 야기시켰고, 그 후 호수는 지금까지 계속 건조화되면서 염수호로 변해버렸다. 미국 몬타나 서부에 있던 미슐라라는 빙하 호수는 소양호의 700배 정도 되는 2조 톤의 물을 담고 있던 거대 빙하호였다. 그것이 일시에 붕괴해버리는 바람에 지금의 워싱턴주 등 미국 북서부 일대에 상상할 수 없는 천재지변 규모의 대홍수를 불러일으켰다. 20세기 지질학자들은 당시의 대홍수가 1만 5000년 전부터 1만 3000년 전 사이에 주기적으로 벌어진 걸로 추정했다. 이런 빙

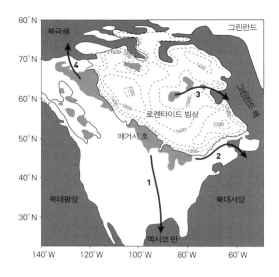

그림 1 북미 대륙 로렌타이드 빙하가 녹아 형성된 호수들의 융빙수가 바다로 유입되는 경로. 짙은 회색 부분이 빙하 호수들이다. ①은 애거시 호에서 현재의 미시시피 강을 지나 멕시코 만으로 유입되는 경로. ②는 현재의 세인트로렌스 강을 지나 북대서양 해역으로 들어가는 경로. ③은 허드슨 만 부근에서 래브라도 해를 지나 북대서양 북부 해역으로 유입되는 경로. ④는 대륙 빙하 서쪽 가장자리에 형성된 호수에서 북극해로 유입되는 경로. チェンジング・ブルー ─気候変動の謎に迫る(大河内直彦, 2008, 번역본『얼음의 나이』) 11장에서 인용했다.

하호의 붕괴는 지구 전체에 걸쳐 급격한 기후 변화를 일으킨 원인으로 꼽힌다.

애거시 호도 그런 빙하 호수의 하나였다. 애거시 호는 5대호 북서부에 존재했던 빙하 호수이다. 면적이 최대일 때는 현재의 5대호를 모두 합한 것보다 컸다. 현존하는 지구상 최대 호수인 카스피해보다 컸다. 빙하 녹은 물로 채워진 애거시 호는 주기적으로 얼음댐이 녹거나 붕괴돼 한꺼번에 담긴 물을 바다로 쏟아냈다. 북쪽으로는 맥킨지 강을 통해 북극해로, 동쪽으로는 허드슨 만을 통해 북대서양 쪽으로, 남쪽으로는 미시시피 강을 통해 멕시코 만으로 쏟아냈다. 그때마다 지구 기후를 뒤흔들어 놨다.〈그림 1〉

마지막 빙하기에서 지금의 간빙기로 넘어오는 사이 벌어진 두 번(1만 2900년 전, 8200년 전)의 기후 급변은 애거시 호의 붕괴와 연관 있는 것으로 해석되고 있다. 1만 2900년 전의 붕괴 때엔 찬 빙하물이 일시에 북대서양으로 흘러들어가면서 멕시코 만에서 그린란드 인근 바다로 흐르는 멕시코 만류의 흐름이 끊겼을 것으로 추정된다. 남쪽으로부터 따뜻한 해류 공급이 끊겨 유럽을 중심으로 북반구 일대에 1만 2900년~1만 1700년 전 사이 '영거 드라이아스(Younger Dryas) 냉각기'가 엄습했다.

8200년 전에도 또 한 차례 애거시 호 붕괴로 인한 냉각화가 찾아왔다. 이걸 '8.2k 이벤트'라고 부르는데 과학자들은 150여 년 기간 동안 섭씨 1~5도의 기온 하락을 야기시킨 것으로 보고 있다. 1200여 년 동안 10도 이상 냉각화를 부른 영거 드라이아스 사건 때보다는 작은 규모였다. 8200년 전의 애거시 호 붕괴는 지구 전역에 걸쳐 지역에 작게는 0.8m, 크게는 2.8m의 해수면 상승을 불렀다. 이때 지구상 곳곳에서 홍수가 났을 것으로 추정된다. 6장(기후 급변 가능성)에서 다루겠지만, 노아의 홍수가 이때 벌어진 일이라는 주장이 유력하게 제기돼 있다.

'이산화탄소 온난화' 이론의
등장과 소멸

대륙 크기 빙하가 지구를 덮고 있었다는 사실은 19세기 과학자들에게는 엄청난 지적 도전이었다. 그 어마어마한 빙하가 왜 생겨났을까? 그리고 어떻게 사라졌을까? 빙기의 지구는 어떤 모습이었을까? 빙기와 간빙기가 교대로 찾아왔다면 지금의 간빙기에 이어 조만간 다시 빙기로 굴러떨어지는 것은 아닐까? 이 미스터리를 풀어가는 과정에서 이산화탄소에 의한 기온의 오르내림, 지구가 태양을 도는 공전 궤도 변화에 따른 태양빛 세기의 주기적 변화 같은 현상들이 하나하나 규명되게 된다.

지구 표면의 대기가 온실 같은 작용을 한다는 생각을 맨처음 했던 사람은 프랑스 수학자 장 밥티스트 푸리에(Jean Baptiste Fourier, 1768~1830)였다. 그는 1820년대에 지구가 태양으로부터 햇빛을 계속 받는데도 더 이상 뜨거워지지 않는 이유가 무엇인가 의문을 품었다. 그러다가 지구 스스로도 열 에너지를 우주 공간으로 내보내면서 태양 입사 에너지와 지구 복사 에너지 사이의 균형을 맞춘다는 생각에 이르렀다. 푸리에가 태양에서 들어오는 에너지와 지구 밖으로 달아나는 에너지를 비교해 봤더니, 계산대로라면 지구는 영하 15도는 돼야 했다. 결국 그는 지구로부터 복사되는 열 에너지가 모두 우주로 달아나는 것이 아니라 지구를 둘러싼 대기가 온실의 유리처럼 작용해 일부를 붙잡아둔다는 추론에 도달했다. 푸리에가 온실효과의 기본 아이디어를 제시한 것이다.[*]

영국 물리학자 존 틴달(John Tyndall, 1820~1893)은 푸리에 가설을 실험으로 증명한 사람이다. 그는 1850년대에 진행한 일련의 실험을 통해 산소나 질소는 적외선을 통과시키고, 이산화탄소와 수증기는 적외선을 흡수한다는 사실을 확인했다. 그러나 틴달은 이 실험 결과를 발전시켜 빙하 시대를 설명하려는 시도는 착안하지 못했다.

1890년대까지 빙하기 존재 자체에 대해서는 과학계에서 널리 동의가 이뤄졌다. 과학계는 빙하 시대를 몰고 온 원인이 무엇인지 찾아내는

---

[*] 이산화탄소 온난화 이론의 등장에 관해서는 『The Whole Story of Climate』(Kirsten Peters, 2012), 『The Weather Makers- The History and Future Impact of Climate Change』(Tim Flannery, 2005, 번역본 『기후 창조자』), 『With Speed and Violence』(Fred Pearce, 2007, 번역본 『데드라인에 선 지구』), 『Why we disagree about climate change』(Mike Hulme, 2009) 등에 의존했다.

데 골몰했다. 과학자들의 상상력을 사로잡은 그 시대 최대 미스터리였다. 빙하기 도래 원인과 관련해 한쪽에는 천문학적 원인을 찾아나서는 그룹이 있었고, 다른 쪽으론 틴달이 실험으로 증명한 대기 중 가스 성분의 에너지 흡수 능력에서 원인을 찾으려는 그룹이 있었다.

온실가스에서 빙하기 원인을 찾아보겠다는 시도를 본격적으로 했던 사람은 스웨덴 화학자 스반테 아레니우스(Svante Arrhenius, 1859~ 1927)였다. 아레니우스는 대기 중 이산화탄소의 농도가 줄어들어 빙하기가 찾아왔을 수 있다는 가설을 세웠다. 빙하기 때는 뭔가의 이유로 이산화탄소 농도가 줄어들었을 것이라는 추정이었다. 그는 복잡한 계산 끝에 이산화탄소 농도가 2분의 1로 감소하면 지구 기온은 섭씨 4도 낮아지고, 4분의 1로 감소하면 8도 냉각될 것이라는 결론을 내렸다.

아레니우스는 이어 인간이 당시 수준으로 계속 석탄을 태운다면 대기 중 이산화탄소 양이 3000년 뒤 두 배로 늘어날 것이라고 내다봤다. 그는 이런 이산화탄소 농도의 배증(倍增)이 지구 기온을 어떻게 바꿔놓을 것인지 계산을 시도했다. 오늘날 기후 과학자들이 '기후 민감도(climate sensitivity)'라고 부르는 개념에 해당된다. 아레니우스는 석탄의 대규모 연소가 지구 온난화를 불러올 수 있다는 생각을 체계화한 첫 번째 과학자라고 할 수 있다.

그는 지도에서 지구 표면을 격자면으로 나누고, 각각의 면이 태양 복사 에너지를 흡수하고 반사하는 능력을 일일이 평가했다. 그리고 이산화탄소 농도가 변하면 각기 다른 위도와 계절에 따라 기온이 어떻게 변할지 계산했다. 그런 지리한 작업 끝에 이산화탄소 농도가 2배로 증가하면 세계 기온은 4도 상승할 것이라는 예측 결과를 1895년 발표했다.

아레니우스는 북구의 스웨덴 학자다. 그는 이산화탄소 증가로 인한 온난화를 이로운 것으로 판단했다. 스웨덴 기후가 따뜻해질 것이기 때문이었다. 다만 이산화탄소 농도 증가는 굉장히 느리게 진행되는 일이라고 봤다. 그의 이론은 일시적으로 스칸디나비아 사람들의 관심을 끌긴 했지만 곧 잊혔다. 당시 과학자들은 설령 인간이 석탄을 태워 이산화탄소가 배출돼도 큰 의미가 없다고 봤다. 바다에는 대기 중 존재하는 양의 50배나 될 만큼 많은 이산화탄소가 녹아 있다. 석탄 연소로 아무리 많은 이산화탄소가 배출돼도 대부분은 바다로 녹아들어 대기 중 농도엔 별 영향을 끼치지 못할 것이라고 생각한 것이다. 아레니우스 이후 이산화탄소에 기인하는 온난화 가설은 과학계에서 한동안 사라졌다. 아레니우스는 1903년 소금물의 전기 전도도 관련 연구로 노벨 화학상을 받았다.

잊혔던 아레니우스의 '이산화탄소 온난화 이론'을 다시 일깨운 것은 영국의 증기기관 엔지니어였던 가이 스튜어트 칼렌다(Guy Stewart Callendar, 1898~1964)였다. 그는 오래된 출판물에서 발굴해낸 이산화탄소 농도 측정치를 보고 대기 중 이산화탄소가 실제로 19세기 초반 이후 상승해왔다는 사실을 확인했다. 그런 다음 19세기 이래로 산발적으로 이뤄져온 기온 측정 자료를 수집해 과거 이산화탄소 농도 변화와 연계시켜 분석했다. 칼렌다는 그 결과를 1938년 런던 왕립기상학회에서 발표했다. 그때까지 50년 동안 기온이 꾸준히 상승해왔고, 그것은 이산화탄소 농도가 그 기간 동안 6% 정도 증가한 결과라는 것이다. 아레니우스가 이론을 구성했다면, 칼렌다는 현실에서 그 이론을 확인해낸 것이다.

그는 이산화탄소가 두 배로 증가하면 지구 기온이 섭씨 2도 상승할 것이라는 '기후 민감도' 계산도 내놨다. 석탄을 비롯한 화석 연료의 연소가 그런 결과를 초래할 수 있다는 것이다. 칼렌다 역시 아레니우스와 비슷하게 이산화탄소 증가에 의한 온난화를 인간에 유익한 것으로 파악했다. 빙하기의 재(再)도래를 막아줄 수 있다는 이유에서였다.

그러나 과학계는 칼렌다의 이론 구성을 아마추어 과학자의 취미 활동에 불과하다며 거들떠보지도 않았다. 게다가 1940년대 이후 30여 년 동안은 지구 기온이 정체, 또는 냉각화의 흐름을 탔기 때문에 칼렌다의 연구 결과 역시 잊히고 말았다. 칼렌다 이론이 무시당한 또 다른 이유로 마이크 흄 교수는 ① 지구 규모의 기후 변화를 어느 한 가지 원인이 야기시킬 수 있겠는가는 의문 ② 사람이 기후 변화를 초래했다는 생각에 대한 거부감 ③ 당시 기상학자들은 이산화탄소보다는 수증기가 열을 흡수하는 능력에 주로 관심을 가졌다는 점 ④ 자신들이 생각해내지 못한 것을 아마추어 학자가 주장하고 있는데 대한 반감의 네 가지를 꼽았다(Why we disagree about climate change 2장, 2009).

하늘의 움직임에서
원인을 찾은 과학자들

빙하기 연구는 실용적인 과학은 아니다. 워낙 먼 과거의 일을 다루고 있기 때문이다. 그러나 과학자들에게는 흥미진진한 호기심의 대상이었다. 그 어마어마한 대륙 빙하가 어떻게 생성되고 사라졌는지를 규명하고 싶은 욕구는 여러 방면의 연구를 낳았다. 일부 과학자들은 화산 폭발이 빙하기를 불러왔을 수 있다고 주장했다. 화산재가 하늘을 덮어 태양빛을 차단시키면 기온이 냉각될 수 있다는 것이다.

또 다른 과학자들은 태양빛의 세기가 변해 지구가 냉각됐을 수 있다고 봤다. 천문학적인 요인에서 원인을 찾아나선 것이다. 영국의 제임스 크롤(James Croll, 1821~1890)이 하늘에서 빙하기 메커니즘을 찾으려 했던 경우였다.

제임스 크롤은 찻집도 해보고 호텔 경영과 보험 사업도 해봤던 스코틀랜드 출신의 아마추어 과학자였다. 자연의 원리를 깨달으려는 집착에서 독학으로 과학 공부를 했다. 1859년부터 박물관 직원으로 일하면서 본격적인 과학 연구에 뛰어들었다. 1870년대에 들어 지구와 태양, 달, 행성들의 상호 만유인력이 지구의 공전 궤도에 미묘한 변화를 일으킨다는 연구 결과들을 발표할 수 있었다. 지구가 태양으로부터 얼마나 먼 곳에 있는지, 또 어떤 각도에 위치하는지에 따라 지구 표면에 닿는 태양 에너지 강도가 달라질 수 있다는 점도 다뤘다.

당시는 지구 공전 궤도가 거의 원형으로부터 타원형으로, 그리고 타원형에서 다시 원형으로 주기적으로 변한다는 것은 확인된 상태였다. 그러나 다른 과학자들은 궤도가 타원형이라 해도 태양을 한 바퀴 다 돌게 되면 4계절 동안 지구가 받아들이는 에너지 총합은 같다고 봤다. 궤도 변화가 빙하기를 초래하는 요인이 될 수는 없다는 것이다.

그러나 크롤은 빙하기를 만들어내는 핵심은 4계절 가운데 겨울철에 있다고 봤다. 겨울철 햇빛이 약해지면 극지방에 내린 눈이 계속 쌓이게 된다는 것이다. 따라서 지구 궤도 변화가 겨울철 햇빛 세기를 약하게 하는 주기에 극지방에 빙하가 생긴다고 주장했다. 지구의 타원형 주기에서 북반구의 겨울철에 지구~태양 거리가 멀어지면, 남반구가 겨울철이 되는 때(북반구로는 여름철)에는 지구~태양 거리가 가까워진다. 크롤은 이런 이유로 남반구의 빙기 때는 북반구가 간빙기, 북반구의 빙기 때는 남반구가 간빙기가 된다고 생각했다.

다만 크롤이 보기에도 태양 에너지의 변동이 지구 평균 기온에 큰 격차를 만들 만큼 크지는 않았다. 태양 에너지의 강약만으로 빙기와 간빙기 주기가 만들어지기는 힘들다는 것이다. 크롤은 극지방에 한번 눈이 쌓이게 되면, 쌓인 눈이 태양 입사 에너지의 대부분을 우주로 반사시키는 작용이 태양 에너지 격차를 증폭시킨다고 주장했다. 극지방의 눈이 알베도를 키우는 '포지티브 피드백(positive feedback)' 원리를 이론화한 것이다. 크롤은 1875년 『기후와 시간(Climate and Time)』이라는 책을 발간해 자신의 가설을 집약했다. 그 후 크롤의 가설은 30여 년간 토론의 대상이 됐다.

결론적으로 말해 크롤의 주장은 틀렸다. 겨울철 지구 표면에 닿는 햇빛 입사량 차이가 빙기와 간빙기의 주기를 만든다는 것은 사실을 정반대로 뒤집어 오해한 것이다. 그러나 천문학적 요인으로부터 빙하기 도래와 쇠퇴를 설명하려 했다는 점에서는 선구적 안목을 보여준 셈이다.

19세기 이후 지금까지 기후 변화 학문 분야에서 가장 중요한 인물을 꼽는다면 세르비아의 천체 물리학자 밀루틴 밀란코비치(Milutin Milankovitch, 1879~1958)가 될 것이다. 슬로베니아에서 태어나 빈 공과대학을 졸업한 그는 1909년부터 세르비아의 베오그라드 대학 교수로 일했다. 그는 빈 대학에서 콘크리트 연구로 학위를 땄는데, 자신의 수학적 재능을 활용해 전문성을 발휘할 수 있는 영역으로 기후와 빙하기 문제를 잡았다. 1912년부터 이에 대한 연구에 몰입해 1920년 관련 논문을 발표했다. 지구 궤도 변화에 따라 지구에 닿는 태양 에너지가 어떻게 변하는지를 따져 13만 년 전까지 거슬러 올라가는 위도별 추정 기온을 계산해냈다.

밀란코비치는 크롤과는 반대로 빙하기 결정 요인은 여름철의 태양에너지 세기라고 생각했다. 고위도 극지방 경우 가을~겨울~봄 계절은 어차피 날씨가 충분히 추워 눈이 내리면 녹지 않고 쌓인다. 문제는 쌓인 눈이 여름 기온을 견뎌내느냐 하는 점이다. 따라서 여름에 극지방 고위도에 닿는 햇빛 에너지 세기가 크면 눈이 녹아 빙하가 사라지게 되고, 반대로 여름 햇빛이 가을~봄에 쌓인 눈을 다 녹이지 못하면 녹지 않은 만큼의 눈은 계속 축적돼 빙하가 자라나는 것이다.

밀란코비치는 이런 이론 구성을 토대로 북위 55~65도의 지구 표면에서 흡수하는 태양 에너지의 변화 그래프를 그렸다. 무려 65만 년 전까지 거슬러 올라가는 그래프다. 밀란코비치는 이 계산을 하면서 지구 궤도에 영향을 미치는 요인 가운데 4만 1000년 주기로 변하는 자전축 기울기가 가장 핵심이라고 봤다. 밀란코비치는 오랜 연구 축적을 토대로 62세의 나이였던 1941년 『일조량과 빙하기 문제의 근본 원리(Canon of Insolation and the Ice Age Problem)』를 출간했다. 656쪽짜리 대작이었다. 이 책이 나오기까지 그는 30년의 세월을 바쳤다. 세르비아 학술원은 밀란코비치가 계산 작업에 몰두한 베오그라드 집의 방 전체를 기념물로 보존하고 있다고 한다.

그러나 이 시기 대부분의 과학자들은 육안으로 확인하기 어려울 정도의 미세한 태양광 변화가 대륙 절반을 얼음으로 덮게 만들 수 있다는 주장은 무리라고 생각했다. 더구나 1950년대 들어 미국 일리노이주에서 연령이 2만 5000년짜리 갈탄층이 발견됐다. 이때는 방사성 탄소 연대법이 확립돼 유기물 연대 측정이 가능했다. 그 후 같은 연령층 갈탄들이 도처에서 발견됐다. 갈탄은 온난 기후에서만 생성될 수 있는 것이다. 그러나 2만 5000년 전은 밀란코비치가 빙하의 최대 전성기로 봤던 시기다. 밀란코비치 이론은 1960년대 들어서면서부터 거의 배척됐다. 그러다가 컬럼비아대 산하 라몬트-도허티 연구소의 윌리스 브뢰커(Wallace Broecker)가 1960년대 중반 열대의 고대 산호초에서 표본을 잘라와 방사성 동위원소 분석법으로 연대를 측정한 결과 빙하의 전진 후퇴가 밀란코비치 주기와 일치한다는 것을 확인하는 논문을 발표했다. 이 즈음부터 밀란코비치 이론이 다시 주목을 받기 시작했다.

바다 밑바닥 퇴적토 분석을 통한
과거 수온의 복원

밀란코비치 이론을 부활시킨 것은 바다 퇴적물 연구였다. 세계 바다의 평균 깊이는 3800m다. 햇빛이 닿는 표층수의 서식 플랑크톤들이 죽게 되면 그 유해가 천천히 바다 밑바닥으로 가라앉는다. 규조류 식물 플랑크톤의 이산화규소 껍데기나 유공충(有孔蟲) 동물 플랑크톤의 탄산칼슘 껍질들이다. 이것들을 '바다의 눈(marine snow)'이라고 부른다. 깊은 해저에는 유구한 세월 동안 내려앉은 플랑크톤의 유해 껍질들이 육지 등에서 흘러온 진흙 입자들과 섞여 겹겹이 쌓여 있다. 깊은 바다의 해저 퇴적층은 이런 플랑크톤의 유해 껍질이 만들어낸 물질이 절반 이상이라고 한다.*

---

* 바다 밑바닥 퇴적토 분석 방법의 발전 경과에 대해선 『チェンジング・ブルー——気候変動の謎に迫る』(大河内直彦, 2008, 번역본 『얼음의 나이』), 『Ice Ages: Solving the Mystery』(John Imbrie, 1979, 번역본 『빙하기: 그 비밀을 푼다』), 『The Whole Story of Climate』(Kirsten Peters, 2012), 『Frozen Earth』(Doug Macdougall, 2005, 번역본 『우리는 지금 빙하기에 살고 있다』), 『Earth's Climate: Past and Future』(William Ruddiman, 2008) 등을 주로 참조해 정리했다.

이런 퇴적층 속 유기물에 기록된 과거 바다 환경 역사는 1억 년을 넘게 거슬러 올라갈 수도 있다. 만일 연간 0.05mm씩 속도로 진흙과 플랑크톤 껍질이 쌓여간다고 하자. 20m 깊이의 시료를 채취했다고 하면 과거 40만 년 역사가 기록돼 있는 것이다.

가장 간단한 분석 방법은 퇴적된 플랑크톤의 종류를 구분해 그것이 따뜻한 수온에서 서식하는지 추운 수온에서 서식하는지를 확인하는 것이다. 이렇게만 해도 과거 바다의 수온이 어떤 주기로 바뀌어왔는지 알 수가 있다.

바다 밑바닥 퇴적층 채취를 처음 시도한 것은 1872년 영국의 과학 선박 챌린저호였다. 챌린저호는 3년여간 전 지구의 바다를 탐험하면서 해저 퇴적물을 수집했다. 1930년대 들어 해양학자들은 퇴적물 깊이에 따라 변하는 플랑크톤의 종류가 그 퇴적물들이 쌓였던 시기의 해수면 온도 변화를 반영한다고 보고 분석하기 시작했다. 1947~49년에는 스웨덴의 알바트로스호가 심해 탐사에 나섰는데 15m 깊이까지 퇴적물을 채취할 수 있었다. 분석해보니 깊이에 따라 탄산칼슘의 양이 많고 적은 층이 교대로 나타났다. 빙기와 간빙기에는 대기 중 이산화탄소 농도가 달라진다. 빙기에는 농도가 낮고 간빙기엔 높아진다. 그러면 바닷물에 용해된 이산화탄소 농도도 달라지고, 플랑크톤 껍질이 만들어내는 탄산칼슘 퇴적물의 성상도 달라지게 된다. 해양학자들은 이렇게 해저 퇴적물 분석 자료를 축적해가면서 그것들이 나타내는 수온 변화 그래프가 밀란코비치가 예견했던 내용과 아주 비슷하다는 점을 깨닫게 된다.

이 과정 속에서 바다 퇴적물 유기체를 분석하는 획기적 기술이 등장했다. 유기체를 구성하는 탄산칼슘 성분 속에 들어 있는 산소의 동위원소 비율을 측정하는 방법이다. 그 비율이 어떤가에 따라서 해당 생물이 서식했던 시대의 수온을 추정할 수 있게 된 것이다. 이 방법을 개발해낸 것은 이탈리아 출신의 고기후 해양학자 체사레 에밀리아니(Cesare Emiliani, 1922~1995)이다. 그는 시카고 대학 해럴드 유리(Harold Urey, 1893~1981) 교수 연구실에서 공부하면서 바다 퇴적물 속에 들어 있는 유공충의 산소동위원소비를 처음으로 측정했다.

바다 표층수에 떠다니며 서식하는 동물 플랑크톤인 유공충은 단세포 동물이다. 세포 주위에 몸집보다 몇십 배 큰 탄산칼슘 껍데기를 갖고 있다. 이 탄산칼슘($CaCO_3$)을 구성하는 3개의 산소(O) 원소들은 원자량이 16개(양성자 8개+중성자 8개) 짜리가 대부분이다. 그러나 극히 일부는 중성자가 두 개 더 많은 18-산소($\delta^{18}O$)가 포함돼 있다.

바닷물을 이루는 산소 성분 가운데 16-산소가 99.8%, 18-산소는 0.2% 존재한다. 16-산소와 18-산소는 화학적 성질로는 같은 산소이지만 질량은 10% 정도 차이난다. 과학자들은 산소 원자 가운데 16-산소와 18-산소의 비율을 측정하면 탄산칼슘 껍데기의 주인인 유기체가 서식하던 시기의 바닷물 수온을 어림짐작할 수 있다는 사실을 알게 됐다. 18-산소는 16-산소보다 온도가 낮은 물에서 더 활발하게 탄산칼슘에 녹아들기 때문이다. 그래서 플랑크톤 껍질 속 탄산칼슘의 산소동위원소 비율도 바닷물의 수온이 얼마냐에 따라 변하게 된다.

1955년 체사레 에밀리아니가 카리브해의 해저 코어에서 채취한 유공충 껍질 산소동위원소비를 분석해봤다. 그랬더니 빙기에 서식한 유공충 껍데기 퇴적물질에서 확인된 18-산소 동위원소비가 현재에 비해 2‰(퍼밀리, 2‰=0.2%) 무거웠다. 수온이 4도 상승하면 탄산칼슘의

18-산소 동위원소 비는 약 1‰ 낮아지는 성질을 갖는다. 이 비례식을 통해 빙기 수온이 지금보다 8도 낮았다는 해석을 내놨다. 바다 밑바닥 퇴적층 유기물의 산소동위원소 비율이 고(古)수온계 역할을 하게 된 것이다. 에밀리아니는 1955년 유공충 껍질의 산소동위원소 분석을 통해 과거 빙기와 간빙기가 여러 차례 교대로 찾아왔었다는 사실을 밝히는 논문을 지질학 분야 저널에 발표했다. 그는 그 주기가 밀란코비치의 일조량 변화 곡선과 시간적으로 잘 일치한다고 지적했다.

산소동위원소 비율엔 수온만 아니라
빙하 규모도 기록돼 있다

과학자들은 연구를 더 진행하면서 18-산소 동위원소 비율이 바닷물 수온만 반영하는 것은 아니라는 사실을 알게 됐다. 수온뿐 아니라 당시 지구에 형성된 빙하 규모에 대한 정보도 반영하는 것이었다.

물 분자(H_2O)의 구조는 산소 원자를 가운데 두고 두 개의 수소 원자가 양쪽에 붙어 있는 형태다. 그런데 분자 구조가 좌우 대칭의 똑바른 일직선형이 아니라 105도 각도로 구부러져 있다.〈그림 1〉 따라서 분자의 한쪽 끝과 다른 쪽 끝이 각각 플러스 전기와 마이너스 전기의 극성(極性)을 띤다. 이 극성이 물 분자의 아주 독특한 성질을 만들어낸다. 물이 모든 생명의 근원이 되는 원리이기도 하다.

물 분자끼리는 한쪽 분자의 플러스 극성을 띠는 부분이 다른 분자의 마이너스 극성을 띠는 부분과 달라붙는 형태로 결합해 있

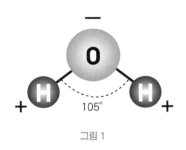

그림 1

다. 이걸 수소결합이라고 한다. 물 분자가 이 수소결합을 끊어내고 수증기로 달아나려면 굉장한 에너지가 필요하다. 예를 들어 주전자에 열을 가해야 물 분자들의 진동 움직임이 과격해지면서 물 분자들 사이의 수소결합이 끊어진다. 그래야 각각의 물 분자가 다른 물 분자의 끌어당기는 힘을 뿌리치고 대기 속으로 증발하게 된다.

물 분자가 수소결합을 뿌리치고 증발할 확률은 질량이 가벼운 16-산소가 무거운 18-산소에 비해 1% 정도 높다. 수증기로 증발해 구름을 이루는 물 분자들은 보통의 바닷물보다 16-산소 비율이 그만큼 미세하게 높은 것이다. 반대로 대기 중의 수증기가 응결할 때에는 무거운 18-산소가 응결할 확률이 16-산소보다 1% 더 높다. 그렇게 되면 공기 중에 남는 수증기 속 성분은 또 한번 무거운 18-산소가 감소하게 된다. 이런 식으로 열대의 바다에서 증발된 물이 중위도로, 중위도에서 다시 고위도로 옮겨가면서 점점 더 18-산소 비율은 떨어지게 된다. 대륙 내부로 갈수록 바닷물이나 호숫물이 증발해 대기 중의 수증기로 새로 합류할 가능성은 별로 없다. 결국 고위도 극지방에 내리는 눈 속의 물 분자는 열대 바다 속에 있을 때보다 18-산소 비율은 낮고 16-산소 비율이 높아지게 된다. 이 물 분자들이 빙하를 구성하는 것이다. 빙하는 16-산소 비율이 높을 수밖에 없다.

이런 식으로 16-산소의 비중이 높은 물 분자들로 대륙 빙하가 형성되면 바닷물 속 16-산소 비율은 상대적으로 떨어질 수밖에 없다. 결국 빙기에는 바닷물의 18-산소 값이 높아진다. 그렇게 되면 그 바닷물 속 산소 성분을 재료로 만들어진 플랑크톤의 탄산칼슘 껍질도 18-산소 값이 덩달아 높아진다. 따라서 바다 밑바닥 탄산칼슘 껍질 퇴적토의 18-산소 동위원소 비율도 높아지는 것이다. 결국 바다 퇴적토의 18-산소 동위원소 비율에는 당시의 바다 수온의 영향과 당시 빙하 규모에 관한 정보가 중첩되어 기록돼 있게 된다.

'바다 수온'의 영향과 '빙하 규모'의 영향이 어떤 비중으로 섞여 있는지에 대해선 과학자들 의견이 갈렸다. 에밀리아니는 빙기와 현재 간빙기 사이의 18-산소 비율 격차 2.0‰ 가운데 1.5‰는 수온 변화를, 나머지 0.5‰는 빙하 규모를 반영하고 있다고 봤다. 2‰가 8도의 기온 격차를 나타내므로, 1.5‰는 6도의 기온 격차로 해석됐다. 에밀리아니는 빙기의 바닷물 수온이 현재의 간빙기보다 약 6도 차가웠을 것이라고 주장했다.

그러나 영국 케임브리지 대학의 니컬러스 섀클턴(Nicholas J. Shackleton, 1937~2006)의 견해는 달랐다. 섀클턴은 유공충 가운데 해저 밑바닥에만 사는 변종의 저서성(底棲性) 유공충 껍질을 따로 분석했다. 심해저 수온은 간빙기나 빙기나 섭씨 0도 정도로 큰 차이 없다. 따라서 심해저 서식 유공충 껍질에서 나타나는 산소동위원소 비율의 차이는 수온과는 상관없이 빙하 규모만 반영하는 것으로 해석할 수 있다. 섀클턴의 분석 결과 저서성 유공충의 껍질 속 18-산소 값은 간빙기에서 빙기로 바뀌면서 1.5‰ 만큼 늘어났다. 섀클턴은 그 1.5‰의 값은 대부분 빙하 규모 차이에 의한 영향으로 봐야 한다고 주장했다. 그렇다면 빙기와 간빙기 사이의 퇴적물 분석에서 수온 변화에 따른 영향은 0.5‰만 남는다. 그런 추론을 통해 섀클턴은 빙기의 표층 해수 온도는 지금보다 2도 낮았다는 결론을 내렸다. 산소동위원소 비가 고수온계로 작동하기도 하지만 대륙 빙하량계의 성격이 더 강하다는 것이 섀클턴의 주장이다.

본격적인 해양 채굴(ocean drilling)은 1968년 시작됐다. 해저 퇴적물에 대한 광범위한 동위원소 분석 결과 바다 수온은 5500만 년 전부터 지속적으로 하강해왔다는 사실이 밝혀졌다. 과학자들은 또 심해 퇴적물의 산소동위원소 분석을 갖고 과거 수십만 년 동안의 기온 변화 그래프를 작성할 수 있게 됐다. 해양학자들은 빙기와 간빙기가 대략 10만 년 주기로 교대해 되풀이 나타나고 있다는 사실을 확인했다.

퇴적층 조사의 한 가지 문제는 바다 밑바닥에 구멍을 뚫고 사는 작은 동물들이 기어 다니면서 퇴적층을 헤집어놓을 수 있다는 점이다. 바다 퇴적물은 민감도가 좀 둔하다. 기껏해야 수백 년 단위 해상도로 표현할 수 있을 뿐이다. 퇴적층이 장기간에 걸쳐 워낙 서서히 쌓이기 때문이다. 그런 바다 퇴적층에서 벌레들이 헤집고 다니면서 만드는 교란 요인들은 퇴적층의 연대 계산을 크게 왜곡시킬 수 있다. 이런 문제를 인식한 해양학자들은 될수록 산소가 별로 없는 깊은 바다 퇴적층에서 시료를 채취해 분석하고 있다. 그래야 밑바닥을 어지럽혀놓는 동물도 없고 바닷물 흐름도 고요해 정확한 퇴적 시료를 얻을 수 있다. 다만 깊은 바닷속 수온 등 요인을 해수면 위쪽이나 대륙 환경을 보여주는 지표로 삼을 수 있느냐는 문제는 남는다.

퇴적토 분석이 증명해낸 '밀란코비치 사이클'

영국 케임브리지 대학의 니컬러스 섀클턴과 미국 브라운 대학의 존 임브리(John Imbrie, 1925~), 컬럼비아 대학 라몬트-도허티 연구소의 제임스 헤이즈(James Hays) 등 세 학자는 바다 밑 퇴적토 연구를 종합해 1976년 12월 《사이언스》지에 「지구 궤도의 변화: 빙하기의 조율자 (Variations in the Earth's Orbit: Pacemaker of the Ice Ages)」라는 획기적 논문을 발표했다. 1973년 남인도양에서 채취한 해저코어 두 개를 갖고 상세한 산소동위원소비를 복원한 후 주기(cycle) 해석을 한 것이다. 그 바다 밑바닥 퇴적층 코어는 45만 년 전까지 기후 변화 기록을 결손 없이 담은 시료였다. 그 결과 해저 코어 지질 기록에서 10만 6000년, 4만 3000년, 1만 9000~2만 4000년이라는 밀란코비치의 모든 주기를 찾아냈다. 지구 궤도가 만들어내는 태양 입사량의 미세한 차이가 기후 변화의 핵심이라는 사실을 확인한 것이다. 이 논문이 한동안 학계에서 외면당하고 있던 밀란코비치 이론을 완전히 복권시켰다. 임브리 팀의 논문은 밀란코비치가 세상을 떠나고도 20년 가까이 흐른 1976년에 《사이언스》에 발표됐다. 애거시의 빙하론이 나온 후 136년 만에 빙하의 생성-소멸 메커니즘이 규명된 것이기도 하다.

한편에서는 산호초 분석을 통해 지구 빙하의 크기가 어떤 경로로 증감을 거듭해왔는지에 대한 연구가 진행됐다. 특히 획기적인 연구는 카리브해 동쪽 끝 바베이도스 섬에서 이뤄졌다. 산호는 해파리나 말미잘에 가까운 산호충이라는 작은 동물 개체가 무리지어 서식하는 곳이다. 이런 생물들은 대부분 탄산칼슘 껍데기를 갖고 있다. 산호충이 수명을 다해 죽더라도 껍데기는 그대로 남아 있게 된다. 부모 껍데기 위에 자식 껍데기가 달라붙는 방식으로 산호초는 계속 성장해간다.

산호초 골격은 수십만 년 동안 보존된다. 그런데 거기에 함유된 소량의 방사능 성분이 붕괴되는 속도를 판별해 정확한 연대 측정이 가능하다. 산호는 해수 표면 부근까지 자라나는 특징이 있다. 그 성질을 이용하면 산호가 자라던 시절의 해수면 높이를 확인할 수 있다. 바베이도스에서는 깊은 바다에서 죽은 산호초 더미들이 발견됐다. 그것들이 생존해있던 때는 해수면이 그 깊이로 가라앉아 있었던 것이다. 대륙에 거대 빙하가 형성되면서 해수면이 가라앉아 있던 빙기 때 생존했던 산호들의 흔적이다.

반면 해수면 위로 올라 있는 산호초 군락도 확인된다. 버뮤다 같은 곳은 해수면 위 6m 높이까지 산호초가 존재한다. 연대 확인 결과 12만 5000년 전 것이었다. 12만 5000년 전엔 지금보다 해수면이 6m 위에 있었다는 뜻이다. 6m라면 그린란드 빙하 전체가 녹을 경우에 나타나는 정도의 해수면 상승이다. 12만 5000년 전이면 에미언 간빙기(Eemian Interglacial, 13만 년~11만 7000년 전) 시절이다. 에미언 간빙기 때는 지금보다 그만큼 더 더웠던 것이다.

산호초에 대해 드릴링 조사를 해보면 2만 년 전엔 해수면이 110~125m 아래까지 내려가 있었다. 2만 년 전이면 18-산소 동위원소 값이 최대치에 도달했던 시기다. 직전 빙기 10만 년 가운데서도 빙하가 최대로 커졌던 시기다. 당시에는 전체 바닷물의 약 3.8%가 대륙 빙하로 육지에 고정됐다. 북미 대륙 경우 북위 42도까지 빙하가 확장됐다. 전체 지구 대륙의 약 4분의 1 면적을 빙하가 덮고 있었다(Plows, Plagues, and Petroleum- how humans took control of climate 4장, William Ruddiman, 2005). 그때는 동남아시아 일대 섬들이 육지로 드러나 대륙으로부터 걸어서 건널 수 있게 연결돼 있었을 것이다. 그 시기 구석기 시대의 사람들은 조개류 등의 먹이를 구하기 쉬운 바닷가 쪽에 거주하고 있었을 가능성이 크다. 그러나 바닷가에 있었을 구석기 시대 거주 흔적들은 지금 바다 아래 가라앉아 있을 것이다.

'고 기후의 타임머신'
빙하 연구 본격화하다

미국과 소련이 냉전이 한창이던 1950년대 말 미국은 그린란드 북서쪽 끝 빙하 속에 비밀 군사기지를 건설했다. '캠프 센트리'였다. 기지를 관리하던 그룹은 연구의 일환으로 빙하 코어를 채굴하는 기술 개발에 착수했다. 1966년 첫 결실이 얻어졌는데, 대륙 빙하의 바닥까지 뚫고 들어가 1387m의 얼음 코어를 채굴하는 데 성공했다. 빙하 코어는 미국으로 옮겨져 냉동고에 보관됐다.*

이 시료를 연구한 것이 덴마크 코펜하겐 대학의 빌리 단스고르(Willi Dansgaard, 1922~2011)라는 학자다. 단스고르는 아이스코어의 산소동위원소비를 분석하면 아이스코어가 형성된 시기의 기후를 확인할 수 있을 것으로 생각했다. 고위도 지역에 내리는 눈의 산소동위원소 비는 기온이 높으면 18-산소($\delta^{18}O$) 값이 높아지고 기온이 낮아지면 18-산소 값이 떨어지는 성질을 가졌다. 바다 퇴적물 속 탄산칼슘의 18-산소 값이 커지면 해수 표면 수온이 낮은 걸 의미하고, 18-산소 값이 작아지면 수온이 높은 걸 뜻하는 것과는 반대의 상관 관계이다.

단스고르가 아이스코어를 분석한 결과 마지막 빙기가 끝날 무렵인 1만 7000여 년 전부터 1만 년 전에 이르기까지 산소동위원소 값으로 추

---

* 빙하 코어의 분석 방법의 발전 경과에 대해선 『チェンジング・ブルー─気候変動の謎に迫る』(大河内直彦, 2008, 번역본 『얼음의 나이』), 『Ice Ages: Solving the Mystery』(John Imbrie, 1979, 번역본 『빙하기: 그 비밀을 푼다』), 『The Discovery of Global Warming』(Spencer R. Weart, 2003, 번역본 『지구 온난화를 둘러싼 대논쟁』), 『The Whole Story of Climate』(Kirsten Peters, 2012), 『Frozen Earth』(Doug Macdougall, 2005, 번역본 『우리는 지금 빙하기에 살고 있다』), 『Earth's Climate: Past and Future』(William Ruddiman, 2008) 등을 주로 참조했다.

정할 수 있는 지구 기온은 급속도의 상승 커브를 그렸다. 그리고 7만 년 전부터 2만 년 전까지는 산소동위원소 값이 낮은 수준에서 오르락내리락했다. 기온이 낮은 상태에서 여러 차례 요동을 쳤다는 뜻이다. 이들의 연구 결과는 1969년 발표됐다.

단스고르 연구팀은 캠프 센트리의 자료를 검증하기 위해 캠프 센트리에서 1400km 떨어진 남부의 다이스리(Dye-3) 지점에서 1979년부터 재차 시추에 도전했다. GISP(Greenland Ice Sheet Project)라 이름 붙인 미국·덴마크·스위스 3개국 연구팀의 공동 작업이었다. 여기에 스위스 베른 대학의 한스 외슈거(Hans Oeschger, 1927~1998)도 참여했다. GISP 연구팀은 1981년 2km에 달하는 아이스코어를 캐내는 데 성공했다. 연구팀은 시료를 잘게 잘라 산소동위원소 비율을 분석했고 캠프 센트리의 아이스코어와 거의 비슷한 결과를 얻어냈다. 특히 11만 년 전부터 2만 년 전까지에 이르는 마지막 빙기 동안 22차례의 짧고 격렬한 온난화를 겪었음이 확인됐다. 이 짧은 온난화의 기온 진동은 나중에 빌리 단스고르와 한스 외슈거의 이름을 따서 '단스고르-외슈거 이벤트(D-O Event)'라는 이름이 붙었다.〈그림 2〉 이 기후 격변에 대해서는 6장에서 자세히 다룰 예정이다. 그린란드에서는 그 후로도 여러 지점에서 빙하 코어의 굴착이 시도됐다.

빙하 코어 연구에서 중요한 것이 코어 시료의 생성 연대를 가려내는 일이다. 빙하 표면에 가까운 쪽의 최근 시기 눈의 층은 먼지가 두껍게 앉은 때를 기준으로 연대 확인이 가능하다. 화산 분화가 있었던 연도에는 많은 먼지가 발생하기 때문이다. 그린란드는 연 강설량이 많으면 50cm나 되기 때문에 그런 방법을 이용해서 수천 년 전까지 연대 확

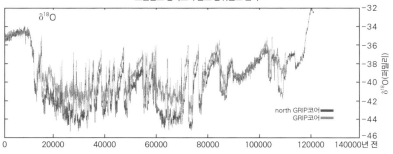

그린란드 빙하코어 산소 동위원소 변화

그림 2 그린란드 빙하 코어 프로젝트(GRIP)에서 캐낸 얼음에서 확인된 18-산소 동위원소 값의 변화 추세. 기온이 간빙기에 들어선 1만 년 전부터는 안정적으로 높았다. 간빙기 이전 10만 년 동안은 기온이 급속하게 오르내렸다는 걸 알 수 있다. 위키피디아에서 인용.

인이 가능하다. 반면 남극 빙하는 연 강설량이 5cm 정도밖에 되지 않기 때문에 연대를 가려내는 작업이 쉽지 않다.

무엇보다 까다로운 것은 대륙 빙하가 아래로부터 지열을 받아 물렁해진 엿처럼 서서히 흘러내린다는 점이다. 대륙 빙하에 새겨진 과거 기록 자체가 움직이면서 서서히 소실돼간다. 그래서 빙하 아래쪽 깊은 지점에서 캐낸 아이스코어의 연대 추정은 '얼음 흐름 모델'을 갖고 추정하게 된다. 얼음이 위로부터의 압력을 받아 어떤 식으로 흘렀을 것이라는 것을 컴퓨터로 분석한 것이다. 그러나 특히 빙하 아래 지반이 평평하지 않는 지점에선 이런 얼음 흐름 추정 작업의 정확성이 문제될 수밖에 없다.

아이스코어 연구를 통해 과학자들은 기온이 끊임없이 오르내림을 거듭해왔다는 사실을 확인했다. 기온은 수십 년 사이 곤두박질치거나 또는 로켓처럼 치솟아 오르는 것이 가능했다. 한스 외슈거 연구팀은 유럽 내륙의 호수 바닥 점토층 분석에서도 그린란드 아이스코어 기록과 일치하는 급격한 기후 변화의 증거들을 찾아냈다. 그러나 이런 기후 격변이 유럽과 북대서양 일대에서만 벌어진 국지적인 변화일 가능성은 여전히 있었다.

아이스코어에서 확인된
'기온-CO_2 농도'의 동반 등락

그 의문을 씻어준 것은 아이스코어 속에 갇힌 기포(氣泡) 분석이다. 빙하 코어 연구가 진전되면서 과학자들은 빙하 속에 갇힌 기포의 성분 측정에도 도전했다. 빙하의 얼음 속에는 눈이 얼음으로 단단해질 때 당시의 대기가 얼음 안에 갇히게 된다. 이 기포의 대기 조성을 분석하면 기포가 형성된 수만 년 전 대기가 어떤 상태였는지 알 수 있다.

그러나 이 작업은 아이스코어의 기포에 갇혀 있는 미량의 공기를 분리하는 정밀한 기술이 뒷받침돼야 한다. 이 기술을 완성해낸 것이 베른 대학 한스 외슈거 연구팀이다. 1982년의 일이었다. 한스 외슈거는 그린란드 캠프 센트리의 시료에서 추출해 분석한 이산화탄소의 농도 변화가 산소동위원소 분석 결과와 일치한다는 사실을 확인했다. 기온뿐 아니라 이산화탄소 농도도 함께 움직이고 있었던 것이다. 이산화탄소는 대기 중에서 지구 전역으로 확산되는 기체다. 따라서 기온과 이산화탄소의 동반 등락에서 확인되는 기후 변화가 전 지구적 규모로 진행됐던 변화라는 추정을 할 수 있게 된 것이다(The Discovery of Global Warming 6장, Spencer Weart, 2003, 번역본 『지구 온난화를 둘러싼 대논쟁』). 외슈거 연구팀 분석 결과를 보면 마지막 빙하기 때의 대기 중 이산화탄소 농도가 200ppm 수준이었다. 산업혁명 직전 시점의 농도가 280ppm이므로 빙기는 간빙기에 비해 30% 정도 이산화탄소 농도가 낮았던 것이다.

기포 분석에서 주의할 점은 아이스코어 속에 갇혀 있는 기포가 아이스코어가 형성되던 시점보다 훨씬 시간이 흐른 다음의 대기 성분이라는 사실이다. 눈이 빙하 표면에 쌓인 후 단단하게 굳기 전까지 상당한 시간이 필요하기 때문이다. 적어도 수십 년 동안 눈이 더 내려 위쪽 눈의 무게로 아래쪽 눈이 빈틈없이 얼어붙기 전까지는 바깥 대기가 눈 덩어리 사이로 자유롭게 드나든다. 적어도 50m는 아래쪽으로 내려가야 기포가 확실히 고정된다고 한다. 연간 적설량이 30cm쯤 되는 그린란드 캠프 센트리에서는 기포가 대기로부터 격리돼 완전히 빙하 속에 갇히는 시간(sealing time)이 약 130년 걸린다고 한다. 연 적설량이 5cm밖에 안되는 남극 보스토크 기지에서는 3000년이나 걸리는 것으로 밝혀졌다. 따라서 아이스코어 샘플에서는 최근 수십 년간의 기후 변화 기록은 읽어낼 수 없다.

남극에서는 1967년 미국 연구팀이 버드 기지라는 곳에서 처음 빙하 코어 굴착을 시도했다. 그린란드 캠프 센트리에서 코어 채취에 성공한 다음 해였다. 소련도 자극을 받아 1970년 남극 빙하 굴착에 착수했는데 1984년에 남극 대륙 깊숙이 위치한 보스토크 기지에서 2202m의 아이스코어 채취에 성공했다.

과학자들은 그 뒤 추가로 여러 군데 굴착을 더 시도했고, 1998년에는 3623m나 되는 빙하 코어를 캐내는 데 성공했다. 42만 년짜리 아이스코어였다. 과학자들은 그 아래쪽에 지난 수천 년간 대기와 접촉이 끊겼던 호수가 있다는 사실을 발견하고 일단 호수 생태 보호를 위해 빙하 채굴을 중단했다. 호수에는 '보스토크 호수'라는 이름이 붙여졌다. 보스토크 아이스코어에서는 42만 년 동안 10만 년 주기로 4번에 걸친 기온 등락이 확인됐다. 기온이 서서히 내려가다가 급작스레 상승하는 패턴이 반복됐다. 갑자기 기온이 급상승하면서 1만 년쯤 간빙기를 거친 후 다시 서서히 기온이 하강하는 톱니 모양의 그래프를 그렸다. 기온의 고점과 저점의 격차는 12도 정도로 추정됐다.

유럽의 다국적 연구진도 '에피카(EPICA) 프로젝트'라는 다국 협동 작업을 통해 2004년 남극 대륙 동남쪽에서 74만 년 전까지 거슬러 올라가는 3270m짜리 아이스코어의 동위원소비 자료를 확보했다. 이곳 시료들은 계속 분석 작업이 진행되고 있다.

빙기는 먼지 투성이 세상이라는 사실도 아이스코어 분석을 통해 확인됐다. 빙기의 얼음 속에서는 토양 입자의 농도를 나타내주는 칼슘 농도가 수십 배씩 높아졌다. 빙기에는 대륙의 상당 부분이 얼음에 덮여 토양이 노출되지 않았는데도 워낙 강한 바람이 불어 전 지구의 대기가 먼지로 가득 차 있었던 것이다. 이는 무엇보다 적도와 극지방의 온도 격차가 간빙기보다 훨씬 컸기 때문일 것이다. 빙하기로 접어들면 지구 전체의 기온이 떨어지지만 적도 부근 열대 지역의 기온 하강 정도 보다는 극지방의 기온 하강 정도가 훨씬 크게 나타난다. 극지방이 얼음과 눈으로 덮이면서 햇빛의 상당 부분을 반사시켜 기온을 더욱 떨어뜨리는 '포지티브 피드백' 현상 때문이다. 극지방의 기온 등락 진폭은 지구 평균의 2배, 적도 지방은 지구 평균의 3분의 2 정도라고 한다(Storms of my Grandchildren: The Truth about coming Catastrophe and Our Last Chance to save Humanity 3장, James Hanson, 2010). 그런데다가 빙기에는 중위도 지

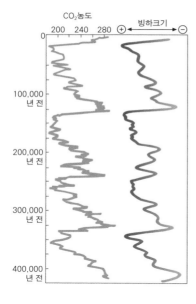

그림 3 남극 보스토크 기지에서 캐낸 아이스코어로 분석한 지난 40만 년의 이산화탄소 농도(왼쪽 녹색선)와 18-산소 동위원소 값으로 추정한 빙하의 크기(오른쪽 붉은 선) 변화. 대체로 10만 년 주기의 사이클을 그리고 있다. Earth's Climate: Past and Future(William Ruddiman, 2008) 10장에서 인용한 그래프를 변형시켰음.

역의 건조 지대가 간빙기 때보다 훨씬 확장된다. 사막 등의 건조 토양이 늘어나면서 먼지의 공급량 자체가 증가하는 것이다.

아이스코어 연구의 중요한 성과 중 하나는 기온 변화에 맞춰 이산화탄소와 메탄가스 농도가 덩달아 변화해왔다는 사실을 확인할 수 있었다는 점이다. 남극 보스토크 기지에서 채굴한 아이스코어의 산소동위원소비를 갖고 추정한 빙하 규모 그래프와 이산화탄소 농도 그래프를 그려 병렬시켜 놓고 보면 두 변수의 움직임이 거의 완벽하게 맞아 떨어진다.〈그림 3〉 이산화탄소 농도가 급상승했다가 서서히 하강하는 데 따라 빙하 규모는 급감했다가 서서히 회복되는 톱니 모양의 변화를 나타냈다. 자연계에서 발견되는 상관 관계가 40만 년 동안 이렇게 산뜻하게 일치한다는 사실이 신기할 정도다. 아이스코어 연구를 통해 이산화탄소가 온실가스로 작용하면서 지구 기후에 결정적인 영향을 끼치고 있다는 것은 더는 부인하기 힘든 사실로 굳어졌다.

275만 년 전부터
빙하기가 시작됐다

과학자들은 지금의 빙하기가 시작된 시점을 275만 년 전으로 보고 있다. 바다 밑바닥 퇴적토 조사를 통해 추정한 것이다. 275만 년 전 퇴적층까지는 '빙하 얼음 덩어리를 타고 온(ice-rafted)' 자갈 덩어리와 모래 입자들이 확인되기 때문이다. 그 전 시기 퇴적층에서는 이런 현상이 없었다.

바다 밑 퇴적토의 18-산소 동위원소 분석도 그런 추정을 뒷받침한다. 275만 년 이전 시기에는 시간의 흐름에 따라 동위원소 비율이 오르내리는 진폭이 아주 작았다. 그러나 275만 년 전 이후 시기로 들어서면 동위원소의 등락 진폭이 갑자기 커진다. 275만 년을 경계로 거대한 대륙 빙하가 생겨났다가 없어지는 사이클이 시작됐기 때문이다. 대륙 빙하가 없던 275만 년 전 시기엔 18-산소 동위원소 값에서 빙하의 유무(有無)로 인한 진폭이 없었고 해수 온도 변화만 반영됐다. 동위원소 비율이 밋밋하게 변할 수밖에 없다. 그러나 275만 년 전부터는 대륙 빙하가 생겨 빙기와 간빙기의 교대가 시작됐고, 그에 따라 해수 온도 변화뿐 아니라 빙하의 존재 여부가 추가로 18-산소 동위원소 값에 반영돼 변화 진폭이 아주 커졌다.〈그림 4〉

그런데 바다 밑바닥 퇴적토 분석에서 확인되는 18-산소 동위원소 값의 변화를 보면 275만 년 전 본격적인 대륙 빙하가 등장한 이래 지속적으로 값이 커지고 있다. 이는 기온이 꾸준히 하강하고 빙하 규모도 늘고 있다는 것을 의미하는 것이다. 지구는 계속 냉각화 방향으로 움직이고 있다.

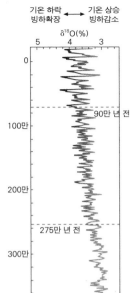

기온 하락　　기온 상승
빙하확장 ◄──► 빙하감소

δ¹⁸O(%)

그림 4　지난 450만 년 동안의 18-산소 동위원소 값의 변화. 태평양 밑바닥 퇴적토 시료의 분석 결과. Earth's Climate: Past and Future(William Ruddiman, 2008) 11장에서 인용한 그래프를 변형시켰음.

275만~90만 년 전에는 빙기-간빙기 사이클이 대략 4만 1000년을 주기로 움직였다. 밀란코비치의 3개 사이클 중에서 지축 기울기 사이클이 기후 변화를 주도했던 것이다. 그 기간 동안 빙기-간빙기 사이클이 40번쯤 되풀이됐다. 그러나 90만 년 전쯤부터 10만 년 간격의 사이클이 생겨나기 시작하더니 60만 년 전부터는 그 현상이 뚜렷해졌다. 이는 냉각화가 어느 임계점을 지나 빙하 규모가 커지면서 빙기 지속 기간도 길어진 것을 의미한다. 지난 60만 년 사이 10만 년을 주기로 빙기-간빙기 사이클이 6번 되풀이됐다. 그러면서 중간 중간에 4만 1000년과 2만 3000년 사이클이 약하게 숨어 있는 형태로 나타난다.

빙하 최전성기에는 대륙부에 남극 빙하 못지 않는 크기의 빙하가 형성된다. 북미 대륙 동쪽에는 로렌타이드 빙하가, 서쪽에는 코딜러런 빙하가 자리잡았다. 유럽에는 그린란드 빙하 외에도 스칸디나비안 빙하가 유럽 북부를 덮었다. 시베리아 북부에도 바렌츠 빙하가 형성됐다. 남극 빙하가 대략 3000만km³ 크기인데 최전성기 때의 로렌타이드 빙하는 2500~3400만km³로 추정된다고 한다. 그린란드 빙하는 500만~700만 년 전에 먼저 형성됐고 나머지 대륙 빙하들은 275만 년 전을 고비로 생겨났다.

빙하들은 두께가 2~3km가 될 정도로 거대했다. 대기는 고도가

100m 올라갈 때마다 0.6도씩 기온이 떨어진다. 따라서 2~3km 고도인 빙하 상층 표면의 기온은 아래쪽 지반 높이에서보다 섭씨 12~18도 냉각된 상태다. 이런 현상 때문에 빙하가 쌓여가기 시작하면 태양 일사량이 약해지는 것과는 별도로 표고(標高)가 높아지는 데 따른 추가 냉각화 현상이 생겨난다. 그래서 한번 얼음이 쌓이기 시작하면 점점 더 많은 얼음이 쌓여가는 포지티브 피드백으로 작용한다.

이렇게 ①지구 궤도 변화에 따른 태양 입사량 연구 ②바다 밑 퇴적토의 동위원소 분석을 통한 바닷물 수온과 빙하 크기 연구 ③그린란드와 남극 빙하 아이스코어 분석으로 확인되는 기온과 이산화탄소의 등락 연구 등을 통해 지난 수백만 년 동안 지구가 빙하기 아래 놓여 있었다는 것은 의심할 수 없는 사실로 굳어졌다. 루이 애거시가 빙하론을 발표한 후 150여 년에 걸쳐 축적된 지식 진보의 결과다. 기후 변화 관련 이론은 수많은 과학자의 연구가 축적돼 이뤄졌다는 걸 알 수 있다.

'나이테 기후학'의 등장

과거 기후를 재구성해내는 데는 바다 퇴적물 분석과 빙하 아이스코어 분석이 가장 신뢰할 만한 자료로 활용돼왔다. 이들 자료는 수십만~수백만 년 전까지 거슬러 올라갈 수 있는데다 빙하기의 도래와 쇠퇴라는 거대 기후현상을 수치화해 보여줄 수 있다.

한편으로 특정 지역과 특정 시기의 기후를 짐작할 수 있게 해주는 다른 기후 자료들도 많다. 예를 들면 나무 나이테가 자란 속도와 형태를 보고 그 시점의 기온과 강수량이 어땠는지 추정해보는 방법이다.

또 호수 밑바닥 퇴적토에서 확인한 식물 화분(花粉·꽃가루)을 분석하는 방법도 있다. 소나무 화분이 나오면 단풍나무 화분이 나왔을 때보다는 추운 날씨였다고 해석하는 식이다. 이것들은 오늘날의 기계 관측이 기온·강수량 등의 기후 현상을 직접 보여주는 것과는 달리 과거 기후를 간접적으로 짐작케 해주는 지표 역할을 한다는 의미에서 '프록시(proxy, 대리 지표)'라고 부른다. 바다 퇴적토의 산소동위원소 분석이나 아이스코어의 기포 속 이산화탄소 농도도 간접 기후 지표이기 때문에 역시 프록시라고 할 수 있다.

프록시 자료 중 대표적인 것이 나무 나이테이다. 나이테 분석의 선구적인 역할을 해 '나이테 연대학(dendrochronology)'의 기반을 세운 사람은 앤드루 엘리콧 더글러스(A. E. Douglass, 1867~1962)이다. 19세기에 화성 문명의 존재를 주장했던 미국 천문학자 퍼시벌 로웰의 조수로 일했던 사람이다. 그는 로웰과 결별 후부터 나이테 연구에 몰두해 과거 기후를 복원했다. 나무 나이테에는 화산 폭발로 갑자기 추운 날씨가 여러 해 계속됐다든지, 또는 가뭄이 연속해 찾아왔다든지 하는 특징적 시기들이 기록돼 있다. 이렇게 나무 성장에 특별히 유리했거나 불리했던 시기의 나이테를 지문(指紋)으로 활용해 갓 벌채한 나무, 죽은 나무 밑동, 오래전 쓴 건축재 나무 등의 여러 샘플을 이어 맞춰가면서 수천 년 전까지 기후를 복원해갈 수도 있다. 이걸 '교차 연대분석(cross-dating)'이라고 한다. 더글러스는 캘리포니아의 세쿼이어 밑둥에서 3000년 이상 된 나무의 나이테를 확보하기도 했다(The Whole Story of Climate 6장, Kirsten Peters, 2012).

나이테 분석은 직경 0.5cm 정도의 나무 코어를 캐내 나이테 폭을 측정하는 식으로 진행된다. 나이테 분석의 어려운 점은 나이테 성장이 기후의 어느 한 조건에 의해서만 영향을 받는 게 아니라 기온, 강수량, 햇빛, 질병, 지하수, 토양 등의 여러 변수가 복합적으로 작용한다는 사실이다. 따라서 기온이면 기온, 강수량이면 강수량의 어느 한 가지 요인의 작용을 분리해내려면 그에 맞는 나이테 샘플을 구해야 한다.

주변 환경 조건이 좋은 곳에서 자라는 나무는 나이테 성장이 일정하기 때문에 과거 기후 판별에 별 쓸모가 없다. 기온이나 강수량 등의 조건에서 한계적 상황에 위치한 곳에서 자란 나무(tortured tree) 샘플이라야 환경 변화의 양상을 찾아낼 수 있다. 예를 들어 건조 기후에서 자라는 나무는 강수량이 나이테에 결정적 요인으로 작용하고, 추운 지대에서 자라는 나무는 봄~여름의 성장 계절 기온이 어땠는가가 나이테 성장에 결정적 요인이 된다. 또 나이테 분석은 통제한 상태에서의 실험과는 달라 아무래도 정확도가 떨어질 수 있기 때문에 25~30그루 정도의 평균값을 내야 의미가 있다.

더글러스의 나이테 복원은 1900년을 거슬러 올라갔다. 그는 1919년 시점에 이미 7만 5000그루의 나이테 조사를 마친 상태였다. 이 자료를 활용해 흑점 사이클을 복원하려 노력했다. 그런데 1650~1720년 기간 동안에는 나이테에서 나타나는 흑점 사이클이 분간하기 어려운 상태였다. 그러던 중 영국 천문학자 에드워드 월터 몬더(E. W. Maunder)와 연결됐다. 몬더를 통해 유럽 천문 관측 기록를 확보해 자신의 미국 나이테 조사를 대조해보니 결과가 일치했다. 더글러스는 1928년까지 17만 5000개의 나이테 분석을 통해 11.3년의 성장 사이클을 확인할 수 있었다. 흑점 사이클과 대략적으로 일치했다. 그러나 전체적으로 더글러스의 작업은 너무 복잡하고 안 맞아떨어질 때가 수시로 있고 인과 관계 설명이 부족한 편이었다. 통계학 분석 기법이 아직 발전되지 않았던 시기라는 한계가 있었을 것이다.

나이테 분석에 정밀도를 더해준 것은 윌러드 리비(Willard F. Libby, 1908~1980)가 개발한 탄소연대법이다. 리비는 이 공로로 1960년 노벨 화학상을 받았다. 자연계의 탄소는 양성자와 중성자가 각각 6개인 12-탄소($\delta^{12}C$)가 대부분이지만 중성자가 7개짜리인 13-탄소($\delta^{13}C$)도 약 1% 정도 존재한다. 이밖에 중성자가 8개인 14-탄소($\delta^{14}C$)도 1조분의 1의 비율로 극미량 존재한다.

프린스턴 대학에서 일하다가 원자폭탄을 만드는 맨해튼 계획에 참가했던 리비는 전쟁 후 시카고 대학으로 자리를 옮겨 해롤드 유리 연구팀에 합류했다. 그는 14-탄소가 방사선 붕괴를 할 때 방출하는 베타선을 정밀 측정하는 고감도의 가이거 계수기를 개발했다. 이걸 갖고 자연 속에 1조분의 1밖에 들어 있지 않은 극미량의 14-탄소를 정확히 측정해내는 데 성공했다.

14-탄소는 대기 상층부에서 고에너지의 우주선이 질량수 14(양성자 7개+중성자 7개)인 질소원자를 때릴 때 만들어진다. 이른바 '중성자 포획'이라는 과정인데, 질소 원자에서 중성자 하나가 늘어나는 대신 양성자 하나가 튀어나가 14-탄소(양성자 6개+중성자 8개)가 만들어진다. 질량 수는 변하지 않지만 원소의 성질은 양성자에 의해 결정되므로 '질소'가 '탄소'로 바뀌는 것이다.

그런데 질소에서 모양을 바꾼 14-탄소는 자연계에서 원자핵 속 중성자 1개가 양성자 1개로 바뀌는 베타 붕괴를 통해 서서히 질소 원소로 환원된다. 생명체는 대기로부터 끊임없이 호흡 과정을 통해 14-탄소를 보충하고 있다. 따라서 살아 있는 생명체의 14-탄소 비율은 일정하게 유지된다. 그러나 생명체가 일단 죽게 되면 그때부터는 새로운 14-탄소의 보충은 일어나지 않는 상태에서 14-탄소가 베타 붕괴 과정을 거쳐 꾸준히 질소 원소로 뒤바뀌게 된다. 이때의 14-탄소 붕괴 반감기가 5730년이다. 따라서 죽은 생물의 탄소 성분 속 14-탄소의 비율이 얼마인지 측정할 수 있으면 문제의 유기물의 생성 연도를 판별할 수 있다. 유기물 속 탄소 1만분의 1g만 있어도 연대 측정이 가능하다고 한다.

은행잎 화석은
수억 년 전 기후 말해줄 수도

14-탄소 비율의 측정으로 유기물의 생성 연대 확인이 가능하게 되면서 나이테 분석이 더욱 발전하게 된다. 나이테 시료들 사이에 있는 공백을 탄소연대 분석법을 갖고 개략적으로 메꿔줄 수 있게 됐기 때문이다.

나이테 분석 중에서 가장 대표적인 사례는 캘리포니아 화이트 산맥의 해발 3000m 지점에서 아직도 생존해 있는 브리슬콘 소나무를 분석한 것이다. 수령이 4600년이나 돼 지구상에서 가장 오래된 생명체로 꼽힌다. 이 나무와 근처의 죽은 다른 나무 그루터기의 껍질을 대조시켜 연대 분석을 이어붙이면 1만 년 전까지 기후 판독이 가능하다고 한다. 이 나무의 위치는 비밀에 붙여져 있다. 2003년엔 티베트 고원에서 자라는 나무의 나이테 분석이 발표됐는데 2326년치의 나이테가 들어 있었다. 그 나이테에는 중세 온난기 흔적이 기록돼 있었다고 한다.

그러나 나이테 정보는 어디까지나 특정 지역에 국한된 정보라는 한계가 있다. 지역적 환경 인자에 의해 좌우되는 성격이 강하다. 열대 나무들은 나이테 분석에 쓸 수가 없다. 계절의 변화가 없는데다가 죽은 나무는 금방 분해돼버린다. 남반구는 북반구만큼 대륙이 넓게 분포하지 않아 나이테 분석 자료가 풍부하지 않은 편이다

나이테 외에도 호수 퇴적물에서 추출한 식물들의 화분(花粉)과 포자(胞子)도 중요한 프록시 자료가 된다. 해당 지역 일대에 어떤 식물이 자랐는지를 확인해 당시 기후를 짐작하게 해준다. 화분과 포자는 왁스질로 코팅돼 있어 수만 년 동안 보존되기도 한다. 12만 5000년 전의 간빙기 때 만들어진 포자가 발견되는 경우도 있다고 한다.

동굴에서 자라는 종유석도 프록시가 된다. 종유석은 석회석 성분이 물에 녹아 흐르다가 굳는 방법으로 자란 것이다. 종유석의 탄산칼슘 속 산소동위원소 비율을 분석하면 해당 시기의 기온을 추정할 수 있다. 종유석 우라늄 성분 분석을 통해 정확한 연대 추정도 가능하다. 이런 다양한 프록시 데이터들은 빙하 코어 분석이나 바다 퇴적토 분석 결과가 전 지구 차원에서 어느 정도 적합한 것인지를 크로스체크할 수 있게 해주는 용도로 활용될 수 있다.

프록시 자료 중에는 무려 수억 년 전의 기후를 말해주는 자료도 있다. 은행잎 화석이 그런 귀중한 프록시 자료 역할을 한다. 몇 년 전 어느 대학에서 원예 강좌를 들을 때 은행나무는 보기와 달리 침엽수라는 얘기를 듣고 놀란 적이 있다. 넓은 잎을 갖고 있지만 잎맥이 부챗살처럼 퍼져 해부학적으로는 침엽수라는 것이다. 바다에 사는 고래가 포유류라는 말과 비슷한 맥락으로 이해됐다.

1945년 히로시마에 원자폭탄이 터졌을 때 주변 2km 안에 큰 은행나무가 여섯 그루 있었다고 한다. 다른 나무들은 다 그을려 죽었지만 은행나무에선 다시 움이 나와 지금껏 자라고 있다는 것이다. 그러고 보면 은행나무는 공해도 잘 견디고 병도 안 걸린다. 은행나무 잎은 벌레도 안 먹고 초식동물도 쳐다보지 않는다. 새도 은행 열매는 안 먹는다. 은행나무에 뭔가 해충들이 싫어하는 성분이 들어 있는 모양이다.

이렇듯 생명력이 강한 은행나무는 지구상에서 바퀴벌레만큼이나 오래된 생물이다. 2억 7000만 년 전 등장한 후 무수한 기후 변화를 버텨내 '화석(化石) 식물'로 통한다. 실제로 은행나무 잎 화석을 정밀 분석하면 은행나무가 살았던 시대의 기후를 짐작할 수 있다.

나뭇잎에는 수증기를 내보내고 이산화탄소를 받아들이는 기공(氣孔·숨구멍)이 있다. 주로 잎의 뒤쪽에 있다. 식물은 이 기공을 통해 흡수한 이산화탄소를 써서 광합성을 하는 것이다. 그런데 식물이 이산화탄소를 빨아들이기 위해 기공을 열면 식물 몸속 수분이 빠져나가게 된다. 모든 생물은 수분을 어떻게 효과적으로 보존하느냐 하는 것이 중요한 생존 전략이다. 식물은 대기 중 이산화탄소 농도가 충분히 높아서 광합성 재료로 쓸 이산화탄소의 공급이 충분하면 진화를 통해 기공 숫자를 줄이게 된다. 될수록 수분의 손실을 막으려 하는 것이다.

이 원리를 응용하면 수천만 년, 수억 년 전 은행나무 잎의 기공 밀도를 확인해 그 시점의 대기 중 이산화탄소 농도를 추측할 수 있다. 과학자들은 이 작업을 통해 먼 과거의 지구 대기 이산화탄소 농도 변화를 대략적으로 그려내고 있다. 2억 년 전엔 이산화탄소 농도가 무려 6000ppm을 넘은 시기도 있었다는 추정이다. 그보다 먼 과거의 대기 중 이산화탄소 농도는 사막 토양 속의 탄산칼슘 성분을 분석해 짐작할 수 있다고 한다. 사막에서 물이 증발할 때 토양 표면에 탄산칼슘을 남긴다. 이 탄산칼슘 성분의 화학적 특징이 그 시대의 이산화탄소 농도를 반영하고 있다는 것이다(The Long Thaw-How humans are changing the next 100,000 years of earth's climate 6장, David Archer, 2009).

3

지구 궤도의
작용

Wicked
Problem

이번 장과 다음 장에선 기후 변화가 구체적으로 어떤 메커니즘을 거쳐 일어나는지를 정리해보려 한다. 결론부터 말한다면 지구 기후에 변화를 일으키는 궁극적 힘에는 ① 판구조 운동 ② 지구 궤도 변화의 두 가지가 있다. 지질학적 과거 시대에는 이산화탄소라는 온실가스가 이 두 가지의 동인(動因)을 매개하고 전달하고 증폭하는 작용을 해왔다. 그런데 최근 들어 인간이 대량으로 배출하고 있는 이산화탄소는 '매개-증폭' 역할을 넘어서 독자적으로 기후 변화를 일으키는 요소로 등장했다. 판구조 운동, 지구 궤도 변화에 이어 '인위적 온실가스 배출'이라는 제3의 기후 변화 동력이 나타난 것이다.

지구 궤도 변화가 빙기와 간빙기의 순환을 일으킨다는 것은 2장에서 개략적으로 검토해봤다. 그런데 현재의 빙하기는 275만 년 전에 시작됐다. 따라서 지구 궤도 변화에 따른 기후 변화는 지난 275만 년 동안의 지구 기후 역사에 대한 설명이 된다.

빙하기 275만 년은
지구 역사의 0.059% 비중

지구 빙하기 275만 년은 인간 시각에서 보면 까마득한 시일이 된다. 지구에서 인간이 농사를 짓기 시작한 것이 고작 1만 년 전 일이다. 인간 문명은 그 1만 년 동안 쌓아 올려졌다. 그런데 인간 문명 역사의 275배나 되는 기간 동안 빙기와 간빙기가 교대로 찾아오는 빙하기가 진행됐다. 현대 인류의 조상이 아프리카에서 등장한 것은 20만 년쯤 전이라고 한다. 그것의 14배에 해당하는 기간 동안 지구는 빙하로 덮였다가 다시 녹았다가 했다.

하지만 275만 년이란 기간은 지구의 전체 역사 46억 년의 0.00059 비중밖에 안 되는 순간에 불과하다. 지구는 탄생 후 빙하기 275만 년보다 1670배나 긴 세월 동안 지속돼왔다. 우리가 말로는 간단하게 '지구 역사 46억 년'이라고 말을 하지만 그 기간은 인간 상상력으로는 도저히 감지할 수 없는 장구한 세월이다. 이 기나긴 지구 역사 동안 벌어진 기후 변동은 판구조 운동이라는 보다 근원의 힘을 갖고 해석해야 한다. 판구조 운동이 만들어내는 대륙 분포와 그에 따른 해양 흐름의 변화가 지구 기후를 지배하는 기본 동력이다. 지구 궤도 변화나 인간이 일으킨 인위적 온난화는 판구조 운동에 비교하면 미미한 물결에 불과하다.

지금도 지구는 판구조 운동의 지배를 받고 있다. 다만 워낙 느리게 진행되는 것이어서 우리가 도저히 느낄 수 없다. 따라서 빙하기 275만 년의 기후 역사를 살펴볼 때에는 현재의 지구 대륙 분포 구조를 상수(常數)로 간주하고 분석할 수밖에 없다. 판구조 운동에 대해선 다음 장에서 살펴보려 한다.

현재의 빙하기가 275만 년 전에 시작됐다고는 하지만 빙하는 그 전에도 존재했다. 남극 대륙 빙하는 1400만 년 전에 생성됐다고 한다. 그린란드 빙하는 500만~700만 년 전부터 그 자리에 있었다. 그런데도 우리가 북미 대륙과 유라시아 대륙에 커다란 빙하들이 생겨난 다음부터만 빙하기로 잡는 것은 순전히 편의적 분류라고 하겠다. 인간 생존에 중요한 변수가 되는 것은 북반구 대륙 빙하이기 때문이다.

남극 대륙 빙하가 생겨난 지 한참 뒤에야 북반구 대륙에 빙하가 생성된 것은 남극엔 극 지점에 육지가 있지만 북극은 극 지점이 바다라는 사실과 관련 있을 것이다. 바다도 온도가 많이 떨어지면 얼어붙을 수 있다. 하지만 바다는 물의 순환을 통해 열을 바닷물 전체로 분산시키는 효과를 갖기 때문에 바다 자체가 얼어붙는 일은 좀체 생겨나지 않는다. 그런데다가 북반구 대륙들은 위도상으로 북극에서 한참 아래쪽에 위치해 있다. 그린란드 경우는 극권(極圈)에 속하는 지역이어서 남극보다는 늦었지만 빙하가 형성되고 빙기-간빙기 사이클에 관계없이 빙하가 줄곧 유지돼왔을 것이다.

앞장에서 설명했듯 빙하 형성을 결정짓는 것은 여름철 북반구 극지방에 내리쬐는 태양 입사량 세기이다. 가을~겨울~봄을 거쳐 쌓인 눈이 견뎌내기 어려울 정도로 여름 햇빛이 세면 빙하는 생길 수 없다. 여름 햇빛을 받아도 끄떡없을 정도로 여름 햇빛이 약해져야 지난해 쌓인 눈 위에 올해 내린 눈이 다시 쌓여가면서 빙하가 생성되는 것이다.

태양은 직경 140만km나 되는 수소 덩어리이다. 지구 직경(1만 2750km)의 대략 110배쯤 된다. 지구에서 태양까지의 거리(1억 5550만 km) 역시 태양 직경의 110배 정도 된다. 큰 수박 한 덩어리의 주변을 아주 작은 콩 한 개가 30m쯤 거리에서 돌고 있는 것에 비유해볼 수 있을 것 같다. 그런데 수소 덩어리 태양은 끊임없이 핵융합 반응을 일으켜 에너지를 방출하고 있다. 어마어마한 에너지 가운데 극히 일부가 지구로 전해지고, 사람은 지구 표면에 닿는 에너지의 약 1만 1000분의 1 정도를 쓰고 있다. 지구 내부에서도 방사성 물질이 붕괴하면서 지각을 통해 지구 표면 쪽으로 열을 방출하고 있지만 태양 에너지에 비하면 극히 미미해 기후 변화에 관한 한 무시해도 되는 수준이다

기후 변화 일으키는
지구 궤도의 세 가지 사이클

지구 궤도는 ①태양으로부터의 거리 ②태양과의 각도의 두 측면에서 끊임없이 변하고 있다. 우선 지구가 태양 주위를 도는 공전 궤도는 완전한 구형(球形)이 아니라 약간 찌그러진 타원형이다. 태양은 이 타원형에서 정 가운데에 있는 것이 아니라 한쪽으로 치우쳐 있다.

그런데 그 타원형 모양이 10만 년을 주기로 변해간다. 타원형이 찌그러져 있는 정도를 편심률(eccentricity)이라고 한다. 편심률은 0.001~0.054 사이에서 미세하게 커졌다 작아졌다 하면서 지구 공전 궤도가 원형에 가까운 모습에서 가장 찌그러진 모양으로 바뀌었다가 다시 원형으로 서서히 옮겨가고 있다. 태양계 행성 가운데 질량이 가장 큰 목성이 지구에 인력을 작용시켜 궤도를 미묘하게 바꿔놓고 있기 때문이다. 지금 지구의 편심률은 0.017에서 수치가 더 작아지는 방향으로 움직이고 있다. 앞으로 2만 년 이상 지구 공전 궤도는 점점 더 원형으로 바뀌어가게 된다.

지구 공전 궤도가 타원형이기 때문에 지구~태양 거리는 상황에 따라 변하게 된다. 가까울 때는 1억 5300만km, 멀어질 때는 1억 5800만

km가 된다. 가까울 때와 멀 때의 거리 차이가 3%쯤 된다. 현재는 1년 중 지구가 태양에서 가장 가까워지는 시기가 1월 3일이고, 가장 멀어지는 것은 7월 4일이다.

여기서 의문이 생기는 것은 왜 하필 겨울철에 지구~태양 거리가 가깝고, 여름철에 지구~태양 거리가 멀어지느냐는 것이다. 사실 언제나 1년 중 1월 3일에 지구~태양 거리가 가장 가까워지게 고정돼 있는 것은 아니다. 이런 근일점(近日點)은 2만 1700년을 주기로 변한다. 앞으로 1만 년쯤 뒤에는 지금과 정반대로 여름철에 지구~태양 거리가 가까워지고 겨울철에 지구~태양 거리가 멀어진다.

이런 현상이 나타나는 이유는 지구축이 건들거리는 세차 운동때문이다. 지구가 완전한 구형이 아니라 적도 부분이 약간 부풀어진 형태를 갖고 있어 나타나는 현상이다. 지구가 46억 년 전부터 끊임없이 자전을 해오면서 원심력이 작용한 결과다. 바로 이 부푼 부분에 해, 달, 다른 행성의 중력이 작용해 지구의 자전축을 까딱거리게 만들고 있는 것이다. 팽이가 돌다가 속력이 떨어질 때 팽이축이 건들거리며 도는 모습을 연상하면 이해가 쉬워진다.〈그림 1〉

이 건들거림 때문에 지구 자전축은 끊임없이 변하고 있다. 지금은 자전축이 북극성을 향하고 있지만 수천 년이 지나면 다른 별을 향하고 있을 것이다. 자전축이 건들거리며 돌다가 원위치로 복귀하는 데 걸리는 시간이 평균 2만 5700년이다.

그런데 지구의 공전 궤도 자체도 미세하게 건들거리는 세차 운동을 한다. 지구 자전축의 세차 운동과 공전 궤도의 세차 운동이 합쳐진 효과가 '어느 계절에 지구~태양 사이가 가까워지는가'를 결정하게 된다. 지구 계절 위치가 공전 궤도상에서 '2만 1700분의 1'만큼씩 위치를 바

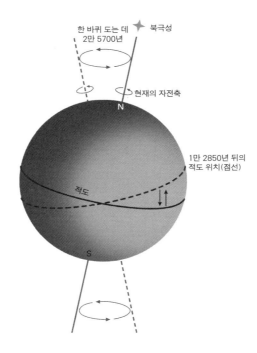

한 바퀴 도는 데
2만 5700년

북극성

현재의 자전축

N

1만 2850년 뒤의
적도 위치(점선)

적도

S

그림 1 세차 운동의 개념도. 지구축의 방향이 팽이축이 돌듯 2만 5700년 주기로 돌게 된다.

꿔가는 것이다. 말하자면 여름의 하지점(춘분점이라 해도 마찬가지)이 공전 궤도 상에서 지구의 공전 방향과는 반대 방향으로 매년 공전 궤도 길이의 2만 1700분의 1씩 움직이고 있는 것이다. 결국 1만 년 뒤에는 지금과 반대로 여름철의 지구 위치가 지구~태양의 거리가 1년 중 가장 가까운 근일점 부근에 가 있게 된다.

4계절 가운데 여름철을 기준으로 설명하는 이유는 빙기-간빙기의 교대 현상에서 중요한 것이 북반구 여름철에 북극권 고위도 지역에 닿는 햇빛 세기이기 때문이다. 세차 운동만 놓고 따진다면 1만 년 뒤에는 북극권 고위도 지역의 여름철 햇빛은 강해질 수밖에 없다. 그 시기에 여름철의 지구~태양 거리가 가장 가까워지기 때문이다.

'여름철 지구~태양 거리'의 멀고 가까움은 세차 운동만 갖고 결정되는 것은 아니다. 공전 궤도의 찌그러짐이 10만 년을 주기로 달라지고 있기 때문이다. 만일 공전 궤도의 타원형이 10만 년의 주기 가운데 가장 찌그러진 상태에 와 있다고 하자. 마침 이 상태에서 세차 운동 작용으로 여름철의 공전 궤도상 위치가 근일점에 와 있다면, 여름철에 북극권에 닿는 태양의 세기는 가장 강한 상태가 된다. 말하자면 편심률이 클 때 세차 운동에 의한 '지구~태양 거리의 변화 진폭'이 크게 나타나는 것이다. 그래서 북극권의 여름철 태양 입사량이 10만 년 주기로 강해지는 현상이 생겨난다.

이번에는 그로부터 5만 년 뒤 지구의 공전 궤도가 가장 원형에 가까운, 다시 말해 덜 찌그러진 상황으로 바뀐 경우를 가정해보자. 그 상황에서 세차 운동 작용으로 여름철의 공전 궤도상 위치가 근일점에 가 있는 경우는 상황이 좀 달라진다. 이때는 공전 궤도의 찌그러짐이 덜하기 때문에 근일점과 원일점(遠日點) 사이의 지구~태양간 거리 격차가 별로 없게 된다. 그래서 근일점이긴 해도 공전 궤도가 많이 찌그러져 있는 경우보다는 지구~태양간 거리가 멀어지게 된다. 여름철 북극권 태양빛의 세기가 약해지는 것이다.

정리하면, 북반구 여름철의 지구~태양 거리는 ① 10만 년 주기로 바뀌는 지구 공전 궤도의 편심률과 ② 2만 년 주기 세차 운동의 사이클이 결합해 달라진다. 이 결합 사이클을 '편심조정 세차 운동 사이클'이라고 부른다. 여름철 태양 세기에 관한 한 두 개의 작용 중에서 세차 운동 사이클이 편심률보다 더 중요한 역할을 한다. 편심률은 세차 운동 효과를 증폭, 또는 약화시키는 역할을 한다.〈그림 2〉

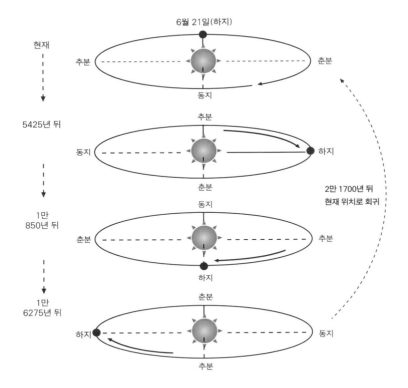

그림 2 편심 조정 세차 사이클 개념도. 타원형의 공전 궤도상에서 하지점은 공전 궤도와 반대인 시계 방향으로 2만 1700년 사이클을 그리며 움직인다. 이런 세차 운동은 공전 궤도의 찌그러짐이 컸다 작았다 변하는 10만 년 주기의 편심률 사이클과 결합해 북반구 여름철 지구~태양간 거리를 결정짓게 된다.

세차 운동과 편심률 사이클은 북반구 여름철의 지구~태양 간 거리를 결정짓는다. 그런데 여름철 북극권 태양빛의 세기는 지구~태양간 거리에 따라 달라지기도 하지만 지구 자전축의 기울기도 못지 않게 중요한 요소로 작용한다. 이때 자전축 기울기는 '태양 입사 각도'를 결정짓는다.

지구축 기울기가 북반구의 고위도 지역의 여름철 태양 입사량을 결정짓는 메커니즘은 직관적으로 이해하기가 쉽다. 지구축 기울기는

24.5~22.2도를 왔다 갔다 한다. 현재는 23.5도에서 22.2도를 향해 가는 중이다. 기울기가 한 바퀴 돌아 원위치로 올 때까지 4만 1000년 걸린다. 기울기가 크면 클수록 북반구 극지방의 여름철에 태양이 머리 위쪽으로 오게 된다. 당연히 기울기가 24.5도일 때 북반구 극지방을 내리쬐는 태양의 세기가 가장 세진다. 그런데 지구축 기울기는 지구~태양간 거리와는 달리 지구 표면에 도달하는 태양 에너지의 세기 자체에 변화를 주는 것은 아니다. 태양 에너지의 위도별 분포가 달라지게 만들 뿐이다. 여름철 북반구 고위도의 태양 입사량이 커지면 남반구는 그만큼 추워질 수밖에 없다.

여름철 태양빛은
1만 1000년 전 제일 강했다

현재는 북반구가 여름철일 때 태양~지구 거리가 멀어져 있다. '편심 조정 세차 운동 사이클'로 보면 북반구의 여름철 태양 강도가 약한 편인 것이다. '태양 기울기'를 기준으로 한 태양빛 입사량은 최소와 최대값의 중간 지점에 와 있다.

반면 약 1만 1000년 전엔 북반구가 여름철일 때 태양~지구 거리가 최근접점에 있었다. 당시는 태양 기울기도 가장 클 때였다. '거리'와 '기울기'가 모두 최대값이었다. 그래서 1만 1000년 전의 북반구 여름철 태양빛은 가장 뜨겁게 내리쬐었다. 태양 세기가 지금보다 8% 강했다.

앞으로 1만 년 뒤 상황은 어떻게 될까. 1만 년 뒤에는 '편심 조정 세차 운동 사이클'이 다시 여름철 지구~태양 거리를 가깝게 만들 것이다. '태양 기울기'는 최저값 부근에 머무르게 된다. 따라서 두 힘이 엇갈리게 작용해 1만 년 뒤의 여름철 북반구 태양빛 세기는 지금과 큰 차이가 없는 상태가 될 것으로 내다볼 수 있다

편심률, 세차 운동, 기울기의 세 사이클은 이런 방식으로 서로 얽혀서 복잡하게 작용한다. 세 사이클이 한 방향으로 공명(共鳴)하면서 변화를 증폭시킬 수도 있고, 반대로 상쇄시킬 수도 있다. 이런 원리에 따라 경우에 따라서는 아주 긴 빙기, 또는 긴 간빙기가 찾아올 수 있다. 반대로 빙기와 간빙기가 상대적으로 약하고 짧게 지나갈 수도 있다. 실제 나타난 기후 기록에서 이 세 사이클을 눈으로 각각 구분해내기는 어렵다. 세 힘은 겹쳐서 구현되기 때문이다.

10만 년쯤 지속된 직전 빙기 가운데 빙하가 가장 크게 발달했던 때는 2만 1000년 전이다. 2만 5000년~1만 8000년의 기간을 '마지막 빙하 절정기(Last Glacial Maximum)'라고 부른다. 빙하 절정기 때는 북미 대륙 빙하가 뉴욕과 시애틀까지 덮었다. 북미 대륙 빙하는 지금의 남극 빙하에 필적할 만큼 거대했다. 당시 해수면은 지금의 130m 아래까지 내려가 있었다. 북미 대륙 빙하의 두께는 3km에 달했다. 빙하 아래 육지는 빙하 무게에 짓눌려 지금보다 600m 침강했을 것이다.

지구 평균 기온은 지금보다 5~6도 아래였다. 열대 지방은 지금보다 2~3도 떨어진 기온이었을 것으로 추정된다. 북반구 고위도 지역은 지금보다 12~14도 아래였을 것이다. 극지방은 얼음으로 뒤덮이면서 태양빛 반사계수(알베도)가 커지기 때문에 냉각화가 증폭돼 나타나게 된다.

해수면이 낮아지면서 동남아시아의 보르네오, 자바, 수마트라, 필리핀 등의 섬은 유라시아 대륙과 연결돼 있었다. 일본도 한반도를 거쳐 대륙과 연결됐다. 일본은 3만 년 전부터 인간 거주 흔적이 발견된다.

당시 아시아 대륙 거주 인종이 걸어서 일본으로 건너갔을 걸로 볼 수 있다. 인간이 원래 거주지였던 아프리카를 탈출하고 나중에 호주까지 진출한 것도 낮아진 해수면으로 육지들이 연결됐기 때문이다(Climate Change in Prehistory -The End of the Reign of Chaos 3장, William Burroughs, 2005).

빙하는 1만 7000년 전부터 여름 일사량이 강해지면서 녹기 시작했다. 스칸디나비아 빙하가 녹아 사라진 것은 1만 1000년 무렵이다. 북미 빙하도 서서히 줄어들다가 7000년 전 모두 사라졌다. 남극 대륙과 그린란드 빙하는 워낙 고위도 지역이라 지구 궤도 변화에도 불구하고 안정적으로 유지되고 있다.

이산화탄소 증가 현상을 실증한 '킬링 커브'

찰스 킬링(Charles Keeling, 1928~2005)은 평생 이산화탄소 문제만 갖고 씨름했던 외골수 연구자다. 4시간마다 이산화탄소 농도를 측정해야 하는 바람에 첫 아기 태어나는 순간도 놓치고 말았다고 한다(Storms of my Grandchildren: The Truth about coming Catastrophe and Our Last Chance to save Humanity 7장, James Hanson, 2010). 1954년 노스웨스턴 대학에서 화학 전공으로 박사학위를 딴 킬링은 캘리포니아 공대에서 박사후 과정 생활을 하면서 대기 중 이산화탄소 농도를 측정하는 장치를 고안해냈다. 이 장치를 갖고 로스앤젤레스시 대기오염국 지원을 받아 대기 중 이산화탄소를 측정하는 프로젝트를 맡았다.

당시 스크립스 해양연구소 소장이던 로저 르벨(Roger Revell,

1909~1991)은 1956년 킬링을 스크립스 연구소로 발탁해 데려갔다. 르벨은 이산화탄소가 대기 중에 축적되면 온난화를 야기시킬 수 있다는 생각을 갖고 있었고, 이 메커니즘을 밝히고 싶어했다. 킬링은 이후 43년을 스크립스 연구소에서 일하면서 이산화탄소 연구에 몰두했다.

킬링은 1957년 남극점에 이산화탄소 관측 장치를 설치했고 1958년부터는 하와이의 마우나로아산 꼭대기(해발 4169m) 부근에서 측정을 시작했다. 인간 거주지나 산업 활동이 이뤄지는 곳에서 최대한 멀리 떨어져 있어 인간 간섭 요인이 작용하지 않아 이산화탄소 '배경 농도(background concentration)'를 측정하는 데 안성맞춤인 곳을 고른 것이다.

킬링은 1960년엔 '남극의 이산화탄소 농도가 증가하고 있다'는 내용을, 1961년엔 '마우나로아의 이산화탄소 농도는 겨울엔 올라갔다가 여름엔 떨어진다'는 발견을 발표했다. 1958년 314ppm으로 측정됐던 마우나로아의 이산화탄소 농도는 2015년 현재 400ppm까지 올라가 있다. 킬링의 연구 업적으로 인간이 화석 연료를 태워 쏟아내는 이산화탄소가 대기 중에 차곡차곡 쌓여가고 있다는 것은 '증명된 사실'로 굳어졌다. 킬링의 관측 결과는 '킬링 커브(Keeling Curve)'로 불리며 세계 과학계에서 가장 유명한 그래프로 널리 알려지게 됐다. 워싱턴의 국립과학아카데미는 건물 벽에 킬링 커브를 새겨놓았다.〈그림 3〉

킬링 이전만 해도 과학자들은 인간이 뱉어낸 이산화탄소를 바다가 빨아들여 제거해주고 있을 것으로 믿었다. 바다에 녹아 있는 탄소의 양은 대기 중 양의 50배나 된다. 게다가 이산화탄소는 물에 아주 잘 녹는 기체다. 그래서 과학자들은 배출된 이산화탄소 대부분 바다로 흡수될 것이라고 봤다. 그런 이유로 '이산화탄소가 온난화를 야기시킬 수 있다'는 아레니우스나 칼렌다 등의 연구가 별로 주목받지 못했다. 그런데 로

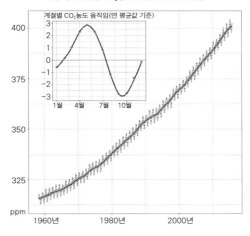

마우나로아 월별 CO$_2$농도 변화(1958~2015년)

계절별 CO$_2$농도 움직임(연 평균값 기준)

그림 3 하와이 마우나로아에서 측정한 이산화탄소 농도 수치. 현재 400ppm까지 상승해 있다. 작은 그래프는 4~5월 최고 농도를 기록했다가 9~10월 최저 농도로 떨어지는 계절 변화를 나타내고 있다. 위키피디아에서 인용.

저 르벨이 1957년 한스 쥐스(Hans Suess, 1909~1993)와 공동 연구로 해양의 이산화탄소 흡수 능력이 기대만큼 크지 않을 수 있다는 걸 경고하는 논문을 발표했다. 바닷물이 한번 빨아들인 이산화탄소를 다시 뱉어내는 현상을 '르벨 효과'라고 부른다. 르벨은 이 과정을 통해 인간이 배출한 이산화탄소의 20~40%는 대기 중에 축적된다고 주장했다(Reason in a Dark Time 2장, Dale Jamieson, 2014). 르벨은 자신의 연구를 실측으로 확인하기 위해 킬링에게 이산화탄소 농도 관측을 맡긴 것이다.

로저 르벨은 스크립스 해양연구소장직을 역임하면서 한스 쥐스나 찰스 킬링 같은 뛰어난 연구자들을 발탁하고 외부로부터 거액 연구비를 끌어들여 세계적 연구소로 키워낸 인물이다. 로저 르벨은 1963년부터 하버드대 교수 생활을 했다. 미국 부통령을 지낸 앨 고어가 그 시절

르벨에게 배워 지구 온난화에 관심을 갖게 됐고 르벨을 자신의 멘토로 삼았다.

한스 쥐스는 오스트리아 출신으로 2차대전 중엔 독일 원자폭탄 제조 프로젝트에 참여했던 화학자다. 전쟁 후 미국으로 이주해온 쥐스는 스크립스 해양연구소에서 방사성 동위원소인 14-탄소의 연구를 통해 업적을 쌓았다. 앞장에서 살펴봤듯 14-탄소는 우주로부터 내리쬐는 우주선이 대기 상층부에서 질소 원자와 충돌할 때 생성되는 방사성 물질이다. 식물이 광합성 작용을 하면서 체내로 흡입하는 이산화탄소 중에는 극미량의 14-탄소가 들어 있다. 식물은 끊임없이 14-탄소를 들이마셔 자기 몸체를 만들어내기 때문에 식물 유기체 속에는 일정 농도의 14-탄소가 들어 있다.

반면 석탄과 석유는 수천만 년~수억 년 전에 죽은 식물 사체가 변한 것이다. 워낙 장구한 세월이 흘렀기 때문에 캐낸 석탄이나 석유에는 14-탄소가 모두 붕괴되고 없다. 화석 연료를 연소시킬 때 배출되는 이산화탄소에도 14-탄소 성분은 들어 있지 않다. 한즈 쥐스는 1955년 대기 중 이산화탄소에 대한 정밀 분석 결과 14-탄소 농도 값이 서서히 감소하고 있다는 사실을 확인해냈다. 인간의 화석 연료 대량 연소로 14-탄소가 없는 이산화탄소가 장기간에 걸쳐 방출됐기 때문이다. 대기 중 이산화탄소 성분에서 14-탄소의 비율이 차츰 줄어들고 있는 현상을 '쥐스 효과'라고 부른다.

마우나로아 관측소의 킬링 커브를 보면 4~5월 최고 농도를 기록했다가 9~10월 최저 농도로 떨어지는 계절 변화를 거듭하면서 꾸준히 연간 2ppm 정도씩 상승하고 있다. 계절별 최고와 최저 농도 사이에는

5~7ppm 정도의 격차가 있다. 계절에 따라 이산화탄소를 빨아들였다가 내뿜는 펌프의 정체는 육상 식물이다. 식물들이 여름철에는 광합성 작용으로 이산화탄소를 빨아들여 대기 중 농도가 떨어지고 겨울로 접어들면 나뭇잎 등이 떨어져 분해되면서 이산화탄소를 내뿜어 대기 중 농도가 상승한다. 그래서 킬링 커브는 톱니를 그리면서 오른쪽 위로 올라가는 형태다.

일반적 대기오염 물질들은 대기 중에 머물다가 비가 오면 씻겨 내려간다. 그러나 이산화탄소는 반응성이 거의 없어 대기 중에 머무는 수명이 대단히 길다. 그래서 인간이 배출하는 이산화탄소는 꾸준히 쌓여가는 축적성(蓄積性)을 갖는다. 그리고 공장 굴뚝이나 자동차 배기구로 배출된 다음 순식간에 기류를 타고 퍼지는 확산성(擴散性)이란 특성도 있다. 그래서 대기 중 농도는 지구상 어느 곳에서 재나 큰 차이가 없는 것이다. 8장에서 상세히 다루겠지만 이산화탄소의 축적성과 확산성이라는 두 특징은 인류가 기후 변화 문제를 대처하는 과정에서 겪는 어려움의 근원으로 작용한다.

산업혁명 후 인위적 배출량은
탄소 중량 기준 총 5450억 톤

인간 배출 이산화탄소가 고스란히 대기 중에 쌓여가는 것은 아니다. 바다가 상당 부분을 빨아들여 없애준다. 2013년 발표된 IPCC 5차 보고서의 과학근거 보고서를 보면 1750~2011년 사이 화석 연료 연소를 통해 배출된 이산화탄소 총량은 '탄소 중량' 기준으로 3650억 톤에 이른다. 이외에 벌채와 토지 이용 변화로 배출된 양도 1800억 톤에 달한다. 산업혁명 후 총 배출량은 5450억 톤인 것이다(Summary for Policy Makers, In *Climate Change 2013: The Physical Basis*, IPCC).*

그런데 이 기간 동안 대기 중 이산화탄소 농도는 280ppm에서 400 ppm으로 120ppm 증가했다. 대기 중 탄소가 2400억 톤만큼 증가한 것이다. 인간 배출 양의 44%만 대기 중에 남아 있는 것이다. 나머지 56%는 어디로 갔는가. IPCC는 그중 1550억 톤(28.4%)을 바다가 흡수했고, 나머지 1500억 톤(27.5%)은 육상 식물 유기체가 빨아들였다고 추정했다.

대기 중 이산화탄소 농도가 증가하면 분자끼리의 밀치기(jottling) 현상이 활발해진다. 이 밀치기는 온도와 밀도에 비례해 강해지는 현상이다. 밀치기가 강해지면 대기에서 바다로 밀려들어가는 이산화탄소 양이 증가하게 된다. 한편 식물은 이산화탄소 농도가 증가하면 이산화탄소의 '비료 효과'에 의해 광합성이 활발해지면서 더 많은 탄소를 몸체에 고정시킨다. 바다로 들어가는 양은 비교적 측정이 어렵지 않다. 바다 수심마다 녹아 있는 이산화탄소 농도를 측정하면 된다. 반면 육상 식물 측정량은 지역 생태계마다 아주 다르기 때문에 간단하게 계산해낼 수 없다. 그래서 육상 식물이 이산화탄소를 고정해내는 규모에 대해선 불확실성이 많다.

문제는 바닷물 속에 녹아든 이산화탄소 농도가 높아질수록, 그리고 바다 수온이 올라갈수록 바다의 이산화탄소 흡수력은 떨어질 것으로 예측된다는 점이다. 과학자들은 육지 식물이 이산화탄소를 흡수하는

---

* 이산화탄소에 포함된 탄소의 양은 이산화탄소 질량의 '3.67분의 1'라는 점은 1장에서도 설명했다. 따라서 탄소 중량 기준으로 5450억 톤이면 이산화탄소로 환산할 때 2조 톤쯤 된다.

능력도 이산화탄소 농도가 올라가면서 차츰 약해질 것으로 내다보고 있다. 그런데다가 기온 상승으로 토양 속 박테리아의 활동이 활발해지면 토양 속에 축적돼 있는 유기체의 탄소 성분이 이산화탄소의 형태로 풀려나오는 양도 늘게 된다. 따라서 앞으로도 지금까지처럼 인간이 배출한 이산화탄소의 절반 이상을 바다와 육지 식생이 처리해줄 것인가 하는 것은 굉장히 불확실한 부분이다.

이산화탄소와 수증기는
모두 극성을 띤 온실기체

이산화탄소(CO_2)는 탄소(C) 원자와 산소(O) 원자가 결합한 것이다. 원자 사이를 누비며 다니는 공유전자에 의한 결합이다. 이산화탄소가 지구로부터 방사되는 적외선을 흡수할 수 있는 능력을 가진 것은 원자 수가 세 개(탄소 원자 한 개, 산소 원자 두 개)이고, 서로 다른 원자가 섞여 있다는 사실과 관련 있다. 세 개 이상 원자가 결합해 복잡한 구조를 가진 가스는 내재적 떨림 현상이 있다. 반면 질소(N_2)는 이산화탄소의 2000배, 산소(O_2)는 500배나 풍부하게 존재하지만 온실효과는 갖지 않는다.

이산화탄소(CO_2)의 경우 물(H_2O)과 마찬가지로 분자 구조의 특성 때문에 극성(極性)을 띤다. 분자가 보통은 'O-C-O'로 일직선으로 연결된 구조이지만 순간순간 끊임없이 진동하면서 뒤틀리기도 하고 찌그러지기도 한다.〈그림 4〉 분자가 일직선 구조에서 벗어나 비대칭 형태를 갖게 되는 때는 일시적으로 극성이 생긴다. 하나의 분자에서 양(陽) 전하를 갖는 부분과 음(陰) 전하를 갖는 부분이 생겨나는 것이다.

태양빛은 지구로 들어올 때는 에너지가 강력한 자외선과 가시광선

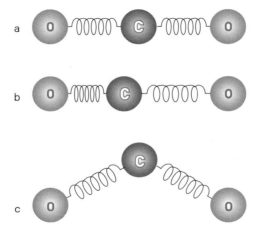

그림 4 이산화탄소 분자 형태. ⓐ에서 ⓑ와 ⓒ의 형태로 순간순간 바뀌어간다. 이 과정에서 ⓒ의 형태를 취해 극성을 갖게 되면 적외선을 흡수하는 온실기체 작용을 한다.

으로 들어온다. 그 열로 더워진 지구가 자체적으로 복사열을 발산할 때는 에너지 수준이 낮은 적외선 형태가 된다. 그런데 순간순간 극성을 갖게 된 이산화탄소 분자는 특정 파장의 적외선이 닿으면 공명(共鳴)을 한다. 지구 표면에서 내보내는 적외선의 파장은 $10\mu m$($1\mu m$는 100만분의 1m) 언저리가 많은데, 하필 이산화탄소는 그 주파수 영역의 적외선과 공명을 한다. 공명을 일으킨 분자는 적외선의 에너지를 흡수하고 진동이 증폭된다. 이렇게 에너지 수준이 높아져 불안정 상태가 된 이산화탄소 분자는 그 스스로가 사방으로 적외선 진동 에너지를 발산한다.

따라서 대기 중에 존재하는 이산화탄소는 지구 표면에서 방사되는 적외선과 충돌한 후 적외선 에너지를 흡수했다가 다시 스스로 적외선 에너지를 발산시킨다. 이산화탄소가 자신의 적외선 에너지를 방출시킬 때는 위쪽, 아래쪽 할 것 없이 모든 방향으로 쏘아댄다. 이산화탄소가 아래쪽으로 적외선 에너지를 방출시키는 만큼은 지구에서 발산돼온 에너지를 흡수했다가 지구 쪽으로 다시 되돌리는 것이 된다.

이산화탄소는 이런 메커니즘을 통해서 온실가스로 작용한다. 온실가스 자체가 열을 생산하는 건 아니다. 열이 달아나는 걸 일부 막아주는 일종의 단열 기능을 하는 것이다. 잘 때 덮고 자는 이불 역할과 비슷하다. 온실가스의 작용은 농사용 비닐하우스와는 다르다. 비닐하우스는 주로 대류(對流) 메커니즘이 작동하지 않게 차단해 열이 달아나는 걸 막아준다.

온실가스에는 이산화탄소 말고도 수증기, 오존 같은 것들이 있다. 이런 온실가스의 온실 효과를 모두 합치면 지구 기온을 33도 정도 올려주는 효과가 있다. 온실가스가 하나도 없다면 현재 평균 영상 15도인 지구 기온이 영하 18도로 떨어지는 것이다.

이 33도의 온실 효과 가운데 수증기가 가장 압도적인 비중을 차지한다. 온실 효과 중에서 수증기가 차지하는 비중에 대해서는 전문가들마다 70%라느니 90%라느니 해서 말이 다르다. 수증기 양이 지역마다 가변적이어서 정확한 추정이 어려운 것일 수도 있다. 수증기는 온실가스로 작용하긴 해도 인간이 배출하는 기체는 아니다. 그리고 수증기는 공기 중에서 양이 늘어나면 응결돼 비를 뿌리면서 일정 농도 수준으로 자동 조절된다. 물론 기온이 올라가면 수증기를 머금을 수 있는 양이 늘어나면서 대기 중 수증기의 양도 증가하는 피드백 효과가 나타날 것이다.

낮에 펄펄 끓던 사막 지대가 밤에는 추운 이유는 수증기가 없기 때문이다. 습도가 높은 지역은 밤에 태양빛이 사라지더라도 은근히 따스함을 유지한다. 그러나 사막에선 태양이 가라앉고 나면 수증기로 인한 온실효과가 없기 때문에 밤엔 추워진다. 달의 경우는 온실효과 작용을 할 대기 성분이 전혀 없다. 중력이 너무 약해 대기를 붙잡지 못했기 때문이다. 달은 낮에는 햇빛을 받아 기온이 섭씨 107도까지 올라갈 정도로 펄펄 끓지만, 밤에는 영하 152도까지 떨어진다(Global Warming: Alarmists, Skeptics, and Deniers 1장, G. Dedrick Robinson, 2012).

수증기를 뺀 나머지 온실가스는 인간 활동에 의해 늘어나거나 줄어들 수 있는 기체들이다. IPCC는 1750년 이후 2011년까지 인위적 온실가스에 의한 온난화 효과를 지구표면 m^2당 3.0W로 계산했다. 그중 이산화탄소가 1.68W, 메탄 0.97W, CFC등 할로카본류 0.18W, 아산화질소 0.17W라는 것이다.(Climate Change2013: The Physical Science Basis).

이산화탄소 다음 중요한 온실가스인 메탄은 현재 대기 중 농도가 1.8ppm(1800ppb) 수준이다. 산업혁명 직전 시기 농도는 0.7ppm 수준이었다. 메탄가스 상승 추세는 1993년께를 고비로 일단 수그러든 상태다.

메탄의 분자당 열 흡수 능력은 이산화탄소의 8배에 달한다. 다만 이산화탄소의 수명은 100년 이상인데 반해 대기 중 메탄은 12년 정도로 잡는다. 이 수명이 지나면 산화 과정을 거쳐 이산화탄소로 변하게 된다. 수명이 짧은 관계로 이산화탄소처럼 축적성을 갖지는 않는다. 수명 요소까지 감안해 메탄의 온난화 능력은 중량 기준 이산화탄소의 23배 정도라고 본다.

프레온 가스도 온실가스다. 프레온 가스는 과거 지구 환경에선 존재하지 않았던 완전히 새로운 가스다. 프레온 가스는 다른 온실가스들에 의해 흡수되지 않았던 파장대의 적외선들을 흡수해낸다. 단위 분자당 열 흡수력이 이산화탄소의 1만~2만 배에 달한다. 프레온 가스에 대해서는 1989년 발효된 몬트리올의정서 이후 국제협약에 의한 규제가 시행되고 있다. 프레온 가스 규제로 남극 하늘에 뻥 뚫려 나타났던 성층권 오존홀이 서서히 치유돼가고 있다. 그렇지만 프레온 가스 수명이 50~100년으로 길어 대기 중 농도가 쉽게 떨어지지는 않고 있다.

프레온 가스의 대기 중 농도는 높지 않지만 워낙 강한 온실능력 때문에 프레온 가스를 규제한 국제협약이 지구 온난화를 방지하는 데도 큰 역할을 하고 있다. 이산화탄소 배출 규제를 위해 1997년 체결한 교토의정서가 별 역할을 하지 못해온 걸 빗대, '몬트리올 의정서가 교토의정서보다 지구 온난화 막는 데 더 효과가 있다'고 비꼬는 사람도 있다.

'2도 미만 상승' 이루려면
추가 여유 배출량은 5000억 톤뿐

현재 연간 이산화탄소 배출량을 탄소량 기준으로 계산하면 개략적으로 석탄 30억 톤, 석유 30억 톤, 천연가스 15억 톤, 그리고 시멘트 생산 공정에서 5억 톤 정도 발생한다. 전체로 보면 85억 톤 수준이다. 숲의 벌채로 인한 배출량도 10억 톤 정도 된다. 그래서 인간 활동에서 유래되는 연간 이산화탄소 배출량 총합은 탄소 중량 기준 95억 톤 수준이다.

그런데 벌채를 통해 배출되는 이산화탄소만큼은 대체로 육상 식생에 의해 다시 흡수되는 추세다. 과거엔 벌채가 대기 중 이산화탄소 농도를 상승시키는 중요 요인으로 작용했다. 그러나 최근 수십 년간은 늘어난 이산화탄소의 비료 효과, 기온 상승에 의한 한대지방 식물 생장기간 연장, 인위적 조림(造林)에 의한 산림 복구 등으로 식물이 흡수해내는 이산화탄소가 벌채 배출량과 대체로 평형을 이루고 있는 것으로 추정된다(The Global Carbon Cycle 4장, David Archer, 2010). 벌채는 주로 열

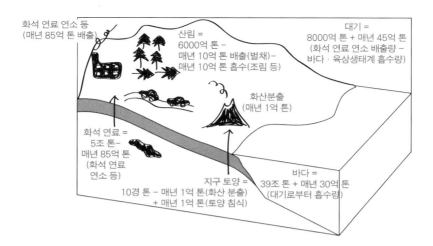

화석 연료 연소 등
(매년 85억 톤 배출)

산림 =
6000억 톤 -
매년 10억 톤 배출(벌채) -
매년 10억 톤 흡수(조림 등)

대기 =
8000억 톤 + 매년 45억 톤
(화석 연료 연소 배출량 -
바다 · 육상생태계 흡수량)

화산분출
(매년 1억 톤)

화석 연료 =
5조 톤 -
매년 85억 톤
(화석 연료
연소 등)

지구 토양 =
10경 톤 - 매년 1억 톤(화산 분출)
+ 매년 1억 톤(토양 침식)

바다 =
39조 톤 + 매년 30억 톤
(대기로부터 흡수량)

그림 5 **지구 생태계 내 탄소 순환. Storms of my Grandchildren (James Hanson, 2010) 7장에서 인용.**

대, 조림은 온대 지역에서 이뤄진다.

산업혁명 전 280ppm이던 대기 중 이산화탄소 농도는 2015년 현재 400ppm까지 늘었다. 대기 중 이산화탄소는 탄소 중량으로 따져 8000억 톤이다. 1ppm이 올라갈 때마다 20억 톤의 탄소가 추가된다고 보면 된다. 지구 기온을 산업혁명 때 기준으로 2도 이상 올리지 않기 위해서는 탄소 배출 총량을 1조 톤 아래로 묶어야 한다고 한다. 지금까지 배출량이 5450억 톤이었으므로 향후 여유분은 5000억 톤도 남아 있지 않은 셈이다.

지구 전체 생태계가 저장하고 있는 탄소량을 따져보면 심해수가 38조 톤으로 압도적 비중을 차지한다. 바다 표층수가 1조 톤, 대기 8000억 톤, 토양 1조 5000억 톤, 육상 식물 5600억 톤 등이다. 화석 연료로 지층 밑에 저장된 양도 5조 톤 정도로 추정된다.〈그림 5〉

한 가지 미해결의 문제가 남아 있다. 아이스코어 분석을 통해 이산화탄소 변화와 기온 변화가 함께 붙어다닌다는 사실은 확인됐다. 그럼 뭐가 원인이고 뭐가 결과인가 하는 점이다. 아이스코어 분석 그래프만 봐가지고는 이산화탄소와 기온 가운데 어느 쪽이 선도하는지 불명확하다. 특히 이산화탄소가 빙하 속 얼음에 포획되기까지 상당 기간 유동적으로 움직인다는 점이 시간적 선후 관계를 가려내기 어렵게 만든다.

이 문제가 어느 정도 정리된 것은 2000년을 전후해서다. 기온이 먼저 움직이고 이산화탄소는 600~1000년 간격을 두고 기온 변화를 뒤쫓아간다는 논문들이 발표됐다. 이 정도 시차는 심해 속 이산화탄소가 표층수까지 나와 대기와 상호작용하는 데 걸리는 간격과도 일치했다.

기온 변화가 이산화탄소 변화에 앞서서 나타나는 것이라면 시간적 선후로 볼 때 기온이 뭔가의 요인으로 먼저 변한 후, 그 결과적 현상으로 이산화탄소는 따라 변했다고 해야 맞다. 기온이 원인이고 이산화탄소는 결과로 봐야 하는 것이다. 이산화탄소에 의한 온난화설을 부인하는 사람들이 이를 놓고 '이산화탄소 증가가 기온을 끌어올린다는 주장은 허구다'라고 주장하고 나선 것은 당연한 일이다.

이산화탄소는 기후 변화를
증폭시키는 매개 요인

얼핏 모순으로 보이는 이 현상을 기후 과학자들은 '포지티브 피드백'의 메커니즘을 갖고 설명한다. 지구 궤도가 순환 주기를 따라 움직이면 우선 태양 일사량이 변하게 된다. 태양 일사량 등락은 바다 수온을 변화시키고 빙하를 녹이거나 새로 만들어내기도 한다. 만일 일사량 약화로 바다 수온이 떨어지면 바다가 대기로부터 더 많은 이산화탄소를 빨아들인다. 그에 따라 대기 중 이산화탄소 농도가 떨어지면서 이산화탄소로 인한 온실 효과가 약화된다. 그러면 기온은 추가로 하락한다. 반대로 태양 일사량이 강해져 바다 수온이 올라가면 바닷물에 녹아 있던 이산화탄소가 대기 중으로 풀려나온다. 그에 따른 피드백 효과로 기온은 추가로 상승한다.

시카고대학 데이비드 아처 교수는 지구 공전 궤도의 변화가 기온을 1도 변화시키면 그것이 다시 이산화탄소를 매개로 0.1~0.7도의 추가 기온 변화 일으킨다고 설명했다. 이산화탄소가 15~80%의 증폭 효과를 갖는다는 뜻이다(The Long Thaw 10장, 2009). 이때 기온의 변화가 이산화탄소 농도의 등락을 직접 야기시키는 '기온 변화 → 이산화탄소 농도 등락'의 부분도 있지만, 빙하의 크기가 중간에 매개변수로 작용해 '기온 등락 → 빙하 확장과 쇠퇴 → 이산화탄소 농도 변화'의 우회 경로로 작용하는 힘도 크다고 한다. 아처 교수는 기온과 이산화탄소의 관계는 남녀 선수가 함께 등장해 서로 맞물려 돌아가는 피겨스케이트 경기에 비유할 수 있다고 했다.

이산화탄소 농도가 빙하의 확장·쇠퇴에 맞춰 오르락내리락하는 우회경로 부분에 관해선 아직 불확실 요소가 많다. 바다가 차가워지면 이산화탄소를 더 흡수해 대기 중 농도가 떨어뜨리는 작용을 하긴 한다. 그러나 빙기에 빙하가 대륙을 덮으면 육지 숲의 상당 부분이 없어지고, 이건 대기 중 이산화탄소 농도가 올라가는 방향으로 작용하기도 한다.

이 부분은 과학자들이 머리를 싸맨 골칫덩어리 중 하나다. 이른바 '빙기의 탄소 실종' 문제다. 간빙기에는 이산화탄소 농도가 280ppm 수준이다. 그러나 빙기엔 190ppm 정도로 떨어진다. 간빙기의 대기 중 이산화탄소 양을 탄소량으로 환산하면 6000억 톤쯤 된다. 빙기에는 거기서 40% 정도가 사라지고 4200억 톤만 남게 된다는 뜻이다.

그런데 빙기엔 육상 식물량이 간빙기 때보다 훨씬 감소할 수밖에 없다. 과학자들은 간빙기의 육상 식생 저장량을 6100억 톤, 토양 저장량은 1조 5500억 톤으로 추정한다. 도합 2조 1600억 톤이다. 빙기에는 이 가운데 1조 6300억 톤만 남게 된다. 5300억 톤의 육상 저장 탄소량이 또 어딘가로 사라진 것이다. 대기와 육상의 실종 탄소를 합하면 7000억 톤이다.

이것만이 아니다. 바다 표층수에는 탄소 중량 기준으로 약 1조 톤의 탄소가 물에 녹아 있다. 바다 표층수는 대기와 수시로 이산화탄소를 교환하면서 평형 상태를 유지한다. 대기 중 이산화탄소 농도가 떨어졌다면 바다 표층수에 녹아 있는 이산화탄소도 그만큼 줄어들었다는 뜻이다. 그 감소치도 3000억 톤 정도 될 것이다. 대기, 육지, 바다의 세 생태계의 실종 탄소량을 모두 합하면 1조 톤이 된다. 도대체 이 1조 톤의 탄소는 빙기 동안 어디로 가 있는 것일까?

해양학자들은 이 1조 톤이 심해로 녹아들어갔을 것으로 본다. 깊은 바다의 탄소 저장량은 38조 톤이나 된다. 바다 표층수가 깊은 바다로 가라앉아 지구의 바다 속을 한 바퀴 도는 데 걸리는 시간이 1000년쯤 된다. 이렇게 긴 세월 동안 이뤄지는 해양 순환을 통해 표층수가 저장했던 탄소가 심해로 옮겨지는 것이다. 이런 일이 일어나는 이유는 바닷물 수온이 낮을수록 거기에 녹아드는 이산화탄소 양이 증가하기 때문이다. 섭씨 0도의 바닷물 1L에는 이산화탄소가 1.4L, 섭씨 30도 바닷물 1L에는 0.6L 녹아들 수 있다. 그런데 해양 심층수 1리터에 녹아 있는 실제 이산화탄소 양은 0.05L 수준밖에 안 된다. 바다 심층수는 얼마든지 이산화탄소를 더 받아들일 수 있는 것이다. 결론적으로 말해 빙기에 바다 표층수 수온이 떨어지면 표층수는 더 많은 이산화탄소를 대기로 부터 받아 용해시키게 되고, 표층수에 녹은 이산화탄소는 바닷물 해양 순환을 통해 서서히 심해로 옮겨지는 것이다.

죽은 플랑크톤이 바다 밑바닥으로 끌고 내려가는 CO_2

그러나 이 메커니즘만 갖고는 간빙기와 빙기의 대기 중 이산화탄소의 농도 격차 90ppm 중 14ppm 정도밖에 설명하지 못한다고 한다. 해양 학자들은 '생물학적 펌핑(biological pumping)'이라는 또 한 가지 메커니 즘이 작동해 대기 중 탄소가 심해로 운반됐다고 설명한다. 해수 표면에 서식하던 플라크톤 등의 생물이 죽은 후 그 사체가 바다 밑바닥으로 가 라앉으면서 생물의 몸체가 간직한 유기탄소 성분이 표층수에서 심해 로 운반됐다는 것이다. 빙기에는 간빙기에 비해 이 메커니즘이 훨씬 활 성화된다는 것이다.

그 이유는 빙기에 전 지구에 걸쳐 강하게 부는 바람이 육지로부터 철 성분을 대규모로 바다로 날려보내기 때문이다. 이른바 '철 비료 가 설(iron fertilization hypothesis)'이다(Earth's Climate: Past and Future 10장, William Ruddiman, 2008; The Global Carbon Cycle 3장, David Archer, 2010). 바닷물에는 다른 영양 물질은 비교적 풍부하게 녹아 있는데 철 성분은 모자라는 상태다. 철 성분이 바다 플랑크톤 성장을 결정짓는 제한 요인 이다. 그런데 빙기에 많은 철 성분이 육지로부터 공급되자 바다의 생물 학적 생산성이 전반적으로 상승해 플랑크톤이 어마어마한 양으로 늘어났다는 것이다. 일부 과학자들은 바다에 철 성분을 뿌리면 바다 광합성이 촉진되고, 그렇게 해서 늘어난 플랑크톤들이 죽어 심해로 가라앉으면 대기 중 이산화탄소가 떨어지지 않겠느냐는 제안을 해왔다. 이 지구공학(Geo-engineering) 발상에 대해선 9장에서 검토할 예정이다.

온난화론의 가장 논란이 많은 부분의 하나가 '피드백 효과'이다. 기후과학자들은 이산화탄소에 의한 피드백 외에 수증기에 의한 피드백도 강력하다고 설명하고 있다. 대기가 머금을 수 있는 수증기의 양은 기온에 따라 변화한다. 기온이 1도 상승하면 대기가 저장할 수 있는 수증기의 양은 7% 증가한다는 것이다(The Climate Crisis-An Introductory Guide to Climate Change 3장, David Archer, 2010). 수증기 역시 온실가스다. 수증기 증감에 따른 피드백 작용력은 '0.6' 정도라고 한다.

온실가스에 의해 기온이 섭씨 1도 상승했다고 치자. 그로 인해 대기 중 수증기 함량이 늘어나고 그 늘어난 수증기로 인해 강화된 온실효과 때문에 추가로 0.6도 기온이 올라간다는 뜻이다. 그 다음엔 추가로 상승한 0.6도가 다시 수증기를 증가시켜 0.36도(0.6×0.6=0.36)를 끌어올리게 된다. 이런 식으로 더하면 수증기의 포지티브 피드백 효과는 도합 1.1도라는 것이다. 온실가스로 인한 최초의 기온 상승분 1도에 수증기에 의한 피드백 상승분이 다시 1도 가량 보태져 기온이 2도 올라가는 결과가 된다. 온실효과 1도의 상승은 얼음이 녹을 경우 알베도가 상승하는 등의 피드백 효과까지 모두 거칠 경우 최종적으로는 1.6~3.3도의 상승으로 귀결된다는 것이다(Modern Climate Change 6장, Andrew Dessler, 2012).

불확실성 많은 수증기의 피드백 효과

수증기의 피드백 효과는 아주 불확실한 부분이다. 수증기 성분으로 생성되는 구름만 해도 그렇다. 온난화는 수증기 증발량을 증가시켜 전반적으로 구름을 늘리는 효과가 있다. 그러나 기온이 상승하면 공기의 수증기 보관 능력은 커지게 된다. 이건 습도를 떨어뜨리는 방향으로 작용한다. 수증기 절대량이 늘어난다 하더라도 그것들이 구름을 생성할 확률은 외려 줄어들 수 있다. 따라서 최초의 기온 상승이 과연 구름을 늘게 만들지 줄게 만들지조차 불확실한 상황이다.

구름 자체의 피드백 효과도 논란이 많다. 표준적인 견해로는 지표면에서 낮게 형성되는 구름은 햇빛을 반사시키는 효과가 커서 냉각화 쪽으로 작용하고, 높은 구름은 우주로 달아나는 지표면으로부터의 적외선을 붙잡아두는 역할을 하기 때문에 온난화 쪽으로 작용한다는 것이다. 그렇다 하더라도 최초의 기온 상승으로 늘어난 수증기가 과연 높은 구름을 더 만들지, 낮은 구름을 더 만들지 불확실하다. 기후 모델들도 어떤 경우는 구름의 피드백 효과를 '상당한 냉각화'로 판단하는가 하면, '약간의 온난화'를 야기시킨다고 보는 모델도 있다.

불확실한 부분이 많다 보니 IPCC의 기후 예측은 공격받을 수밖에 없다. '인간에 의한 기후 온난화론'을 부정해온 MIT 대기물리학자 리처드 린첸(Richard Lindzen, 1940~)은 기후 시스템에는 포지티브 피드백도 있고 네거티브 피드백도 있지만 전체적으로는 네거티브 피드백이 우세하다고 주장했다. 네거티브 피드백 때문에 기후 시스템에 어떤 외적 변수가 작용해도 그걸 원래 상태로 되돌리게 된다는 것이다. 그는 이런 '기후의 균형 수렴 경향'이 직관적으로도 맞는 얘기라고 했다.

린첸은 온실가스로 인한 최초의 기온 상승이 대기 중 수증기를 증가시키긴 하지만 열대 지역의 경우는 높은 상공에서 생성되는 새털구름(cirrus)을 감소시킨다고 주장했다. 새털구름은 지구로부터 방사되는 적외선을 붙잡아두는 역할을 하는 구름이다. 그런데 열대 상공의 새털구름이 감소하면서 지구로부터 빠져나가는 에너지의 양이 늘어난다는 것이다. 그는 또 최초의 기온 상승이 열대 상공에 형성되는 낮은 구름(적운·積雲)의 대류를 활성화시켜 지상의 열을 우주로 뽑아낸다고도 했다. 이런 '적도 상공 구름의 열 배출구' 작용으로 인해 온실효과가 크게 상쇄된다는 것이다(Storms of my Grandchildren 3장, James Hanson, 2010). 그는 2007년 IPCC 4차 보고서가 기후 민감도(이산화탄소가 2배로 증가할 때 야기되는 기온 상승분)을 '3±1.5도'라고 잡았을 때 '실제 기후 민감도는 0.5도밖에 안 된다'는 반론을 내놨다.

린첸은 IPCC가 수증기 작용을 잘못 파악했기 때문에 오류를 범해왔다고 주장해왔다. 그는 산업혁명 후 기온 상승 경향에 대해서도 '(1400~1800년의) 소빙하기 시절의 냉각화로부터 회복되고 있는 것에 불과하다'고 주장했다. 그러나 그의 주장에 대해선 과학계에서 여러 반론이 제기돼왔다. 그가 최근에는 자신의 입장에 다소 변화를 줘서 언론 인터뷰 등에서 '지구 온난화 자체는 맞는 현상'이라는 말을 한 것으로 보도되기도 했다.

기후 시스템의 네거티브 피드백이 온난화를 완화시키는 경향으로 작용할 것이라는 린첸의 주장에 대해 시카고대 데이비드 아처 교수는 정반대의 가능성을 경고했다. 피드백이 네거티브 쪽으로만 작용하라는 법이 있느냐는 것이다. 예를 들어 지금은 바다가 화석 연료 연소로 배출된 이산화탄소의 상당 부분을 흡수해주고 있지만 장기적으로는 흡수원(sink)이 아니라 배출원(source)으로 바뀔 수 있다는 것이다. 지금보다 기온이 더 올라가면 바닷물 수온도 상승하고, 물은 더워지면 녹아 있는 가스가 풀려나가는 성질을 갖는다는 것이다. 토양 경우도 기온이 더 상승하면서 미생물 활동이 활발해져 토양 속 유기물 성분 분해를 가속화시킬 경우 이산화탄소를 뿜어내는 배출원 역할을 할지 모른다는 주장이다. 그는 지구에는 그런 아킬레스건이 숨어 있을지 모른다고 했다 (The Long Thaw 10장, David Archer, 2009).

또 한 가지 기후 변화 미래를 예측하기 어렵게 만드는 부분이 '주파수 대역 포화 효과(band saturation effect)'라는 메커니즘이다. 경제학의 한계효용체감의 법칙과 유사한 현상이다. 예를 들어 이산화탄소 농도가 200ppm인 상황에서 추가되는 50ppm의 이산화탄소는 상당 수준의 기온 상승을 야기시키지만, 300ppm에서 추가되는 50ppm의 온난화 효과는 그보다 훨씬 약해진다. 다시 400ppm에서 추가되는 50ppm의 이산화탄소는 다시 한번 그 강도가 약해진다는 것이다. 이산화탄소가 100ppm에서 200ppm으로 두 배 증가했을 때 에너지 흡수력이 강해지는 정도나, 200ppm에서 400ppm으로 다시 두 배가 됐을 때 강해지는 정도가 비슷하다는 식으로도 설명한다.

이런 결과가 나오는 이유는 맨 처음 추가된 온실가스가 지구 표면에서 방출되는 적외선 가운데가 쉽게 흡수되는 파장을 먼저 흡수해버리기 때문이다. 그 다음 추가되는 온실가스는 쉽게 흡수되는 적외선 파장들은 사라지고 없는 상태라서 기온 상승 효과가 약해지게 된다. MIT

린첸 교수는 "산업혁명 이후 이산화탄소 농도가 280ppm에서 380ppm 으로 늘어난 결과 지구 평균 기온이 0.9도 상승했다면, 지금부터 다시 산업혁명 직전 농도의 두 배인 560ppm으로 늘어난다 해도 기온 상승 효과는 0.3도에 그칠 것"이라는 주장을 내놓기도 했다 (Climate: the counter consensus-A Paleoclimatologist Speaks 3장, Robert M. Carter, 2010).

온난화 효과가 저위도 지역보다 고위도 지역에서 강하게 나타나는 것은 1차적으론 극지방에 쌓이는 눈과 얼음이 녹으면서 생겨나는 포지티브 피드백 작용 때문이다. 햇빛 반사계수가 높은 눈·얼음이 녹으면 지구가 받아들이는 태양 에너지가 그만큼 커지게 된다. 뿐만 아니라 수증기의 주파수 대역 포화 효과도 무시할 수 없다. 앞서 봤듯 대기가 머금을 수 있는 수증기의 양은 기온에 따라 민감하게 변화한다. 영상 35도의 대기 1kg이 머금을 수 있는 수증기는 40g인데 반해, 영하 15도의 대기 1kg은 1g의 수증기밖에 머금을 수 없다(Unstoppable Global Warming 3장, Fred Singer, 2008, 번역본『지구 온난화에 속지 마라』).

그런 이유로 겨울철 시베리아 같은 곳은 습기가 아주 적다. 그래서 온난화로 인해 수증기가 약간만 늘어나도 민감하게 기온 상승이 일어난다. 건조한 겨울이 습기찬 여름보다 온실가스 증가로 인한 기온상승 효과가 큰 이유도 같은 원리로 설명할 수 있다.

대기 중 농도가 이산화탄소보다 훨씬 적은 메탄가스나 극도로 낮은 수준인 프레온가스의 분자당 온실능력이 이산화탄소보다 엄청나게 큰 이유도 주파수 대역 포화 효과 때문이다. 프레온가스 경우 다른 온실가스가 손을 못대는 파장의 '처녀 파장'을 흡수하는 성질을 갖기 때문에 분자당 온난화 능력이 이산화탄소의 1만~2만 배에 달하는 것이다(The Climate Crisis 2장, David Archer, 2010).

'태양 기인 온난화론'은
입증 증거가 미약

'인간활동 원인의 기후 변화론'에 반대 입장에 서는 학자들 가운데엔 기온 상승이 태양 복사 에너지의 증가 때문이라는 주장을 하는 경우들이 있다. 그러나 태양 입사량이 강해져 기온이 상승하는 것이라면 상공 10km까지의 대류권뿐 아니라 그 위쪽의 성층권 역시 기온이 상승해야 한다. 실제론 대류권만 기온이 올라가고 있을 뿐 성층권은 되레 온도가 낮아지는 추세다. 대류권에 늘어난 온실가스들이 지구 표면으로부터 방출되는 적외선을 더 많이 잡아채기 때문에 성층권까지 닿지 않는 데서 비롯되는 현상이다. 대류권 온난화로 인해 성층권은 되레 냉각되고 있다는 것은 온실가스에 의한 온난화를 과학적으로 뒷받침해주는 정황 증거의 하나다.

1978년부터 관측을 시작한 기상위성이 지구 상공에서 측정한 태양 복사 에너지의 크기는 m²당 평균 1366w이다. 그런데 그동안 태양 복사 에너지는 커야 m²당 2w 수준 내에서 변화해왔다. 이걸 전체 지구 표면이 받아들이는 평균 태양 에너지의 크기로 분산시켜 계산하면 0.35w 수준밖에 안 된다. 지표면 태양 복사 에너지(약 240w)의 0.1~0.2%밖에 안 되는 작용인 것이다. 그런데다가 태양 복사 에너지는 기온이 급상승했던 최근 수십 년간 되레 약해져왔다.〈그림 6〉 태양이 기온 상승을 일으키고 있다고 보기 힘든 상황인 것이다.

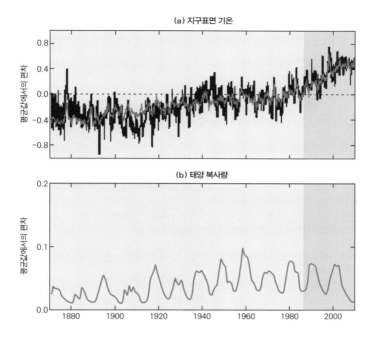

그림 6   위쪽 그래프는 기온 변화를 나타내고 아래쪽 그래프는 태양 세기 변화 추세를 보여준다. 기온이 급상승했던 1980년 이후 태양 입사량 강도는 되레 약화됐다. IPCC 5차 보고서 5장에서 인용.

1940~70년대 기온 냉각화는
석탄발전소 배출 에어로졸 탓

20세기 지구 평균 기온의 변화 추세를 보면 1940년까지는 온난화 현상이 뚜렷했다. 그러나 1940~70년은 기후가 빙하기로 가는 것 아니냐는 우려가 나올 만큼 기온이 냉각 또는 정체 상태였다. 찰스 킬링이 측정한 이산화탄소 농도는 1960년대 이후 줄곧 우상승 그래프를 그리고 있었지만 지구 온난화에 대한 우려가 본격 등장한 것은 1970년대 중반 이후다. 그럴 정도로 1940년대부터 30년 동안은 기온 상승 추세가 불투명했다. 그러다가 1970년대 후반 들어서서야 기온이 급상승 추세로

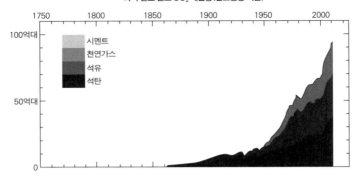

화석 연료 연소 CO_2 배출량(탄소중량 기준)

그림 7 최근 250년 사이의 화석 연료 연소로 인한 이산화탄소 배출량. 1950년대 이전까지는 배출량이 미미했다. IPCC 5차 보고서 기술요약 보고서에서 인용.

바뀌었다.

문제는 화석 연료 소비량이 급증한 것은 1950년대부터라는 사실이다. 1940년대까지는 석탄과 석유 소비량이 지금 기준으로 볼 때는 미미한 수준이었다.〈그림 7〉왜 기온이 1940년대까지는 상당히 빠른 상승 커브를 그리다가 1940~70년대엔 정체됐느냐는 의문이 생길 수밖에 없다.

주류 기후학자들은 이 모순을 '황산에어로졸의 네거티브 피드백' 효과로 설명하고 있다. 1940~70년대에는 석탄발전소 등에서 뿜어내는 아황산가스의 양이 막대했다. 그 아황산가스로 인해 유럽과 북미 지역의 산성비 피해도 심각했다. 아황산가스는 수증기와 작용해 황산에어로졸을 형성한다. 황산에어로졸은 에어로졸 자체로도 태양빛을 반사하는 성질을 가졌다. 그런데다가 에어로졸은 구름의 씨앗으로 작용해 수증기를 응결시키게 된다. 대기 중 수분의 양은 일정한데 구름 씨앗이 많아지면 구름을 구성하는 물방울 알갱이가 작아질 수밖에 없다. 구름은 알갱이가 작을수록 수명도 길고 햇빛 반사능력도 커진다 (The Long

Thaw 2장, David Archer, 2009). 이와 같은 황산에어로졸의 냉각 효과가 이산화탄소 농도 증가로 인한 온난화 효과를 찍어 누르고 있었다는 것이 기후학자들 설명이다.

서구 선진국들은 1970년대 이후 산성비와 대기오염을 줄이기 위해 석탄발전소에 탈황(脫黃) 설비를 달기 시작했고 이로 인해 대기 중 아황산가스 농도가 낮아졌다. 그 결과로 황산에어로졸에 의한 기온 냉각화 현상이 눈에 띄게 약화돼 1980년대부터 이산화탄소 온실효과가 분명하게 드러나게 됐다는 것이다.

황산에어로졸의 기후 냉각화 현상은 1991년 피나투보 화산 폭발이 실증(實證)했다. 필리핀 피나투보 화산은 당시 2000만 톤의 아황산가스를 성층권으로 뿜어 올렸다. 성층권에는 수증기가 없어 강수(降水) 현상이 발생하지 않기 때문에 아황산가스가 자연 중력(重力)에 의해 가라앉지 않는 이상 좀체 사라지지 않고 장기간 머물게 된다. NASA의 제임스 핸슨 박사는 1991년 피나투보 화산이 분출하자 기후 모델을 돌려 '향후 2년간 지구 전체 기온이 0.5도 정도 떨어질 것'이라고 예측했는데 그의 예측이 거의 맞아떨어졌다.

에어로졸의 냉각 효과는 2001년 9·11 테러 직후에도 다시 한번 증명됐다. 당시 미국 당국은 사흘간 항공기 운항을 전면 금지시켰다. 그런데 그 효과로 밤 기온에 비해 낮 기온이 유례없이 상승한 것으로 나타났다. 제트기가 남기는 비행운이 사라지면서 에어로졸 반사 효과가 약해져 낮에 지면까지 닿는 햇빛 양이 늘어난 것이다(The Weather Makers- The History and Future Impact of Climate Change 16장, Tim Flannery, 2005, 번역본 『기후 창조자』).

현재 대기 중으로 방출되고 있는 아황산가스의 대부분은 중국이나 인도처럼 한창 발전 단계에 있는 국가에서 나온다. 이런 나라들에서 탈황 장치를 본격적으로 장착하기 시작한다면 황산에어로졸의 온난화 상쇄 효과는 지금보다 훨씬 약해지게 된다. 그렇게 되면 기온 상승은 더 가속화될 가능성이 있다.

향후의 기후 변화가 지금까지의 예측보다 심각하게 전개될지 모른다고 보는 사람들은 바다의 열 관성(thermal inertia)도 주목해야 한다고 경고한다. 대기 중에서 일어나는 변화가 표층 바다 전체로 확산되기까지는 수십 년의 시간이 필요하다. 그 때문에 이전 수십 년 동안 이산화탄소 농도 증가로 인한 기온 상승 효과는 아직 반영되지 않은 상태(still in the pipe)로 있다는 것이다. 이런 주장을 펴는 사람들은 지금 당장 이산화탄소 배출량을 생태계의 자연 흡수량 수준(net zero)으로 줄인다 하더라도 향후 수십 년 동안 0.6도 정도의 추가 기온 상승은 불가피하다고 말하고 있다. 황산에어로졸의 감소로 인한 '온난화 상쇄 효과'에 브레이크가 걸리고, 바다가 그동안 막아준 기온 상승 억제의 고삐가 풀리게 되면 IPCC가 예견한 것보다 더 비관적인 상황이 전개될 수 있다는 것이다.

일부 기후과학자들은 IPCC의 신중한 접근 때문에 IPCC 보고서가 기후 변화의 실제 심각성을 충분히 표현하지 못하고 있다는 주장도 편다. IPCC 보고서를 작성한 과학자들이 '기후 변화 경고론자'* 진영과 '회의론자(skeptic)' 진영 사이의 거친 논쟁에 휘말리지 않기 위해 양쪽 진영에서 책잡히지 않을 수 있는 부드러운 서술을 하고 있다는 뜻이다.

---

* 영어의 'alarmist'라는 용어엔 다소 경멸적 의미가 포함돼 있지만 이렇게 번역할 수 있을 것이다

4

히말라야 융기
효과

Wicked
Problem

신문기자 생활을 한 지 만 30년이 되는 2013년 5월 초, 2주짜리 근속 휴가를 받아들고 히말라야 안나푸르나 트레킹에 나섰다. 여행사 패키지 상품으로 일행은 12명이었다. 안나푸르나 베이스캠프(ABC)까지 오르는 데 6일, 내려오는 데 3일 걸리는 일정이었다.

안나푸르나 베이스캠프에 오르면서 제대로 된 카메라를 갖고 가지 않은 것을 크게 후회했다. 똑딱이 카메라로는 각도를 아무리 이리저리 맞춰봐도 시야를 압도하는 광경을 잡아낼 수 없었다. 국내에서 다니던 산들이 연립주택이라면 안나푸르나는 63빌딩 앞에 선 느낌이었다. 그런데다가 네팔 국화라고 하는 랄리구라스 나무 빨간 꽃이 산 전체를 붉게 물들였다. 숲에 불이 난 것 같았다. 꽃잎이 나뭇잎보다 많은 산길은 처음 밟아봤다.

오후 3시가 되면 꼭 비를 맞는
안나푸르나 트레킹

설악산 오색에서 계단을 밟고 대청봉을 오르다가 지쳤는데, 안나푸르나 계단은 그것과 비교할 수준이 아니다. 그 계단들을 쌓은 돌은 수평으로 쪼개지는 넓적한 돌인데 히말라야 땅 속엔 이런 돌이 무진장이다. 히말라야는 수억 년 전 바닷속에 있다가 인도 대륙이 티베트과 부딪히면서 접혀 올라 형성됐다. 그 과정에서 바닷속 퇴적토가 산꼭대기로 융기해 올라온 것이다. 그런 지질 역사 때문에 바다 밑바닥에서나 보는 퇴적암들이 세계 최고 높이의 산꼭대기에서 발견된다.〈사진〉

신기한 것은 오후 3시를 지나면 꼭 비가 왔다. 규칙적으로 비가 왔다. 몬순 비였다. 1장에서 설명했듯 열대 지방에 내리는 몬순 비는 여름철 낮에 육지가 뜨거워져 상승 기류가 생길 때 나타나는 현상이다. 낮 동안 태양열을 받아 뜨거워진 히말라야의 공기가 상공으로 올라가고 나면 인도양에서 빈 공간을 채우러 기단이 몰려온다. 그 기단은 바다 쪽에서 몰려온 거라 습도가 높다. 물기를 머금은 공기 덩어리가 히말라야 산맥을 거슬러 올라가면서 냉각된다. 그러면서 품고 있던 수증기가 응결돼 비를 뿌리는 것이다. 내가 갔던 5월 초순은 우기로 들어서기 직전이었다. 우기 때라면 비가 엄청난 폭우로 쏟아질 듯싶었다.

네팔에서는 2015년 4월 25일 규모 7.8의 지진이 났다. 그 지진으로 8000명 인명이 희생됐다. 네팔은 지진이 자주 발생하는 나라다. 네팔 지진은 인도 지각판(板)이 유라시아 지각판과 부딪혀 그 마찰을 이기지 못해 일어나는 지진이다. 인도 지각판은 5500만 년 전부터 유라시아판과 부딪혀 파고들고 있다. 남극에서 떨어져 나온 인도 지각판이 연간 5cm 정도 속도로 북상해 유라시아 대륙과 충돌한 것이다. 인도 서북부 지역에서 먼저 부딪힌 후 지각판이 반시계 방향으로 서서히 회전하면서 유라시아 지각판과 달라붙었다.

두 지각판이 충돌하면서 접혀 올라 만들어진 것이 티베트 고원과 히말라야 산맥이다. 대륙 땅덩어리를 움직이는 지구의 힘은 얼마나 막대

2013년 안나푸르나 트레킹 때 찍은 폭포 사진(왼쪽). 4000m 높이의 산 꼭대기 작은 폭포인데 퇴적암으로 이뤄진 흔적이 뚜렷하다. 바다 밑바닥에서 솟아 올랐기 때문이다. 아래쪽 사진은 네팔 사람들이 성스럽게 여기는 마차푸차레(해발 6993m)를 배경으로 필자가 포즈를 잡은 모습.

한 것일지 감히 상상도 할 수 없다. 지구상 가장 강력한 포클레인도 그 억만분의 1의 힘도 안 될 것이다.

지구의 대륙 지각은 두께가 35km쯤 된다고 한다. 해양 지각은 훨씬 얇아 5km 정도다. 그 아래쪽엔 맨틀이 있다. 지구 맨 아래 핵의 중심부는 온도가 섭씨 5000도에 이른다. 지구 내부에는 수많은 운석이 충돌하면서 지구를 형성할 때 발생한 열이 갇혀 있다. 여기에다가 방사성 물질의 붕괴로 발생한 열이 합쳐져 지구 내부에 축적됐다. 이 고온의 에너지가 맨틀 물질 일부를 가열시켜 상승류를 형성하면서 맨틀의 대류(對流)를 만들어낸다.

지구 표면 지각은 10여 개 조각으로 나뉘어져 있는데 맨틀 위에 얹힌 상태에서 끊임없이 움직인다. 그 속도가 1년에 5cm 정도라고 하니 손톱이 자라는 정도 속도다. 굉장히 느린 움직임이지만 1만 년이면 500m, 1000만 년이면 500km가 된다. 지각판끼리 충돌해 더 이상 판이 움직일 수 없게 되면 판과 판의 충돌 부위에 스트레스가 쌓인다. 지각판을 운반하던 힘이 판 충돌 부위에 누적되는 것이다. 그러다가 판끼리 부딪힌 부분의 마찰력이 더 이상 스트레스를 견디지 못하는 상황이 되면 지각끼리 퉁그러지면서 누적 스트레스를 한순간에 풀어내며 수m씩 미끄러진다. 지진은 이때 지각판이 흔들리면서 발생한다.

네팔에선 1934년에도 대지진이 발생했다. 그때 이후 81년간 축적된 마찰력이 2015년 다시 퉁그러져 나온 것이다. 판과 판 사이 경계에서 축적되는 마찰 스트레스는 100년에 한 번씩 정도 빈도로 큰 지진을 일으키면서 해소된다고 한다. 1906년 샌프란시스코 대지진 이후 100년이 지났다고 해서 긴장하는 이유이다.

대륙 지각은 화강암 위주이고 해양 지각은 현무암 위주로 만들어져 있다. 현무암이 화강암보다 무겁다. 해양판과 대륙판이 만날 때에는 무거운 해양판이 가벼운 대륙판 밑으로 가라앉으면서 해양에는 해구(海溝)가, 대륙에는 높은 산맥이 형성된다. 남미 대륙 서해안 쪽의 안데스 산맥이 그렇게 생성됐다. 그러나 인도판과 유라시아판처럼 대륙판과 대륙판이 충돌할 때에는 둘 다 가벼워 어느 한쪽이 가라앉지 못하고 지표상에 주름이 잡히면서 밀착해버린다. 그래서 티베트 고원과 히말라야 산맥이 생긴 것이다(판구조론 8장, 김경렬, 2015).

히말라야 산맥 솟아오른 게 빙하기 등장의 원인

우리 관심은 인도판과 유라시아판 충돌이 일으킨 기후 변화 문제다. 1억 년 전 중생대 백악기 시절엔 공룡이 지구를 누비고 다녔다. 그 땐 지구 평균 기온이 지금보다 10도, 극지방 기온은 20도 이상 높았다. 당시 식물·동물 화석을 보고 추정하는 것이다. 북극권엔 야자나무가 자랐고 악어·거북이 살았다. 대기 중 이산화탄소 농도는 지금의 3~10배 수준이었을 걸로 본다.

그 상황에서 히말라야 지각이 솟아오르면서 암석 덩어리들이 쪼개졌다. 조각난 덩어리들은 산맥의 가파른 경사로 굴러 떨어지면서 더 잘게 분쇄된다. 떨어져나간 바윗덩어리 아래 새 암석층이 노출된다.

암석 덩어리가 잘게 부스러질수록 빗물에 노출되는 표면적은 늘어난다. 한 변이 1m인 정육면체 바위가 있다고 치자. 표면의 6개 정사각형의 면적이 각각 $1m^2$이므로 정육면체의 전체 표면적은 $6m^2$다. 이걸 가로, 세로, 수직의 세 방향에서 각각 절반씩 잘랐다고 가정해보자. 그러면 모두 8개의 작은 정육면체가 나온다. 각각의 작은 정육면체는 한 변의 길이가 0.5m이므로 $0.25m^2(0.5m \times 0.5m=0.25m^2)$짜리 정사각형 6개의 표면적을 갖고 있다. 그러므로 8개 작은 정육면체의 총 표면적은 $12m^2$(8개 정육면체$\times$6개씩의 정사각형$\times 0.25m^2$의 넓이$=12m^2$)가 된다. 자르기 전 원래 표면적의 두 배가 된 것이다. 만일 바위 덩어리들이 이런 식으로 10번 거듭해서 잘게 쪼개진다면 노출되는 표면적은 원래의 1024배로 늘게 된다(Earth's Climate: Past and Future 4장, 2008).〈그림 1〉

빗물은 공기 중 이산화탄소가 녹아들어 탄산(H_2CO_3) 성분을 품고 있다. 탄산은 암석을 화학적으로 녹여 풍화(weathering)시키는 성질을 갖고 있다. 오랜 세월 비바람을 맞는 묘비에서 그런 풍화의 흔적을 볼 수 있다. 탄산은 암석의 칼슘, 규소 등 성분과 결합해 바다로 흘러간다. 이 과정에서 대기 중의 이산화탄소가 소모돼 결국은 바다로 들어가게 된다. 수천만 년 동안 진행된 이런 화학풍화로 공기 중 이산화탄소 농도가 지속적으로 떨어졌다. 그래서 지구 기온은 내리막길을 걸어왔다. 이런 설명을 '지각 융기 풍화 가설(Uplift-Weathering Hypothesis)'이라고 한다.

인도지각판이 유라시아판과 충돌해 히말라야 산맥을 솟아오르게 한

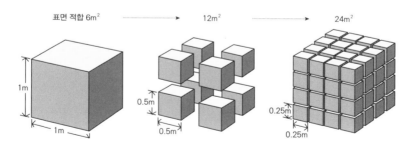

그림 1 한 변 1m의 정육면체 표면적은 $6m^2$이지만 이걸 가로 · 세로 · 수직으로 각각 절반씩 자르면 표면적이 $12m^2$로 늘어난다. 또 한 번 그걸 절반씩 자르면 표면적은 $24m^2$가 된다.

것이 유럽과 북미 대륙에 275만 년 전부터 3km 두께 빙하를 만들어낸 원인이라는 것이다. 남극 빙하는 그보다 훨씬 전인 3500만 년 전 등장했다. 그린란드 빙하는 700만 년 전부터 500만 년 전까지의 어느 시점에 생성된 것으로 추정된다.

히말라야처럼 지각판 상승으로 이뤄진 산악 지대는 골짜기 경사가 아주 가파르다. 그 경사를 통해 조각난 자갈과 바위들이 굴러떨어지고 그 속 새로운 암석이 표면에 노출된다. 게다가 지각판 충돌로 인해 화산 활동이 활발하게 벌어지면서 지하 암석과 그 부스러기들이 쏟아져 나온다. 히말라야 산악 빙하는 수천~수만 년 사이클로 빙하 해빙선이 오르락내리락하는 과정에서 암석을 파쇄하기도 한다. 이런 작용들로 히말라야에서 발원한 하천들은 상류로부터 침식돼 내려오는 자갈, 모래, 점토가 지구상 어디보다 풍부하다고 한다. 그래서 인도양 바다 밑에 퇴적토가 엄청 쌓인다는 것이다. 그런데다가 고원 산악 지대에는 여름철 바다에서 올라오는 기류가 산맥에 부딪히면서 굉장한 몬순 비가 쏟아진다.

잘게 부숴진 채 표면이 노출된 싱싱한 암석층, 거기에 쏟아져 내리는 많은 몬순 비가 탄산에 의한 암석 풍화를 어느 곳보다 격렬하게 진행시켜 온 것이다. 히말라야와 티베트고원 남부의 면적은 지구상 전체 육지의 1% 불과하다. 그러나 풍화 강도는 평균의 50배 정도 된다. 결국 히말라야가 지구 전체 육지의 풍화 강도를 1.5배로 강화시킨 것이다.

지구상 대륙이 한데 뭉쳐 초대륙 판게아(Pangaea)을 이뤘던 것이 3억~1억 8000년 전 일이다. 그 전 지질시대엔 지금의 유라시아와 북미 대류이 합쳐진 로라시아(Laurasia)와 남미·아프리카·남극·호주 대륙이 하나로 붙은 곤드와나(Gondwana)의 두 거대 대륙으로 나뉘어 있었다. 그런데 로라시아와 곤드와나가 충돌해 판게아로 합쳐지던 때에 해당하는 3억 2500만~2억 4000만 년 전의 시기도 지구는 빙하 시대였던 것으로 추정된다. 남극, 호주, 인도, 남미, 아프리카 남부 등 일대를 빙하가 덮었을 것이라는 설명이다. 그때의 빙하기도 대륙 충돌이 만들어 냈을 가능성이 높다. 지금의 지각판 움직임 추세가 바뀌지 않는다면 앞으로도 수백만 년, 수천만 년 동안 지구는 계속 냉각화 과정이 지속될 수 있다. 이런 초장기 냉각화는 판구조 변화가 초래하는 것이어서 어마어마하게 느린 속도로 진행된다.

종합하면, 현재 지구에서는 ① 지각판 충돌로 수백만~수천만 년 수준에서 진행되고 있는 냉각화 ② 275만 년부터 지구 궤도에 따른 태양 입사량의 주기적 변화로 반복되고 있는 빙기-간빙기의 교대 ③ 현재의 간빙기 상황에서 인간 배출 이산화탄소로 인한 급속도의 온난화, 라는 세 가지의 기후 변화가 벌어지고 있다. 여기서 ①의 지각판 움직임은 말할 것도 없고 ②의 지구 궤도 변화 역시 인간 감각으로는 느낄 수도 이해할 수도 없는 더딘 속도로 진행된다. 사람 100년 수명 갖고는 지질학적 시간의 심연(深淵) 속에서 전개되는 지구 기후의 초장기 변화를 인식할 수 없다. 우리는 수백~수천 년 영향을 미칠 수 있는 ③의 온난화를 걱정하고 있지만, 거대 시간 규모에선 ①의 지각판 운동과 ②의 궤도 변화가 몰고 올 빙하기 재(再)돌입과 같은 기후 변화를 피할 수 없다.

빗물이 암석 녹이면서
대기 중 이산화탄소 농도를 조절

암석엔 칼슘이나 규소 같은 성분이 들어 있다. 이것들이 빗물 속 탄산 성분을 만나 녹으면서 이온화된 후 바다로 흘러들어간다. 이산화탄소가 빗물에 녹아 생성된 탄산 역시 중탄산이온 같은 걸로 이온화돼 바다로 유입된다.

이런 풍화과정을 통해 바다로 들어간 칼슘은 플랑크톤 같은 바다 생물이 탄산칼슘 껍질을 만드는 데 이용된다. 플랑크톤과 조개류, 산호 등 해양생물 다수는 탄산칼슘으로 된 껍질을 갖고 있다. 말하자면 암석 속에 들어 있던 성분이 빗물에 녹은 후 바다로 들어가 이산화탄소가 녹은 성분과 결합해 플랑크톤 껍데기가 되는 것이다.

플랑크톤이 죽고 난 다음 그 사체는 바다 밑바닥으로 가라앉아 쌓인다. 장구한 세월 동안 쌓인 플랑크톤 껍데기, 즉 탄산칼슘 성분은 바다지각이 맨틀로 가라앉을 때 맨틀 속으로 녹아 들어갔다가 나중에 다시 지각으로 용출해 나오면서 석회암을 이룬다. 석회암은 아주 오래전 바다 플랑크톤의 껍데기였던 것이 모양을 바꾼 것이다.

대기 중 이산화탄소가 녹아 탄산칼슘 껍데기 성분을 이루고, 그것이 바다 밑바닥에 퇴적됐다가 지구 속으로 침강한 후 나중에 다시 석회암으로 지각 표면에 나오는 일련의 변화는 수백만 년 이상 걸리는 거대 탄소 순환 과정이다. 이 탄소 순환을 통해 바다와 육지가 대기 중의 이산화탄소를 제거해 균형을 맞추게 된다(The Global Carbon Cycle 1장, David Archer, 2010). 바다가 이산화탄소를 심해까지 운반하고 한편으론 플랑크톤 껍데기들이 바다 밑바닥에 가라앉는 과정을 통해 대기 중 이산화탄소 농도를 조절하는 데 걸리는 기간이 대략 10만 년 수준이라고 한다.

단순화시키면, 석회암은 대기 중 이산화탄소가 암석 속 칼슘 성분과 결합해 바다 생물의 탄산칼슘 껍질로 굳어진 것이 모양을 바꾼 것이다. 만약 지구상 석회암이 모두 분해돼 그 속 탄소 성분이 산화 과정을 거쳐 이산화탄소로 변하면 대기의 97%를 이산화탄소가 차지하게 될 것이라고 한다. 두꺼운 이산화탄소 구름이 만들어내는 강력한 온실 효과로 인해 표면 온도가 500도 가까운 금성 비슷하게 되면서 생물은 살 수 없는 환경이 되고 만다. 해양 생물들이 이산화탄소를 석회암으로 고정시켜준 탓에 우리가 오늘날 온화한 기후 환경 아래 살고 있는 것이다 (炭素文明論―「元素の王者」が歷史を動かす 결론, 佐藤健太郎 , 2013, 번역본 『탄소 문명』).

화석 연료를 태울 때 생긴 이산화탄소는 이 과정을 거쳐 바다에 흡수된다. 그런데 이산화탄소가 바닷물에 과잉으로 녹으면 바다가 산성으로 변하고 만다. 이른바 바다 산성화(酸性化) 현상이다. 산성화된 바다에선 탄산이온 농도가 떨어진다. 그렇게 되면 바닷물이 대기와 접촉해 이산화탄소를 흡수하는 능력 자체가 약화된다. 바닷물에 의한 대기 중 이산화탄소 조절 능력이 손상되는 것이다.

그뿐 아니라 플랑크톤들이 탄산칼슘 껍질을 만드는 과정도 방해하게 된다. 플랑크톤은 바닷물 속에 탄산이온이 풍부해야 육지로부터 녹아들어온 칼슘이온과 결합시켜 탄산칼슘 껍데기를 만들어낸다. 하지만 바닷물에 녹아 있던 탄산이온이 이산화탄소와 결합하면서 탄산이온 농도가 떨어지면 플랑크톤 같은 바다 생물이 껍데기를 만들어내지 못하는 상황으로 갈 수 있다.

이같은 상황은 육지로부터 풍화 작용에 의해 탄산칼슘 성분이 녹아 바닷물 속 탄산 성분을 보충해주면 해소된다. 그러나 이런 재균형화를 통해 산성화된 바다를 정상화시키기까지는 이산화탄소가 바닷물로 녹아드는 산성화 과정보다 100배는 더 긴 시일이 필요하다. 2000~1만 년은 필요하다는 것이다. 그러나 현재 대기 중 이산화탄소가 증가하는 현상은 수십~수백 년 사이 전개되는 일들이다. 바다가 산성화되면 될수록 바닷물의 이산화탄소 흡수 능력은 떨어진다. 이산화탄소는 그만큼 더 대기 중에 쌓여가는 악순환이 벌어진다. 이 일련의 과정은 육상 탄산칼슘의 용해를 통해 바닷물의 산도(pH)를 정상으로 되돌려놓는 수천 년의 풍화 사이클로는 도저히 따라갈 수 없는 속도로 전개되는 것이다.

1억 년 전까지만 해도 지구는 격렬한 판구조 활동으로 화산 분출이 왕성해 이산화탄소 배출량이 많았다. 당시 대기 중 이산화탄소 농도는 1000~3000ppm쯤 됐을 거라는 추측이 있다. 기후도 지금보다 훨씬 따뜻했다. 적도는 지금보다 약간 기온이 높은 수준이었겠지만 극지방은 20도 이상 높았다. 북극권까지 악어, 공룡, 거북이 서식했다. 남극에도 빙하는 없었다.

이산화탄소가 1000ppm을 넘으면 극지방 빙하가 사라지면서 얼음·눈에 의한 포지티브 피드백 현상이 아주 약해진다. 게다가 이산화탄소 농도가 늘면 늘수록, 추가되는 단위 이산화탄소 양이 발휘하는 온실 효과는 약해진다. '주파수 대역 포화 효과(band saturation effect)'가 나타나는 것이다(The Global Carbon Cycle 5장, David Archer, 2010). 이 때문에 1000ppm 이상 상황에선 이산화탄소 농도가 오르거나 내린다고 해도 기온의 비례적 등락을 동반하지는 않을 거라고 한다.

'화산 분출'과 '암석 풍화'가 만들어내는 이산화탄소 농도 균형

대기 중 이산화탄소의 맨 처음 공급원은 어디였을까. 그것들은 지각 아래로부터 화산 분출 과정을 통해 대기 중으로 쏟아져 나온 것이다. 연간 평균 1억~1억 5000만 톤 정도의 이산화탄소가 화산 분출로 대기 중에 풀려나온다고 한다. 쏟아져나온 이산화탄소는 암석의 화학적 풍화를 통해 다시 지각 속으로 들어가게 된다. 화산 분출량과 암석 풍화를 통한 지각 침강량이 균형을 이루면 지구 대기의 이산화탄소 농도는 일정 수준에서 유지된다.

미묘한 것은 장구한 세월의 관점에서 보면 판구조 운동이 이산화탄소 화산 분출량과 지각 침강량을 조절해가고 있다는 사실이다. 판구조 활동이 활발해지면 화산 분출이 잦아진다. 그러면 대기 중 이산화탄소 양은 늘어난다. 한편에선 지각판 충돌을 일으키는 격렬한 판구조 활동이 히말라야 같은 산맥의 융기를 야기시킨다. 이산화탄소 농도가 올라가면 기온도 상승한다. 기온이 올라가면 강우량이 증가한다. 솟아오른 산맥과 늘어난 강우량은 암석 풍화를 통한 이산화탄소의 지각 침강을 가속화시킨다. 판구조 활동은 한편에선 화산 분출을 일으켜 대기 중 이산화탄소 농도를 올려놓고, 다른 한편에선 증가한 이산화탄소 성분을 지각 아래로 되돌려 집어넣는 역할을 한다. 단기적으로는 두 과정 사이의 균형이 깨졌다가도 긴 세월이 지나면 다시 원래 상태로 복원하는 힘이 작용하게 된다.

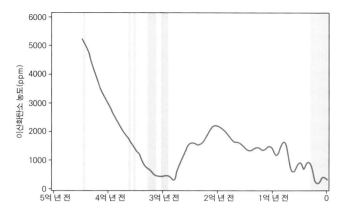

그림 2 지난 5억 년간의 대기 중 이산화탄소 농도 변화 추세. 회색 바는 빙하가 존재했던 시기를 표시한다. Andrew Dessler의 Introduction to Modern Climate Change(2012) 7장에서 인용해 변형시켰다.

그런 균형 작용에도 불구하고 지구는 수천만 년, 수억 년 시간 단위에서 '뜨거운 상태(hot house)'와 '차가운 상태(ice house)' 사이를 오락가락 한다. 예를 들어 대략 4억 년 전쯤엔 이산화탄소가 지금의 10배 농도였다고 한다. 그랬던 것이 4억 년 전 육상 식물이 등장하면서 뚝 떨어지기 시작했다. 식물들이 광합성 작용으로 대기 중 이산화탄소를 빨아들였기 때문이다. 그런데다가 판게아 형성 과정에서 암석 풍화도 활발해지면서 3억 년 전에는 이산화탄소 농도가 낮은 수준으로 떨어져 빙하기까지 겪었다.〈그림 2〉

그러다가 2억~1억 년 전 공룡 시대엔 다시 1500~3000ppm 수준으로 올라갔을 것이다. 기온도 지금보다 훨씬 높았다. 이처럼 지구 기후 조건이 달라지는 이유는 지각끼리 충돌해 합쳐졌다가 다시 떨어져나오고 하는 과정에서 대륙 배치와 산맥 형성이 달라지기 때문이다. 지구 기후조절 장치의 설정값(set point) 자체가 달라지는 것이다.

지구 역사 전반기의 태양은 지금처럼 밝지 않았다. 지구 생성 초기의 태양 밝기는 지금의 70% 정도에 머물렀다는 것이다. 그런 상태라면 기온이 영하 25도 수준이었어야 한다. 그랬다면 바다는 꽁꽁 얼어붙었을 것이다. 얼어붙은 지구 표면의 눈과 얼음이 태양빛을 우주로 반사시켜 기온을 더 떨어뜨렸을 것이다. 얼음이 표면을 덮어 바닷물은 햇빛을 받지 못했을 것이고, 고세균 이상의 생물이 나타나기 힘들었을 것이다.

그러나 그 시기의 암석층을 조사해보면 퇴적암이 광범위하게 확인된다. 물 흐름이 있었다는 이야기다. 30억 년 이전 시기에도 원시생물들의 흔적이 확인된다. 약한 태양빛에도 불구하고 지구 바다가 얼어붙지 않았다는 증거다. 이걸 '희미한 어린 태양의 패러독스(Faint Young Sun Paradox)'라고 한다. 뭔가 지구 초기 역사에서 기온을 끌어올리는 방향으로 작용했던 요인이 있었던 것이다.

과학자들은 이 기능을 이산화탄소가 했을 것으로 본다. 지구 생성 초기엔 활발한 화산 폭발로 이산화탄소가 대기를 가득 채웠다. 지금의 100~1000배였을 것으로 추정된다. 고농도의 이산화탄소가 약한 태양빛에도 불구하고 지구 기온이 온화하게 유지되도록 끌어올리는 역할을 했을 것이다.

그로부터 10억 년, 20억 년에 걸쳐 태양빛은 차츰 뜨거워져 갔다. 만일 이산화탄소 농도가 초기 지구 상태대로 계속 유지됐다면 온실효과로 물이 끓어올라 원시 생명체마저 사라졌을지 모른다. 오늘날의 금성이 바로 그런 모습이다. 금성의 대기압은 지구의 95배나 된다. 그렇게 짙은 금성 대기 성분의 96%를 이산화탄소가 차지하고 있다. 이산화탄소의 온실효과로 금성 표면 온도는 섭씨 465도나 된다.

그러나 지구에선 광합성을 하는 원시 녹조류가 대기 중 이산화탄소를 빨아들여 자기 몸체로 고정시켰다. 그 조류들은 죽어서 바다에 가라앉아 사체로 쌓여갔다. 장구한 세월 동안 진행된 원시 생물체의 이런 광합성 작용으로 대기 중 이산화탄소는 차츰 낮아졌다. 한쪽에선 태양이 점차 뜨거워지면서 기온을 끌어올리는 작용을 했고, 다른 한쪽에선 원시 생물체의 광합성 작용으로 이산화탄소가 바다 밑바닥으로 고정되면서 기온을 떨어뜨리는 작용을 했다. 두 가지 힘이 균형을 이뤄서 지구 기후는 차츰 온화한 방향으로 바뀌어갔다.

지상 식물의 등장이 촉진시킨
암석의 풍화

지구 최초 생명체가 생겨난 것은 38억 년쯤일 걸로 과학자들은 추측하고 있다. 그 전 시기에는 소행성과 혜성의 충돌이 끊임없이 이어져 지구를 뜨겁게 데웠다. 이 시기의 수분은 뜨거운 열로 증발해 바다가 만들어질 수 없었을 것이다.

38억 년 전 생명체가 등장했다고 추정하는 것은 그린란드 서부 지역에서 발견된 38억 년 전 퇴적암 때문이다. 그 지구 초기 퇴적암에서 생명체의 활동을 짐작케 해주는 미약한 증거가 확인된 것이다. 그 증거라는 것은 탄소동위원소 비율의 변화를 말한다. 2장의 탄소연대법 설명에서 다뤘지만, 탄소동위원소에는 12-탄소(δ^{12}C)와 13-탄소(δ^{13}C)가 있고, 극미한 수준의 양으로 14-탄소(δ^{14}C)도 존재한다. 자연계에는 이중 12-탄소가 13-탄소보다 훨씬 많이 존재한다. 그런데 생명체는 13-탄소보다 12-탄소를 좋아한다. 12-탄소가 약간 더 가벼워 반응성이 활발하기 때문이다. 그런데 38억 년 전 생성된 퇴적암에선 자연계의 정상 비율보다 12-탄소 성분이 좀 더 많이 검출됐다고 한다. 과학자들은 이걸 생물체가 활동했던 흔적일 가능성이 있다고 보는 것이다.

호주 서부지역 해안에서는 더 직접적인 생명의 증거물인 스트로마톨라이트가 확인된다. 가장 오래된 것은 35억 년까지 거슬러 올라간다. 스트로마톨라이트는 원시 시아노박테리아가 죽으면서 바닷물 속 먼지 같은 부유물과 결합해 암석화한 것이다. 지금도 호주 바다에선 시아노박테리아가 수명을 다한 후 기존 스트로마톨라이트 덩어리에 달라붙어 덩치를 키워가는 모습이 확인된다.

그런데 이런 원시생물들은 대기 중 이산화탄소 농도를 떨어뜨리는 작용만 한 것이 아니다. 광합성은 이산화탄소를 흡수하면서 동시에 산소는 내뱉는 생명 활동이다. 바닷물 속 원시 미생물들이 광합성 작용을 통해 배출한 산소가 꾸준히 쌓여가면서 지구 대기 중 산소 농도가 올라갔다. 생명의 진화는 대기 중 이산화탄소 함량을 줄이고 산소 함량을 늘리는 과정이기도 했다.

산소는 초기 생물들에게는 독극물과 같았다. 산소는 유기물질을 만나면 태워서 파괴해버린다. 산소 농도가 높아지면 원시 생물체들 생존은 위험해진다. 사람 몸도 반응성이 강한 활성산소에 장기간 노출되면 세포 손상이 축적되면서 노화 현상이 나타난다. 그런데 산소는 한편으로 '산화' 과정을 통해 유기체에서 에너지를 끌어내는 과정에 참여한다. 그 효율이 산소가 없는 혐기성 상태에서 유기물이 분해되는 '발효' 과정의 수십 배, 수백 배 이상 된다. 산소가 등장하면서 생물들의 에너지 활용 능력이 증폭됐고, 기능이 분화된 다세포 생물의 등장했다.

생물체가 폭발적으로 등장하는 캄브리아 시대에 들어서기 전인 선캄브리아기 말기인 5억 8000만~5억 4000만 년 전에 산소 함량이 2%

이상으로 상승했다. 산소가 늘면서 오존층이 생겨나 생물이 육지로 상륙할 수 있게 됐다. 식물은 4억 5000만 년 전 등장했다. 식물이 육지 생태계를 점령하면서 암석 풍화가 가속화됐다. 식물들이 광합성을 통해 흡수한 대기 중 이산화탄소를 뿌리를 통해 토양으로 운반시켜 축적하는 작용을 한 것이다. 토양 속 공기의 이산화탄소 농도는 공기 중 이산화탄소 농도의 10배나 된다고 한다. 토양 속으로 스며든 이산화탄소는 더 효율적으로 암석 풍화를 일으켰다. 식물의 등장이 지구기온을 떨어뜨리는 작용을 한 것이다.

지구 기후는 지각 움직임이 결정,
생물은 적응할 뿐

이처럼 지구가 이산화탄소로 가득한 원시 대기로부터 산소가 풍부한 현재의 대기 조성 상태로 변화해오는 데는 원시 박테리아에서 식물에 이르기까지 생물들 작용이 컸다. 그 과정을 거쳐 생물의 생존에 유리한 현재의 온화한 기후가 만들어졌다. 가이아론(論) 가설은 여기서 한 걸음 더 나아가, 이런 기후 조절 과정은 지구와 지구에 사는 생물들의 초자연적인 의지(意志)가 작용해 생물 생존에 유리한 방향으로 능동적으로 바뀌간 것이라고 적극적 의미를 부여한다.

그렇게 보고 싶은 마음이 생기게 만드는 생물의 미묘한 '자기 조절 메커니즘'을 곳곳에서 확인할 수 있는 게 사실이다. 예를 들어 화산 분출이 감소해 대기 중 이산화탄소 농도가 떨어졌다고 치자. 그러면 기온이 냉각되면서 지구상 식물 분포량이 감소한다. 식물이 적극적으로 기여했던 암석 풍화도 약화시킨다. 기온이 떨어지면 강우량도 줄고 이것

역시 풍화를 감퇴시키는 요인이 된다. 그렇게 되면 대기 중 이산화탄소 농도는 회복될 것이다. 기온을 다시 끌어올려 균형점을 찾게 해주는 탄소 순환의 메커니즘인 것이다.

그러나 아주 긴 시간대에서 보면 지구 기온이 떨어지는가 올라가는가 하는 문제는 결국 지각 움직임에 달려 있다. 생물체의 자기 조절 기능은 판구조 활동이 결정하는 범위 내에서 이뤄지고 있다고 봐야 한다. 생물은 거기에 적응할 뿐이다. 생물이 스스로 어떤 목표를 설정하고 그 방향으로 움직였다는 가이아 가설은 다윈 진화론 원칙에 위반되는 설명이다. 거대 규모에서 지구 기후는 인간은 물론 전체 생물의 의지와 관계없이 굴러가고 있다고 봐야 할 것이다.

앞으로 지구는 꾸준히 열기가 식어갈 것이다. 판구조 활동도 서서히 침체돼 지각으로부터의 이산화탄소 공급이 감소할 것이다. 태양의 크기와 수명을 감안할 때 지구 수준의 행성은 13억 년 정도만 복잡한 다세포 생물이 생존할 수 있는 기후 조건을 유지할 수 있다고 한다. 생물체가 폭발적으로 등장하기 시작한 캄브리아기로 들어선 후 지금까지 5억 4000만 년이 지났다. 앞으로 1억 년 정도 지나면 대기 중 이산화탄소 농도는 고등 생물의 생존을 위협하는 수준으로 떨어질 것이라고 한다. 수억 년 이상의 시간 흐름에서 보면 인간은 지구를 구하거나 할 수 있는 존재가 되지 못한다(CO_2-Lebenselixier und Klimakiller 2장, Jens Soentgen & Armin Reller, 2009, 번역본 『이산화탄소-지질권과 생물권의 중개자』).

판구조 운동은 인간으로선 이해할 수도, 예측할 수도 없는 힘에 지배돼 이뤄진다. 생물에겐 운명처럼 주어지는 것일 뿐이다. 그것이 거대 규모에서 지구 기후를 인간이나 생물 의지와는 상관없이 굴려가고 있다.

3억 년 전에서 1억 8000만 년 전까지는 모든 대륙이 하나의 초대륙 판게아를 형성하고 있었다. 그것이 차츰 떨어져나와 오늘날의 대륙 배치를 형성하게 된다. 그 과정에서 6500만 년 전만 해도 유럽과 북미, 남극과 호주, 남극과 남미는 붙어 있었다. 인도와 아시아, 남미와 북미는 분리된 상태였다. 그랬던 것이 호주와 남극은 3500만 년 전, 남미와 남극도 2500만~2000만 년 전 분리됐다. 호주와 남미가 남극에서 떨어져 나가면서 남극 대륙을 한 바퀴 도는 해류가 형성됐다. 이 남극 순환 해류로 인해 적도 쪽에서 오는 해류는 남극에 닿지 못하게 됐다. 그러면서 남극에서 빙하가 생기기 시작했다는 것이다. 입증된 이론은 아니지만 판구조 운동이 기후를 어떻게 바꿔나가는지를 보여주는 예다.

분리돼 있던 남미와 북미가 붙은 것은 400만 년 전 일이다. 그 뒤 275만 년 전쯤부터 북미와 유라시아 대륙에 빙하가 형성됐다. 파나마 해협이 닫히면서 무역풍을 따라 대서양 적도에서 태평양 서쪽까지 흐르던 해류가 끊긴 것이 북반구 대륙 빙하 생성의 원인이라고 주장하는 가설도 등장했다. 파나마 해협이 닫히는 바람에 대서양 적도에서 극지방 쪽으로 흐르는 멕시코 만류가 생겨났다는 것이다. 이로 인해 북대서양에서 증발하는 수증기가 많아져 극지방 빙하의 형성 조건이 이뤄졌다고 한다. 그 가설대로라면 북위 51.5도의 런던 겨울 날씨가 북위 37.6도인 서울과 비슷할 정도로 유럽 대륙이 더워진 것도 북미 대륙과 남미 대륙이 부딪혀 이어진 때문이다.

이산화탄소가 달궈 끓게 만든
금성의 표면

지구에 생명체가 등장해 오늘날 풍부한 생물상을 구현하게 된 것은 지구가 태양에서 딱 알맞은 만큼 떨어져 있고 적당한 크기로 태어났기 때문이다. 지구가 태양과 너무 가까웠다면 지구 표면의 물이 끓어서 증발해 우주로 날아갔을 것이다. 지구가 너무 작았다면 대기를 붙잡아둘 중력을 갖지 못해 생명체가 숨쉴 환경이 만들어지지 않았을 것이다.

지구의 바로 안쪽 궤도에서 태양을 돌고 있는 금성은 표면 온도가 섭씨 465도에 달한다. 『코스모스』의 저자인 천문학자 칼 세이건(Carl Sagan, 1934~96)은 1960년 박사과정 시절 금성은 지구와 크기가 비슷한 행성인데 왜 그렇게 납이 녹을 정도의 뜨거운 기온을 갖고 있는가에 대해 연구했다. 그는 온실효과가 금성을 용광로 같은 환경으로 만들고 있다고 생각하게 됐다. 수증기가 그렇게 만들고 있다는 설명이었다.

그의 설명은 핵심에서 틀리긴 했지만 유익했다. 금성은 대기압이 지구의 95배나 될 정도로 두꺼운 대기층으로 덮여 있다. 이산화탄소가 그 대부분을 이룬다. 이산화탄소의 무지막지한 온실효과가 금성을 불덩어리로 만들어놓은 것이다.

역시 금성 문제를 연구한 경력을 갖고 있는 제임스 핸슨은 금성에도 생성 초기엔 바다가 존재했었다고 설명한다. 그런데 태양 밝기가 서서히 강화되면서 바닷물이 증발해 수증기로 변했다는 것이다. 대기 중 수증기 농도가 오르면 온실효과는 증폭된다. 이것이 지표면을 뜨겁게 만들었고, 이 변화가 지각까지 달궈 지각 속 이산화탄소를 익혀 배출되게 만들었다는 것이다. 또한 수증기는 금성 상공에서 태양 자외선과 만나 수소와 산소로 분해됐다. 그중 가벼운 성분인 수소는 금성에서 튀어나와 우주로 날아가 버렸고, 산소는 탄소와 결합해 이산화탄소를 형성했다는 설명이다. 이것이 금성의 두꺼운 대기층 성분 가운데 97%가 이산화탄소로 이뤄지게 만들었다는 것이다(Storms of my Grandchildren 10장, James Hanson, 2010).

육지 식물이 습지에 가라앉아
생성된 석탄

원시 지구의 대기를 가득채웠던 이산화탄소는 암석 풍화, 바다 생물의 광합성, 지각 침강 과정을 거쳐 지각 아래로 갇혀 버렸다. 그런데 4억 5000만 년 전 육상 식물이 등장하면서 이산화탄소를 지각 아래로 고정시키는 또 한 가지 메커니즘이 등장했다. 화석 연료가 생성되기 시작한 것이다.

동남아 보르네오 같은 지역에서는 지금도 거대한 나무들이 늪에 쓰러져 잠긴 뒤 산소가 부족한 혐기성 환경 속에서 서서히 썩어간다. 죽은 나무 위에 다시 더 많은 나무의 사체가 쌓인다. 3억 6000만 년~2억 9000만 년 전까지의 약 7000만 년 동안의 석탄기엔 대기 중 산소 농도가 최고 28% 정도에 달했다고 한다. 지금의 21%보다 훨씬 높았다. 모든 동물들이 덩치가 커질 수 있는 조건었다. 당시 잠자리가 날개를 펴고 날면 70cm에 달했다고 한다.

이산화탄소 농도도 1000ppm 정도는 됐을 것이라는 추정이다. 덕분에 석탄기 숲은 울창했다. 나뭇잎을 초토화시키는 대형 초식동물이 등장하기 전 시절이다. 빈 땅이 있으면 아름들이 나무들이 자랐다. 그런데 뿌리는 아직 충분히 발달하지 않은 상태였다. 덩치를 키워 자라났다가도 작은 충격이 있으면 나무들이 쓰러졌다. 그런데다가 아직 나무를 썩힐 미생물들이 나타나기 전이었다. 쓰러진 나무들이 분해되지 못하고 쌓여갔다.

그것들이 두꺼운 층을 이룬 다음 강물이 모래와 진흙을 퇴적시켜 분해가 덜 된 식물 사체들을 덮게 된다. 이런 식물 사체 퇴적층이 깊이 묻히고 나면 오랜 기간 동안 지각 속의 열을 받으면서 유기물의 화학적 성질이 바뀌어간다. 가라앉은 식물 사체 유기물에 압력과 열이 가해져 박테리아와 곰팡이 같은 분해 생물이 활동하지 못하는 환경에서 서서히 석탄이 생성되는 것이다. 시간의 흐름에 따라 이탄층이었던 것은 갈탄으로, 수백만 년 뒤엔 다시 갈탄이 역청탄으로 바뀐다. 여기에 압력과 열이 더 가해지고 불순물이 제거되면 무연탄이 만들어진다. 담수가 아닌 해수성 습지에서 유기물이 가라앉아 생성된 석탄은 바닷물 속 황산염이 스며들어 황 성분을 많이 포함하게 된다.

탄소(C)에서 수소(H)로 바뀌어온 연료 진화 과정

석유는 바다와 강 어구에 사는 식물 플랑크톤의 사체 위주로 만들어졌다. 1억 년~9000만 년 전에 플랑크톤들이 죽은 후 그 사체가 산소가 없는 깊은 바다 밑바닥으로 가라앉았고, 박테리아에 의해 분해되지 않은 채 쌓여갔다. 플랑크톤 사체를 담은 바다 밑 퇴적층이 지각 아래로 들어가 길고 긴 세월 동안 적당한 온도와 압력을 받아 익혀진 것이 석유이다. 석유를 담고 있는 분지 지형의 투과성 지층이 그 위쪽의 불투과성 바위층에 눌려 석유가 빠져나가지 못하는 조건일 때 석유 유전이 형성된다.

석유가 한층 더 숙성된 것이 천연가스다. 천연가스는 석유보다 더 깊은 지층 속에서 형성된다. 천연가스(CH_4)는 화석 연료 가운데 가장 환원이 진행된 상태다. 분자 구조에서 석탄(C)과 석유(CH_2)에 비해 수소 성분이 많다. 화석 연료는 탄소(C)와 수소(H)의 두 가지 원소로 이뤄져 있고 이것들이 불에 타 산화되면서 에너지를 뿜어낸다. 석탄, 석유, 천연가스가 연소되는 과정을 분자식으로 나타내면 아래와 같다.

① 석탄: C(석탄) + O_2(산소) = CO_2(이산화탄소)

② 석유: $2CH_2$(석유) + $3O_2$(산소) = $2CO_2$(이산화탄소) + $2H_2O$(물)

③ 천연가스: CH_4(천연가스) + $2O_2$(산소) = CO_2(이산화탄소) + $2H_2O$(물)

석탄은 연소 후 이산화탄소만을 결과물로 만들어낸다. 석유와 천연가스는 이산화탄소와 물을 만들어낸다. 같은 양의 연료를 태운다면 천연가스가 석유보다 이산화탄소를 덜 내뿜게 된다. 물은 아무 해를 끼치지 않는 물질이다. 따라서 석탄보다는 석유가, 석유보다는 천연가스가 클린한 에너지다. 궁극적으로 탄소 성분은 하나도 없고 수소만 연료로 갖는 수소 연료가 가장 이상적인 연료가 될 것이다. 수소를 태우면 이산화탄소는 하나도 나오지 않고 배기가스로 수증기만 나오게 된다.

화석 연료는 결국 대기 중 이산화탄소가 모양을 바꿔 지층 속에 저장된 것이다. 식물들이 광합성 과정에서 공기 속 이산화탄소를 걸러 유기물을 만들었고 식물이 죽은 후 땅 속에 묻혀 숙성된 것이 화석 연료다.

광합성이 햇빛 에너지를 받아 이뤄진다는 점에서 흔히 화석 연료를 '묻혀 있는 햇빛'이라고도 한다. 식물은 이산화탄소와 물, 햇빛, 약간의 양분이 있으면 잎과 나무, 꽃, 열매 등을 만든다. 이것이 살아 있는 모든 만물의 원천이고 지각 속에 갇혀 있는 모든 화석 연료의 궁극의 제조 과정이다. 식물은 이런 광합성 과정을 통해 지구 대기 중의 이산화탄소 농도를 떨어뜨렸고 그 결과로 지구 기온을 냉각화시켰다. 길게 봐서 식물이 등장한 4억 5000만 년 동안 지구는 점점 차가워졌다고 할 수 있다.

석유 4리터가 만들어지기 위해선 식물체 약 100톤이 필요하다는 연구결과가 있다. 식물체 100톤이 자라기까지 필요한 엄청난 양의 햇빛 에너지를 생각해볼 필요가 있다. 1997년 기준으로 인간이 1년 동안 소비하는 석유 속에 담긴 에너지는 지구에 닿는 햇빛이 422년 동안 키워 낸 식물 유기체가 하나도 빠짐없이 석유로 변했다고 했을 때의 양에 해당한다고 한다.

지구가 화산 분출로 지각 속으로부터 토해내는 이산화탄소 양이 탄소 중량 기준으로 연간 1억~1억 5000만 톤에 달한다. 이것이 자연 분출이다. 그런데 인간은 화석 연료를 태워 한 해 무려 85억 톤씩의 이산화탄소를 방출해내고 있다. 지구의 자연적인 작동 흐름을 인간이 굉장히 뒤틀어놓고 있는 것이다.

5500만 년 전 '기온 급상승'
재현될 가능성 있을까

5500만 년 전쯤 기후 급변이 일어났다. 1만 년 사이 기후가 5~9도 급상승했다. 이 상태가 7만 년쯤 지속되다가 그 후 10만 년에 걸쳐 기온이 하락해 원래 상태를 회복했다. 이같은 기온의 급상승과 완만한 하강은 당시 바다 퇴적층 속 유기물에 대한 산소동위원소 분석으로 1991년 확인됐다. 그때 벌어졌던 일을 PETM(Paleocene – Eocene Thermal Maximum)이라 부른다. 지질학적 연대 구분에서 신생대의 팔레오세로부터 에오세로 넘어가는 경계 부근 시점에서 벌어진 '열 극대화' 현상이라는 뜻이다.〈그림 3〉

그런데 그때의 지층에서 갑자기 저서성 유공충이 일제히 멸종해버린 사실이 확인됐다. 당시 퇴적층 속 유기물질에 대한 탄소동위원소 분석을 해보면 13-탄소($\delta^{13}C$)의 비율이 정상보다 뚜렷이 낮게 나온다고 한다. 생물이 13-탄소보다 12-탄소(($\delta^{12}C$)를 더 선호한다는 것은 앞에서 설명한 바 있다. 13-탄소 비율이 줄어들었다는 것은 그 당시 바다 밑바닥에 쌓인 탄소가 무기탄소가 아니라 생물이 분해돼 생긴 유기탄

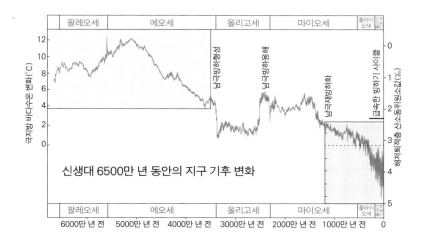

그림 3 신생대 6500만 년 동안의 지구 기온 변화 추정치. 바다밑 퇴적 유기물의 산소동위원소 분석으로 추정한 결과다. 5500만 년 전 일시적으로 바늘 끝이 튀어오르듯 기온이 급등한 것이 나타나 있다. 위키피디아에서 인용했다.

소라는 걸 입증해주는 증거다.

이것을 종합해 나온 가설 중 하나는 뭔가의 요인에 의해 대기 중 이산화탄소 농도가 급등했다는 것이다. 이산화탄소 농도가 상승하자 바다가 산성화됐고 그 바람에 탄산칼슘 껍질을 가진 해양생물과 해저 유공충이 대거 사멸해버렸다. 보통의 바다 퇴적층 색깔은 갈색이라고 한다. 그러나 PETM 사건이 발생한 시점의 퇴적층은 붉게 변색돼 있다. 탄소 성분이 줄어든 대신 바다 산성화 때문에 붉은 빛을 띠게 된 것이다.

이런 기후 급변이 왜 벌어졌는가를 놓고 논란이 벌어졌다. 유력한 추정의 하나가 바다 밑바닥에 퇴적돼 있던 메탄하이드레이트가 풀려나왔다는 가설이다. 깊은 바다 밑바닥의 수온은 아주 차갑다. 차갑고 압력이 높은 환경에서 메탄가스 분자들이 얼음 분자들의 격자 구조에 갇혀 안정적 상태를 이루고 있는 것이 메탄하이드레이트이다. 물 분자가 메탄가스를 가둬두는 상자를 만든 것이다. 화학적 결합이 이뤄진 것은 아니다. 메탄과 바닷물이 섞인 상태에서 얼어버려 슬러시나 드라이아이스처럼 돼버렸다고 생각하면 될 것 같다.

문제의 메탄하이드레이트는 바다 표면에서 죽은 플랑크톤 유기체들이 가라앉아 고압과 저온의 환경에서 발효 과정을 거쳐 축적된 것이다. 오늘날에도 바다 밑에는 수조 톤의 메탄하이드레이트가 퇴적돼 있다. 하이드레이트는 수온이 올라가면 더 이상 물 분자에 갇혀 있지 않고 풀려 나온다. PETM기에는 2~5조 톤의 탄소가 순식간에 대기 중으로 풀려나왔을 것이라는 추측이 있다. 메탄은 대기 중으로 풀려나오면 10여 년의 시간이 흐른 후엔 산화 과정을 거쳐 이산화탄소로 변한다. 바다 속 메탄하이드레이트가 10%만 대기 중으로 풀려나도 대기 중 이산화탄소 농도는 10배로 뛸 것이라고 한다.

맨처음 일부 메탄하이드레이트가 풀려나와 온난화를 일으키면 그것이 1000년쯤 시간이 걸려 심해 수온도 올려놓게 된다. 그러면 바다 밑 바닥 메탄하이드레이트는 올라간 수온에 반응해 다시 풀려나와 또 대기 중 온난화를 불러오는 포지티브 피드백의 악순환이 벌어질 수 있다. 당시 대기 중 이산화탄소 농도는 500ppm 수준에서 2000ppm으로 치솟았을 것으로 과학자들은 본다. 이렇게 과잉 공급된 이산화탄소가 암석 풍화를 거쳐 다시 심해로 고정되는 데는 10만 년의 시일이 필요했다.

5500만 년 전의 PETM 사건은 오늘날 전개되는 이산화탄소 대방출이 향후 어떤 사태를 몰고올 수 있는가에 관한 시사를 주는 것으로 해석되곤 한다. 산업혁명 이후 현재까지 화석 연료를 태워 배출한 이산화탄소는 탄소 중량 기준 5000억 톤 정도다. 화석 연료 매장량 추정치를 보면 석탄은 3조 7000억 톤, 석유는 7500억 톤, 천연가스는 5000억 톤 수준이다(Global Warming: the complete briefing 11장, John Houghton, 2004). 만일 인류가 앞으로 수백년 사이 이 화석 연료들을 모두 소비해 버린다고 치자. 그 결과로 5500만 년 지구 전역 바다 생물의 대멸종을 가져온 PETM 사태가 재현될 수 있다는 것이다.

더구나 PETM의 온난화와 바다 산성화는 7만 년 동안 서서히 진행됐다. 지금 인류는 수백 년 사이 화석 연료를 모두 캐내 태워버리겠다는 기세다. 또 5500만 년 전엔 원래 이산화탄소 농도가 지금보다 두 배쯤 됐었다. 기온도 상당히 높았을 것이다. 그런 상태에서 다시 이산화탄소가 추가된 것이다. 지금은 빙하기 속 간빙기이다. 추위에 적응한 생물종들이 많다. 이 상황에서 5500만 년 전 같은 사태가 터지면 어떻게 될까. 지금은 생물종이 굉장히 다양한 시기다. 잃을 게 5500만 년 전보다 엄청 많다고 볼 수 있다(The Weather Makers 5장, Tim Flannery, 2005, 번역본『기후 창조자』).

5

미래에 일어날
일들

Wicked
Problem

21번째 기후 변화협약 당사국 총회(COP 21)가 2015년 11월 30일부터 12월 12일까지 파리에서 열렸다. 회의에는 196개국 대표가 참가했는데 개막일엔 각국 정상 150여 명이 파리로 날아가 각기 자국 입장을 밝히는 대표 연설을 했다. 파리회의에는 국제 기구, 시민단체, 전문가, 기업 관계자, 취재기자까지 전 세계에서 총 4만여 명이 몰렸다.

'가능하면 기온 상승치 1.5도 아래로 묶자'는 파리협정

파리회의에선 교토의정서가 만료된 다음 2020년부터 적용될 새로운 기후 협약인 '파리협정(Paris Agreement)'을 체결했다. 협정에선 우선 장기 목표로 '산업화 이전 대비 지구 평균 기온 상승치를 2℃ 보다 상당히 낮은 수준으로, 가능하면 1.5℃ 아래로 제한하기 위해 노력한다'는 데 합의했다. '1.5도'라는 추가 목표가 협정문에 들어간 것은 회의 초반엔 누구도 예상치 못하던 일이었다. 협정은 또 21세기 후반부에는 세계 전체의 온실가스 배출을 '순 제로(net zero)'로 묶는다는 문구를 집어넣었다. 선언적일지는 몰라도 야심적 목표 설정이었다.

파리협정은 또 선진국, 개도국 할 것 없이 온실가스 감축을 위해 모든 국가가 스스로 결정한 기여 방안(INDCs · Intended Nationally Determined Committments)을 5년 단위로 수정해 제출하기로 했다. 기여 방안 제출은 의무화했으며 이에 대한 이행을 강제화(legally binding)하지는 않았다. 각국이 5년마다 제출하는 새로운 감축 이행 목표는 이전 단계의 이행 목표보다 반드시 진전된 내용이어야 한다. 이른바 '후퇴하면 안된다(no back-sliding)'는 원칙이다. 한편 협정에선 국제사회가 공동으로 각국 이행 내용을 종합적으로 검증하는 시스템(Global Stocktaking)을 도입해 2023년에 처음 실시하기로 했다. 이를 위해 각국은 자국이 제출한 감축 목표 달성 경과 등에 대해 국제사회에 보고해야 한다.

협정에선 또 온실가스 감축(mitigation)뿐 아니라 적응(adaptation)의 중요성을 강조하고 기후 변화로 인해 빚어지는 '손실과 피해(Loss and Damage)'란 항목을 별도 조항으로 규정했다. 이와 관련해선 개도국들과 미국이 협상 마지막 단계까지 날카롭게 대립했다. 미국은 선진국의 개도국 재정 원조는 어디까지나 '특별 지원' 형태여야 한다고 주장했다. 개도국들은 기후 변화가 선진국들이 뿜어낸 온실가스 탓에 빚어지는 것인 만큼 선진국 재정 지원은 '배상과 보상'이라는 점을 분명히 해야 한다는 입장이었다. 파리협정은 개도국에 대한 지원 재정에 대해선 일단 선진국이 이를 마련할 의무를 규정하면서 선진국 외 국가들의 자발적 기여도 장려한다는 조항을 넣었다. 이에 따라 선진국들은 2009년 코펜하겐 기후 변화 당사국 총회(COP 15)에서 약속했던 대로 2020년부터 매년 1000억 달러씩 지원하고 2025년 이후는 그 규모를 늘리는 문제를 다시 협의하기로 했다.

파리협정에 대해선 대체로 역사적이고 획기적이라는 평가가 주류를 이뤘다. 파리회의가 6년 전 코펜하겐 회의에서처럼 실패로 끝났더라면 기후 변화 문제에 대처할 국제적 시스템을 갖출 마지막 기회를 날려보내게 될지 모른다는 위기 의식이 있었던 것이 사실이다. 이해관계가 저마다 다른 세계 각국이 기후 변화 대처라는 하나의 목표(common cause)를 놓고 공동 행동을 취하기로 합의한 것은 대단한 일이었다.

파리협정에 대해 제임스 핸슨 박사처럼 "행동(action)은 없고 약속(promise)만 있다"고 인색하게 평가하는 시각도 있긴 했다. 실제 협정은 각국의 이행을 담보할 구체적인 방안을 담고 있는 것은 아니다. 협정이 각국 이행 목표 제출과 이행 여부에 대한 국제적 감시 시스템을 정해놓기는 했으나, 이행 자체를 의무화해놓지는 않았다. 따라서 어느 나라에 새로 들어선 정부가 파리협정에서 자국이 약속했던 감축 목표의 이행을 거부한다고 해도 제재할 방법이 있는 것은 아니다.

그러나 '자발적 목표 설정과 이행'이라는 협정의 구조는 코펜하겐에서의 실패를 되풀이해선 안 된다는 절박함에서 나온 아이디어였고, 일단 의도했던 목표를 달성하는 데 성공했다. 파리협정이 기후 변화 대응의 성공을 담보하는 것은 아니지만 의미 있는 출발로 평가할 만하다는 것이다.

이해관계가 딴판인
나라들이 모여 이룬 합의

기후 변화라는 것이 무엇이길래 세계 대부분의 나라 수반들을 한 자리에 모으게 만든 것일까. 기후 변화가 얼마나 절박한 문제이길래 세계 각국이 21년째 한 해도 거르지 않고 모여 경제 시스템에 중대 영향을 끼칠 수도 있는 정책 조정에 나선 것일까.

기후 문제에 관해선 각국의 이해관계가 판이하다. 예를 들어 캐나다, 러시아처럼 국토의 상당 부분이 광대한 툰드라, 타이거 기후대를 형성하고 있는 나라들 입장에선 기온이 어느 정도 오른다면 지금은 쓸모없는 동토(凍土)에서 농사를 짓는 게 가능해질지 모른다. 그들 나라에겐 그것만큼 축복도 없을 것이다. 그런가 하면 태평양, 인도양 도서 국가들은 50cm, 1m의 해수면 상승만 갖고도 국가 생존이 위태로울 수 있는 지형 환경에 놓여 있다. 반면 해수면 상승은 내륙 국가들에겐 관심 사항이 아닐 것이다. 선진국처럼 이미 발전된 산업 인프라를 갖고 있는 경우와 이제부터 국가 경제 수준을 올려보겠다고 발버둥치고 있는 저개발 개도국들과는 화석 연료의 소비 규제에 대한 시각이 딴판일 수밖에 없다. 그렇게 이해관계가 다르거나, 경우에 따라선 충돌할 수 있는 나라들이 모여 합의를 이뤄냈다는 것은 굉장한 의미를 부여할 만하다.

놀라운 것은 지금 현재 문명국 국민들 가운데 기후 변화의 위협을 직접 느끼고, 체험하고, 보거나 겪고 있는 사람이 있기는 한 것인지 하는 점이다. 파리기후회의가 한창이던 때 영국 북서부와 스코틀랜드 남부엔 폭우가 쏟아졌다. 제일 비가 많이 왔던 곳의 강우량이 341.4mm였다. 폭풍을 동반한 폭우로 전기가 끊기고 차량 통행이 단절된 곳도 있었다. '데스몬드'라고 이름 붙인 이 폭우로 영국에선 1명이 숨지고 3500명 주민이 침수 피해를 입었다고 보도됐다.

파리기후회의 열기가 뜨거웠던 때였던 탓도 있겠지만 영국《가디언》지의 인터넷판은 데스몬드가 지나간 후 '기후 변화의 실상(The Reality of Climate Change)'이라든가 '하는 척만 해, 증거는 없애: 관료들은 이 지독한 홍수의 원인을 외면하고 있다(Do little, hide the evidence: the official neglect that caused these deadly floods)'는 제목의 사설과 칼럼을 실었다. 내용은 홍수 방비 인프라를 빨리 구축하라고 촉구하는 것이었다. 바탕에는 '최근 연례행사처럼 벌어지는 홍수는 기후 변화 탓 아닌가'라는 문제 의식을 깔고 있었다. '본질적으로 파리기후회의와 연계돼 있는 사안'이라거나 '(온난화로) 대기가 품고 있는 에너지와 수분이 늘어난 것에서 비롯된 일'이라는 시각을 보였다.

그러나 이런 정도 폭우 피해를 겪으면서 그것을 기후 변화의 증거라고 말할 수 있는 것인지는 의문이다. 지구상 어느 곳에선가는 늘 영국의 데스몬드 폭풍 같은 수준의 일들이 벌어지고 있다. 그것들이 기후 변화에서 비롯됐거나, 기후 변화로 인해 더 악성이 됐다는 주장을 입증한다는 것은 굉장히 어려운 일이다. 그 점에 기후 변화 이슈의 위키드한 성격이 있다.

'강한 태풍의 증가'
인정하지 않은 IPCC

2013년 11월 8일 필리핀에 초강력 태풍 하이옌이 덮쳤다. 최고 초속 105m에 달한 수퍼 중의 수퍼 태풍이었다. 필리핀 타클로반이라는 지역은 가옥 10채 가운데 9채는 부숴질 정도로 초토화됐다고 보도됐다. 도로엔 홍수로 떠내려온 시신들이 즐비했다고 한다. 필리핀 전역에 걸쳐 1만 2000명의 인명피해가 났다.

그 사흘 뒤 폴란드 바르샤바에서 19차 기후 변화협약 당사국회의가 개막됐다. 그날 연단에 오른 필리핀의 예브 사노 기후 변화담당관은 울

먹이면서 태풍 하이옌의 처참한 피해 내용을 전하고 "다시는 이런 일이 없게 하기 위해서도 온실가스를 감축해야 한다"고 호소했다. 그가 빨간 손수건을 꺼내 눈물을 닦자 각국 대표들은 기립해 위로 박수를 쳤다. 사노 담당관의 눈물어린 호소는 세계 미디어의 주목을 받았다.

답답하고 안타까운 것은 수많은 인명 피해를 야기한 태풍 하이옌이 기후 변화의 결과라고 입증할 수 있는 증거는 없다는 점이다. 인간이 배출한 이산화탄소가 지구 기후를 덥히고 있다는 사실까지는 대체로 합의가 이뤄져 있다. 기온이 오르고 있다는 것은 지구 대기가 담고 있는 에너지가 그만큼 강력해졌다는 뜻이다. 기온이 오르면 대기가 머금을 수 있는 수증기 양도 크게 늘어난다. 따라서 강풍과 폭우 등의 거친 기후현상의 빈도(頻度)가 늘어나고 강도(强度)는 세진다는 것이 널리 받아들여지고 있는 상식이다.

그러나 태풍 하이옌이 필리핀을 덮치기 불과 한달 반 전인 2013년 9월 말 발표된 IPCC 5차 기후 변화 과학근거 보고서는 그런 상식에 상반되는 결론을 내리고 있었다. 보고서를 보면 '열대 태풍 활동이 커질 가능성'에 대해 '낮은 신뢰도(low confidence)'라고 결론내고 있다. 우리말로 표현하면 '썩 그럴 것 같지 않다' 정도의 평가라고 할 수 있을 것이다. 그 당시까지 세계 기후 과학자들의 견해를 집약한 보고서가 '사람이 배출한 온실가스로 인해 태풍 강도가 세진다고는 보기 어렵다'고 밝힌 것이다.

이 문제는 여전히 논란이 계속되고 있는 부분이다. 바람이나 태풍 같은 기후현상은 크게 보면 적도와 고위도 지역의 열 에너지 격차에서 생겨나는 것이다. 태양이 비추는 각도의 차이로 적도는 뜨겁고 극지방은 차갑다. 바람과 태풍은 적도의 뜨거운 열을 고위도 지역으로 분산시켜 열 에너지 격차를 해소시키려는 기상 현상이다.

그런데 온난화가 진행되면 열대 기온은 약간만 올라가고 극지방 기온은 대폭 올라간다. 앞에서 여러 번 언급했던 내용이다. 이 점엔 기후학자들 견해가 일치돼 있다. 그렇게 되면 적도와 극지방 사이 기온 격차는 좁혀진다. 태풍, 허리케인, 토네이도, 폭풍 등은 발생 빈도가 낮아질 가능성이 있다. 강도도 약해질 개연성이 있다. IPCC 보고서가 바로 그런 평가를 나타낸 것이다. 다만 여기엔 반대 견해도 있다. 열대 바다에 축적되는 태양열의 크기 자체는 커지기 때문에 태풍 강도는 강해진다는 것이다.

온난화가 허리케인을 더 많이 만들어내고 그 허리케인의 난폭함이 더 거칠어진다는 주장을 해온 사람 중 한 명이 미국 국립대기연구센터(NCAR)의 케빈 트렌버스(Kevin Trenberth, 1944~)이다. 그는 2001년과 2007년 발간된 IPCC의 3차, 4차 보고서에서 주저자(lead author)의 한 명으로 참여했다. 주저자는 '과학근거 보고서' 작성의 실무 책임자를 말한다. 2013년 5차 보고서를 기준으로 설명하면 과학보고서는 14개 장(章)으로 구성돼 있는데 장마다 총괄 저자(Coordinating Lead Author)가 2명씩, 주 저자(Lead Author)가 6~15명 배치돼 있다.

IPCC 참여 과학자들간
이견과 반목

케빈 트렌버스는 시급한 기후 변화 대책을 주장해온 '경고론자(alarmist)' 진영의 과학자다. 그는 2004년 10월 언론에 '온난화가 허리케인을 거칠고 사납게 만들고 있다'는 요지로 발표했다. 2003년 유럽 일대를 엄습한 열파(heat wave)도 온난화 탓이라는 주장이었다. 그 발표문을 미리 전달받은 미국 국립해양대기청(NOAA) 소속 기후학자 크리스토퍼 랜드시(Christopher Landsea, 1965~2016년, 2016년 현재 미국국립허리케인센터 소속)가 트렌버스에게 '사실을 왜곡하는 것'이라며 항의했다. 랜드시 역시 IPCC 보고서 작성에 참여하고 있던 학자였다.

그러나 트렌버스는 발표를 강행했고, 랜드시는 당시 IPCC 의장이던 라젠드라 파차우리(Rajendra Pachauri, 1940~) 등에게 메일을 보내 항의했다. 그러나 파차우리는 트렌버스를 옹호했다고 한다. 그러자 랜드시는 2005년 1월 'IPCC가 편견에 의해 움직이고 있고 과학적으로 견고하지 못한 주장을 펴고 있다'는 공개 편지를 내고 IPCC 활동에 더 이상 참여하지 않겠다고 선언했다. 랜드시는 'IPCC가 정치화됐다'는 주장도 했다. 그는 그후 언론 인터뷰 등에서 '온난화가 일어나고 있다는 것은 분명한 사실이지만 그것이 허리케인을 더 사납게 만들고 있다고는 말하기 어렵다. 설령 그렇다 하더라도 1~2% 수준의 아주 미약한 정도일 뿐'이라고 말했다.

그러나 MIT의 케리 이매뉴얼(Kerry Emanuel, 1955~) 교수는 2005년 8월 《네이처》에 발표한 '지난 30년간의 열대 사이클론 파괴력 급증 현상(Increasing destructiveness of tropical cyclone over the past 30 years)'이라는 논문에서 1970년대 중반 이후 북대서양 허리케인이 더 오래 지속되고 풍속도 15% 더 강해졌다고 밝혔다. 허리케인 피해는 풍속의 제곱에 비례하는데, 빨라진 풍속 때문에 허리케인 파괴력이 70% 증가했다는 것이다.

그 후 기후과학계에선 이매뉴얼의 견해가 일반적으로 받아들여져 왔다. 제임스 핸슨도 '열대 바다에서 증발한 수증기가 상승하면서 냉각될 때 뿜어내는 잠열(latent heat)이 폭풍의 엔진이 된다'면서 '온난화가 진행될수록 더 많은 수증기가 발생하고 더 많은 잠열이 생겨나기 때문에 폭풍은 강해진다'고 주장했다(Storms of my Grandchildren 11장, 2010년).

전문가들 견해가 이렇게 갈려 있는데도 온난화가 태풍, 허리케인 등의 열대 폭풍을 더 파괴적으로 만들고 있다는 주장이 상식으로 굳어진 것은 열대 폭풍으로 인한 인간 사회의 피해가 실제 엄청 늘어났기 때문이다. 특히 2005년 8월 미국 멕시코 만의 뉴올리온스를 덮쳐 초토화시킨 허리케인 카트리나는 역대 허리케인들 가운데서도 가장 큰 피해를 냈다. 카트리나가 뉴올리온스를 홍수에서 보호하기 위해 쌓은 제방을 무너뜨리면서 뉴올리온스의 80%가 침수돼 수십만 명이 대피해야 했다. 그로 인해 1800명이 죽고 2000억 달러의 재산 피해를 냈다. 당시 처참한 상황이 TV로 생생하게 보도되면서 기후 변화가 도시 인프라를 파멸적으로 망가뜨릴 수 있다는 주장이 힘을 얻게 되었다.

그러나 콜로라도 대학의 로저 필크(Roger Pielke, JR., 1968~) 교수는 허리케인으로 인한 피해 증가는 허리케인 빈도가 잦아지고 강도가 세졌다는 걸 증명하는 것은 아니라고 주장했다. 허리케인 피해가 늘어난 것은 최근 수십 년 동안 허리케인에 취약할 수밖에 없는 해안 지대에 부동산 개발 붐이 불어 많은 건물과 상가, 주거지들이 들어섰기 때문이라는 것이다. 그는 통계 분석을 통해 자신의 주장을 뒷받침했다. 예를 들어 지금처럼 해안이 밀집 개발된 상태에서 과거의 허리케인들이 들이닥친 것을 가정해 피해액을 산출한 결과 허리케인 피해 규모는 과거나

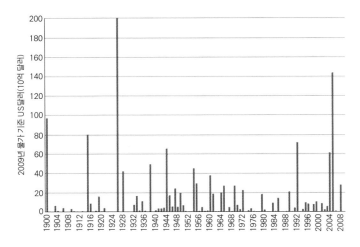

그림 1 해안 개발 상태를 동일하게 가정했을 경우 미국의 최근 100년 사이 허리케인 피해 규모 추세. 로저 필크 교수의 계산. The Climate Fix에서 인용해 변형시켰음.

지금이나 큰 차이가 없었다는 것이다(The Climate Fix : what scientists and politicians won't tell you about global warming 7장, 2010).〈그림 1〉 사실 카트리나가 뉴올리온스에 상륙했을 때는 무시무시한 5등급 허리케인이 아니라 평범한 3등급 허리케인으로 약해진 상태였다. 뉴올리온스 재앙은 허리케인의 파괴력 때문이 아니라 제방 보수 부실과 습지 파괴 등의 요인에서 비롯됐다고 봐야 한다.

필크 교수는 허리케인과는 관계없는 재앙이었지만 2010년 1월의 아이티 지진과 2월의 칠레 지진을 비교했다. 지진 강도에 있어서는 칠레 지진이 규모 8.8로 아이티 지진의 7.0과는 비교할 수도 없을 만큼 더 강력했다. 그러나 사망자 수는 아이티가 22만 명이었는데 반해 칠레는 450명에 그쳤다. 칠레가 건물의 내진 설계를 강화했고 대피 인프라도 상당 수준 갖추고 있었기 때문이다. 반면 빈곤에 허덕이는 아이티는 아무 손도 쓰지 못하고 지진 재앙에 노출됐다. 필크 교수는 이를 두고 "지진이 사람을 죽이는게 아니라 빌딩이 죽이는 것"이라고 했다. 필크 교수는 기후 변화 예방을 위한 에너지 정책도 필요하겠지만 그것보다 더 시급한 것은 빈국들의 적응(adaption) 능력을 키우는 것이라고 주장했다.

기후 변화 회의론자 진영 학자의 한 사람인 패트릭 마이클스(Patrick Michaels, 1950~)도 1955년 멕시코 유카탄 반도에 상륙한 허리케인 재닛은 600명의 사망자를 냈는데 반해 2007년 같은 장소를 덮친 허리케인 딘으로 인한 사망자는 한 명도 없었다는 사실을 지적했다. 이는 경제 발전으로 대응 인프라가 강화됐고 기상예보 같은 대처 시스템이 갖춰졌기 때문이라는 것이다. 패트릭 마이클스도 '이산화탄소 배출을 줄이려고 기를 쓰는 것보다는 인간 사회의 적응 능력을 키우는 것이 현명하다'고 주장했다(Climate of Extremes: Global Warming Science They Don't Want You to Know 5장, 2009).

패트릭 마이클스는 지구 온난화 자체를 부인하지는 않는다. 다만 기후 변화로 인한 피해가 재앙적인 것이 아니라 '별것 아닌(minor)' 수준이 될 것이라는 입장이다. 왜냐하면 초기 단계에선 기후 시스템이 이산화탄소 증가에 예민하게 반응해 상당한 기온 상승을 야기시키겠지만, 이산화탄소가 쌓여갈수록 기온 상승을 일으키는 영향력은 점점 작아진다는 것이다. 앞서 살펴봤던 '주파수 대역 포화 현상'을 말하는 것이다. 그는 1990년에서 2100년까지 기온의 상승은 1.3~3.0도 수준(최선 예측치 1.9도)일 거라고 내다봤다.

패트릭 마이클스에 따르면 고기후학 분석에서도 최근 수십 년의 허리케인 빈도와 강도가 과거 시기보다 특별히 잦아지거나 세졌다고 볼 이유는 없다는 결과들이 나왔다고 한다. 예를 들어 카리브해 산호초 빛

깔의 변화를 갖고 유추해보면 1700년대가 최근보다 허리케인 발생 빈도가 되레 잦았다는 것이다. 푸에르토리코의 호수 퇴적토에 대한 최근 5000년의 기후 변화 조사에서도 소빙하기로 기온이 낮았던 1700년대에 허리케인이 더 활발했던 걸로 나온다는 것이다.

태풍이나 허리케인의 빈도가 늘어난 것처럼 보이는 것은 관측 기술의 발전 때문이라는 설명도 있다. 열대 폭풍 가운데는 태평양이나 대서양 한복판에서 생겨나 바다를 돌다가 소멸되는 것도 많다. 위성 관측은 1970년대 후반 들어서야 시작됐다. 그전엔 육지에 상륙하지 않고 바다에서 큰 피해 없이 소멸되는 태풍이나 허리케인은 관측이 불가능해 통계에 잡히지 않았다는 것이다. 이런 부분에 대한 통계적 보정(補正)을 거치면 태풍과 허리케인 발생 건수는 1950~60년대에 많았다가 1990년대까지는 되레 감소하는 추세였고 2000년대 들어 다시 증가하고 있다는 주장이다.

논의를 종합해보면 이산화탄소 증가로 인한 온난화가 재앙적 재해를 증가시키고 있다는 주장은 적어도 현재까지는 깔끔하게 입증되지 않는 상황이다. 기상 재해로 인한 인명-재산 피해의 증가는 인구가 늘고, 경제 규모가 커지고, 해안 지대가 개발된 사회경제적 요인 탓으로 봐야 한다는 주장이 더 설득력 있어 보인다. 그러나 인류의 10%는 해발 10m 아래 해안가에 거주하고 있다. 장기적으로 해수면이 상승하면 허리케인 피해는 커질 수밖에 없을 것이다.

해수면 상승이
가져오게 될 충격

온난화가 몰고 오는 또 하나의 재해 요인으로 지목되는 것이 해수면 상승이다. IPCC는 2100년까지 100년 동안의 해수면 상승 예측치를 4개 시나리오에 따라 26~82cm로 내다봤다(Summary for Policymakers. In *Climate Change 2013: The Physical Science Basis*).

해수면이 상승한다면 해발 고도가 낮은 섬나라들과 해안 도시들은 심각한 위험에 처하게 된다. 해발 고도가 수m 안팎인 태평양과 인도양의 섬나라들이 느끼는 위기감은 더 말할 것도 없다. 수천만 명의 인구가 밀집해 사는 상하이만 해도 해발 고도가 4m밖에 안 된다. 상하이 같은 초대형 도시가 물에 잠기는 일이라도 벌어진다면 그 피해는 상상할 수 없는 수준일 것이다. 물론 해수면이 하루아침에 상승하는 것은 아니다. 국가와 도시 정부들은 해안 제방을 높이 쌓는 등의 방법으로 대처하게 될 것이다.

그러나 해발 고도가 낮은데다 경제력이 취약해 대응 능력도 갖추지 못한 방글라데시 같은 나라의 경우는 큰 곤경에 처할 가능성이 높다. 방글라데시는 갠지스 강, 브라마푸트라 강, 메그나 강의 복합 삼각주 지역에 위치해 있다. 길고 복잡한 해안선을 갖고 있어 해수면 상승으로부터 육지를 보호한다는 것이 현실적으로 불가능한 여건이다.

방글라데시의 인구는 1억 2000만 명이나 되는데, 만일 해수면이 50cm 상승하면 거주 가능 국토 면적의 약 10%를 잃게 된다고 한다. 600만 명은 오도가도 못하는 상황으로 빠진다는 것이다. 해수면이 2m 올라가면 국토 면적의 20%까지 물에 잠기게 된다. 더구나 물에 잠기는 부분들에 양질의 농경지가 몰려 있다. 방글라데시는 국가 경제의 절반과 인구의 85%가 농업에 의존하는 나라이기도 하다(Global Warming: the complete briefing 7장, John Houghton, 2004).

방글라데시는 낮은 해수면 때문에 전부터도 해일에 취약했던 국가다. 1970년의 폭풍 해일(storm surge)로 인해 25만 명의 사망자가, 1991년에도 10만 명의 인명 피해가 났다. 해수면이 지금보다 더 상승한다면 사이클론에 굉장히 취약해질 수밖에 없다. 인구 밀집지역 중에선 이집트의 나일강 삼각주도 해수면 상승에 민감한 지역이다.

선진국 도시들은 시간이 충분히 주어진다면 일정 수준의 해수면 상승에는 제방을 보강하는 등의 방법으로 대처할 수 있다. 거기에 소요되

네덜란드가 로테르담을 폭풍 해일로부터 방어하기 위해 세운 매슬란트 갑문. 환경뉴스 사이트: 'Environment 360(http://e360.yale.edu)'의 2015년 11월 3일 'A Tale of Two Northern European Cities' 기사에서 인용했다.

는 재정은 만만치 않을 것이다. 네덜란드는 국토 대부분이 해수면 아래 놓인 나라다. 인구 밀도도 조밀하다. 네덜란드는 세계 최대 항구 도시인 로테르담을 홍수 피해로부터 보호하기 위해 매슬란트 갑문(Maeslant Barrier)을 세웠다.〈사진〉 네덜란드는 1953년 강력한 폭풍 해일의 엄습으로 1800명 인명이 희생된 쓰라린 기억이 있다.

네덜란드가 1991년 착공해 1997년 완공한 매슬란트 갑문은 라인 강 하구에 설치한 높이 22m, 길이 210m짜리 강철 구조물이다. 강 양쪽에 두 개의 팔이 달려 평소엔 육지 쪽에 놓여 있다가 해수면 상승이 예상될 때 두 팔을 180도 돌려 라인 강을 폐쇄하게 된다. 두 개의 강철 팔 무게가 각각 에펠탑의 두 배라고 하니 얼마나 거대한 구조물인지 짐작이 간다. 움직이는 인공 구조물로는 지구 최대라는 말도 있다. 이 갑문을 설치하는 데만 4억 5000만 유로가 들었다고 한다.

매슬란트 갑문은 이동식 갑문이다. 갑문이 육지 위에 노출돼 있어 건설하기 쉽고 관리도 용이하다는 이유로 채택된 아이디어다. 평소 로테르담 항구로 선박들이 드나드는데 아무 장애가 되지 않는다는 장점도 있다. 매슬란트 갑문은 해수면이 3m 이상 상승할 것으로 우려될 때 문을 닫게 돼 있다. 설계할 때 예측하기로는 10년에 한 번 정도 작동될 것으로 봤다고 한다. 2016년 초 현재까지 딱 한 번 2007년 8월 갑문이 닫힌 적이 있다.

방글라데시나 이집트 등이 이만한 시설을 갖춰 해수면 상승에 대비한다는 것은 상상할 수 없다. 도서국가들처럼 국토의 사방이 바다에 면해 있는 경우는 더욱 손쓸 도리가 없을 것이다. 남인도양의 몰디브, 태평양의 마셜 군도 같은 나라들은 해수면이 50cm만 상승해도 국토 상당 부분이 바다에 잠겨버린다. 태평양의 도서국가 키리바티 같은 나라의 정부는 해수면 상승으로 국토를 보전할 방법이 없을 경우에 대비해 떠다니는 구조물(Floating Island)을 지어 국민을 이주시키는 방안까지도 아이디어의 하나로 검토하고 있다고 한다. 작은 나라의 재정으로서는 실현하기 불가능한 몽상 같은 대책이다.

해수면이 10m 상승하면 지구 전체 육지 면적의 2.2%가 상실된다는 계산이 있다(The Long Thaw 11장, David Archer, 2009). 여기에 살고 있는 사람은 지구 전체 인구의 10%나 된다는 것이다. 해수면이 낮은 하구 지역은 농업 경작에 유리하기 때문에 인구가 밀집해 산다. 미국 캔자스대 연구팀의 조사로는 해수면이 1m만 상승해도 지구 전역에 걸쳐 한반도의 약 5배 크기에 해당하는 100만km^{2}가 잠기게 된다고 한다(Deep Future 7장, Curt Stager, 2011). 1억 명이 거주지를 버리고 이주해야 하는데 이주민의 절반은 동남아에서 발생한다는 것이다. 시리아 난민 문제를 놓고 전 세계가 우왕좌왕하는 것을 보면 현재의 국제 협력 시스템을 갖고는 감당할 수 없는 규모의 환경난민이 생겨나는 것이다.

인간 집단은 과거에도 1만 7000년쯤 전부터 7000년쯤 전까지 빙기에서 간빙기로 넘어올 때 빙하가 녹으면서 급격한 해수면 상승을 경험했던 적이 있다. 그러나 해안가에 인구와 인프라가 가득 찬 지금 상황을 과거와 비교할 수는 없다. 더구나 해수면 상승은 속도가 중요하다. 해수면이 올라가더라도 아주 긴 세월에 걸쳐 서서히 상승하는 거라면 대처가 가능할지 모른다. 지속적으로 해안 제방을 쌓거나 보강하고 그러다가 안되면 해안 거주민들이 단계적으로 내륙 지방으로 옮겨가는 방식으로 적응할 수도 있다. 그러나 거대 빙하가 순식간에 붕괴된다든지 해서 일시에 해수면이 상승해버린다면 해안 도시들은 손쓸 수가 없게 된다.

현 단계에선 당분간 남극과 그린란드 빙하가 급작스럽게 녹는 일은 없을 것이라는 견해가 주류다. IPCC의 예측도 그런 전제를 깔고 있다. IPCC 5차 보고서를 보면 1901~2010년의 110년 동안 해수면은 19cm 상승했다. 이 정도 해수면 상승이라면 감각적으로 인식하기 어려운 수준이고, 인간이 적응하는 데도 큰 무리가 없을 것이다.

그린란드 빙하는 전체 체적이 260만~290만km³가 된다. 정육면체로 따지면 가로, 세로, 높이가 142km짜리다. IPCC는 만일 기온 상승이 임계치(대략 섭씨 4도 상승)를 넘으면 장기적으로 그린란드 빙상이 거의 완전히 녹아 해수면이 7m 상승할 가능성이 있다고 평가하고 있다. 그러나 그린란드 빙하가 다 녹는 기간에 대해선 '1000년, 또는 그 이상의 기간에 걸쳐'라고 표현하고 있다(Summary for Policymakers. In *Climate Change 2013: The Physical Science Basis*).

IPCC는 보고서에서 지난 20년간 그린란드와 남극 빙하의 질량이 꾸준히 감소해왔다고 평가했다. 그러나 최근 남극 빙하가 녹는 속도는 연간 1470억 톤으로, 그린란드 빙하가 연간 2150억 톤씩 녹는 것보다는 훨씬 느린 것으로 보고 있다. 남극은 영하 수십 도 아래로 떨어지는 극한의 날씨다. 지구 평균 기온이 약간 상승한다고 빙하가 심각하게 줄어드는 일은 없을 거라는 예측이다. 온난화가 진전됨에 따라 남극 일대 강설량이 늘어나면서 빙하 덩치가 되레 커질 수 있다는 주장도 많다.

남극 대륙 빙하는 서부 작은 덩어리와 동부 큰 덩어리로 나뉜다. 위성 관측으로는 남극 서부 지역의 빙하는 감소 중이고, 동부 지역 빙하는 증가하고 있다고 한다. 남극 서부 빙하는 해수면보다 낮은 대륙 암반 위에 걸터앉아 있는 형태여서 동부 빙하보다는 구조적으로 취약하다는 평가다. 만일 200만km² 면적의 남극 서부의 빙하가 다 녹는다면 해수면은 5m 상승할 수 있다(Deep Future, Curt Stager, 2011). 설령 그런 일이 일어난다 하더라도 워낙 거대한 덩치의 빙하이기 때문에 수백 년 걸릴 것이다. 특히 남극 동부 빙하는 고도가 워낙 높고 추워 기온이 5도 이상 상승하지 않는 한 녹기 힘들다는 것이다.

해수면 상승은 수온 상승에 따른 열팽창의 요인으로도 진행된다. IPCC는 21세기 중 나타날 해수면 상승 가운데 30~55%는 바다의 열팽창, 15~35%는 산악 빙하가 녹는 데서 기인할 것으로 평가했다. 나머지는 그린란드·남극 빙상이 나머지는 녹는 데 따른 것이다.

그런데 대기 중에 축적된 온실가스로 인한 기후 변화는 몇백 년 이상 지속되는 특징이 있다. IPCC는 인간에 의한 온실가스 순(純)배출이 완전히 멈춘(인위적 배출량이 바다와 육상 생태계에서 흡수하는 양만큼으로 억제된) 다음에도 누적 배출량의 15~40%는 1000년 이상 대기 중에 남아 있게 된다고 봤다. 그런데다가 바다의 열 팽창이나 빙하 융해 같은 현상은 대기의 기온 상승에 대해 즉각적인 반응을 하지 않는 관성(慣性) 효과도 갖고 있다. 이런 요인들로 인해 세계 각국이 당장 강력한 온실가스 배출 억제 정책을 쓰더라도 해수면 상승은 몇백 년간 지속될 것이다.

예일대 윌리엄 노드하우스(William Nordhaus, 1941~) 교수는 지금까지 배출됐거나, 향후 배출이 불가피하게 돼버린 온실가스로 인해 앞으로 500년 동안 1.5m 해수면 상승은 피할 수 없다고 봤다(The Climate Casino, William Nordhaus, 2013). 노드하우스 교수는 온실가스 배출 억제에 실패할 경우 500년 뒤에는 7m까지 상승할 수 있다고 했다. 그렇게 되면 평균 해발 고도가 5m 아래인데다 고층빌딩과 500만 명 인구가 밀집해 있는 상하이 푸동 도심의 운명이 어떻게 될지 알 수 없다는 것이다.

빙하의 대규모 급속 붕괴
우려하는 견해들

일부 견해이지만 빙하의 대규모 붕괴 가능성을 경고하는 주장도 있다. NASA 산하 갓다드연구소 출신의 제임스 핸슨 같은 사람이 그런 견해를 갖고 있다. 핸슨은 경고론자(alarmist) 진영을 대표하는 학자다. 그는 이례적 혹서를 기록했던 1988년 미국 상원 청문회에 증인으로 나와 '현재의 온난화 흐름은 인간이 배출한 이산화탄소 등 온실가스가 축적돼 일으켰다는 것이 99% 확실하다'고 발언해 기후 변화의 심각성을 일반 시민에게 각인시켰던 인물이다. 그는 적극적인 기후 대책을 촉구하는 발언을 앞장서서 해온 행동주의 학자이다. 석탄을 에너지원에서 퇴출시켜야 한다고 주장해왔고, 2009년 미국 웨스트버지니아에서 석탄 노천 채굴에 항의하는 시위에 참여했다가 경찰에 체포된 경력도 있다. 2013년 NASA를 은퇴해 2016년 현재 컬럼비아대 지구환경과학부 비상근 교수 직함을 갖고 활동 중이다.

제임스 핸슨 박사의 행동주의적 발언에 대해선 비판도 있는 게 사실이다. 미래 불확실성이 상당한 수준인데도 불구하고 '99% 확실'이라고 말한 부분에 대해서는 '과학자라기보다는 선동주의자'라는 비난을 받기도 했다. 핸슨 박사 자신은 '과학자의 적극적 발언이 프로퍼갠더(선동주의자)와 다른 점은 과학자는 자기 생각과 지향과 편견을 드러내놓고 검증(test)에 노출시킨다는 점'이라고 주장했다(Storms of my Grandchildren 7장, 2010). 그는 불확실하다고 해서 잔뜩 유보 조건을 달고 조심스럽게만 발언하는 과학자 태도는 '로마가 불타는데 바이올린을 켜는 것'이라고 비유하기도 했다.

제임스 핸슨 박사는 빙하가 꼭 점진적으로 녹는 것만은 아니며 경우에 따라선 급작스레 붕괴할 수 있다고 주장했다. 그 자신도 전엔 해수면 상승의 속도가 워낙 느려 인간이 충분히 대처 가능할 걸로 봤다고 한다. 그러나 빙하의 급작 해체로 순식간에 해수면이 상승하는 일들이 실제 벌어졌다는 고기후학적 증거들을 확인하고는 생각을 바꾸게 되었다는 것이다. 예를 들어 350만 년 전 기온이 2~3도 올랐을 때는 해수면이 25m나 상승한 것으로 분석됐다는 것이다. 또 직전 간빙기 시기인 12만 년 전에도 해수면이 갑작스레 4~6m 상승했다는 해안 퇴적층 화석 증거가 나왔고, 대륙 빙하가 한창 녹던 1만 4000년 전에도 해수면이 100년당 4~5m씩 상승했었다는 것이다. 고기후학 증거들을 보면 기온이 오르면서 빙하가 녹는 것은 급속도로 진행되는 반면, 기온이 낮아지면서 빙하가 새로 형성되는 과정은 느리게 진행된다. 최근 수십 년 동안의 기온 상승은 과거 어느 시기와도 비교할 수 없을 정도로 속도가 빨라 빙하의 대규모 붕괴를 초래할 임계점이 이미 눈앞에 닥쳐와 있을 가능성이 있다는 것이다.

핸슨 박사는 특히 빙하의 맨 가장자리 쪽에 붙은 빙붕(ice shelf)이 떨어져 나가는 것이 문제라고 했다. 빙붕은 해수면 아래 육지에 걸터앉은 형태인 경우가 많아 수온 상승에 취약하다는 것이다. 가장자리 빙붕이 붕괴하면 빙하 본체로부터 빙산들이 떨어져나가 얼음 강을 형성할 수 있다. 그는 남극 서부대륙의 빙붕이 특히 위험하다고 주장했다.

핸슨 박사는 인류의 문명 발상지들이 대부분 대륙 빙하의 융해가 완료된 직후인 7000~6000년 전 형성된 점을 주목해야 한다고 했다. 그때부터 비로소 해수면이 더 이상 오르지 않는 상태에서 안정화됐다는 것이다. 빙하가 사라지면서 기후도 평형 상태로 유지돼 문명의 등장이 가능해졌다. 핸슨 박사는 자신의 예측도 일정 부분 불확실하다는 사실은 인정했다. 빙하의 붕괴가 수십 년 내 일어날지, 아니면 수백 년이 걸릴지 알 수 없다는 것이다. 핸슨 박사는 그러나 우리가 이미 임계점을 지나쳐버렸을 수도 있으며, 리스크를 최소화하기 위해선 지구의 기온 상승치를 '산업혁명 이후 1.7도 이하'로 관리해야 한다고 주장했다.

빙하 안정성과 관련해 가장 논란이 되는 부분은 빙하 표면으로부터 2~3km 아래의 바닥 육지 부위에서 빙하 녹은 물이 얼지 않은 상태로 흘러내려가는 현상이 발견되고 있는 점이다. 시카고대 데이비드 아처 교수는 이 물의 흐름이 윤활유 역할을 해 빙하 덩어리가 바다로 미끄러질 수 있다는 점을 경고하고 있다(The long Thaw 11장, David Archer, 2009). 제임스 핸슨 박사도 같은 주장을 펴왔다.

두께 2~3km의 빙하가 위로부터 엄청난 무게로 짓누르면 맨 아래쪽 얼음층은 분자 구조 자체가 변해 반죽처럼 흐르게 된다고 한다. 이 압력이 가장자리 육지에 얹혀 있는 빙붕을 밀어내면서 빙붕이 무너져내리는 것이다. 또 빙하 맨 꼭대기에는 여름에 녹은 물이 호수와 하천을 형성하고 있다. 이 물들은 단순히 괴어 있거나 흐르기만 하는게 아니다. 빙붕이 무너진다거나 할 때의 충격으로 생긴 빙하 표면 틈새로 스며들게 된다. 틈새로 스며든 물은 그 무게의 힘으로 빙하 바닥층까지 닿을 수 있다. 빙하 바닥층엔 이런 식으로 얼음 녹은 물이 위에서 스며들거나 지각 아래로부터의 지열(地熱)에 의해 녹아 생겨난 상당 규모의 연못들이 존재한다고 한다. 만일 이 연못이 커져서 호수를 형성하고 강물처럼 바다 쪽으로 흘러나가거나 주변 바닷물이 스며들어오게 되면 거대 빙하 덩어리를 미끌어뜨리는 윤활유로 작용할 수 있다는 주장들이 있다(With Speed and Violence 2장, Fred Pearce, 2007, 번역본 『데드라인에선 지구』; Deep Future 9장, Curt Stager, 2011). 핸슨은 2005년《클라이밋 체인지》지 기고에서 이런 현상을 '미끄러운 비탈길(slippery slope)'이란 용어로 표현했다.

1만 7000~7000년 전 사이 간헐적으로 있었던 해수면 급상승은 거대 대륙 빙하가 미끄러지면서 바다에 잠긴다든지 해체될 때 벌어진 상황으로 추정된다. 현재는 유라시아 대륙과 북미 대륙 빙하는 이미 녹은 상태라는 점에서 간빙기 도래 시기와 같은 대규모 빙하 해체가 생겨날 가능성을 높게 보긴 어려울 것이다. 현재보다 2~3도 더 더웠을 것으로 추정되는 직전 간빙기인 에미언 간빙기 때도 남극 빙하나 그린란드 빙하가 대규모로 녹았다는 증거는 확인되지 않는다.

그린란드 빙하의 가장 두꺼운 곳은 두께가 3.4km에 달한다. 지질학적 증거로 보면 그린란드 빙하는 상당히 안정적으로 존재해왔다. 직전 간빙기인 13만 년~11만 7000년 전의 에미언기 1만 3000년의 온난기 동안은 지금보다 1~3도 따뜻했는데도 그린란드 빙하의 3분의 1~2분의 1은 남아 있었다고 한다. 산호초 분석을 해보면 에미언기에는 해수면이 지금보다 최고 7m까지 높았다. 당시 하마·코뿔소가 템스 강을 헤엄쳤고, 라인 강에도 버팔로가 서식했다는 화석 증거들이 나온다. 에미언기는 이산화탄소 누적 배출량을 1조 톤으로 묶을 경우의 미래의 지구 생태를 짐작할 수 있게 해준다는 견해가 있다(Deep Future 3장, Curt Stager, 2011).

열파(heat wave) 피해에 대한
상반된 시각

2003년 8월 프랑스를 중심으로 유럽에 이상 폭염이 닥치면서 3만 명의 인명 피해가 났다. 평소 여름과 비교해 그만한 숫자가 더 사망한 것으로 집계됐다. 당시의 사망자 대량 발생에는 문화적 요인도 작용했다는 견해가 많다. 프랑스 사람들이 8월에는 대부분 바캉스를 떠나버리는 바람에 보살핌을 받지 못하는 노인 취약층에서 대거 희생자가 나왔다는 것이다. 정부나 지자체의 긴급 구조 시스템, 병원의 응급실 관리 등에 구멍이 뚫렸기 때문이다. 본격 바캉스철에 들어가기 전인 7월에 그런 더위가 닥쳤다면 사망자 규모는 훨씬 줄어들었을지 모른다.

사망률만 갖고 본다면 온난화가 전체적인 사망률을 높인다고 말하기는 어렵다. 왜냐하면 더위로 죽는 사람보다는 추위로 죽는 사람이 훨씬 많기 때문이다. 예를 들어 영국의 경우 추위로 인한 사망자는 연간 2만~5만 명 발생하는데 반해, 더위로 인한 사망은 1000명 정도에 불과하다고 한다(Climate Change : A Multidisciplinary Approach 9장, William Burrough, 2007). 인간의 거주 영역이 적도 지방에서부터 북극까지 광범위한 것을 보면 기온 변화가 지나치게 빠르게 진행되지 않는 한 몇도 수준의 기온 상승엔 적응해갈 수 있을 것이다. 패트릭 마이클스 같은 기후학자는 "미국에선 은퇴한 노인들이 더 좋은 환경을 찾아간다며 마이애미나 피닉스로 거주지를 옮긴다"면서 기온 상승이 인간 활동에 더 나은 조건을 만들어주는 건 아니냐고 비꼬기도 했다(Climate of Extremes 6장, Patrick Michaels, 2009).

기온 상승이 인간 건강에 미치는 전반적인 영향에 관해서도 많은 연구 결과가 있다. 예일대 윌리엄 노드하우스 교수는 열파로 인한 건강상 악영향뿐 아니라 질병 증가 등의 부정적 효과까지 그간 연구 결과들을 종합한 후 '아프리카 경우 2050년까지 현 추세대로 온난화가 진행되면 손실여명(수명이 단축되는 기간)으로 따져 1000명 당 14.91년의 손실이 초래된다'고 평가했다(The Climate Casino 8장, William Nordhaus, 2013). 다시 말해 개인의 수명이 0.015년, 날짜로 따져 5일 단축되는 정도에 불과하다는 것이다. 선진국 경우는 그보다도 훨씬 피해가 작아 1000명당 0.02년의 손실 여명에 불과하다고 했다. 결국 온난화가 직접적으로 미치는 건강 악영향은 선진국은 무시해도 괜찮을 수준, 개도국 경우도 심각하지는 않은 수준이라는 것이다. 개도국들은 현재 국민 건강 수준이 빠르게 개선되는 과정에 있는 점을 감안하면 온난화의 건강 피해는 그다지 신경 쓸 필요가 없다는 주장이다. 열대 지역 국가들의 소득이 올라가 에어컨을 쓸 수 있게 된다거나 말라리아 방제 시스템이 강화되면 온난화가 상당 수준 진행되더라도 건강 상황은 지금보다 훨씬 개선될 가능성이 있다. 그러나 사계절이 뚜렷한 온대지방에서 온난화로 인해 추운 계절이 사라지면 병균이 겨울에도 살아남아 질병을 퍼뜨리게 된다는 견해도 상당하다.

농업 분야 충격은
감당할 수 있을 것인가

만일 기후 변화로 식량 공급이 불안정해지는 사태라도 생긴다면 그건 세계의 안정을 뒤흔드는 심각한 결과를 초래하게 될 것이다. 다른 소비 상품들은 공급에 차질을 빚어 가격이 다소 뛰더라도 혼란은 빚어지겠지만 그만큼 소비를 줄이면 견딜 수는 있다. 식량은 인간 생존의 기본 조건이다. 식량이 부족해지면 식량을 확보하기 위한 국가간, 또는 국가 내부의 갈등이 심각한 외교안보적·사회적 불안정을 야기시킬 수 있다. 개도국들에선 자칫 사회 관리 시스템이 해체될 수도 있다. 대규모 난민이 발생할 가능성도 있을 것이다.

그러나 온실가스 증가로 인한 기후 변화가 농업 붕괴를 초래할 거라는 비관적인 예측이 지배적이지는 않은 것 같다. IPCC의 1~3차 보고서 작성을 주도한 영국의 존 휴턴 박사는 "육종 기술과 유전자 조작 등의 기술 발달로 재배 작물을 기후 조건에 맞추는 것은 큰 문제가 없을 것"이라고 봤다(Global Warming: the complete briefing 7장, John Houghton, 2004). 특히 벼, 밀, 옥수수처럼 종자를 뿌리거나 모종을 심은 후 1~2년 내 수확하는 식물들은 기후 조건에 맞추는 데 큰 문제가 없다. 필요하면 재배 작물을 바꿔가면 된다. 심은 후 수십 년 동안 성장하는 과일 등의 나무 종류 경우는 기후 변화가 심각한 스트레스로 작용할 수 있다. 그러나 나무 성장 자체는 기온 상승과 강화된 이산화탄소의 비료 효과로 더 왕성해질 수도 있다. 대신 병충해나 산불은 증가할 것으로 예측할 수 있다.

그러나 이제까지는 농업에 적합지 않았던 시베리아 등의 광활한 한대 지역이 새로운 농업 지대로 부상할 가능성도 있다. 그러나 지구 모형을 보면 알 수 있지만 한대 지방은 열대와 아열대에 비해선 훨씬 면적이 작다. 어쨌든 식량 생산량의 국가별 분포가 달라질 경우 국제 관계와 국가간 교역에서의 힘의 균형은 깨지거나 현 상태에서 변화될 수밖에 없을 것이다. IPCC 보고서는 '기온이 산업혁명 전보다 2도 정도 상승하는 수준에선 열대 및 온대 지역에서 밀, 쌀, 옥수수 수확량이 감소할 것으로 전망되지만 반대로 작물 수확량이 증가해 혜택을 보는 지역이 있을 수 있다'고 했다(Summary for Policymakers. In *Synthesis Report 2014*). 다만 기온이 4도 정도까지 올라간다면 '세계 식량 안보가 막대한 타격을 받을 수 있다'는 것이다.

예일대 윌리엄 노드하우스 교수 역시 "농업 생산 감소에 관한 비관적 전망들은 과장된 경우가 많다"고 했다. 뭣보다 이산화탄소 농도가 올라가면 식물 생장이 촉진되는 '이산화탄소 비료 효과'가 생긴다는 점을 감안해야 한다는 것이다. 또 농민들이 과학적 경작법을 활용해 작물을 교체하거나 재배 방식을 바꾸는 식으로 적응할 수 있다는 것이다. 노드하우스 교수는 미국 등 선진국의 경우 농업, 임업, 수산업 등 기후 조건의 변화에 취약한 산업 비중이 워낙 미미해졌기 때문에 전체 경제 활동 측면에선 몇도 정도 기온 상승으론 별 영향을 받지 않을 것이라고 주장했다(The Climate Casino 7장, 2013).

반면 텍사스A&M 대학 앤드루 데슬러(Andrew Dessler) 교수는 "농업 분야에서 기온 상승이 가져다주는 이득도 있겠지만 그보다는 코스트가 더 클 것"이라고 내다봤다(Introduction to Modern Climate Change 9장, 2012년). 주요 농업 작물들의 광합성 능력은 섭씨 20~25도에서 가장 활발하고 30도가 넘으면 급속히 쇠락한다는 것이다. 기존 기후 조건에 맞춰 쌓아올려온 농업 인프라들이 타격을 입는 점도 감안해야 한다. 특히 중위도 건조 지역의 경우 강수량이 감소해 심각한 생태 위협이 초래될 가능성이 있다는 것이다. 상품으로서의 식량은 공급 비탄력성으로 인해 가격이 폭등과 폭락을 거듭하는 점을 유의해야 한다는 지적도 있다 (Climate Change: A Multidisciplinary Approach 9장, William Burroughs, 2007).

세계 전체로 봐서는 식량 생산과 공급이 줄어들지 않는다 하더라도 기후 변화에 유연하게 대처할 능력이 없는 저개발국의 취약 집단은 다소의 식량 생산 감소로도 타격을 입을 수 있다. 기후 변화에 실질적 책임이 있는 선진국들은 끄떡없거나 미미한 피해만 입고 거의 책임이 없는 아시아-아프리카의 저개발국 국민들만 해수면 상승, 폭풍 강도의 증가, 식량 생산 감소 등으로 피해를 입는 현상이 빚어질 수 있다. 기후 변화의 '위키드'한 측면의 하나이기도 하다.

기후 변화가 종(種)의 멸종을 촉진시킨다는 측면을 강조하는 전문가들도 적지 않다. 지구상에 존재하는 어떤 생물종이 멸종한다는 것은 되돌이킬 수 없는 변화에 해당된다. 장래 어느 시기에 인간에게 귀중한 가치를 가져다줄 수도 있는 가능성이 아예 사라지고 마는 것이다.

현재 기후 변화에 따른 기온 등온선(等溫線)은 연간 5~6km씩 북상하고 있다고 한다. 반면 식물의 서식지 이동 속도는 그에 훨씬 못 미치는 연간 400m 수준이라는 것이다. 더구나 지구 어느 곳이나 인간에 의한 개발이 진행되면서 서식지들이 분할된 상태이다. 동·식물들이 기후 적응을 위해 이동하려 해도 이동이 차단돼버리는 것이다. 먹이사슬로 연결돼 안정 구조를 이루고 있는 생태계에서 일부 종이 멸종이나 쇠퇴 위기를 맞을 경우 다른 종에도 연쇄적인 파급 효과가 가해질 수 있다.

그러나 기후 변화가 몰고 올 종의 멸종에 대한 예측이 과도하게 비관적이라는 비판도 있다. 예를 들어 수온 상승으로 인해 산호초가 멸종하거나 심각한 서식지 위축을 겪을 것이라는 주장들이 많다. 그러나 산호 종은 2억 년 전 등장했고 산호초 가운데는 200만 년 이상 된 것도 있다. 그 장구한 세월 동안 기온의 상승과 하강을 견뎌왔기 때문에 지금의 기후 변화가 산호초의 생존에 위기가 될 것이라고 보는 것은 과장이라는 것이다.

킬리만자로 빙하가 줄어드는 건
기온 상승이 아니라 건조화 탓

북극곰도 늘 논란을 불러왔다.《타임》지는 2006년 4월 '걱정되는, 매우 걱정되는(Be worried, Be very worried)'의 제목과 함께 얼음 조각 위에서 난감해하는 북극곰 사진을 표지에 실었다. 얼음이 사라지면서 북극곰이 멸종위기에 놓였다는 것이다. 앨 고어 전 미국 부통령도 아카데미상을 탄 다큐멘터리 〈불편한 진실(The Inconvenient Truth)〉에서 얼음이 녹아 익사하는 북극곰을 묘사했다.

그러나 덴마크 코펜하겐 대학의 비외른 롬보르(Bjorn Lomborg, 1965~) 교수는 2003년 9월 낸 『쿨잇(Cool It · 진정하라)』이라는 책에서 북극곰 생존 개체수가 1960년대엔 5000마리였는데 2만 5000마리로 늘어났다고 주장했다. 북극곰 서식지 20군데 가운데 개체수가 준 곳은 두 곳뿐이라는 것이다. 그 두 곳도 기온이 올라간 곳이 아니라 떨어진 곳이었다. 롬보르는 온난화로 인해 더워지는 건 인간 생존 조건에 나쁜 영향을 끼치는 게 아니라고 주장했다. 유럽에서 더위에서 비롯된 건강 문제로 사망하는 사람은 한 해 20만 명인데 반해, 추위 쪽은 150만 명이라는 통계를 제시했다.

한편 극지방 영구 동토가 녹을 경우 동토 토양에 잠겨 있는 유기탄소 성분들이 분해되면서 막대한 양의 메탄가스를 내뿜을 수 있다는 지적을 하는 학자들도 있다. 2015년 10월에도 미국지질서베이 연구팀이 유럽의 《엘저비르(Elsevier)》라는 과학잡지에 '금세기 말까지 알래스카 영구 동토의 16~24%가 녹아버릴 가능성이 있다'는 연구 결과를 내놨다.

동토가 녹는 과정에서 풀려나오는 메탄가스는 이산화탄소보다 23배의 온실 효과를 가진 기체다. 알래스카와 시베리아의 영구 동토 지대가 녹아 습지가 생긴 후 동토에 덜 분해된 채 들어 있던 이탄 성분들이 분해되는 것은 전형적인 '포지티브 피드백'에 해당된다.

그러나 패트릭 마이클스는 '동토층은 현재 같은 기온 상승이 계속돼도 향후 100년은 끄떡없을 것'이라는 주장을 폈다. 동토를 깊이 100야드까지 채굴해 조사한 2007년 논문에서 나온 결론이라는 것이다 (Climate of Extremes 4장, Patrick Michaels, 2009).

패트릭 마이클스는 남극 빙하의 경우 더 많은 눈이 내리면서 대륙 전체로 볼 때 더 두꺼워지는 중이라고 주장했다. 아프리카 킬리만자로의 산악 빙하도 퇴적물 조사 결과 지금보다 기온이 훨씬 더웠던 수천 년 전에 훨씬 규모가 컸다는 것이다. 킬리만자로 산악 빙하가 최근 150여 년 사이 줄어들고 있는 것은 기온 상승 탓이 아니라 습도 변화로 강설량이 줄어드는 탓이라는 설명이다.

열대 지역에 대해서는 기후 변화 연구가 축적된 것이 그다지 많지 않다. 열대 지역은 기온 상승보다는 강수량이 어떻게 변화할 것인가가 중요한 문제다. 그러나 강수량은 기후 모델을 활용해 예측치를 내놓기 어렵다. 강수량 변화는 어떤 지역에는 이점을 가져다주고, 다른 지역에는 해로운 결과를 초래하게 될 것이다. 한 방향으로의 일률적인 변화를 예측하긴 힘들다. IPCC도 '강수량 변화는 일정하지 않을 것'이라고 내다봤다(Summary for Policymakers. In *Synthesis Report 2014*).

극지방의 경우는 기온이 일정 수준 이상 올라가면 북극 빙하가 녹는다거나 영구 동토의 유기 성분이 대기로 풀려나오는 등 임계점(tipping point)을 지나치면서 갑작스런 변화에 직면할 가능성이 있다. 그러나 열대는 워낙 뜨거운 곳이어서 좀더 뜨거워진다고 해서 생태계에 눈에 띄는 변화가 오는 것은 아니라고 한다. 게다가 극지방은 지구 평균치의 기온 상승보다 훨씬 빠른 상승을 겪는데 반해, 적도 인근에선 평균보다 약한 기온 상승이 초래될 것으로 대부분의 기후학자들이 예측하고 있다.

윌리엄 버로즈(William Burroughs) 같은 학자는 '인간은 아프리카 출신이라서 어느 정도 기온 상승에는 적응할 것'이라는 견해를 내놨다. 반면 추운 지역에서는 일정 한계 내에서의 기온 상승은 생존 조건을 향상시키고 농업 생산량도 늘려 인간에 이로운 결과를 가져올 수 있다는 것이다. 버로즈는 '다만 기후의 변동성(變動性)이 커진다면 그건 인간에게 심각한 어려움을 초래할 수 있다'고 했다(Climate Change in Prehistory 8장, 2005). 특히 기온 변동성에는 어느 정도 적응할 수 있지만 강수량 변동성이 커지면 농업에 치명적 타격이 될 수 있다는 것이다.

약간의 기온 상승을 부정적으로만 볼 필요가 없다는 견해도 상당하다. 대표적인 기후 변화 부정론자인 로이 스펜서(Roy W. Spencer) 교수는 '기온은 높을수록 좋은 게 아니냐. 그래서 중세의 따뜻한 날씨를 '중세 최적기(Medieval Optimum)라고도 부른다'고 했다(Climate Confusion, Roy W. Spencer, 2009). 아처 교수도 현재와 기온이 비슷한 수준으로 높았던 중세 온난기(서기 800~1300년) 시절엔 농업 생산성이 높았다고 설명했다. 그 시절 풍요로운 경제를 기반으로 지은 대성당 등 대형 고딕 건축물들은 신에의 축복과 감사의 표시로 볼 수 있다는 것이다(The long Thaw 4장, David Archer, 2009).

바다 산성화는
어디까지 진행될 것인가

바다는 인간이 배출한 이산화탄소의 3분의 1 정도를 흡수해 기후 변화를 완화시켜주는 역할을 한다. IPCC는 2013년 과학근거 보고서에서 1750년 이후 인위적 요인으로 배출된 이산화탄소의 양을 5450억 톤(탄소 중량 기준)으로 추정했다. 화석 연료 연소로 3650억 톤, 벌채와 토지 이용 변화가 1800억 톤이라는 것이다. IPCC는 이 가운데 바다로 녹아 들어간 양이 28%인 1550억 톤이라고 봤다. 육상 생태계에 흡수된 양은 1500억 톤(27%), 대기 중에 축적된 양은 2400억 톤(44%)으로 추정했다. 바다가 인간의 인위적 온실가스에 의한 기후 충격을 완화시키는 역할을 해준 것이다.

바다의 이산화탄소 흡수량이 일정 수준을 넘으면 바다의 생태 균형도 흔들리게 된다. 대표적인 것이 이른바 '바다 산성화(sea acidification)' 현상이다. 공기 중 이산화탄소가 빗물에 녹으면 탄산(H_2CO_3)을 생성하게 된다. 탄산은 탄산칼슘($CaCO_3$) 같은 탄산염(carbonates) 물질들을 녹여버리는 작용을 한다. 예를 들어 강산 물질인 배터리액을 탄산칼슘을 원료로 만드는 시멘트 위에 뿌리면 시멘트가 지글지글 타들어가면서 녹는다. 바닷물에 녹아들어간 이산화탄소도 탄산을 합성해낸다. 이것들이 바다에 사는 생물들의 탄산칼슘 껍질들을 공격해 녹여버릴 수 있다. 피해를 입는 것은 탄산칼슘 껍질을 가진 플랑크톤을 비롯해서 게, 전복, 랍스터, 굴, 조개, 성게, 산호초 등이다.

바닷물 속엔 칼슘, 탄산염, 중탄산염 등이 녹아 있다. 이것들은 탄산칼슘 같은 육지의 암석 성분이 탄산에 녹아 풍화되면서 생긴 것이다.

물속 생물체들은 이런 성분들을 수집한 후 결합시켜 자신의 껍질을 만들어낸다. 껍질 생물들은 섭취하거나 생성해낸 에너지의 상당 부분을 이렇게 껍질 만드는 데 소비해버린다. 그런데 그 귀중한 껍질이 탄산이 이온화될 때 나오는 수소이온의 공격을 받는 것이다.

탄산 성분은 심해로 이동하는 속도가 워낙 늦어 현재 진행되고 있는 바다 산성화를 정상으로 되돌리는 데는 2000~1만 년은 걸린다고 한다 (Deep Future 6장, Curt Stager, 2011). 산성화는 열대보다 극지방 바다에서 더 심각하게 진행된다. 수온이 낮을수록 바다에 녹아드는 이산화탄소가 많기 때문이다.

그러나 바다 산성화가 어디까지 진행될지, 향후 어떤 결과를 초래할지를 내다보는 건 매우 어렵다고 한다. 바다 생물들이 바다 산성화에 따라 더 두꺼운 껍질을 만들어낸다거나, 껍질이 불필요한 쪽으로 진화해가면서 적응한다는 연구 결과도 있다는 것이다. 그러나 바다 산성화를 이론화한 카네기 과학 연구소 켄 칼데이라(Ken Caldeira) 박사는 이산화탄소 농도가 450ppm만 돼도 깊은 바다 생태계가 붕괴할 걸로 판단했다. 껍질 생물 가운데 바다 산성화에 특히 취약한 플랑크톤 종류가 멸종한다든지 하면 전체 생태계의 안정성이 흔들릴 가능성이 있다는 것이다.

그러나 제임스메디슨대의 데드릭 로빈슨(G. Dedrick Robinson) 명예교수는 과거 수억 년 전엔 지금보다 이산화탄소 농도가 10~20배였어도 바다 무척추 생물이 사라졌다는 증거는 없다고 설명했다(Global Warming: Alarmists, Skeptics, and Deniers 13장, 2012). 호주의 대표적인 기후 변화 회의론자인 로버트 카터(Robert Carter, 1942~) 교수도 수억 년 전엔 이산화탄소가 수천ppm까지 올라갔지만 바닷물은 줄곧 알칼

리성을 유지했다고 설명했다. 현재의 바닷물은 이산화탄소를 더 흡수할 여지가 얼마든지 있다는 것이다(Climate: the counter consensus- A Paleoclimatologist Speaks 4장, 2010).

시카고대 데이비드 아처 교수 역시 과거 대기 중 이산화탄소 농도가 지금보다 훨씬 높던 시기에도 바다가 산성화되지는 않았다는 점은 인정했다. 지질학적 과거 시대에는 이산화탄소 농도 변화가 장구한 세월 동안 이뤄진 일이어서 표층수에 녹은 이산화탄소가 심층수로 운반되는 과정을 거치면서 바다가 방어 시스템을 갖출 수 있었다는 것이다(The Climate Crisis 5장, 2010). 그러나 이산화탄소 증가가 유례없는 속도로 진행되는 지금의 상황을 수천만~수억 년 전 시절과 비교해 안심하는 건 무리라는 것이다.

지금의 기후 변화 상황이 특별한 것은 변화 속도 때문이다. 기후학자들은 직전 빙하기에서 지금의 간빙기로 옮겨오는 과정의 온난화도 순식간에 벌어진 것으로 본다. 하지만 그래도 5000년 이상 걸렸다. 기온 상승 속도가 기껏해야 100년에 0.1도였다는 것이다. 지금은 향후 100년 사이 2~3도 이상 기온이 상승할 수 있다는 경고가 나오고 있다. 더구나 과거 275만 년 동안은 대부분의 시기가 대륙이 빙하로 덮인 빙기였다. 지구상 생물들은 그 빙기에 적응해 견뎌왔다. 지금은 대륙 빙하가 거의 사라지고 없는 간빙기이다. 이미 빙기보다 상당히 더워진 상태에서 추가로 기온 상승에 맞닥뜨리고 있다는 걸 염두에 둬야 한다(The Climate Crisis 8장, David Archer, 2010). 나아가 인간에 의해 지구 구석구석까지 개발이 이뤄지면서 생물들 서식지는 조각날 대로 조각난 상태다. 생물들이 서식지 이동을 통해 기후 변화에 적응해갈 방법이 극히 제한된 상태라는 것이다(Deep Future, Curt Stager, 2011).

바다가 지금처럼 이산화탄소를
계속 흡수해줄 수 있을지

기후 변화 전문가들 예측으로는 현재의 이산화탄소 배출 추세가 큰 변화 없이 지속될 경우 이번 세기 중-후반이면 이산화탄소 농도가 산업혁명 직전의 두 배인 560ppm 정도에 도달하지 않겠느냐는 전망이다. IPCC는 5차 보고서에서 ① 2100년까지 이산화탄소 농도를 421ppm으로 묶는 '순배출 제로' 억제 ② 538ppm까지 올라가는 '강한 안정화' ③ 670ppm까지 올라가는 '약한 안정화' ④ 936ppm에 도달하는 '무대책 배출'의 4개 시나리오를 제시했다. 그런 가정 아래 기후 모델을 돌리면 ①은 2100년의 기온 상승치가 지금보다 1.0도 상승, ②는 1.8도 상승, ③은 2.2도 상승, ④는 3.7도 상승으로 예측된다는 것이다.〈그림 2〉 파리 기후협정의 후속 조치들로 위의 시나리오 가운데 어느 길로 가게 될지는 더 두고봐야 할 것이다.

뉴욕대의 타일러 볼크(Tyler Volk) 교수는 2050년까지 세계 GDP가 지금의 두 배 수준으로 성장하고 단위 GDP당 이산화탄소 배출 효율은 두 배 개선된다는 가정 아래 대기 중 이산화탄소 농도는 500ppm 수준에 도달할 것으로 봤다(CO₂ rising- The World's Greatest Environmental Challenge, 2008). 2070년께엔 산업혁명 직전의 두 배인 560ppm이 된다는 것이다. 기후 모델들은 이산화탄소가 두 배가 될 경우 기온이 평균 3도 정도 올라갈 것으로 예측하고 있다. 기후 모델의 일반적 예측을 받아들일 경우 2070년의 기온은 산업혁명 전보다 3도, 지금보다 2도 높아지게 된다. 타일러 교수는 "2만 년 전 빙하가 최전성기일 때 기온이 지금보다 5도 낮았을 뿐인데 그 기온 격차의 60%에 해당하는 3도 상

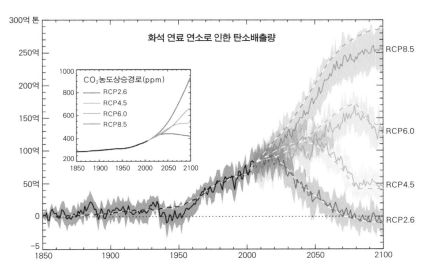

그림 2 IPCC 5차 보고서의 과학근거 보고서 가운데 기술요약 보고서에 실린 그래프. ①~④의 네 가지 시나리오별로 2100년까지의 이산화탄소 배출량과 그에 따른 대기 중 농도를 전망하고 있다. 'RCP'는 '대표 농도 경로(Representative Concentration Pathway)'로 번역되며 'RCP2.6'은 태양 일사량이 m²당 2.6W 강해지는 상황을 말한다. 지구표면에 닿는 평균 일사량은 m²당 238W이다.

승(산업혁명 직전 대비)이 향후 60년 내에 도래할 수 있다는 것은 우리가 완전히 다른 지구를 만들고 있다는 뜻"이라고 했다.

텍사스A&M의 앤드루 데슬러 교수는 산업혁명 직전 대비 지금까지 0.7도의 기온 상승이 있었는데 지금 당장 인류가 '순 배출 제로(바다 등 생태계가 흡수할 수 있는 수준만큼만 배출하는 상황)'까지 이산화탄소 배출을 줄이더라도 0.5도의 추가 상승은 불가피하다고 설명했다. 이미 대기 중에 축적된 이산화탄소의 온난화 작용이 앞으로도 상당 기간 지속되고 바다의 열 반응이 지연돼 나타나기 때문이라는 것이다(Introduction to Modern Climate Change 14장, Andrew Dessler, 2012). 데슬러 교수는 그런 이유 때문에 한편으로 온실가스 감축(mitigation)을 위해 노력하면서 더워진 지구에서 큰 피해 없이 지낼 수 있는 적응(adaptation) 정책에도 힘

써야 한다고 주장했다.

시카고대 데이비드 아처 교수도 바다의 열 관성이 온실효과를 상당 수준 지연시키는 작용을 하고 있다고 설명했다. 산업혁명 후 지금까지 인간이 배출한 온실가스의 효과가 다 반영됐다면 섭씨 1.3도가 상승했어야 한다는 것이다. 그러나 실제론 기온이 0.9도 정도만 올랐고, 나머지 0.4도는 바다가 처리해줬다. 바다는 이산화탄소가 지금 농도로 머물러 있다 하더라도 100~200년에 걸쳐 0.4도 추가 상승한 다음에야 '열적 평형' 상태에 도달하게 된다는 것이다(The Climate Crisis-An Introductory Guide to Climate Change 5장, David Archer, 2010).

선진국들은 에너지를 집약적으로 써야 하는 제조업 위주 산업구조에서 탈피하고 있다. 그러나 개도국들은 이제부터 본격적인 산업화를 추진해야 할 처지다. 경제발전을 향한 개도국들의 절박한 열망을 감안할 때 앞으로도 수십 년 이상 이산화탄소 배출량이 늘어나는 추세는 불가피하다. 문제는 그 사이 지구 기후가 어떤 임계점을 넘지는 않을지 하는 것이다.

이 문제를 내다보는 건 어려운 일이다. 인간 배출 이산화탄소의 양은 어느 정도 예측이 가능할지 몰라도 바다와 육상 생태계가 늘어난 이산화탄소에 대해 어떤 반응을 보일지는 불확실성이 크다. 바다와 육상 생태계가 과연 지금처럼 배출된 이산화탄소의 절반 넘는 양을 계속 흡수해줄 것으로 기대할 수 있느냐는 것이다. 이산화탄소 농도가 어떤 수준 이상으로 올라가게 되면 바다와 육상 생태계의 흡수 능력이 크게 떨어질 수 있다고 보는 전문가가 적지 않다. 경우에 따라선 이산화탄소를 흡수하는 것이 아니라 그동안 빨아들여 고정시켰던 이산화탄소를 다시 뱉어내는 단계로 넘어갈 수도 있다(With Speed and Violence, Fred Pearce, 2007, 번역본 『데드라인에 선 지구』). 반면 '주파수 대역 포화 효과'에 의해 이산화탄소 농도가 상승할수록 온난화 효과는 약해질 수도 있다는 전망도 있다.

'농업 기인 온난화 가설'을 내놓은 윌리엄 러디먼 교수는 인류가 배출 규제에 성공해 이산화탄소 배출량이 금세기 중반에 피크에 도달한 후 감소하기 시작한다면 이산화탄소 농도는 금세기 말쯤에 산업혁명 직전 수준의 두 배인 560ppm에 도달한 후 서서히 떨어지기 시작할 것이라고 내다봤다. 반면 이산화탄소 농도를 억제하지 못하고 지금의 배출량 증가 추세가 계속될 경우는 2200~2300년 시기에 이산화탄소 농도가 산업혁명 전의 4배 수준인 1120ppm까지 도달할 수 있다는 것이다.

러디먼 교수는 '2100년 560ppm 피크'의 낙관적 전망 아래서는 지구 기온이 2100~2200년의 어느 시점에 지금보다 2.5도 높은 17.5도 수준까지 올라갈 것이고, 비관적 전망일 경우 서기 2400년쯤 지구 기온이 20도까지 올라갈 것이라고 예측했다(Earth's Climate: Past and Future 19장, 2008). 러디먼 교수는 "(기온이 5도 이상 상승하는 비관적 전망은) 지구가 5000만~1억 년 전 세계로 돌아가는 것을 의미한다"고 했다. 기온 격차 면에선 직전 빙하기와 현재의 기온 격차에 해당된다는 것이다. 러디먼 교수는 "인구는 조만간 90억 명까지 늘어나게 되고, 석유·천연가스가 고갈되고 난 후 새로운 에너지가 개발되지 않는다면 석탄을 쓸 수밖에 없는데 이것이 미래 전망을 더욱 어둡게 하는 요소"라고 봤다.

배출 규제에 성공해 지구 평균 기온이 지금보다 2.5도 상승하는 데 그친다면 유럽과 북미, 동아시아 등의 중위도 국가들의 기온 상승폭은

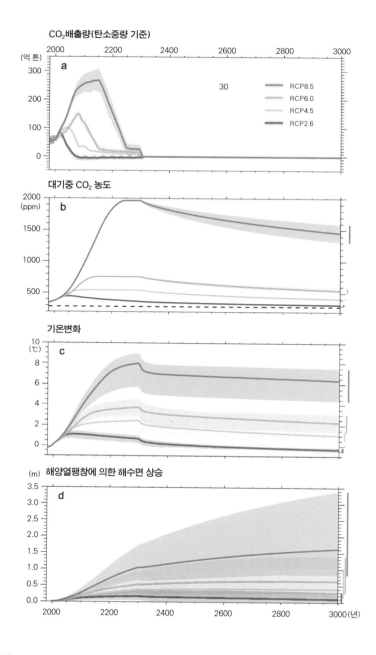

그림 3 IPCC 5차 보고서에 실린 향후 1000년의 기후 변화 예측. 네 가지 시나리오 별로 이산화탄소 농도 변화, 기온 상승치, 바다 팽창 정도가 표시돼 있다. 증가한 대기 중 이산화탄소가 원래 수준으로 줄어드는 것은 긴 시간이 필요하다는 걸 알 수 있다.

3~3.5도에 달할 것으로 러디면 교수는 내다봤다. 겨울엔 기온 상승 폭이 더 커져 4~4.5도 올라간다는 것이다. 반면 열대와 아열대의 기온 상승폭은 중위도보다는 작을 것이라는 설명이다. IPCC도 배출 시나리오별로 이산화탄소 농도증가, 기온변화, 해수면 상승치에 관한 예측을 내놓고 있다.〈그림 3〉

석탄 다 태워버리면 1만 년 뒤에도 기온이 3~6도 높게 유지

고기후학자이자 과학저널리스트인 커트 스테이저(Curt Stager) 박사도 인류가 이산화탄소 배출을 강력하게 억제해 2050년께 배출량 피크에 도달한 후 2200년 '순배출 제로(net zero)'에 성공한다면 대기 중 이산화탄소 농도는 2100~2200년 피크인 600ppm 수준에 도달할 것으로 봤다. 기온은 그보다 반응이 더 늦어 서기 2200~2300년에 최고치에 도달한다는 것이다. 이렇게 이산화탄소 피크와 기온 피크 사이에 100년의 격차가 생기는 이유는 바다의 열 흡수로 인해 이산화탄소의 온실효과가 지연 반응을 일으키기 때문이다(Deep Future 2장, 2011).

스테이저는 이산화탄소 농도와 기온이 피크를 지난 다음에도 지구 평균 기온은 지금보다 1~2도 높은 상황이 오랫동안 계속될 수밖에 없다고 봤다. 인간이 배출한 이산화탄소의 상당 부분은 수백~수천 년간 계속해 대기 중에 머물게 된다는 것이다. 스테이저는 또 기온이 최고치를 지나 하강하기 시작해도 기온 변화에 대한 반응 속도가 늦은 극지방 빙하는 상당 기간 더 계속해 녹게 되고, 수백~수천 년 뒤의 해수면은 지금보다 6~7m까지 상승할 수 있다고 봤다.

만일 5조 톤으로 예상되는 석탄 매장량까지 모두 태워버리는 '슈퍼 온실' 상황으로 간다면 2300년께 대기 중 이산화탄소 농도는 최고 2000ppm까지 상승할 수 있다고 스테이저 박사는 경고했다. 그렇게 될 경우 서기 2500~3500년의 기온은 지금보다 5~9도나 상승할 수 있다는 것이다. 향후 2000년 뒤에도 이산화탄소는 1000~1300ppm 수준을 유지하고 있을 것이고, 1만 년이 지나도 배출 이산화탄소의 10~25%가 그대로 대기 중에 남아 기온을 지금보다 3~6도 끌어올릴 것이라고 스테이저는 예측했다. 그 상황에선 그린란드 빙하는 물론 남극 빙하까지 녹아 해수면이 70m 상승할 것이다.

데이비드 아처 교수는 인간이 산업혁명 이후 배출하고 있는 이산화탄소가 대기와 바다 생태계로부터 완전히 제거되는 데는 장구한 세월이 걸린다고 설명했다. 찰스 킬링이 대기 중 이산화탄소 농도의 상승을 확인하기 전까지만 해도 과학자들은 인간이 배출한 여분의 이산화탄소는 바다가 처리해줄 것으로 믿었다. 그러나 바다는 표면의 더운 물과 찬 심층수의 두 개 층으로 나뉘어 잘 섞이지 않는다. 심층수가 표층수와의 교환을 거쳐 대기와 접촉하는 곳은 고위도 바다의 일부 지역뿐이다. 이건 전체 바다의 2~3% 면적에 불과하다. 그래서 공기 중 이산화탄소가 바다로 녹아들어가는 건 오랜 시간이 걸리게 된다. 지난 100년간은 바다가 탄소 중량 기준으로 매년 20억 톤에 해당하는 이산화탄소를 흡수해줬다. 현재 대기 중 이산화탄소 양은 탄소 중량 기준으로 산업혁명 전 시기보다 2400억 톤 많은 상태다. 바다가 지금처럼 이산화탄소 흡수 능력을 유지해준다 해도 100년이 걸려야 모두 처리할 수 있다(The Long Thaw 8장, David Archer, 2009).

데이비드 아처 교수는 바다가 인간 배출 이산화탄소를 모두 흡수하는 데는 적어도 300년이 필요하다고 봤다. 그 다음 바다에 녹아든 이산화탄소가 육상에서의 풍화 작용에 의해 바다로 흘러들어온 탄산칼슘과 반응해 깊은 바다로 가라앉는 데에 5000년이 걸린다는 것이다.

대부분의 기후 모델은 이렇게 완전히 바다와 대기가 평형을 이루는 상태까지 간 다음에도 인간이 배출한 이산화탄소는 20~40%가 여전히 대기 중에 남아 있게 될 것으로 예측한다. 이것들은 장구한 세월 동안 풍화 현상을 거쳐 궁극엔 탄산칼슘으로 바다 밑에 퇴적돼 대기에서 제거되는 과정을 밟게 된다. 아처는 인간 배출량이 탄소 질량 기준 1조~2조 톤 수준일 경우 1000년 후 인간이 배출한 이산화탄소의 29%는 여전히 대기 중에 남고, 1만 년 뒤에도 14%가 남아 있게 된다고 추정했다.

지구 기온을 산업혁명 시기 대비 2도 상승 아래로 묶기 위해서는 누적 배출량을 아무리 많아도 1조 톤 이상 늘리면 안 된다고 전문가들은 말하고 있다. 산업혁명 후 지금까지 누적 배출량은 5450억 톤 수준이다. IPCC도 '66% 이상 확률로 지구 기온을 2도 이상 상승시키지 않으려면 이산화탄소 누적 배출량을 1조 톤 아래로 묶어야 한다'고 했다 (Summary for Policymakers. In *Climate Change 2013: The Physical Science Basis*). 그러나 텍사스A&M의 데슬러 교수는 인간이 화석 연료를 태워 배출하게 될 이산화탄소의 양이 탄소 중량 기준으로 아무리 적게 잡아도 1조 5000억 톤은 될 것으로 내다봤다.

이번 간빙기는 1만 년 아니라
5만 년 이상 지속될 수도

결국 우리의 지금 이산화탄소 배출은 1만 년 뒤의 후손에게까지 영향을 끼치게 된다. 화석 연료를 모두 태워 인위적 이산화탄소 배출이 일시에 끊기더라도 긴 수명을 갖는 이산화탄소가 계속 대기 중에 남아 있기 때문에 지구 기온은 1000년 정도 계속 상승한다는 것이 앤드루 데슬러 교수의 설명이다. 그 뒤 수만 년에 걸쳐 서서히 하강 추세를 밟게 된다는 것이다.

기후학자들의 핵심 관심의 하나는 다음번 빙기가 언제 닥칠 것인가 하는 점이다. 두께 2~3km의 빙하가 고위도 대륙을 덮게 될 경우 인간의 생존 환경은 더할 나위 없이 악화될 것이다. 인간 거주 영역은 열대와 아열대 지역으로 좁혀질 것이고, 대기는 황사가 짙게 깔린 것처럼 먼지로 가득찰 것이다. 바람도 세차게 불 것이다.

무엇보다 기후가 수시로 급변하는 바람에 농사가 불가능해질 수 있다. 올해 벼를 심었던 곳에 내년에도 벼를 심어야 할지 아니면 옥수수를 심어야 할지 알 수 없게 되는 상황인 것이다. 이런 빙기가 언제 닥쳐올지, 인간이 빙기의 도래를 늦출 수는 없는 것인지는 장기 관점에서 인간 집단에겐 생존의 이해관계가 달린 문제이다.

3장에서 정리해봤듯이 지구의 북반구 고위도 지역에 닿는 태양 입사량은 지금으로부터 1만 년 전쯤 가장 강했다. 그때는 세차 운동 사이클 때문에 여름철의 지구~태양 사이 거리가 가까웠다. 반면 지구축 기울기는 가장 큰 24.5도 부근에 가 있었다. 지구축이 더 기울어질수록 여름철에 북반구 고위도 지역 햇빛은 뜨거워진다. 현재는 여름철의 지구

~태양 거리가 먼 상태이고, 지구축 기울기는 23.5도로 중간 단계에 와 있다. 1만 년 뒤엔 여름철 지구~태양 거리가 다시 가까워지는 반면, 지구축 기울기는 22.2도의 최소치에 근접해 있을 것이다. 따라서 여름철 북반구에 와 닿는 햇빛 세기는 앞으로 1만 년 동안은 지금 수준과 큰 차이가 없을 가능성이 크다는 것이 전문가들 설명이다.

그런데 지구 타원형 궤도의 찌그러진 정도(편심률)는 현재 0.017로 상당히 작은 수준이다. 편심률 값은 최근 1만 5000년 사이 조금씩 작아져왔고, 2만 년 뒤에는 거의 제로가 된다. 지구 공전 궤도가 거의 원형을 이루게 된다는 것이다. 그런 다음 편심률 값은 서서히 커져 4만 년 뒤엔 현재와 비슷한 값에 도달하게 된다. 따라서 향후 5만 년 정도는 계절별 지구~태양의 거리가 크게 차이나지 않는 상태를 유지하게 된다. 따라서 세차 운동으로 여름철의 공전 궤도상 위치가 원일점(遠日點)에 가 있게 되더라도, 북반구 고위도에 닿는 태양빛 세기는 일정 수준의 강도를 유지하게 된다. 다시 말해 향후 5만 년 동안은 북반구 고위도 지역에 가을~겨울~봄을 거쳐 쌓인 눈이 축적돼 빙하가 형성될 가능성은 별로 없다는 것이다. 다음 번 빙기는 빨라야 향후 5만 년 뒤에나 찾아올 것이라고 내다보는 시각이 많다.

IPCC의 1~3차 과학근거 보고서 작성 총책임을 맡았던 존 휴턴 박사도 2002년《사이언스》지에 실렸던 지구 궤도 분석 논문을 인용해 '향후 5만 년간 고위도 지역 여름철 태양 복사량은 비교적 일정할 것이며, 현재의 간빙기는 상당히 길게 이어질 것'이라고 내다봤다(Global Warming: the complete briefing 6장, 2004). 러디먼 교수도 1978년 나온 논문을 인용해 북위 65도의 여름철 태양 입사량이 현재는 480W 수준인데 5만 년 뒤가 돼야 지금보다 낮은 470W 수준으로 떨어질 것이라는 예측을 소

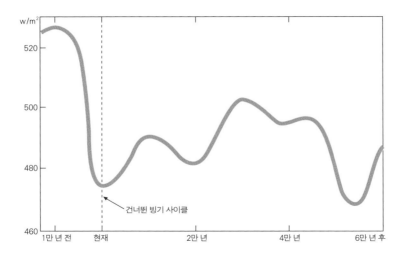

w/m²

520

500

480

460

1만 년 전   현재   2만 년   4만 년   6만 년 후

건너뛴 빙기 사이클

그림 4 과거 1만 년 전부터 향후 6만 년까지 북위 65도 지점의 여름철 태양 입사량 변화. 러디먼 교수가 Quaternary Research(1978)에 실린 논문(A, Berger, "Long-term Variations of Caloric Insolation Resulting from Earth's Orbital Element")을 Earth Transformed(2005)에서 인용해 그린 그림을 따와 변형시켰다.

개했다(Earth Transformed 17장, 2005).〈그림 4〉

윌리엄 버로즈 교수 역시 과거 간빙기가 보통은 1만 년 지속한 후 빙기로 접어들었지만 42만 년 전에는 3만 년 가량 상당히 길게 유지됐다는 점을 지적했다. 현재의 궤도 특성도 당시와 유사하기 때문에 현 간빙기도 그때처럼 굉장히 오래 지속될 수 있다는 것이다(Climate Change : A Multidisciplinary Approach 11장, 2007).

데이비드 아처 교수 역시 40만 년 전의 간빙기 때와 마찬가지로 이번 간빙기도 1만 년이 아니라 5만 년 지속될 수 있는 조건이라고 설명했다. 게다가 인간 배출 이산화탄소가 수만 년 동안 남아 있으면서 나타낼 '긴 꼬리 효과(long tail effect)'가 겹쳐 빙하기가 5만 년 이상 지연되는 결과를 낳을 수 있다는 것이다(4장, David Archer, 2010).

아처 교수는 나아가 "인간 배출 이산화탄소가 (탄소 중량 기준) 1조 톤을 넘으면 5만 년 뒤에도 빙기가 안 올 수 있고, 2조 톤을 배출하면 13만 년 뒤에야 빙기가 찾아오게 되고, 5조 톤을 배출한다면 향후 50만 년간 빙기가 없을 수 있다"는 예측을 내놨다(The Long Thaw 12장, 2009). 1장에서 살펴봤던 가노폴스키 박사의 《네이처》 논문과 일맥상통하는 견해이다. 아처 교수는 그러나 "인간에게 향후 수천 년 동안의 극복 과제는 빙기 도래가 아니라 오로지 온난화"라고 말했다. 빙기 걱정은 수만 년 뒤 후손들의 문제라는 것이다.

6

기후 급변
가능성

Wicked
Problem

많은 고대 문명이 홍수(洪水) 전설을 갖고 있다. 오래전 어느 시기에 어마어마한 홍수가 몰아닥쳐 사람과 집과 농토를 휩쓸어 갔다는 내용이다. 중동, 이집트, 인도, 태평양의 섬들, 남북 아메리카 원주민들 전설에서 홍수 이야기를 확인할 수 있다고 한다. 대표적인 것이 구약성서 '노아의 방주(方舟)'일 것이다.

홍수 전설엔 공통으로 등장하는 요소들이 있다. 신(神)에 해당하는 절대자가 선택받은 사람들에게 대홍수를 경고하면서 배를 지어 대비토록 했다는 것이다. 경고를 받아들여 커다란 배를 만들고 거기에 온갖 동물을 쌍쌍이 태운 뒤 홍수를 피해 살아남은 사람들이 있다. 미국 인디언이 새긴 석판에도 큰 비가 내리고, 물에 빠진 사람들이 허우적대고, 큰 배가 물 위에 떠 있고, 동물들이 그 배에서 쌍쌍이 내려오는 모습을 그린 것이 있다고 한다.

2장에서 소개한 1800년대 '홍수 격변설(激變說)'은 당시 과학자들이 성서에 나오는 대홍수 이야기를 현실의 증거에서 입증해보려고 한 시도였다. 그러나 아무리 대홍수가 있었다고 해도 집채만 한 바위 덩어리를 옮기긴 어려웠을 거라는 점과 미세 점토와 모래에서부터 큰 바위까지 무질서하게 섞여 쌓여 있는 빙퇴석을 설명하긴 어려웠다. 스위스 과학자 루이 애거시는 이런 모순을 파고 들어가 홍수가 아니라 대륙을 덮은 빙하가 멸종을 불러온 격변의 원인이었다고 주장한 것이다.

'노아의 홍수'는 실제…
8000년 전 흑해가 범람했다

2000년 9월 14일자 《동아일보》를 보면 '노아의 대홍수는 실제…흑해 해저에서 7500년 전 집 발견'이란 제목의 기사가 게재됐다. 하루 앞서 발간된 《LA타임스》 기사를 인용한 내용이다. 기사 내용을 보면 침몰한 타이타닉호를 발견했던 해저 탐험가 로버트 밸러드라는 사람이 이끄는 탐사팀이 터키 연안에서 19km 떨어진 흑해의 해저 바닥에서 7500년 전 것으로 추정되는 인간 거주 흔적을 찾아냈다는 것이다. 7500년 전엔 흑해 수면이 지금보다 훨씬 아래쪽에 위치했었다는 증거다.

탐사팀은 음파탐지기가 탑재된 원격조정 잠수정을 이용해 흑해 바닥을 뒤졌다. 그 결과 흑해 밑바닥에서 가로 3.9m, 세로 11.7m의 다듬어진 헛간을 발견했다. 또 통나무 조각과 잘 닦인 돌 뭉치, 기타 잡동사니 등 사람이 거주했다는 사실을 보여주는 각종 도구들이 발견됐다. 기사에 따르면 탐사팀을 지휘한 밸러드는 "1999년에는 흑해 바닷 속 고대의 해안선 부근에서 7000년 전의 민물조개와 바다조개 껍데기들이 동시에 발견됐다. 이는 7000년 전 흑해가 민물 호수에서 바닷물로 바뀐 갑작스럽고 거대한 사건이 있음을 말해주는 것"이라고 말했다.

기사는 컬럼비아 대학의 고고학자인 빌 라이언(Bill Ryan)과 월터 피트먼(Walter Pitman)이 1998년 공동으로 펴낸 『노아의 홍수(Noah's Flood)』라는 책을 인용해 7000년 전 대륙 빙하가 녹으면서 넘친 바닷물이 흘러들어 흑해를 지금의 모양으로 만들었다는 주장을 내놨다는 사

A. 마지막 빙기 때 상황

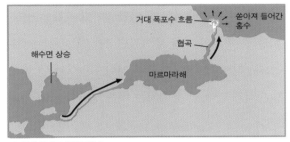

B. 빙하 융해로 인한 대홍수

그림 1 위쪽 그림은 '흑해 홍수'가 일어나기 전인 빙기 때의 상태. 마르마라해와 흑해가 분리돼 있다. 아래쪽은 에게해로부터 바닷물이 한꺼번에 들이닥치면서 마르마라해의 해수면이 상승해 흑해쪽으로 바닷물이 넘쳐 협곡 수로가 생기는 모습을 표현했다. 러디먼 교수의 『Earth's Climate: Past and Future』에서 인용해 변형시켰다.

실을 소개하고 있다.

기사에서 소개된 빌 라이언과 월터 피트먼은 『노아의 홍수』에서 흑해 대홍수 증거들을 정리해 '흑해 홍수 가설(Black Sea flood hypothesis)'을 제시한 학자들이다. 이들 주장에 따르면 흑해는 직전 빙기 때만 해도 담수호(민물 호수)였다. 현재의 흑해와 지중해 쪽 에게해(Aegean Sea) 사이에는 마르마라해(Sea of Marmara)가 있다. 마르마라해는 에게해로부터 흑해까지 이어지는 동서로 약 300km 길이의 좁다란 바다이다. 북동쪽으로는 보스포루스 해협을 통해 흑해와 연결된다. 보스포루스 해협은 길이가 30km밖에 안 되는 좁은 통로로 흑해와 마르마라해를 연결하고 있다. 이 해협은 아시아와 유럽을 가르는 경계선인데 터키 이스탄불시의 관할 구역 내이다.

직전 빙기 말기까지만 해도 마르마라해와 에게해는 가느다란 수로를 통해 하나의 바다로 이어져 있었지만, 마르마라해와 흑해는 연결되지 않은 상태였다. 마르마라해는 짠 바닷물이고 흑해는 민물 호수였다. 직전 빙기 기간 중 빙하가 가장 두꺼웠던 2만 년 전에는 해수면이 지금보다 110~125m 정도 낮았다. 그랬던 것이 1만 9000년 전부터 빙하가 꾸준히 녹기 시작해 7500년 전쯤에는 대륙 빙하가 거의 사라지는 단계였다.

직전 빙기 때의 에게해는 지중해를 통해 지구의 모든 바다와 연결된 상태였고 해수면이 지금보다 상당히 낮았을 것이다. 흑해 쪽 민물 호수도 지금보다는 작은 규모였다.

그런데 지구상 어딘가에서 대륙 빙하 덩어리가 붕괴됐다. 빙하가 녹으면서 해수면이 상승했고 에게해의 해수면도 밀어올렸다. 마르마라해 역시 마찬가지였다. 그 바람에 마르마라해와 흑해 사이를 가르고 있었던 육지 부위에 협곡 수로가 생기면서 지중해 바닷물이 흑해로 쏟아져 들어간 것이다. 빌 라이언과 월터 피트먼 팀은 방사성 탄소 연대 측정법으로 퇴적물을 분석한 결과 대홍수가 7600년 전에 일어났을 것으로 추정했다. 보스포루스의 흑해 쪽 바다 밑바닥 퇴적물 분석을 통해 민물에 서식하는 갑각류 동물들이 순식간에 짠물에 사는 갑각류나 플랑크톤에 의해 대체됐다는 사실도 확인됐다(Earth's Climate: Past and Future 15장, William Ruddiman, 2008).

또 보스포루스 해협의 해저층을 채굴해봤더니 마르마라해에서 흑해

쪽으로 물이 떨어지는 지점에서 거대 폭포에 의해 깎여나간 지반 웅덩이 흔적들이 발견됐다. 모래, 자갈, 바위 등으로 구성된 아주 거친 퇴적층도 흑해 쪽으로 급한 경사를 이룬 상태에서 확인됐다. 7600년 전에 마르마라해와 흑해를 갈라놓던 지점에 협곡 수로가 생기면서 흑해 쪽으로 어마어마한 규모의 바닷물이 밀려 들어갔던 것이다.

2000년에 해저 탐험가 로버트 밸러드가 흑해의 깊은 수심 바닥에서 발견했다는 사람의 거주 흔적을 보면, 7600년 이전 시기에는 흑해 수심도 지금보다 훨씬 아래쪽이었을 것이다. 에게해로부터의 물길이 터져 바닷물이 쏟아져 들어가는 바람에 수면이 올라간 것이다. 인간들이 현재의 흑해 연안으로부터 19km나 안쪽에 거주하고 있었다면 당시 흑해 연안에 살던 사람들은 어느 날 호수 수면이 순식간에 올라오는 재앙을 겪었을 것이다. 당시 흑해 일대 10만km²가 수몰됐다는 주장이 있다. 사람들로서는 거대한 홍수가 난 것으로 느낄 수밖에 없다.

당시 흑해 대홍수를 일으킨 빙하의 붕괴가 어디서 발생했는지에 대해선 밝혀져 있지 않다. 윌리엄 버로즈 교수, 데이비드 아처 교수는 북미 대륙의 빙하호 애거시 호수가 붕괴됐을 가능성을 제시했다(Climate Change in Prehistory 5장, William Burroughs, 2005; The Long Thaw 4장, David Archer, 2009). 버로즈 교수와 아처 교수는 대륙 빙하의 붕괴가 7600년 전이 아니라 8200년 전 일어난 일이라고 설명했다. 지질학에서는 이 사건을 '8.2k 이벤트'라고 부른다. 다만 흑해 대홍수설에 대해선 반론도 제기돼 있다.

8200년 전 빙하 붕괴의 흔적은 그린란드 빙하 아이스코어에서도 확인된다고 한다. 8200년 전을 경계로 산소동위원소 값이 2‰(퍼밀리) 정

도 뚝 떨어진다는 것이다. 그만큼 추워졌다는 것이다(チエンジング・ブルー ; 気候変動の謎に迫る 12장, 大河内直彦, 2008, 번역본 『얼음의 나이』). 당시 지구 기온은 최대 섭씨 3도 떨어졌는데, 냉각 기간은 160년쯤 지속됐다. 냉각화가 발생한 이유는 빙하가 녹은 찬 민물이 북대서양으로 쏟아져 들어가는 바람에 열대에서 데워진 따뜻한 바닷물을 북유럽까지 운반해주는 멕시코 만류 흐름이 약해졌기 때문일 것으로 추정된다.

흑해 연안에서 벌어졌던 해수면 상승의 재앙은 전 지구에 걸쳐 빚어졌을 것이다. 흑해만큼은 아니더라도 해안가에 거주하고 있던 사람들은 느닷없이 바닷물이 내륙 쪽으로 밀고 들어오는 경험을 했을 것이다. 이런 공통의 경험이 지구 각지에서 비슷한 내용 구조를 갖는 '홍수 전설'을 등장시켰을 수 있다. 그때의 끔찍하고 놀라운 경험이 세대에서 세대를 거쳐 전달되면서 각지의 종교적 특색에 맞게 각색됐을 것이다. 구약성서를 보면 하늘에서 비가 40일 동안 쏟아졌고 노아라는 신앙심 깊은 인물은 홍수가 날테니 방주를 만들어 대비하라는 신의 계시를 받아 방주를 미리 만들어둔다. 노아는 그 방주에 세상의 동물 한 쌍씩을 실은 채 150일 동안 표류하다가 높은 산의 정상에 도착해 정착하게 된다.

메소포타미아, 이집트, 인도, 황하의 인류 4대 문명이 등장한 시기는 대략 6000~7000년 전으로 엇비슷하다. 이 시기는 빙기에서 간빙기로의 전환이 마무리돼 대륙 빙하가 모두 녹은 상태였고 따라서 해수면이 더 이상 오르지 않고 안정된 시기였다. 해수면이 안정된 다음에야 인간 집단은 상승하는 바닷물을 피해 거주지를 옮길 필요 없이 누적적인 문명 구축이 가능했던 것이다.

그전 1만 년 동안 지구 해수면은 100년 당 평균 1m씩 지속적으로 상승했다. 1m는 어디까지나 평균의 개념이고 수십 년의 짧은 시기 동안 수m가 오르는 일도 여러 차례 있었을 것이다. 사람들이 모여 살고 도시가 형성되는 것은 주로 수위가 얕고 경사가 완만한 해변가이다. 해변가라야 조개류와 물고기 등을 잡아 단백질을 원활하게 공급할 수 있다. 1만 9000년 전부터 7000년 전 사이 사람들이 모여 살았던 해변가 거주지들은 지금 대부분 물 속에 가라앉아 있다.

영거 드라이아스의
기후재앙

8200년 전 대홍수보다 훨씬 끔찍한 기후재앙이 1만 2900년 전 일어났다. 지질학자, 기후학자들이 '영거 드라이아스(Younger Dryas)'라고 부르는 기후 격변이다. 8.2k 이벤트는 멕시코 만류의 흐름을 약하게 만드는 데 그쳤지만 영거 드라이아스는 해양의 컨베이어 벨트 자체를 붕괴시켰을 것으로 추정된다. 영거 드라이아스의 존재는 1930년대 과학자들이 호수 바닥 퇴적물 조사에서 채취한 꽃가루 분석으로 기후 급변을 읽어내면서 확인됐다(The Discovery of Global Warming 3장, Spencer R. Weart, 2003, 번역본『지구 온난화를 둘러싼 대논쟁』).

당시 지구 기온은 한꺼번에 거의 섭씨 5도 이상 곤두박질쳤다. 유럽 경우 여름철 기온은 5~8도가 떨어졌고 겨울철은 10~12도 떨어졌다. 북극에선 섭씨 15도 하강했을 거라고 한다. 한 세대도 안 되는 기간 동안 벌어진 일이다. 세계는 건조해졌다. 이런 극도의 냉각화는 1200년 동안 지속됐다. 그런 다음 1만 1700년 전쯤 급속한 온난화가 진행됐는데, 이때도 수년~수십 년 만에 원래 기온을 회복했다. 산소동위원소 분석으로 추정하기는 섭씨 6도 정도 급상승했다고 한다. 기후의 점프가 일어난 것이다.

드라이아스라는 명칭은 북극의 백장미 꽃으로 불리는 장미과의 담자리꽃나무라는 식물을 가리키는 것이라고 한다. 아주 추운 곳에서 자라는 식물이다. 그런데 스칸디나비아의 호수 바닥에서 이 기간에 해당하는 퇴적층에서 갑자기 드라이아스의 꽃가루층이 확인됐다.

당시는 빙기의 최전성기가 끝나고 1만 9000년 전부터 빙하가 쇠퇴하기 시작한 지 6000년이 넘게 지난 때이다. 지구 궤도 영향으로 빙하가 녹으면서 지구 전체 기온이 꾸준히 상승하고 있었다. 스칸디나비아 지방도 빙하가 물러간 후 툰드라 기후가 자리잡았다가 침엽수림이 자라고 있었다. 그런데 느닷없이 툰드라 기후대에서 자라는 식물이 다시 등장한 것이다. 영거 드라이아스 기후 급변의 흔적은 스칸디나비아뿐 아니라 세계의 빙하 코어, 바다 퇴적물에서 한결같이 확인된다고 한다. 아이스코어 기록에서는 곳곳에서 기온 급강하가 확인되고 강풍에다 건조해진 날씨 탓에 먼지 농도가 급상승했다.〈그림 2〉

영거 드라이아스 기후 격변의 원인으로는 빙하 호수인 애거시 호가 붕괴했을 것이라는 가설이 유력하다. 애거시 호는 로렌타이드 빙하 지대 가장자리에 형성된 거대 호수다. 로렌타이드 빙하 녹은 물이 빙하 가장자리 얼음 위나 지각이 움푹 들어간 곳에 고여 거대 호수를 형성한 것이다. 애거시 호가 최대로 확대됐을 때는 지금의 오대호를 합한 면적보다 커서 50만km^2 정도에 육박했을 거라고 한다(Earth's Climate: Past and future 13장, William Ruddiman, 2008). 깊이는 100m 수준이었다. 지금의 캐나다와 미국 국경 지대에 걸쳐 900km 이상 뻗어 있었다. 여기에 담긴 물의 양은 20조 톤이나 된다. 우리나라에서 가장 큰 소양

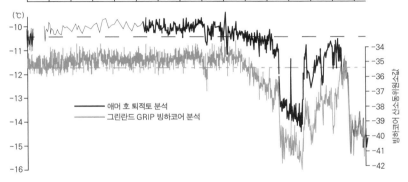

그림 2 회색 선은 그린란드 아이스코어 분석에서 확인된 영거 드라이아이스 시기의 기온 급강하를 보여준다. 검은 선은 독일 애머 호수(Lake Ammer) 퇴적토 분석으로 같은 결과를 나타내고 있다. 영거 드라이아이스 시기에 기온이 섭씨 5도 정도 떨어졌다. Climate Change : A Multidisciplinary Approach(William Burroughs, 2007) 8장에서 인용해 변형시켰다.

호의 6600배 크기이다. 윌리엄 버로즈 교수는 애거시 호가 최대로 컸을 때는 오대호를 합친 면적의 7배나 됐고, 거기에 담긴 수량이 163조 톤에 달했던 때도 있다고 설명했다(Climate Change : A Multidisciplinary Approach 8장, 2007, William Burroughs).

그런데 1만 2900년 전 어떤 요인으로 호수 둑이 붕괴돼 허드슨만 쪽으로 막대한 담수가 유출된 것이다. 이 대량의 민물은 염도가 높은 북대서양 바닷물에 비해 훨씬 가볍다. 이 민물이 해양 표층을 덮어버리면서 북대서양 일대에서 해양 심층수의 형성이 멈춰버렸다. 그 여파로 열대 지역의 열을 끌어안고 북대서양으로 밀려가던 멕시코 만류 흐름이 끊겨버렸다. 영국 같은 곳은 이 사건으로 기온이 한꺼번에 10도 정도 뚝 떨어졌을 것으로 추정된다.

애거시 호는 그전에도 붕괴한 적이 있었다. 1만 4500년 전쯤 벌어진 일이다. 당시 해수면 변화 기록을 갖고 추정하는 것이다. 해양학자, 지질학자들이 수천~수만 년 전의 산호초를 분석해 지구의 해수면 등락을 밝혀냈다는 점은 2장에서 설명했다. 컬럼비아대 라몬트-도허티 지구연구소의 리처드 페어뱅크스 교수팀은 카리브해 바베이도스 섬 부근 해저에서 산호초를 굴착해 해저 수십m 아래까지의 산호 시료를 채취했다. 연구팀은 해수면 아래 5m 이내에 서식하는 산호종만 분리해 방사성 탄소 연대 측정법으로 그것들이 살았던 시기를 확인한 후 1만 7000년에 걸친 해수면 변동의 역사를 복원해 1989년《네이처》에 발표했다.

지난 2만 년 간의 해수면 등락을 그래프로 그려보면 빙하는 1만 9000년 전쯤부터 본격적으로 녹기 시작했다. 1만 4500년 전쯤의 뵐링 온난기 때는 500년 동안 해수면이 무려 20m가 상승할 정도로 빙하가 급격히 녹았다는 사실이 산호초 분석으로 확인된다. 수백 년에 걸쳐 평균적으로 초당 25만 톤씩의 빙하 녹은 물이 바다로 흘러들었다. 이 시기를 지질학에서는 '뵐링(Bølling)기'라고 부른다. 1만 년 전쯤에도 빙하 녹는 속도가 가파르게 빨랐다는 사실이 확인된다.〈그림 3〉

그런데 뵐링기의 해수면 상승 원인을 짐작케 해주는 연구가 있었다. 1970년대 중반에 케임브리지 대학 니컬러스 섀클턴 교수 연구팀이 멕시코 만에서 채취한 바다 퇴적물을 분석한 결과다. 이 연구에 따르면 1만 4500년 전 시기를 전후해서 멕시코 만 해저 퇴적물의 산소동위원소 비

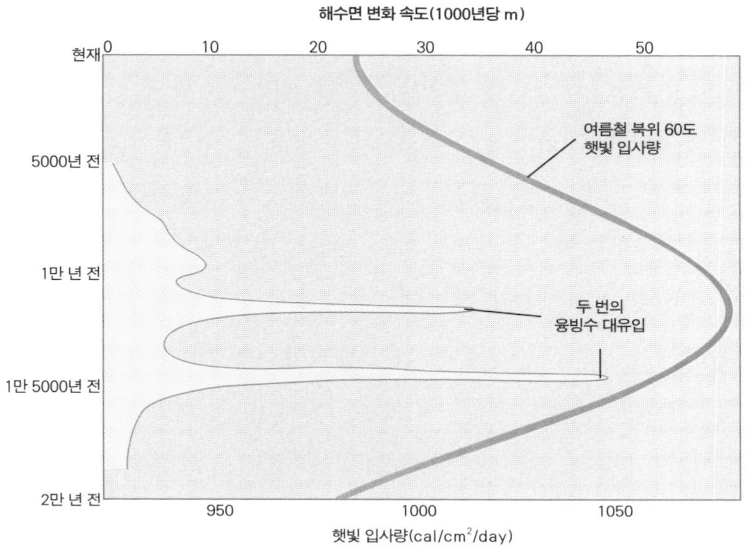

해수면 변화 속도(1000년당 m)

여름철 북위 60도
햇빛 입사량

두 번의
융빙수 대유입

햇빛 입사량(cal/cm²/day)

그림 3 2만 년 전 빙하 최전성기부터 지금까지 빙하가 녹으면서 해수면이 상승한 속도를 나타낸 그래프. 1만 4500년 전쯤 '뵐링 온난기' 때 빙하 녹는 속도가 가장 빨랐고, 1만 1000년 전쯤에도 해수면 상승 속도가 빨랐다. 오른쪽 붉은 선은 이 기간 중 여름철 북반구 햇빛 입사 에너지의 변화를 표시한 것이다. 1만 1000년 전의 햇빛 세기가 가장 강했고 그후 지금까지 계속 약해져왔다. Earth's Climate: Past and Future(William Ruddiman, 2008) 13장에서 인용해 변형시켰다.

율이 2‰만큼 16-산소($\delta^{16}O$) 쪽으로 이동을 했다. 빙하를 형성하는 물 분자는 산소동위원소 가운데 16-산소 비율이 높다는 것은 3장에서 설명했다. 1만 4500년을 전후한 시기에 멕시코 만 바닷물과 바닥 밑바닥 퇴적토의 16-산소 비율이 높아진 것은 대량의 빙하 녹은 물이 멕시코 만으로 흘러들었다는 이야기다. 지질학자들은 북미 대륙 한가운데 형성돼 있던 애거시 호의 남쪽 둑이 모종의 이유로 붕괴돼 애거시 호숫물이 멕시코 만으로 유출됐을 것으로 추정하고 있다. 당시 100년 정도의 기간 안에 그린란드 3개 분량의 빙하가 녹아 유출됐다는 것이다(The Long Thaw, David Archer, 2009).

그러나 당시의 애거시 호 붕괴는 그보다 1500년쯤 뒤에 벌어진 영거 드라이아스 돌입 시기의 호수 붕괴와는 달리 유럽 전역에 걸친 기온 급강하 현상을 초래하지는 않았다. 이는 1만 2900년 전의 애거시 호 붕괴 때는 호숫물이 동쪽 허드슨만을 통해 대서양 북쪽 바다로 흘러들었는데 반해, 1만 4500년 전의 붕괴 때는 호숫물이 남쪽 멕시코 만으로 흘러들었기 때문이다. 1만 2900년 전 북대서양으로 쏟아져 들어간 애거시 호 호숫물은 심층수 순환을 야기하는 컨베이어벨트의 작동을 중단시켜 멕시코 만류의 흐름을 끊어놓았다. 이에 반해 1만 4500년 전 멕시코 만으로 흘러든 애거시 호 호숫물은 멕시코 만 바닷물을 일시적으로 차갑게 만들었겠지만 심층수 순환에는 영향을 주지 않아 멕시코 만류의 흐름은 그대로 유지됐던 것이다.

빙산 함대의 대서양 습격

북미와 유라시아의 대륙 빙하가 모두 녹은 다음인 7000년 전부터 현재까지 지구 기후는 온화하고 안정적으로 유지되고 있다. 몇 차례 기후 급변이 없었던 것은 아니지만 영거 드라이아스나 8.2k 이벤트처럼 지구상 생물종에 심각한 충격을 가할 수준의 변화는 아니었다. 마치 따뜻하고 나른한 봄날 오후와 같은 날씨가 계속되고 있다고도 할 수 있다. 이런 안정적인 기후 덕분에 인류가 지금 수준의 문명을 쌓아올릴 수 있었다.

대륙에 거대 빙하가 존재하던 빙기 기후는 불안정했다. 툭하면 기온이 급상승으로 치솟았다가 급하강으로 곤두박질치는 일이 벌어졌다. 지구 기후 시스템이 내부에 대륙 빙하라는 '장전된 폭탄'을 갖고 있었기 때문이다. 그 폭탄이 터지게 되면 전 지구에 걸쳐 기후가 요동을 치는 사태가 벌어진다. 1980년대 후반 독일의 한 대학원생이 그같은 기후 요동의 흔적을 바다 밑바닥에서 찾아냈다.

1988년 3월 독일 괴팅겐 대학의 대학원생 하르트무트 하인리히(Hartmut Heinrich, 1952~)가 「과거 13만 년 동안 북동 대서양에서 발생한 주기적 빙산 운반의 기원과 그 중요성」이라는 논문을 발표했다. 하인리히는 대서양 해저 퇴적물을 세심히 관찰하다가 대륙 빙하가 존재하던 시기에 6번에 걸쳐 유난히 작은 자갈(debri)의 숫자가 많아지는 층을 확인했다. 직경 3mm 이상의 울퉁불퉁하고 각진 입자들이었다. 모서리가 날카로운 걸로 봐서 정상적인 침식을 거치지 않은 것들이었다.

하인리히는 논문에서 이것들이 북미와 유럽 대륙 어딘가로부터 떠내려온 빙산(ice berg)들을 타고 옮겨왔을 것으로 추정했다. 대륙 빙하가 계곡을 따라 흘러내릴 때는 빙하의 바닥면이 아래쪽 기반암들과 마찰을 일으키는 과정에서 표토층의 자갈과 모래들이 빙하 속으로 섞여들어간다. 그랬다가 해변에서 빙하 덩어리들이 무너져내려 조각조각 부숴지면서 빙산을 형성해 바다로 쏟아져들어갈 때 이 자갈과 모래들도 빙산에 실려 떠내려가는 것이다. 빙산에 실린 자갈(ice-rafted debri)들은 빙산이 남쪽 바다로 흘러가다가 수온이 일정 수준 올라가는 지점에서 녹게 되면 바다 밑바닥으로 가라앉는다. 그것들이 방대한 바다의 밑바닥에 일정한 층을 이뤄 쌓일 정도로 엄청난 양의 빙산들이 자갈과 모래를 싣고 바다를 떠내려온 것이다. 하인리히는 빙산이 대함대(armadas of ice bergs)를 이뤄 북대서양 남쪽 바다로 떠내려왔다고 표현했다.

컬럼비아 대학의 월리스 브뢰커가 무명의 유럽 젊은 학자 논문에 주

목했다. 그는 해저 코어에 대한 정밀 분석을 통해 지난 10만 년의 빙기 동안 그같은 사태가 여섯 차례 벌어졌음을 확인하고 여기에 '하인리히 이벤트'라는 명칭을 붙였다. 그후 퇴적 자갈층 속 석회암 성분에 대한 동위원소 분석을 통해 이것들이 주로 허드슨만 일대의 것들이라는 사실이 확인됐다. 북미 대륙의 로렌타이드 빙상이 붕괴돼 바다로 미끄러져 내리면서 수많은 조각으로 분리돼 빙산 함대를 쏟아냈던 것이다. 매번 이벤트 때마다 대체로 500년 기간에 걸쳐 400만km³의 얼음이 바다로 쏟아져 들어갔다고 한다. 그때마다 해수면을 10m 정도 올릴 수 있는 양이었다(チェンジング・ブルー；気候変動の謎に迫る 11장, 大河内直彦, 2008, 번역본『얼음의 나이』). 1만 4500년 전 뵐링기의 애거시 호수 붕괴 때에 필적하는 수준이다.

대륙 빙하의 붕괴가 일정 간격으로 되풀이됐던 원인에 대해서 명확하게 규명돼 있지 않다. 다만 몇 가지 추론은 가능하다. 지각 아래로부터는 미세하지만 더운 열이 지표면으로 나오고 있다. 지구 생성 초기에 소행성 등이 충돌하면서 생겼던 열이 지구 내부에 축적돼 있는데다가 방사성 물질이 붕괴하면서 끊임없이 새로운 열을 만들어내고 있기 때문이다. 그런데 빙하가 두껍게 형성되면 지각 아래에서 올라오던 지열이 밖으로 유출되지 못하고 빙하 바닥에 축적되게 된다. 이런 지열에다가 대륙 빙하의 무게로 압력이 상승하면서 빙하 바닥면이 녹기 시작할 수 있다.

빙하 녹은 물이 일정 수준 이상으로 생겨나면 그것들이 윤활유로 작용하면서 대륙 빙하가 저지대로 미끄러져 내려가 결국에 바다에 닿게 된다. 이런 사태가 5000년~1만 5000년 정도의 간격을 두고 되풀이 되면서 북위 45~50도 부근의 북대서양 바다 밑바닥에 규칙적으로 자갈 퇴적층을 형성해놓은 것이다. 마지막 하인리히 이벤트는 1만 6500년 전 벌어졌다.

또 한 가지 가설로는 빙하가 계속 두꺼워지면서 빙하 가장자리에서 빙하를 붙잡아주던 육지 기반암의 튀어나온 부분(bedrock pinning point)들이 빙하 무게를 견디지 못하고 가라앉을 수 있다는 것이다. 이때 빙하가 미끄러져 내려간다는 설명이다. 하인리히 이벤트가 벌어졌던 시기는 빙하 코어 분석과 대조해보면 기후가 아주 추운 시기들이었다. 대규모 빙하 붕괴 사태가 기후 온난기가 아니라 냉각기에 일어났던 점과 맞아떨어지는 가설이다.

그런데 북대서양에 쌓인 자갈들은 허드슨만에서 온 것들이 많지만 유럽 대륙 등 다른 곳의 빙하에서 옮겨온 것들도 꽤 있다. 윌리엄 러디먼 교수는 '하나의 빙하가 붕괴해 해수면이 상승하면 다른 지역 빙하들도 불안정하게 돼 연쇄 붕괴가 일어났을 것'이라고 설명했다(Earth's Climate: Past and future 14장, William Ruddiman, 2008).

1만 2900년 전 영거 드라이아스의 기온 냉각화 사태가 또 한 차례의 하인리히 이벤트가 아니었겠느냐는 주장도 나온다. 그러나 영거 드라이아스 시기에는 빙산 함대의 바다 퇴적물 증거가 확인되지 않고 있다. 그래서 영거 드라이아스 때는 빙하가 덩어리째 바다로 쏟아진 것이 아니라 로렌타이드 빙하가 녹아 형성된 애거시 호의 호숫물이 허드슨만을 통해 북대서양으로 흘러들었을 것이라는 추측이 유력한 것이다.

하인리히 이벤트는 거대하고 장중한 기후 변화였다. 지난 빙기 10만 년 동안엔 그보다 훨씬 템포가 빠르고 자주 되풀이된 기후 변화도 있었다. 2장에서 간단히 언급한 '단스고르-외슈거(D-O) 이벤트'를 말한다.

덴마크 코펜하겐 대학 빌리 단스고르(Willi Dansgaard, 1922~2011) 교수는 빙하 코어 연구를 사실상 창시한 거나 다름없는 과학자다. 그는 분자 수준 미량 물질의 질량 분석을 연구하던 과학자였다. 대기 중 산소 성분에는 분자량이 16인 가벼운 산소동위원소 16-산소($\partial^{16}O$)가 99.8%를 차지한다. 나머지 아주 작은 비중으로 섞여 있는 것이 분자량 18짜리 무거운 산소동위원소 18-산소($\partial^{18}O$)이다.

단스고르는 기온이 냉각될수록 응결돼 떨어지는 빗물 속 18-산소 비중이 극미량이지만 낮아질 것으로 예상했다. 그는 자신의 예측을 증명하기 위해 집 뒷마당에서 깔대기를 꽂은 맥주병으로 빗물들을 수집했다. 분석 결과는 예측대로였다. 그는 더 확실한 증명을 위해 국제원자력에너지기구(IAEA)의 협조를 받아 세계 각지의 빗물 샘플을 확보했다. IAEA는 핵실험 낙진을 추적 분석하기 위해 빗물 샘플을 수집해놓고 있었다. 그 결과도 가설에 맞아떨어졌다.

단스고르는 이어 미군 당국으로부터 그린란드 빙하 속 군사기지 캠프 센트리에서 채굴해낸 빙하 코어를 얻어냈다. 미군은 빙하 코어를 캐내기는 했지만 무슨 용도로 쓸 수 있는지 알지 못해 냉동고에 보관하고 있던 중이었다. 단스고르는 그걸 분석해 지난 빙기 동안 기온이 수시로 등락을 거듭했다는 사실을 확인했다.

이어 단스고르는 스위스 베른 대학의 한스 외슈거(Hans Oeschger, 1927~98)와 함께 1981년 그린란드 남부 다이스리(Dye-3) 지점에서 2km짜리 코어를 채취해 캠프 센트리에서의 연구 결과를 재확인했다. 다이스리의 빙하 코어는 직전 빙기 동안 모두 22차례의 짧고 격렬한 온난화가 있었다는 사실도 확인해줬다. 다이스리에서의 작업은 GISP 프로젝트라고 불린다.

1989년부터는 그린란드에서도 가장 해발 고도가 높은 중앙부 두 개 지점에서 동시에 빙하 굴착이 진행됐다. 유럽 연구팀의 GRIP 프로젝트와 미국 연구팀의 GISP-2 프로젝트는 불과 28km 거리를 두고 동시에 진행됐다. 빙하가 가장 두꺼운 대륙 중심부의 평탄한 지형에선 빙하가 옆으로 밀려나는 흐름이 적어 얼음 변형이 작은 코어를 확보할 수 있는 이점이 있다. 두 곳의 굴착 작업은 1992~93년 마무리됐다. 여기서 확보된 3km짜리 얼음 코어의 산소동위원소비 그래프도 앞서의 캠프 센트리와 다이스리에서의 분석을 그대로 확인해줬다.

단스고르와 외슈거는 그린란드 빙하 코어 산소동위원소 분석을 통해 11만 년 전부터 2만 년 전까지 규칙적으로 짧은 기온 급등이 22차례 되풀이된 것을 확인해냈다. 이런 기온 급등 현상에는 '단스고르-외슈거(D-O) 이벤트'라는 이름이 붙여졌다. 보통 10년 안에 2~10도까지 기온이 급상승했고 수십 년~100년 지속됐다. 대략 500~2000년의 주기로 일시적이고 급작스런 온난화 현상이 빚어진 것이다. 그런 다음 장기간의 냉각화가 이어졌다. 이걸 그래프로 표현하면 톱니 모양으로 그려진다. 기후 급변의 정도로 보면 D-O 이벤트는 8.2k보다는 격렬하고 영거 드라이아스보다는 미약한 세기였다.

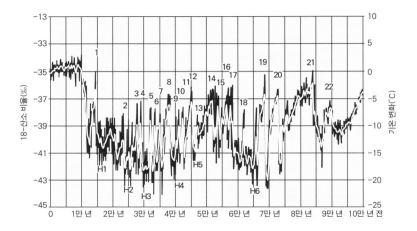

그림 4 그린란드의 GISP-2 프로젝트를 통해 확인된 지난 10만 년 동안의 산소동위원소 변화 그래프. 모두 22번의 D-O 이벤트가 나타나 있다. 아래쪽에 표시된 여섯 번의 기온 하락 이벤트는 하인리히 이벤트를 표시한 것이다. 지난 빙기 동안 그린란드의 기온은 섭씨 20도 수준의 등락을 거듭했음을 알 수 있다. Climate Change : A Multidisciplinary Approach(William Burroughs, 2007) 8장에서 인용했다.

이런 짧고 격렬한 온난화는 나중에 식물 화분에 대한 분석에서도 확인됐다. 하인리히 이벤트는 해수면을 10~15m 끌어올린 데 반해, D-O 이벤트는 그보다는 작은 수m 정도의 바다 상승을 야기시킨 것으로 추정됐다. 원인은 명확치 않은데 현재로선 북대서양 쪽으로 멕시코 만류의 흐름을 유지시켜 유럽을 따뜻하게 덥혀주는 해양 컨베이어 벨트가 빙기 동안에는 작동을 멈추고 있다가 다시 작동을 하게 될 때 나타나는 급작스런 온난화라는 가설이 있다.

과학자들은 하인리히 이벤트를 확인시켜주는 대서양 퇴적토 분석 결과와 D-O 이벤트를 보여주는 그린란드 빙하 코어 분석 결과를 매치시켜 보려 시도했다. 그런데 이 작업이 쉽지 않았다. 왜냐하면 해저 퇴적물의 연대 추정이 불확실하기 때문이다. 빙하 코어도 2만 년 이상 거슬러 올라가면 연대 결정이 명확하지 않았다. 하인리히 이벤트와 D-O 이벤트의 정확한 시간적 선후 관계를 밝히기가 어려웠던 것이다.

그러나 컬럼비아대 부설 라몬트-도허티 연구소의 제라드 본드(Gerad Bond) 박사는 북대서양 바다 퇴적물에 대한 정밀 분석을 통해 두 가지 주기가 연결성을 갖고 이어진다는 것을 확인했다. 본드 박사는 바다 밑 퇴적층을 조사해 하인리히가 발견한 자갈층(ice rafted debri)과는 별도로 미세한 점토층의 색깔 변화를 확인했다. 특정 주기성을 갖고 대서양 색깔이 달라진 것이다. 본드 박사는 이 퇴적층 자료와 아이스코어 자료를 종합해 하인리히 이벤트가 한 번 일어나고 나서 D-O 사이클이 다섯 번쯤 반복된 다음 다시 또 한 번의 하인리히 이벤트가 벌어지는 나름의 규칙성을 확인했다(With Speed and Violence 5장, Fred Pearce, 2007, 번역본 『데드라인에 선 지구』).

그런데 한 쌍의 하인리히 이벤트 사이에 끼여 있는 D-O 이벤트들은 그 다음의 하인리히 이벤트 사이의 다른 D-O 이벤트 묶음보다 기온이 더 추워지거나 더 더워지거나 해서 확실히 다른 기후 조건을 보여줬다. 결국 하인리히 이벤트와 D-O 이벤트를 묶는 더 큰 사이클이 있는 것이고, 이렇게 한 사이클에서 다른 사이클로 넘어갈 때는 기후의 재구조화(reset)가 이뤄진다고 본드 박사는 설명했다(The Whole Story of Climate 8장, Kirsten Peters, 2012). 하인리히 이벤트와 D-O 이벤트들을 한 묶음으로 하는 사이클을 '본드 사이클'이라고 부른다.

기후를 뒤흔드는 와일드 카드
'해양 컨베이어벨트'

영국 환경저널리스트 프레드 피어스(Fred Pearce, 1951~)가 쓴 『With Speed and Violence』(2007, 번역본 『데드라인에 선 지구』)를 보면 그린란드 동쪽 북대서양의 심층수 형성 지점에 관한 실감나는 묘사를 읽을 수 있다. 북극에서 남쪽 바다로 흘러가는 얼음들이 남쪽에서 거슬러 올라오는 따뜻한 멕시코 만류와 만나는 지점이다. 여기에 '굴뚝'이라 불리는 지름 9.6km의 시계 반대 방향 거대 소용돌이가 일고 있다는 것이다. 해수 표면층 바닷물이 3.2km 심층 해저로 빨려들어가면서 만들어내는 소용돌이다.

남쪽에서 흘러온 거대 해류가 그린란드 앞 바다에서 북극 바람에 의해 식어 얼어붙으면서 생겨나는 현상이다. 멕시코 만류는 염분이 높다. 열대 바다에서 강한 햇빛을 받아 증발이 왕성했기 때문이다. 소금기가 짙어진 따뜻한 바닷물이 그린란드 동 · 서쪽 바다에 도착한 후 차가운 북극 바람으로 냉각된다. 그 과정에서 바닷물이 얼어붙으면서 수분이 더 빠져나가 염분이 더 높아진다. 염분 농도가 짙어지고 저온으로 냉각돼 밀도가 한층 더 높아진 멕시코 만 해류는 마침내 굴뚝으로 빨려들어가 심층 바다로 가라앉게 된다.

심해저로 들어간 바닷물은 대서양을 남북으로 가로질러 남극 바다까지 흘러가 남극해에서 만들어지는 심층수와 합쳐진다. 이어 방향을 틀어 동쪽으로 나아간 심층 해류는 인도양을 거쳐 북태평양에 도달한 뒤 바다 표층으로 올라오게 된다. 태평양 북부에서 표층으로 상승한 물은 남쪽으로 내려와 동남아 바다와 인도양을 거쳐 아프리카 대륙을 휘

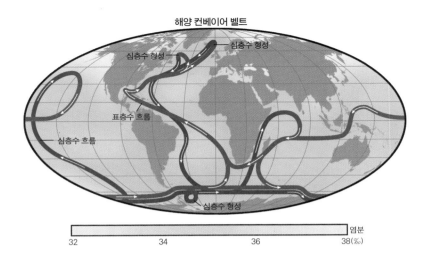

그림 5 해양 컨베이어벨트의 흐름을 모형화한 그림. 위키피디아에서 인용했다.

감아돈 후 다시 멕시코 만류와 합류해 또 한번 그린란드 바다로 향하게 된다.

그린란드의 동·서 쪽 두 군데 바다에서 만들어지는 북대서양 심층수의 총량은 초당 1500만m³나 된다. 남극해에서도 초당 1000만m³의 심층수가 만들어진다. 이 심층수의 움직임과 심층수 움직임을 메꾸기 위한 표층수의 순환은 주로 열과 염분 차에 의해 동력을 받는다고 해서 '열염분 순환(thermohaline circulation)'이라고 부른다. 이 흐름은 아마존강 100개와 맞먹는 규모라고 한다.

라몬트-도허티 연구소 월리스 브뢰커 박사(Wallace Broecker, 1931~)는 1995년 해양의 이런 거시적인 흐름을 하나의 선으로 단순화시킨 후 이를 '컨베이어 벨트'로 불렀다. 브뢰커 박사는 1970년대 중반 '지구 온난화(global warming)'라는 용어도 만들어 유행시킨 학자다. 핵심을 짚는 언어 구사 능력을 가진 사람이다.

해양학자들은 바다 여러 지점의 프레온가스 성분 농도 측정 자료를 갖고 해양 컨베이어 벨트가 한 바퀴 순환을 완결짓는 데 1000년쯤 걸릴 것으로 추정했다. 냉매 등으로 쓰이는 프레온가스는 자연계에 존재했던 물질이 아니다. 1930년대에 처음 만들어진 인공 합성물질이다. 프레온 성분이 심층수의 어느 지점에서부터 확인되는지를 갖고 컨베이어벨트의 속도를 짐작할 수 있는 것이다. 해양학자들 추정으로는 초당 1cm 이하의 속도라고 한다.

유럽 일대가 높은 위도에도 불구하고 비교적 온화한 날씨를 유지하고 있는 것은 컨베이어 벨트를 타고 열대바다에서 올라온 멕시코 만류가 주변 대기를 따뜻하게 데워주기 때문이다. 브뢰커 박사는 컨베이어 벨트가 모종의 이유로 작동을 중단해 멕시코 만류의 흐름이 끊기면 유럽 대륙 일대엔 혹한이 닥칠 수 있다고 설명했다. 1만 2900년 전 발생한 영거 드라이아스기의 냉각화가 그 현상이었을 것이다. 애거시 빙하 호수에서 쏟아져 나온 차가운 물이 북대서양 일대를 덮어버리면서 그린란드 앞바다의 심층수 생성 소용돌이가 사라졌던 것이다.

윌리스 브뢰커는 1987년 《네이처》에 쓴 「Unpleasant surprise in the greenhouse?」란 글에서 현대의 이산화탄소 급증 추세도 과거 지질시대에서 일어났던 기후재앙들처럼 급작스런 기후 변화를 초래할 수 있다고 주장했다. 완만하고 점진적인 변화를 상정하는 기후 모델로는 예측할 수 없는 부분이라는 것이다. 그 후 기후학계에선 '티핑 포인트(tipping-point)', '기후 급변(abrupt climate change)' 같은 용어가 유행하기 시작했다.

그린란드 부근 멕시코 만류의 수온은 섭씨 10도 정도다. 심해저 바닷물의 온도는 섭씨 2도다. 8도의 에너지 격차가 있다. 멕시코 만류가 그린란드 부근 바다에서 심층수로 가라앉으면서 8도만큼의 열이 대기로 빠져나가 주변 지역을 덥히게 된다. 만일 이 메커니즘이 사라지면 유럽 대륙엔 혹독한 한랭화가 찾아오게 된다. 런던은 위도가 북위 51도인데도 연평균 기온은 섭씨 10도 정도다. 컨베이어벨트가 멈추면 연평균 기온은 영하로 떨어진다(チェンジング·ブルー ; 気候変動の謎に迫る 8장, 大河内直彦, 2008, 번역본 『얼음의 나이』).

컨베이어벨트가 멈추는 상황은 그린란드 앞바다의 바닷물 염도가 떨어질 때 일어날 수 있다. 빙기 경우라면 북미 대륙의 로렌타이드 빙하나 유라시아 대륙 페노스칸디아 빙하가 붕괴되는 경우다. 빙하 녹은 물이 일시에 그린란드 바다로 들어오면 심층수 형성 지점의 바닷물 염분 농도가 일시에 떨어지면서 표층수가 '굴뚝'을 통해 해저로 가라앉는 흐름이 중단될 수 있는 것이다.

지구에 '긴 풀(Long Grass) 시대' 또 닥칠 수 있나

하인리히 이벤트와 D-O 이벤트가 확인된 후 1990년대 들어 기후 과학자들 사이에 기후 급변 가능성에 대한 관심이 높아졌다. 그런데 빙하 코어나 해저 퇴적물 분석에서 확인되는 이런 기후 급변은 8.2k 이벤트 정도를 빼놓고는 모두 빙기에 발생한 것들이다. 8.2k 이벤트도 빙하가 녹아 형성된 호숫물이 바다로 쏟아져 들어가 벌어진 일이다. 역시 빙하의 존재에서 비롯된 기후 급변이다.

기후 급변은 지난 11만 년간의 그린란드 빙하 기온 등락 그래프에서 뚜렷하게 나타난다. 현 간빙기로 들어서기 전까지 10만 년 동안 기온은 고꾸라졌다가 급등했다 하면서 정신 없이 오르내리고 있다. 그러나 간빙기로 들어선 지난 1만 년 동안은 일정한 수준에서 고르고 평탄하게 움직여왔다. 데이비드 아처 교수는 지난 1만 년 간빙기의 기후를 '공원에서의 화창한 피크닉'에 비유했다(The Long Thaw 4장, 2009).

빙기 기후가 불안정한 이유는 기후를 일시에 뒤흔들 수 있는 대륙 빙하, 또는 빙하가 녹은 거대 호수라는 무시무시한 폭탄을 안고 있기 때문이다. 빙하 덩어리나 빙하 호수는 미끄러지거나 둑이 터지는 방법으로 기후 시스템을 일시에 무너뜨릴 잠재력을 갖고 있다.

기후 구성 요소가 대기뿐이라면 기후는 수시로 요동을 칠 것이다. 대기는 햇빛이나 온실가스 등의 외부 힘에 즉각 반응한다. 그러나 지구에는 바다가 있고 빙하가 있다. 이것들은 외부 작용에 대해 수십~수천 년의 기간을 두고 반응한다. 바다와 빙하의 존재는 지구 기후가 느린 속도로 서서히 움직이게 하는 완충 역할을 해왔다. 그러나 빙하는 '미끄러짐'이라는 메커니즘을 통해 짧은 시간 내 급변을 야기할 수 있는 힘도 갖고 있다. 이 경우 빙하는 기후를 안정시키는 것이 아니라 기후를 덜커덕거리게 만드는 위험 인자인 것이다.

선사시대 기후의 역사를 추적해온 윌리엄 버로즈 교수는 13만~11만 7000년 전의 직전 간빙기 때는 지구 평균 기온이 지금보다 섭씨 2도 따뜻했다고 설명했다(Climate Change in Prehistory 3장, 2005). 영국에 하마가 서식했을 정도였다. 그랬던 기온이 계속 떨어져 8만 7000년 전엔 프랑스 일대가 타이거 기후대의 한대림으로 가득찼다. 중동 지방은 극도로 건조해지면서 이때 사막이 됐다. 7만 4000년 전과 7만 년 전에도 지구 기온이 곤두박질쳐 빙하가 크게 늘었다. 이때 아프리카에 살던 인간들이 해수면이 내려간 홍해 바다를 건너 중동 지역으로 진출할 수 있었다. 인간 집단은 아시아를 거쳐 6만 년 전 호주에 도착했다. 호주의 덩치 큰 동물들은 새로 등장한 인간 집단에 대한 경계심을 갖고 있지 않아 무방비로 사냥을 당했다. 4만 6000년 전쯤 호주에서 비극적인 대규모 멸종이 빚어졌다.

7만 4000년 전 일어난 토바 화산 폭발은 어마어마한 규모였다. 당시 화산 분출로 기온이 5도 정도 뚝 떨어졌고 성층권엔 장기간 황산에어로졸이 형성됐다. 이때 인간의 인구 규모가 거의 멸종 수준으로 감소했다는 것이 DNA 분석으로 확인되고 있다. 5만 9000년 전부터는 비교적 따뜻해졌는데 3만 7000년 전 다시 극심한 추위가 찾아왔다.

빙하가 최대 규모로 자라 절정기를 이뤘던 것은 2만 1000년 전이다. 그때 바다 수면은 지금보다 130m 아래 있었다. 북미 대륙을 덮은 로렌타이드 빙상은 두께가 3km에 달했다. 보르네오 자바 수마트라 필리핀 등 동남아시아 섬들이 유라시아 대륙과 연결돼 있었다. 일본도 한반도를 거쳐 아시아 대륙과 연결돼 있었고 대만도 마찬가지였다. 인간은 유연한 적응력을 갖고 거주 지역을 확장해 나가긴 했어도 급격한 기후 변화 때문에 농업은 불가능한 상황이었다.

윌리엄 버로즈는 그린란드 GISP-2 프로젝트에서 확보된 기온 변화 자료를 갖고 '기온 편차의 제곱'을 계산해 그래프를 그렸다. '편차의 제곱'은 통계학자들이 변동의 폭을 표현할 때 쓰는 방법이다. 이 그래프를 보면 10만 년의 빙기와 그 후 1만 년의 간빙기 동안의 기후 변화의

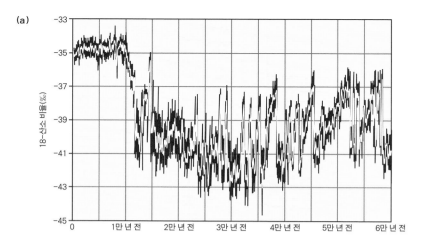

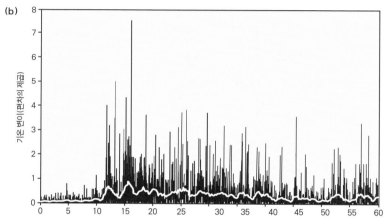

그림 6 위쪽 그림은 지난 6만 년 동안의 기온 등락을 나타내고 있다 아래쪽은 '기온 편차의 제곱값'을 제시해 기후 변화의 정도를 보여준 것이다. Climate Change : A Multidisciplinary Approach (William Burroughs, 2007) 8장에서 인용했다.

차이를 확연하게 볼 수 있다. 지난 1만 년이 잘 다듬어진 잔디밭이라면 빙기 10만 년은 긴 풀(Long Grass)이 우거진 거친 숲에 비유할 수 있다. 버로즈는 이 그래프를 제시하면서 빙기 10만 년을 '긴 풀 시대'라고 불렀다.

버로즈에 따르면 간빙기에 들어선 후의 기온 변동 정도는 빙기 때의 5분의 1~10분의 1로 줄었다고 한다. 기후의 이런 안정성이 찾아오면서 비로소 인간 집단이 정착형 농업 사회로 진입하는 것이 가능해졌다. 작년의 날씨와 올해의 날씨, 그리고 올봄의 기후와 올가을의 기후가 전혀 다르다면 씨를 뿌려 농사를 짓는다는 것을 생각할 수 없을 것이다.

빙기의 지구 평균 기온은 지금보다 섭씨 5도 아래였다. 북반구 대륙 지역은 12~14도 아래였다. 그런데 열대 산호초에 대한 동위원소 분석을 보면 빙기의 열대 바다 수온은 지금보다 2~3도 낮은 정도였다. 열대 기후는 중위도 대륙 지역만큼 변동성이 크지 않았던 것이다. 결국 당시의 극지~열대 기온차가 지금보다 훨씬 컸다는 뜻이 된다. 대기 순환이 강하고 폭풍이 몰아쳤을 것이다. 빙하 코어에 갇힌 당시의 공기 방울 속에는 먼지 성분이 어마어마하게 많았다.

해수면은 3만 년 전까지만 해도 지금보다 30~70m 낮은 수준에서 오락가락했다. 그러던 것이 빙하가 극대화되면서 2만 1000년 전에는 130m 아래까지 내려갔다. 인간 집단은 주로 해안 지대에 거주하는 경향이 있다. 빙기 후 해수면 급상승은 인간 거주지를 수몰시키고 인간 집단으로 하여금 새로운 거주지를 찾아 이주하도록 이끌었을 것이다.

'기후의 잔디밭 시대'에 비로소 등장한 인류 문명

지구에서 '긴 풀 시대'가 끝난 것은 1만 1700년께 영거 드라이아스기가 마감되면서다. 버로즈는 '잔디밭 시대'로 들어서면서 비로소 인간 문명의 등장이 가능했다고 설명한다. 1만 년 이전 고대에도 화려한 문명이 있었는데 불가사의한 변화로 사라지고 말았다는 일각의 주장은 빙기의 숨 돌릴 새 없는 기후 급변으로 볼 때 있을 수 없는 이야기라는 것이다.

간빙기가 빙기보다 따뜻하다는 것만이 문명 등장의 조건은 아니다. 북위 71도로 알래스카 최북단에 위치한 인구 4000명의 소도시 배로 (Barrow)에선 1만 년 전부터 이누이트 족이 집단 거주하고 있다. 1년 내내 땅이 얼어 있는 혹독한 추위의 동토 마을 배로의 기후는 빙기 때 인간들이 겪었던 조건과 비슷할 것이다. 그럼에도 거기에 부락이 생기고 사람들이 집단 거주해온 것은 북극 고래가 규칙적으로 1년 중 일정한 때 이 지점을 통과하기 때문이라는 것이 버로즈의 설명이다. 일정한 시기 고래가 지나간다는 지식이 있기 때문에 기다리고 있다가 고래를 사냥할 수 있는 것이다. 그것이 바로 '혹한 속의 기후 안정성'이다. 만일 이런 기후의 안정성이 무너진다면 인간 거주지는 붕괴할 수밖에 없다. 지난 빙기 동안의 '긴 풀 기후'가 바로 기후의 안정성이 깨진 상태였다.

'유럽이 시베리아 된다'는
미(美) 국방부 황당 기후 급변 보고서

2003년 미국 국방성의 용역을 받은 일단의 연구팀이 멕시코 만류 흐름이 끊기는 상황을 전제로 한 보고서를 내놓아 센세이션을 일으킨 일이 있다. 국방부 보고서는 해안 도시들이 해수면 상승으로 물에 잠기고 유럽 기온은 평균 3도 이상 떨어질 것이라는 충격적인 내용을 담고 있었다. 영국 기후는 2020년까지 시베리아성 기후로 바뀐다는 것이다. 그런 기후 급변으로 방글라데시, 카리브해, 스칸디나비아 등 지역에선 대규모 기아 사태가 발생하면서 난민들의 이주로 세계가 무정부 상태로 굴러떨어질 수 있다고도 했다. 그렇게 되면 각국 정부는 식량, 물, 에너지 자원을 확보하기 위해 핵무장에 나설 수 있다는 것이다.

원래 국방부라는 조직은 최악 상황을 전제하고 대비하는 곳이긴 하다. 그렇긴 해도 미국 국방부가 10~20년 안에 기후 시스템이 롤러코스터처럼 굴러떨어져 세계적 혼란이 야기될 수 있다는 공상 소설 같은 보고서를 만들었다는 것이 놀랍다.

미국 국방부 보고서가 나온 다음해인 2004년에는 역시 멕시코 만류가 차단되면서 동토의 땅으로 변한 미국 뉴욕 맨해튼에서 벌어지는 일들을 그린 헐리우드 영화 〈투모로우(The Day after Tomorrow)〉가 개봉됐다. 멕시코 만류의 흐름이 끊기면 유럽이 추워져야 하는 것인데 미국 뉴욕의 건물들이 얼어붙는다고 했던 것부터가 황당한 설정이었다.

그런데 2005년에는 실제로 멕시코 만류의 흐름이 30% 정도 약화됐다는 과학 보고서가 나와 기후학계 주목을 받았다. 그러나 미국 해양대기청(NOAA)에서 대서양 전역의 염분도를 확인해 2007년 열염순환은 여전히 건강하게 움직이고 있다는 결론을 냈다(Climate of Extremes - Global Warming Science They Don't Want You to Know 6장, Patrick Michaels, 2009).

지구 온난화가 빙기 때처럼 기후를 요동치게 만들지는 않을까 하는 것이 기후 전문가들의 핵심 관심 중 하나다. 코펜하겐 기후 회의를 앞두고 2009년 9월 27명의 과학자들이 「인류가 안전하게 살 수 있는 공간(A safe operating space for humanity)」라는 글을 《네이처》에 기고했다. '지구의 하부 시스템들은 비선형적(非線型的)으로 반응한다. 가끔은 급작스러운 반응을 보일 때가 있다. 특히 핵심 지표들에서 어떤 임계점에 접근해 있을 때가 민감하다. 임계점이 지나버리면 몬순 시스템 같은 기후의 핵심 하부 시스템이 완전히 새로운 평형점으로 덜컹 하면서 옮겨 가버릴 수 있다. 그건 인간에게 재앙적인 결과가 될 수 있다.' 클리브 해밀턴은 이들의 견해를 소개하면서 온난화된 지구 경우도 대기 중에 열 에너지가 축적된 상태이기 때문에 급변의 여지를 갖고 있다고 주장했다(Earthmasters 8장, Clive Hamilton, 2013년). 그는 "현대 문명은 안정적 기후와 화석 연료라는 두 가지 조건 때문에 가능했는데 이젠 그 둘 다 보장할 수 없는 상태"라고 했다.

온난화로 기후 급변의 '티핑 포인트' 넘어설 수 있다

예일대 경제학자 윌리엄 노드하우스 교수도 "문제는 임계점(threshold)을 지나쳐버릴 수 있다는 것"이라고 했다(The Climate Casino 5장, 2013). 그는 기온이 2~3도 정도 오르는 것 자체는 별 문제가 안 된다고 했다. "북부 스노벨트에서 남부 선벨트로 따뜻한 날씨를 찾아 기꺼이 휴가 즐기러 가지 않는가"라고 했다. 그 정도 기온 상승으로 인한 농업과 보건 측면의 리스크는 어지간한 국가라면 다 적응하고 극복할 수 있다는 것이다.

문제는 기후 변화의 예민한 임계점이 있을 수 있다는 점이다. 예를 들면 도로 지면이 영상 1도에서 영하 1도로 떨어질 때를 생각해보자. 겨우 섭씨 2도의 기온 변화지만 녹아 있던 도로가 얼어버린다. 운전자에게는 엄청난 상황 변화다. 거대한 대륙 빙하가 만들어지는 것도 지구 궤도 움직임에서 야기된 에너지 균형의 작은 변화 때문이었다. 마치 카오스 이론에서 초기값의 미세 변화가 결과에서는 엄청난 차이로 나타날 수 있듯, 임계점 근처에서는 돌이킬 수 없는 기후 급변이 가능하다는 것이다.

노드하우스 교수는 두 개의 구덩이가 있는 그릇 속 볼의 균형을 갖고 기후의 티핑 포인트(tipping point)를 설명했다.〈그림 7〉 기후 시스템과 그 영향을 받는 경제 시스템·생태 시스템은 그림의 위쪽 '좋은 균형(good equilibrium)' 상태에서 어지간한 외부 충격과 스트레스를 받아도 금세 복원력을 발휘해 원래의 균형을 유지한다. 그러나 스트레스가 어떤 임계점을 지나는 순간 기후 시스템은 아래쪽 '나쁜 균형(bad equilibrium)' 상태로 걷잡을 수 없이 굴러떨어지고 말 수 있다. 위쪽 균형점에서 아

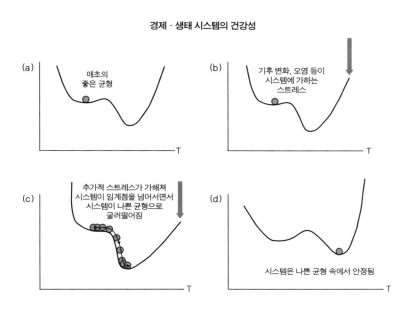

경제·생태 시스템의 건강성

그림 7 노드하우스가 설명하는 기후 시스템의 티핑 포인트. ⓐ 원래의 균형 상태에서 ⓑ 기후 변화의 스트레스가 누적되면 ⓒ 기후 시스템이 굴러떨어진 후 ⓓ 새로운 '나쁜 균형' 상태에서 안정된다. The Climate Casino(2013) 5장에서 인용했다.

래쪽 균형점으로 추락하는 변화는 비선형적(non-linear) 변화여서 티핑 포인트가 언제 찾아올지를 내다볼 수 없다. 한번 '나쁜 균형점'으로 굴러떨어진 기후 시스템은 외부 스트레스가 해소된 다음에도 위쪽 '좋은 균형점'으로 쉽게 회복될 수 없다.

기후 급변의 가능성을 주장하는 학자들이 제일 주목하는 것은 그린란드 빙하다. 지금 간빙기에 들어와 있지만 대륙 빙하가 하나도 없는 것은 아니다. 남극 대륙과 그린란드의 두 곳에 거대 빙하가 남아 있다. 둘 중에서도 위도가 낮은 편인 그린란드에서 어떤 사태가 빚어질 가능성은 없겠느냐는 것이다.

그린란드는 남북한 합친 한반도 면적의 10배가 넘는 216만km^2의 면적에 2km 두께로 얼음이 쌓여 있다. 가장 두꺼운 곳의 빙하는 3.4km이다. 이것이 다 녹으면 지구 전체 바다 수면이 7m 상승한다. 빙하 바닥의 윤활유 작용 등의 현상으로 그린란드 빙하가 붕괴되는 상황을 경고하는 학자들이 적지 않다. 일단 빙하가 녹기 시작해 빙하 고도가 낮아지면 기온이 더 올라가는 포지티브 피드백 작용도 있다. 고도가 1000m 낮아지면 섭씨 6도가 상승한다.

더구나 북극해 해빙(海氷)은 수십 년 사이 빠르게 녹아왔다. 미국 해양대기청(NOAA)이 2015년 12월 내놓은 보고서에 따르면 북극의 얼음 면적은 441만km^2까지 축소됐다. 1979년 관측이 시작됐을 때보다 30% 정도 줄었다. 북극 얼음은 바다 위에 떠 있는 상태여서 이것이 녹는다고 해수면 상승이 야기되지는 않는다. 하지만 북극 얼음이 녹으면 햇빛 반사 능력이 약해지면서 추가로 기온 상승을 부르는 강력한 포지티브 피드백이 작용한다. 북극해 얼음이 사라지면 북극권에 위치한 그린란드 기온에도 곧바로 영향을 미칠 것이다. 노드하우스 교수는 "어떤 기후 모델은 그린란드 빙하가 기온 5도 상승까지는 별 영향을 받지 않지만 5도에서 6도 상승으로 넘어가는 지점에서 걷잡을 수 없이 한꺼번에 녹아버린다는 예측을 내놓기도 했다"고 설명했다.

　IPCC는 2100년까지 산업혁명 이전 시기보다 대략 3도 정도의 기온 상승을 예측하고 있다. 러시아의 푸틴 대통령은 2010년 "약간의 기온 상승이 왜 나쁜가"라는 말을 한 적이 있다. 러시아로서는 그 정도의 지구 평균 기온 상승이라면 시베리아 기온 상승치는 더 높을 것이고, 시베리아 동토가 농지로 변할 수 있다는 생각을 할 수도 있다. 시베리아가 따뜻해지는 것은 인간에게 해로운 변화는 아닐 수 있다.

　문제는 2만 년 전 빙하 최전성기 때보다 지금의 기온이 겨우 섭씨 5~6도 높을 뿐이라는 점이다. 5도 정도 기온이 오르는 데 1만 년이 걸렸다. 그러나 지금의 온난화는 불과 200년 사이 3도가 오르는 속도다. 빙기에서 간빙기로의 기온 상승 때보다 30배 빠른 속도다.

　기후가 안정적이었던 지난 1만 년의 간빙기 동안에도 기후 변화로 인한 문명 몰락의 비극이 여러 차례 빚어졌다. 제일 대표적인 사례가 4200년 전 나일강 유역 이집트 문명과 중동 일대 아카디안 문명의 돌연 붕괴일 것이다. 두 지역에는 급작스럽게 건조 기후가 닥쳤다. 번성했던 문명 지역이 기근에 시달리게 되면서 이집트에선 귀족들 사이에 식인(食人)의 풍습까지 있었다는 것이 상형문자 기록으로 남아 있다고 한다(Climate Change in Prehistory 6장, William Burroughs, 2005). 중동 메소포타미아 지역도 사람들이 관개시설을 갖춰놓고 농사짓던 논밭들이 어느 순간 갑자기 버려지고 황폐해졌다. 멕시코 마야 문명도 서기 700

년대까지는 번성하다가 800년대 들어서 건조 기후가 엄습하면서 순식간에 붕괴됐다.

빙하 붕괴 외에 지질학적 증거에서 확인되는 또 한 가지 유형의 기후 급변은 5500만 년 전 발생했던 바다 밑바닥 메탄하이드레이트의 붕괴(PETM)이다. 당시 5도 이상의 기온 급상승이 벌어졌다. 분출된 탄소량은 2조~5조 톤일 것이라는 추정이 있다. 바다 밑 메탄하이드레이트는 안정된 퇴적층 아래 자리잡고 있어 쉽게 터져나올 수는 없다고 한다. 그러나 기후에는 수많은 포지티브 피드백이 작용할 수 있다. 인간이 배출한 온실가스가 일정한 기온 상승을 일으킨 후, 툰드라 지대의 동토 토양에 갇혀 있는 유기물들이 기온 상승에 반응해 분해될 수도 있다. 그런 연쇄 반응이 초래되면 지구에 '슈퍼 온실시대'가 찾아올 수 있다 (Deep Future-The Next 100,000 Years of Life on Earth 4장, Curt Stager, 2011).

지질학자 커스텐 피터스는 『The Whole Story of Climate』(2012)이란 책에서 "기후가 일정하게 유지된다는 선입견부터 버려야 한다"고 했다. 기후는 원래 안정적이고 온화한 것인데 사람들이 이산화탄소를 배출해 망쳐놓고 있다는 생각도 잘못이라는 것이다. 기후는 사람들의 이산화탄소 배출과는 상관없이 언제든 급변할 수 있는 불안정 시스템이라는 것이다. 그런 인식에서 출발해야 지금의 기후 변화 문제도 올바로 바라볼 수 있다는 주장이다.

'70억 인구'가 기후 급변에
유연한 대응 어렵게 만들어

과학 기술은 인간의 적응 능력을 획기적으로 키워줬다. 그러나 지구상 인구 규모는 최근 200년 사이 급증했다. 서기 1800년의 지구 인구는 대략 10억 명이었다. 그것이 20억 명(1925년)→ 40억 명(1975년) →60억 명(2000년)을 거쳐 지금은 70억을 헤아리게 됐다. 지구 환경의 부양 능력에 비해 과도한 인구가 살고 있는 것이라면 기후 시스템이 작은 충격을 받을 때 인간 사회엔 큰 혼란이 닥칠 수 있다.

어지간한 선진국 중산층 시민들은 현재 과거 왕족들도 누리지 못했던 수준의 소비 생활을 하고 있다. 경제란 계속 발전하고 생활 수준은 나아지는 것이라는 게 지난 200년 사이의 인류 경험이었다. 만일 에너지 가격이 천정부지로 오르고 경제가 곤두박질치고 식량 공급 시스템이 붕괴된다면 인구 1000만 명 도시가 즐비한 이 세계에 어떤 무정부적 사태가 닥칠지 알 수 없다.

7

불확실성

Wicked
Problem

2015년의 지구 평균 기온은 온도계에 의한 기온 측정이 광범위하게 시작된 150년 전 이래 최고를 기록했다. 2016년은 9월까지 상황을 보면 2015년 기온을 깰 것이 거의 확실하다. IPCC 공식 견해는 '1880~2012년 사이 전 지구 육지와 해양의 평균 표면 온도가 0.85도(0.65~1.06도) 상승했다'는 것이다(Summary for Policymakers. In *Climate Change 2013: The Physical Science Basis*). 과연 이것이 인간이 뿜어내는 온실가스 탓인지, 기온 상승은 앞으로도 계속될 것인지, 앞으로 예상되는 기온 상승이 지구 생태계와 인간 사회에 심각한 위협이 될 것인지 등을 놓고 많은 과학 논란이 있었다.

지구 온난화 논쟁에는 에너지 정책과 관련된 중요한 산업적-경제적 이해 관계가 걸려 있다. 과학기술의 발전이 초래하는 지구 생태 변화를 어떤 눈으로 볼 것인지 하는 철학적 논쟁의 측면도 있다. 산업화를 먼저 이뤄 지금의 세계 질서를 주도하고 있는 서구 중심의 선진국들과, 선진국-개도국 경제 격차가 공정한 것인지 의문을 제기하는 개도국 집단 사이의 갈등 문제도 얽혀 있다.

지구 온난화와 기후 변화는 순수하게 과학 논란에만 국한시켜 보더라도 해답을 쉽게 찾기 어렵다. 기후 결정에 관여하는 수많은 요인들이

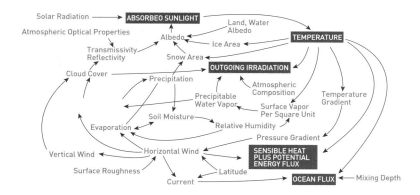

그림 1　기후 인자들이 인과 관계로 얽혀 있는 메커니즘을 표현한 그림. The Climate Fix(Roger Pielke, JR., 2010) 1장에서 인용했다.

서로 인과 관계로 얽혀 있기 때문이다. 중간 단계의 결과가 원래 그것을 일으킨 원인 현상에 대해 또 작용을 미치는 식으로 연결돼 있다. 그러다 보니 어떤 것이 꼬리이고 어떤 것이 머리인지 분간할 수 없게 맞물려 있는 것이다. 이렇게 복잡하게 꼬리에 꼬리를 무는 상호작용에 대해 미래 결과를 예측한다는 것이 쉬울 수가 없다.〈그림 1〉

CO_2는 올라가는데 기온은 떨어진 '1940~70년대 냉각화' 문제

과학자들이 이견 없이 동의하고 있는 점은 화석 연료 연소로 인해 대기 중 이산화탄소 농도가 꾸준히 상승하고 있다는 사실이다. 찰스 킬링이 1958년 하와이 마우나로아 관측소에서 이산화탄소 농도를 관측하기 시작한 후 부인할 수 없는 사실로 굳어졌다. 그러나 화석 연료에서 나온 이산화탄소가 기온을 상승시키고 있는 것인지에 대해선 아직 논란이 이어지고 있다.

이 문제를 아리송하게 만들었던 요인 중 하나가 1910~40년에는 지구 평균 기온이 빠르게 상승했던 반면, 1940~70년 기온은 정체 또는 미약한 냉각화 추세를 보였다는 사실이다. 1970년대 초반에는 지구가 다시 한번 빙하기로 들어서는 것 아니냐는 주장이 제기될 정도였다.

화석 연료 연소로 인한 이산화탄소 배출량 변화는 그와는 다른 양상이었다. 1910~40년은 두 차례의 세계전쟁, 1930년대 대공황 등으로 세계 각국의 이산화탄소 배출 증가 속도가 급상승하지는 않았던 시기다. 반면 1940~70년은 2차대전 후 공업화-산업화가 전 세계로 확산돼 이산화탄소 배출량이 가파르게 증가했다. 그런데도 1900년대 초반엔 기온이 빠르게 상승하다가 중반 수십 년은 정체 또는 냉각화 상태였다는 것은 '이산화탄소 온난화설'의 설명틀과는 맞아떨어지지 않는 부분이다.〈그림 2〉

이에 대해 주류 기후학자들이 '석탄을 연소하면서 배출된 황산에어로졸이 기온을 끌어내렸다'고 설명하고 있는 점은 3장에서 다뤘다. 그러나 인간 배출 온실가스에 의한 기온 상승을 부정해온 '회의론' 진영에선 '황산 에어로졸 냉각화 작용설'에 대해 IPCC 기후 모델들이 1940~70년대의 냉각화를 설명하기 위해 억지로 끼워맞춘 것이라고 주장하고 있다. '마치 모자 속에서 토끼 꺼내듯 설명하는 것처럼 비쳐진다'고 표현한 사람도 있다(Climate Change : A Multidisciplinary Approach 11장, William Burroughs, 2007).

1940~70년대의 냉각화를 '태평양 10년 단위 진동(PDO · Pacific Decadal Oscillation)'라는 자연적 기후변동 사이클로 설명하는 시도도 있다. IPCC의 기온 변동 그래프를 보면 1850~1880년은 온난화, 1880~1910년은 냉각화, 1910~1940년 온난화, 1940~1970년 다시 냉

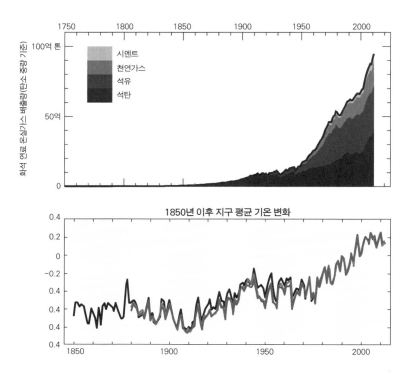

그림 2 위의 그래프는 지난 150여 년 간의 화석 연료 소비 추세를 나타냈다. IPCC 5차 보고서의 Technical Summary에서 인용했다. 아래 그래프는 같은 기간의 기온 변화를 보여준다. IPCC 5차 보고서의 Synthesis Report에서 인용했다. 두 그래프가 같은 추세를 반영하지 않고 있다는 것을 금방 알 수 있다.

각화, 이어 1970년 이후 30년은 빠른 온난화 추세를 보이고 있다. 30년 단위로 온난화-냉각화가 뒤바뀌고 있고, 이는 태평양 수온이 대략 30년을 주기로 상승기-하강기가 교차하는 것을 그대로 따라가고 있는 것이라는 주장이다.

지구 기온 그래프를 보면 엘니뇨가 아주 강력했던 1998년 이후 10여년 동안은 기온의 상승세가 주춤하는 양상을 보였다. 이를 놓고 '온난화 회의론' 진영에서는 "이산화탄소 농도는 계속 상승하는데 기온은 왜 따라 올라가지 않느냐"는 의문을 제기해왔다.

위스컨신-밀워키 대학(University of Wisconsin-Milwaukee)의 두 수학자 (Kyle L. Swanson, Anastasios A. Tsonis)는 2009년 《지오피지컬 리서치 레터스(Geophysical Research Letters)》라는 과학 저널에 발표한 「기후가 최근 변한 것인가?(Has the climate recently shifted?)」라는 논문에서 지구 기후가 2001~2002년을 고비로 새로운 냉각화 주기로 들어섰을지 모른다는 주장을 폈다. 지구 기후는 수십 년 단위로 양상이 바뀌어왔고 1970년대 중반 이후 지속된 온난화가 이젠 그 상승세를 멈추고 새로운 상태(new state)로 들어섰을 가능성이 크다는 것이다. 스완슨 등은 기후의 내부 변동성(internal variability)에 의한 이번 변화가 수십 년 동안 지속될 수 있다고 주장했다(Global Warming False Alarm - The Bad Science behind the United Nations' Assertion that Man-made CO_2 Causes Global Warming 7장, Ralph B. Alexander, 2009).

PDO 사이클은 알래스카 연어의 어획고와 태평양 기후의 상관 관계를 규명하려다가 발견한 기후변동 사이클이다. 그 원인은 규명되지 않고 있다. 이 사이클이 확인된 후 태평양에서 나타나는 지역 규모의 기후 변동이 지구 전체에 영향을 미친다는 주장이 나왔다. 일본 기후학자 아카소푸(赤祖父 俊一)는 1900년대 들어 진행된 빠른 온난화는 1300~1800년의 소빙하기로부터 벗어난데 따른 자연적인 온난화 효과에다가 PDO의 30년 사이클을 결합시키면 거의 대부분 설명이 가능하다고 주장하고 있다. 두 요소를 결합시킬 때 75% 이상 설명된다는 것이다(Climate: the counter consensus - A Paleoclimatologist Speaks 5장, Robert Carter, 2010).〈그림 3〉

PDO 사이클은 1977년 '온난기' 주기로 들어섰고 이때부터 태평양

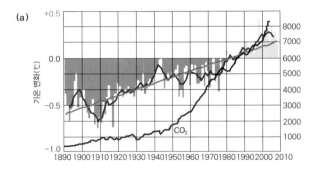

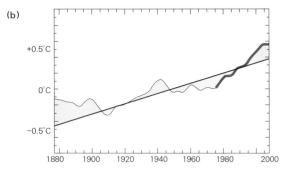

그림 3 아카소프가 2010년《내추럴 사이언스(Natural Science)》에 발표했던 「On the Recovery from the Little Ice Age」 논문의 그래프를 인용했다. 위의 그림에서 빨간색 실선은 현재의 기후가 소빙하기의 냉각기로부터 기온을 회복하고 있는 추세(100년당 0.5도씩의 기온 상승)를 나타낸 것이다. 검은색 선은 이산화탄소의 연간 배출량을 보여준다. 파란색 선은 실제 기온 변화 추세이다. 아래 그림은 위의 그림을 단순화시킨 것이다. 붉게 채색된 부분은 수십 년 주기의 기온 변화 흐름 가운데 '온난기' 주기를, 푸르게 채색된 부분은 '냉각기' 주기를 나타낸다. 최근 수십 년의 기온 급상승은 1980년의 냉각기 바닥 상태에서 온난기 최고조 상태로 올라가는 단계에서 나타난 자연 현상이라는 설명이다.

적도 지방에서 북태평양 알래스카 지방으로 더운 바람이 불기 시작했다고 한다. 이후 지구 전체 기온이 상승으로 전환했다. 그러나 기후학자 다수는 PDO가 지역적인 현상인 것으로 보고 있다.

PDO 사이클은 2008년쯤 '온난기' 주기를 끝내고 '냉각기' 주기로 들어섰다고 한다. 만일 PDO가 지구 전체의 기온 등락을 주도하는 것이라면 향후 상당 기간 동안 냉각화가 지속된다고 봐야 한다. 그러나

2015, 2016년의 연이은 지구 평균 기온 갱신은 그같은 '냉각 주기로의 변동' 가설의 신빙성을 약하게 만들었다.

중세 온난기엔 CO_2 상승도 없었는데 왜 따뜻했나

2000년대에 나타난 기온 상승은 자연적 기후변동 사이클일 뿐이라고 주장하는 또 하나의 근거는 '중세 온난기(Medieval Warming Period)' 문제이다. 서기 900~1300년의 400년 동안 지구 기온은 2000년대 후반과 비슷하거나 오히려 더 따뜻했다는 것이다. 당시는 공업화 시작 훨씬 전이기 때문에 인간에 의한 인위적 이산화탄소 배출은 물론 없던 시기다. 중세 온난기엔 이산화탄소 농도에 아무 변화도 없었는데 기온이 올랐다는 것은, 지금의 기온 상승도 이산화탄소 탓이 아니라 자연에 숨어 있는 다른 요인 때문일 수 있다는 주장이다.

우선 중세 온난기 기온 상승이 어느 정도였고, 그것이 지구 전역에서 관찰되는 현상인지 아니면 국지적인 현상인지에 대해서부터 '경고론자(alarmist)' 진영과 '부정론자(denier)' 진영의 견해가 상반된다. 이 시기에 노르웨이의 바이킹족들이 그린란드에 들어가 300년간 농사 지으며 정착 생활을 했다. 그린란드에 관한 한 당시가 지금보다 훨씬 더 웠다는 확실한 증거다. 당시 그린란드 기온은 현재보다 2~4도 높았을 것으로 추정된다(Unstoppable Global Warming, Fred Singer, 2009).

온난화 부정론 진영의 학자인 호주 지질학자 이안 플리머(Ian Plimer, 1946~)가 쓴 『천국과 지구(Heaven and Earth)』를 보면 중세 온난기가 얼마나 따뜻했는지에 관한 역사 기록과 기후연구 자료들을 많이 열거하고 있다. 그때엔 영국 남부의 광범위한 지역에서 포도 재배가 이뤄졌다. 중국, 일본 등의 화분 분석 자료와 역사 기록에서도 중세 온난기가 확인 된다는 것이다. 당시 바이킹들은 북대서양을 건너 북미 뉴펀들랜드까지 진출했는데 자신들의 정착지를 'Vinland', 즉 '포도의 나라'라고 불렀다. 중세 온난기의 따뜻한 날씨는 유럽에만 국한된 것이 아니라 아프리카, 중국 등도 마찬가지였다는 것이 온난화 부정론 진영의 주장이다.

중세 온난기의 기온이 얼마나 높았는지 또는 기온 상승의 원인은 무 엇인지에 관한 과학적 논란과는 별도로, 기온이 높을수록 인간 문명의 번성에는 유리한 조건으로 작용했다는 것도 온난화 부정론 진영이 제 기하는 논점의 하나다. 중세 온난기에는 농업 생산성이 향상돼 물자가 풍부했고 남아도는 노동력을 동원해 대성당 같은 거대 건축물을 지을 수 있었다는 것이다. 당시 유럽 인구도 50% 급증했다. 중국도 마찬가 지여서 이 시기에 인구가 2배로 늘었고 송나라의 화려한 문명이 등장 했다는 것이다(Heaven and Earth 2장, Ian Plimer, 2009).

반면 중세 온난기 이전 '암흑기(Dark Ages)'라 불리는 서기 500~900 년의 시기에는 기온이 떨어지면서 기근이 만연했다. 서기 542년부터 3 년 동안 페스트가 창궐해 2500만 명이 숨졌다. 유럽 대륙이 페스트로 인해 또 한번 호되게 곤욕을 치렀던 1340년대 역시 '소빙하기(Little Ice Age)'로 기온이 냉각됐던 시기였다. 소빙하기 역시 질병과 기근이 만연 했고 유럽 곳곳에서 마녀 사형이 벌어졌다.

그에 반해 '로마 온난기(기원전 200~기원후 500년)'는 중세 온난기처 럼 문명이 번성했고 대형 건축물들이 속속 지어졌다. 결국 '기온이 몇 도 높아진다고 해도 그건 인간에게 도움이 되는 것이지 걱정할 일은 아니지 않은가' 하는 주장들이 나올 만하다. '시베리아와 캐나다 평원에서 농사를 지을 수만 있게 된다면 얼마나 좋은 세상이 올 것인가'라고 빈정댄 사람도 있다(Don't Sell your Coat- Surprising Truth about Climate Change 10장, Harold Ambler, 2011).

마이클 만의 '하키 스틱' 논란

이 문제와 관련해서 치열한 논란을 빚었던 것이 펜실베이니아 주립대 마이클 만(Michael Mann, 1965~) 교수의 '하키 스틱(Hockey Stick)' 그래프다. 만 교수는 나이테 분석을 위주로 거기에 빙하 코어, 산호의 성장륜(輪), 호수 퇴적물 등의 프록시 자료를 추가해 지구 기온을 복원하는 작업을 벌였다. 마이클 만은 1998년《지오피지컬 리서치 레터스》에 과거 600년치의 기온 재구성 그래프를 실었고, 이걸 1999년 과거 1000년치로 확대해《네이처》에 게재했다.

그래프를 보면 중세 온난기의 기온이 1900년대 보다 0.2도 정도 낮은 것으로 돼 있고 중세 온난기와 소빙하기의 기온 등락폭이 잘 알아보기 힘들 정도로 미미하게 나타나 있다. 반면 1900년대 후반부로 들어와서는 기온이 솟구치다시피 급상승 그래프를 그리고 있다. 최근 기온 급상승 추세가 하키 스틱 모양을 닮았다고 해서 '하키 스틱'이라는 별칭이 붙었다. 하필 1998년은 강한 엘니뇨 탓에 기온이 급상승했던 해였다. 그래서 만의 하키 스틱 그래프가 신문들의 1면을 장식했다. IPCC가 2001년 발표한 '3차 보고서'에도 만의 하키 스틱 그래프가 기온 급등의 위험을 보여주는 대표 그래프로 실렸다(The hockey stick and the climate wars, 4장, Michael Mann, 2012년).〈그림 4〉

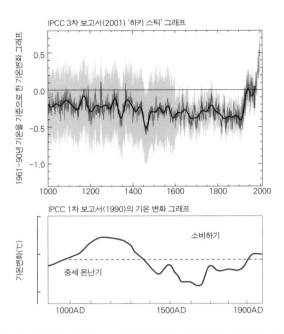

IPCC 3차 보고서(2001) '하키 스틱' 그래프

IPCC 1차 보고서(1990)의 기온 변화 그래프

그림 4 위쪽은 2001년 IPCC의 3차 보고서에 실린 하키 스틱 그래프. 마이클 만의 논문을 토대로 했다. 아래쪽은 1990년 IPCC 1차 보고서에 실린 과거 1000년의 기온 그래프이다. 하키 스틱 그래프에는 중세의 따뜻한 기후와 소빙하기의 냉각화 현상이 뚜렷하게 나타나 있지 않다. 대신 20세기의 급격한 온난화가 마치 하키 스틱의 날처럼 치솟는 형태로 표현돼 있다. 1차 보고서에서는 중세 온난기 기온이 1900년대보다 높은 것으로 표현돼 있다.

　　1990년 IPCC가 최초로 작성했던 1차 보고서 때의 '최근 1000년 기온 변화 그래프'는 하키 스틱 그래프와 아주 다른 모습이다. 1차 보고서엔 중세 온난기의 기온이 1900년대의 기온보다 높은 것으로 돼 있다.

　　하키 스틱 그래프는 많은 반박과 공격에 시달려야 했다. 나이테 같은 프록시 데이터는 기본적으로 통계적 위험이 도사리고 있다. 나무마다 개별적으로 겪은 성장 환경들이 나이테에 기록되게 마련이다. 분석을 위해서는 나이테들을 수집해 평균 처리를 함으로써 단기적이고 임의적인 변화의 잡음들을 걸러내고 진짜 신호를 잡아내야 한다. 그러기 위해서는 굉장히 복잡한 통계 처리가 필요하다. 이 과정에서 연구자의 자의적 해석이 개재될 가능성이 있다.

하키 스틱 비판의 핵심에 선 것은 은퇴한 광산 경영인 스티븐 매킨타이어(Stephen McIntyre)와 캐나다 겔프대 경제학과 교수 로스 매키트릭(Ross McKitrick)의 콤비였다. 이들은 기후 문제 전문가는 아니었는데 하키 스틱 그래프를 보고는 기업들이 투자자들을 끌어들이기 위해 통계를 마사지하는 수법과 아주 비슷한 그래프라는 직감을 갖게 됐다고 한다(The Whole Story of Climate 11장, Kirsten Peters, 2012). 그래서 이들은 2002년 마이클 만에게 하키 스틱 그래프를 그려낼 때 사용한 원자료와 통계분석법을 제시하라고 요구했다. 기온 그래프는 다양한 프록시(proxy) 자료들로 평균을 내서 그리게 된다. 그런데 기초가 되는 프록시 자료들이 풍부하지도 않았고 지역적으로 치중돼 있기 때문에 '지구 전체 평균'을 뽑아내기 위해서는 복잡한 통계 처리 작업이 필요하다. 이 통계 처리 과정에서 뭔가 작위적인 손질이 있었던 것 아니냐는 의문을 갖고 접근한 것이다.

결국 매킨타이어와 매키트릭은 만에게서 얻어낸 기초 자료를 갖고 만이 그린 그래프와는 전혀 다른 그래프를 만들어 발표하게 된다. 그들은 만의 통계 처리 기법에 결함이 있었으며 시기적으로 최근으로 올수록 기온이 우상향 그래프를 그리도록 유도되고 있었다고 주장했다. 그렇게 해서 중세 온난기의 기온 상승과 소빙하기의 냉각화를 깔아뭉갰다는 것이다. 마이클 만은 이에 대해 "중세 온난기, 소빙하기가 전 지구적 규모로 진행된 것이 아니라 국지적 현상이었기 때문에 나의 분석에서 나타나지 않았던 것일 뿐"이라고 주장했다.

논란이 이어지자 미국 하원 에너지위원회가 에드워드 웨그먼(Edward

Wegman)을 필두로 하는 통계 전문가들에게 사실 규명을 요구했고 웨그먼은 2006년 7월 보고서 제출했다. 웨그먼은 '고기후 학자들이 통계처리에 의존하면서도 통계 전문가들과 충분한 소통을 하지 않는다'고 만에 대해 비판적 입장을 보였다. 같은 해 하원 과학위원회 요구로 국립과학아카데미(NAS)도 별도 조사 보고서를 냈는데 결론은 '과거 400년 이래 지금 기온이 가장 높다'는 미지근한 내용이었다. 서기 1600년 이전 상황은 불확실하고, 900년 이전 상황은 잘 모르겠다는 결론이었다.

마이클 만 자신은 2012년 낸 『하키 스틱과 기후 전쟁(The Hockey Stick and the Climate Wars)』에서 '하키 스틱 논문 이후 비슷한 연구 결과가 많이 나왔는데 우리가 사용하지 않은 다른 자료를 활용해 결국 우리의 하키 스틱과 비슷한 그래프를 그린 경우가 많았다'고 주장했다. 2007년 시점에서 프록시 관련 연구가 1200개 나왔고 그중에서 중세 온난기에 해당하는 서기 1000년 이전까지 거슬러 올라가는 연구가 50개 이상이었는데 모두 하키 스틱과 모순되지 않았다'는 것이다(The Hockey Stick and the Climate Wars 12장, 2012). 양 진영의 논란은 명쾌한 승부가 가려지지 않은 상태다. 비판 진영의 사람들은 하키 스틱에 대해 '인간 유래의 온난화(Men-made warming)'가 아니라 '만이 만들어낸 온난화(Mann-made warming)'라고 빈정거리기도 했다.

0.04% 농도 이산화탄소가
지구 기후를 움직일 수 있겠냐는 주장

이산화탄소 농도가 400ppm이라는 것은 대기 중 분자 100만 개 가운데 400개가 이산화탄소로 이뤄져 있다는 뜻이다. 다시 말해 대기 중 이산화탄소 농도는 0.04%에 불과하다. 1만개 중 4개 꼴로 희소하게 존재하는 이산화탄소 성분이 기온을 끌어올렸다 내렸다 하는 게 도대체 가능한 것이냐 하는 반론도 있다. 앨러배머대 로이 스펜서 교수는 "100만개 공기 분자 가운데 연간 2개씩 늘고 있는 이산화탄소로 인해 지구에서 발산되는 적외선이 우주로 빠져나가지 못해 지구 기온이 오르고 있다는 것은 감각적, 직관적으로 볼 때 말이 안 된다'고 주장했다(Climate Confusion- How Global Warming Hysteria Leads to Bad Science, Pandering Politicians and Misguided Policies that Hurt the Poor 4장, Roy Spencer, 2009). 이에 대해 호주 멜버른대 기후학자이자 환경 저널리스트인 팀 플래너리는 '오존의 경우 전체 대기 분자 100만 개 중 10개꼴밖에 안 되지만 그것들이 없으면 지상의 생물체는 멸종해간다'고 대응했다(The Weather Makers-The History and Future Impact of Climate Change, 3장, 2005, 번역본 『기후 창조자』).

로이 스펜서 교수는 이산화탄소에 의한 온난화 경향이 있더라도 아주 미약할 것으로 봤다. 기존 기후 균형에 어떤 외부 작용이 가해져 변화가 생길 경우 그걸 되돌리려는 반작용이 일어난다는 것이 스펜서 교수의 기본 생각이다. 바로 '네거티브 피드백'이다. 예를 들어 여름 땡볕으로 차 안이 뜨거워지면 차 안에 있는 사람은 당연히 창문을 열어 차 안 뜨거운 공기를 식히려 든다. 그런데 온난화론을 주장하는 과학자들은 그게 아니라 더워지면 차 안에 있는 사람이 창문을 되레 닫아버려 더 덥게 만든다는 억지를 부리고 있다는 것이다(The Great Global Warming Blunder 4장, Roy Spencer, 2010).

스펜서 교수는 지구 기후는 '날씨 현상'이 네거티브 피드백으로 작용해 평형을 유지하려는 복원력을 갖는다고 설명했다. 날씨 현상이 없으면 적도는 계속 뜨거워지고 극지방은 한없이 차가워질 것이다. 그러나 날씨 현상이 대류 현상 등을 통해 지구 표면 에너지를 남는 곳에서 모자라는 곳으로, 위도가 낮은 곳에서 높은 곳으로 분산시키고 있다. 이런 날씨 현상이 이산화탄소 온난화 작용을 대부분 해소시켜준다는 것이다.

날씨 현상 중 제일 중요한 것이 수증기의 네거티브 피드백 작용이다. 기존 기후 모델들은 이산화탄소 농도 증가에 의한 1차 기온 상승이 일어나면 대기 중 수증기 함유량이 늘어나면서 2차의 추가 기온 상승이 생겨난다고 설명하고 있다. 스펜서 교수는 이에 대해 '이산화탄소 증가에 따른 1차 기온 상승이 수증기를 증가시키는 작용을 하려고 해도 강우(降雨) 시스템의 변화가 증가된 수증기들을 제거한다'고 주장했다. 강우 시스템이 이산화탄소보다 몇 배 더 강력한 온실기체인 수증기 양을 조절해 기후 균형을 복원시키는 자동 온도조절 장치로 작용한다는 것이다. 인간 배출 이산화탄소는 미세한 양인데 반해, 강우 시스템이 조절하는 수증기는 어마어마한 양이어서 수증기의 복원력이 이산화탄소의 온난화 작용을 압도한다는 설명이다.

스펜서 교수는 이 과정을 정확히 밝히려면 구름 작용이 규명돼야 한다고 했다. 그러나 구름의 면적, 형태, 분포 등은 현재로선 혼돈 상태이고 예측 불가능이다. 그런데다가 구름에 관해서는 장기 관측 데이터가 없다. 기후 과학자들이 구름을 주목하지 않는 이유는 연구에 활용할 만한 관측 데이터가 없기 때문이라는 것이 스펜서 교수의 주장이다. 있는 거라곤 이산화탄소와 기온 그래프뿐이고, 그래서 과학자들이 있는 재료들만 갖고 끼워맞추기를 하고 있다는 것이다(Global Warming Blunder 1장, 2010).

지구 표면의 3분의 2는 구름으로 덮여 있다. 그런데 구름은 높이와 두께에 따라 태양빛을 반사시키는 알베도 효과가 아주 달라진다. 일반적으로 고도가 낮고 두꺼운 구름은 태양빛의 3분의 2를 반사시킨다. 고도가 높고 얇은 구름은 5분의 1만 반사시킨다. 그러나 온실가스에 의한 1차적인 기온 상승이 어떤 종류의 구름을 더 많이 만들어낼지는 예측하기 어렵다. 그런데다가 구름을 형성하는 응결된 물방울과 기체 형태인 수증기는 끊임없는 상호작용을 거쳐 서로 형태를 바꿔간다. 이 과정이 워낙 복잡하고 불확실성이 크기 때문에 구름은 모델을 돌리는 사람이 자의적으로 결론을 유도할 수 있는 일종의 와일드 카드(wild card)로 쓰이고 있다는 것이 스펜서 교수 주장이다.

기후가 평형을 회복하려는 자기조절 성향을 지니고 있다는 스펜서 교수의 논리는 일견 그럴 것 같다는 느낌이 들기는 한다. 스펜서 교수와 함께 온난화 부정론 진영의 대표적 학자가 MIT의 리처드 린첸(Richard Lindzen) 교수다. 그는 3장에서도 살펴봤듯 온난화가 진행되면 열대 상공에 대기의 열을 가둬두는 작용을 하는 상층 구름이 줄어들어 이것이 지구를 냉각시키는 네거티브 피드백 메커니즘으로 작동한다고 주장했다. 열대의 해수면 온도가 상승하면 응결 작용이 왕성해져 구름의 강수 현상을 강화시킨다는 것이다. 린첸 교수 이론은 광범한 지지를 받지는 못했다.

'기후의 자기 조절 성향'은 현재까지는 실험이나 관찰로 증명된 것이 아니고, 반드시 그래야만 하는 '선험적 법칙'과 같은 것으로 보기도 어렵다. 6장에서 살펴본 것처럼 지구 기후 역사에는 D-O 이벤트나 영거 드라이아스 경우에서 보듯 기후가 평형을 잃고 곤두박질치는 현상들이 있었다. 기후의 자기 조절 기능을 증명하는 사례도 있겠지만 그걸 부정하는 사례도 적지 않은 점을 감안해야 할 것이다.

기온 등락이 CO_2 변화를 선도하는 점은 어떻게 봐야 하나

이산화탄소가 기온 등락을 야기시킨다고 보기 어렵다는 주장의 또 하나 논거는 빙하의 아이스코어 기록에서 이산화탄소 움직임이 기온 변화를 선도하는 것이 아니라 뒤따라가는 것으로 확인된 점이다. 예를 들면 1988년 남극 보스토크 기지의 아이스코어를 분석한 자료에 따르면 직전 간빙기인 에미언기에서 빙기로 들어서는 단계에서 기온은 12만 7000년 전부터 하강하기 시작했다고 한다. 그러나 그 시기에도 이산화탄소는 계속 상승 추세를 밟았다. 그 후 이산화탄소 농도는 오르막내리막을 거듭했고, 기온이 10만 8000년 전까지 2만 년 가까이 계속 하강하고 난 다음에야 비로소 확실한 하강 추세를 보였다(Global Warming: Alarmists, Skeptics, and Deniers 9장, Dedrick Robinson, 2012). 1999년 《사이언스》에 발표된 연구에서도 이산화탄소는 기온의 등락을 600~800년 정도 시차를 두고 뒤따라간다는 것이 확인됐다는 것이다(Unstoppable Global Warming 3장, Fred Singer, 2009, 번역본 『지구 온난화에 속지 마라』).

프레드 싱어는 이 몇백 년의 시차는 바다가 수온 변화에 따라 이산화탄소를 들이켰다가 내뿜었다가 하는 데 걸리는 시간이라고 주장했다. 수온이 차가워지면 바다는 이산화탄소를 더 많이 용해시키고, 수온이 더워지면 바닷물에 녹아 있던 이산화탄소가 거품으로 빠져나와 대기 중으로 들어간다. 따라서 지구 궤도 변화에 따른 태양 입사량이 차이가 기온 변화를 야기한 뒤에 600~800년의 시차를 두고 이산화탄소가 바다로 녹아들거나 바다로부터 뿜어져나오는 반응을 보인다는 것이다. 이 가설이 맞는다면 이산화탄소는 기후 변화를 야기시키는 원인 현상이 아니라 기후 변화에 대해 반응하는 종속변수에 불과한 것이 된다.

3장에서 이미 설명했지만 IPCC를 중심으로 한 기후학자들은 '포지티브 피드백' 현상을 들어 이 모순으로 보이는 현상을 설명하고 있다. 지구 궤도 변화에 따라 1차적으로 발생한 기온 변화가 이산화탄소 농도를 올리거나 떨어뜨리면, 그 다음 오르거나 떨어진 이산화탄소 농도가 1차 기온 변화를 증폭(增幅)시키는 역할을 한다는 것이다. 이산화탄소가 최초 기온 변화에 따라 움직이는 종속변수인 것은 맞지만, 그 종속변수가 다음 단계에서는 추가 기온 변화를 일으키는 원인 변수로 기능한다는 것이다. 펜실베이니아 주립대 리처드 앨리(Richard Alley, 1957~) 교수는 빚에 이자가 붙어 빚이 더 커졌을 경우, 이자는 빚 때문에 생긴 종속적 결과 현상이지만 그 빚이 이자를 키우는 데 역할이 없었다고는 할 수 없다고 설명했다(Earth-The Operators' Manual 8장, 2011).

우주 광선이 태양 작용 증폭시켜
기후 변동 일으킨다는 주장

6장에서 살펴봤듯 지난 빙기 동안 지구 기온은 끊임없이 변해왔다. 그린란드 아이스코어 기록을 통해 확인되는 D-O 이벤트가 지난 10만 년간 22차례나 되풀이됐다. 빙기 동안의 기온 등락은 인간과는 아무 관련 없는 자연적 힘의 결과였다. 그렇다면 현재 나타나고 있는 기온 상승도 그런 자연 사이클의 결과가 아니겠느냐는 주장이 꾸준히 제기돼왔다. 그같은 '자연적 힘'의 가장 유력한 후보로는 태양의 세기 변화가 꼽힌다. 태양 흑점이 전혀 관측되지 않았던 이른바 '몬더 극소기(Maunder Minimum, 1645~1715년)'가 소빙하기 중에서도 가장 추웠던 시기였다는 점도 '태양 결정설'을 주장하는 주요 근거로 제시된다.

주류 기후학자들은 이에 대해 1978년 위성 관측이 시작된 이래 태양 복사력의 변화는 지구 대기권 밖 상층부를 기준으로 할 때 m^2당 2W 정도의 차이에 불과했다는 점을 지적한다. 이는 1366W에 달하는 전체 태양 복사력의 1.5%에도 못미치는 수준의 강약(强弱) 변화다. 이 정도의 태양 복사력 차이로는 지구 기온에 미치는 영향이 기껏해야 0.1도 수준일 것이라는 게 기후 과학자들 설명이다. 러디먼 교수는 '1880년 이후 기온 상승치 0.7도 가운데 태양의 작용을 갖고는 그 10분의 1인 0.07도밖에 설명하지 못한다'고 했다.

하지만 우주 광선(cosmic ray)의 작용을 매개로 한 태양 복사량 변화의 피드백 작용이 태양의 기후 영향력을 크게 증폭시킨다고 주장하는 학자들이 있다. 덴마크 국립우주연구소의 헨릭 스벤스마크(Henrik Svensmark, 1958~) 등 덴마크 학자들이다.

태양 복사량 강도가 강해지면 지구의 대기를 통과해 들어오는 우주 광선의 양이 적어진다. 태양풍(solar wind)이 지구 자장을 바꿔놓아 대기 중으로 들어오는 우주 광선을 굴절시켜주기 때문이다. 지구 대기를 통과한 우주 광선은 공기 분자들을 이온화시키는 작용을 한다. 이온화된 기체 분자들은 고도가 낮은 구름의 응결핵을 형성한다. 이 구름들이 태양빛을 반사시켜 지구를 냉각화시키는 작용을 한다는 것이다.

그런데 태양풍이 세져 지구로 들어오는 우주 광선이 줄어들면 태양빛을 반사시키는 냉각화 작용의 구름 양이 적게 생성되는 효과가 있다.

이런 간접 효과가 태양 복사력 작용력을 증폭시킨다는 주장이다. 따라서 태양 복사력의 세기 변화는 반사 구름의 형성에 작용해 위성에서 측정되는 증감량 이상으로 지구 기후에 강한 영향을 끼치게 된다. 스벤스마크는 1984년부터 1991년 사이 우주 광선의 세기 변화와 지구 대기 중에 형성된 구름의 양과의 상관 관계를 밝히는 연구 결과를 발표했다.

스벤스마크 등은 자신들의 주장을 '우주 기후학(cosmo-climatology)'이라 부르고 있다. 스벤스마크 등은 2007년 자기들 주장을 집대성한 『서늘해지는 별들(The Chilling Stars)』이라는 책을 출간했고, 이들의 이론을 토대로 한 다큐멘터리가 2008년 덴마크 TV에 방영되기도 했다. 그러나 이들 주장은 아직 논란 단계에 있고 사변적(speculative) 수준이라는 평가도 받는다. 독일 킬 대학 라이프니치 해양과학 연구소의 기후물리학 교수 모집 라티프(Mojib Latif, 1954~)는 "응결핵은 언제나 충분히 존재하기 때문에 응결핵이 많아진다고 구름이 더 만들어지는 것인지는 불확실하다"고 했다. 또한 스벤스마크가 주장하는 우주 광선의 작용이 대기의 낮은 고도에 형성되는 뭉게구름(적운)을 형성해 냉각 효과를 일으킬지, 아니면 높은 고도의 새털구름(권운)을 만들어내 기온을 끌어올리는 온난화 효과를 강화시킬지도 불확실하다는 것이다(Bringen Wir das Klima aus dem Takt? 7장, 2007, 번역본 『기후 변화, 돌이킬 수 없는가』).

현재의 기온 상승은 '1500년 자연 주기'에 불과하다는 견해

버지니아대 명예교수인 프레드 싱어는 D-O 이벤트가 대략 1500년의 간격을 두고 되풀이됐다는 점을 지적하면서 최근 2000년 사이 있었던 로마 온난기(BC 200~AD 500년), 암흑기(서기 500~900년), 중세 온난기(900~1300년), 소빙하기(1300~1800년), 그리고 현재 진행되고 있는 온난기의 변화 역시 그런 1500년 사이클의 결과라고 주장하고 있다(Unstoppable Global Warming 2장, 2009). 이런 기후변동은 태양의 복사량 변화에 따른 것으로 인간의 힘으로는 멈출 수 없는(unstoppable) 것이라는 주장이다. 싱어 교수는 '1500년 변동 주기에 의하면 현재 지구는 온난기에 진입한 지 대략 150년밖에 안 지났기 때문에 온난화는 앞으로 수세기 더 지속될 것'이라고 했다. 온난화가 인간이 만들어낸 것이 아니라 자연적인 현상이라면, 우리는 더 효율적 에어컨을 개발한다든지 방글라데시 저지대에 제방 시설을 구축한다든지 하는 방법으로 '적응(mitigation)'에 초점을 맞춰야지 이산화탄소 농도를 떨어뜨리겠다는 식의 엉뚱한 목표를 추구해선 안 된다는 것이다.

'1500년 자연 변동 주기'를 원래 주장한 사람은 '단스고르-외슈거(D-O) 이벤트'와 '하인리히 이벤트' 사이의 연결성을 주장한 컬럼비아대 라몬트-도허티 지구연구소의 제라드 본드 박사였다. 그는 1997년 북대서양 밑바닥 퇴적층에 쌓인 미세한 자갈 조각들의 숫자를 일일이 현미경으로 확인한 후 그 자갈 조각들의 개수가 대략 1500년을 주기로 급증하는 일이 되풀이돼 왔다는 내용의 논문을 《사이언스》지에 발표했다. 지난 1만 2000년 사이 그런 일이 아홉 번 반복됐다는 것이다(Unstoppable Global Warming 2장, Fred Singer, 2009, 번역본 『지구 온난화에 속지 마라』).

본드 박사는 나아가 2001년《사이언스》 발표 논문에선 그린란드 빙하 코어 속에서 검출되는 10-베릴륨 원소와 나이테 분석 자료에서 확인된 14-탄소의 변화가 대서양 퇴적물 속에서 확인되는 1500년 주기와 연결성을 갖는다고 주장했다. 10-베릴륨과 14-탄소는 우주로부터 날아오는 우주 광선이 고층 대기에 닿을 때 만들어지는 것이다. '양성자 6개+중성자 8개'의 14-탄소는 우주 광선이 질량수 14인 질소 원자와 부딪혀 생성되는 미량 물질이라는 점은 2장에서 살펴본 바 있다.

그런데 스벤스마크 등의 이론에 따르면 우주 광선은 태양 활동이 약할 때는 더 많은 양이 들어오게 된다. 그런 시기엔 지구 대기층에 와 닿는 우주 광선이 많아지고 대기 중에는 14-탄소 성분이 늘어난다. '태양 활동 강약→태양풍 세기→지구 자기장 강도→우주 광선 투과량→14-탄소, 10-베릴륨 형성량'의 관계가 형성되는 것이다. 따라서 빙하 코어에 갇힌 대기 속 14-탄소 농도를 정밀 측정하면 그것이 태양 세기를 말해주는 간접 지표가 된다. 이 연구를 통해 본드 박사는 빙하 코어에 기록된 우주 광선의 동위원소(14-탄소, 10-베릴륨) 흔적들이 자신이 바다 퇴적물에서 확인한 1500년 주기의 사이클과 일치한다고 주장했다.

윌리엄 러디먼 교수는 이에 대해 대서양 영국 앞바다 빙하 퇴적물에서 9500년 전, 8100년 전, 5900년 전, 4300년 전, 2800년 전, 1400년 전 등에 강한 퇴적 흔적이 나타난다고 했다. 그런데 이들 시기 간 간격이 1000~2000년 사이로 너무 불규칙하다고 지적했다. 의미 있는 주기(週期) 운동으로 보기 어려운 일종의 '유사 주기적(quasi-periodic)' 현상이라는 것이다(Earth's Climate: Past and future 14장, 2008). 그린란드 아이스 코어의 18-산소 동위원소 사이클에서 확인되는 D-O 이벤트 사이클도 3만 년~3만 5000년 전 시기에는 1470년 주기가 규칙적으로 나타났지만 다른 시기에는 1000~9000년의 불규칙한 주기를 보였다면서 '1500년 주기설'의 신빙성을 낮게 봤다. 그린란드 빙하 코어에서 확인되는

14-탄소 성분의 주기 역시 1500년이라기보다는 420년 주기의 성격이 강하다고 했다.

러디먼 교수는 빙기 때엔 빙하의 움직임이 강력한 기후 결정 요소로 작용했지만 간빙기에 들어서서는 빙하에 해당하는 중심적 기후 결정 요인이 사라지고 없다고 설명했다. 그래서 여러 기후 결정 요소들이 제 각각 독립적으로 움직이면서 큰 규모의 규칙성을 찾기 힘들게 됐다는 것이다.

태양의 작용이 현재의 기온 상승을 결정하는 요인이라는 '태양 작용설'이 극복해야 하는 가장 큰 난점은 지구 기온이 급상승 커브를 그려온 1980~90년대는 태양의 세기가 약한 시기였다는 점이다. 1500년 주

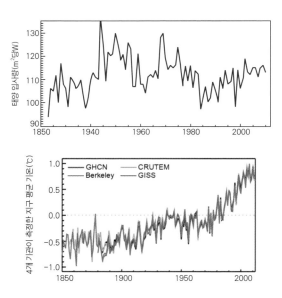

그림 5 위쪽은 스톡홀름에서 1923년부터 측정해온 태양 입사량의 세기 변화. 아래쪽의 지구 평균 기온 변화 양상과는 상당히 다른 흐름이다. 특히 기온이 급상승한 1980년대 이후 태양 강도는 그다지 세지 않은 상태였다. IPCC 5차 보고서의 '과학 근거 보고서'에서 인용했다.

기설이든, 우주 광선 매개설이든 태양이 약해지면 기온이 떨어지고 태양이 강해지면 기온이 올라간다는 인과 관계를 바탕에 깔고 있다. 그런데 현실에서는 그런 인과 관계 논리와 거꾸로 가는 현상들이 관찰되고 있는 것이다.〈그림 5〉

'열섬 현상(heat island)'이
기온 관측 오염시켜왔다는 주장

기후는 지금의 과학 수준으로는 명쾌하게 규명하기 어려울 만큼 복잡한 메커니즘을 갖고 있다. 아직 과학자들이 이해하지 못하는 수많은 힘들이 복잡하게 얽혀 작용하고 있다. 나비의 날갯짓 같은 측정되기 힘든 미세 변수들도 기후에 영향을 미친다.

대처 정부 시절 영국 재무장관을 지냈고, 온난화 부정론 이론가의 한 명인 나이젤 로손(Nigel Lawson, 1932~)은 '기후에 관한 우리 지식은 너무 초보적 수준에 머무르고 있다. 과학자들이 PDO 같은 자연 사이클을 비롯해 자기들이 모르는 원인에 대해선 없는 것으로 치부하는 건 잘못'이라고 지적했다(An Appeal to Reason-A Cool Look at Global Warming 1장, 2008). 그는 '온난화 기후 예측은 수십 년 뒤 일에 대한 장기 예측이라서 당장 오류 여부가 판명되지 않는 사안이라 과학자들이 안심하고 과감하게 과장된 예측을 하는 측면이 있다'고 했다.

인간 배출 이산화탄소로 인한 기온 상승이 발생하고 있는 것은 맞지만 그렇게 심각한 수준은 아니라는 반론도 꾸준하게 나온다. 이와 관련해선 두 가지 계열 주장이 있는데 하나는 기온 상승폭이 '열섬(heat island) 현상'에 의해 과장 왜곡되고 있다는 것이고, 또 하나는 위성 측정에 의하면 지상 관측치보다 훨씬 작은 기온 상승이 관찰되고 있다는 것이다.

열섬 현상이란 도시화가 진행되면서 도시로부터 배출되는 열에 의해 측정소의 기온 측정이 체계적으로 오염되는 상황을 말한다. 이 문제를 집요하게 추적한 이로는 미국 TV 및 라디오 방송 기상 캐스터로 일한 앤서니 와츠(Anthony Watts)가 있다. 그는 2006년 호기심에서 캘리포니아 지역 기온 측정소들이 제대로 작동되고 있는지 확인해봤다고 한다. 그런데 관측 장비를 담아두는 '스티븐슨 스크린(Stevenson screen)'이라는 하얀 박스를 열어보니 측정 자료 전송 장비가 관측 온도계에서 불과 15cm 정도 떨어진 곳에 있었다. 전송 장비에선 열이 발생하므로 그 열이 온도계 관측치를 오염시킬 수밖에 없는 상태였다.

와츠는 그때부터 관측 장비들의 신뢰성을 확인하기 위한 광범위한 조사에 나섰다. 그는 2006년엔 'Watts Up With That?'이라는 블로그를 개설하고 650명의 자원봉사자들을 모집해 엉터리 관측 장비들에 관한 사진 증거들을 수집했다. 그 결과 관측 장비가 건물 에어컨의 배기구를 향해 열려 있거나 직사열을 받는 주차장에 설치된 곳 등 터무니없이 설치되거나 관리되는 사례들을 숱하게 발견했다. 와츠는 2010년까지 미국의 기온 측정 네트워크 1200여 개소 가운데 949개 측정소를 점검했고, 그 결과 '최적(best)' 평가를 받은 곳은 3%, '양호(good)' 평가는 8%에 불과했다. '공정(fair)' 평가가 20%, '부실(poor)' 58%, '최악(worst)'은 11%였다(Don't Sell your Coat 7장, Harold Ambler, 2011). 와츠는 이런 평가를 토대로 '지금까지 기후학자들이 주장해온 지구 평균 기온의 상승폭은 실제보다 2배는 과장됐다'는 주장을 폈다.

"인간 기인 온난화가 맞다"는
회의주의 과학자의 전향

기온 측정치 신뢰성을 놓고 논란이 이어지자 UC버클리의 리처드 뮬러 (Richard Muller, 1944~) 교수가 이 문제를 검증해보겠다고 나섰다. 뮬러 교수의『대통령을 위한 물리학(Physics for Future Presidents, 2008)』라는 저서는 2011년 국내에 번역 소개된 적이 있다. 2012년에 낸『Energy for Future Presidents』라는 책도 2014년『대통령을 위한 에너지 강의』라는 제목으로 번역 출간됐다.

그는 2009년부터 10여 명의 동료 및 제자 과학자들과 함께 'BEST (Berkeley Earth Science Temperature)'라는 프로젝트를 시작했다. 그는 당시까지 발표된 거의 모든 육상 기온 자료들을 수집해 통계 분석을 시도했다. 4만 개 측정 지점에서 관측된 16억 개 자료를 활용했다고 한다 (Energy for Future Presidents 3장, 2012). 기존 자료들이 갖고 있는 ① 열섬 효과로 인한 왜곡 ② 기초 데이터 가공 과정에서의 선별 ③ 측정 장치의 장소 선정 잘못 ④ 자료 취사 선별 과정에서의 편향을 검증해 바로잡겠다는 취지였다.

리처드 뮬러는 그전까지는 기후학계에서 '회의주의자(skeptic)'로 알려졌던 사람이다. 그는 특히 마이클 만 등의 '하키 스틱' 그래프에 대해 비판적이었다. 그는 2004년 발표한 글에서 스티븐 맥킨타이어와 로스 맥키트릭의 하키 스틱 검증 방식을 소개하면서 '그 결과는 나에게 폭탄 맞은 듯한 충격을 줬다'고 했다. 만은 기온 자료 분석을 하면서 PCA(Principal Component Analysis · 주성분 분석법)라는 통계기법을 썼다.

그런데 PCA를 하면서 자료 가공을 부적절하게 하는 바람에 기온 그래프가 최근 시기에 올수록 급상승하는 모양을 그리게 왜곡됐다는 것이다. 매킨타이어와 매키트릭은 만 교수의 통계처리가 얼마나 부적절했는가를 보여주기 위해 통계학에서 자료 검증을 할 때 쓰는 '몬테 카를로 분석법'을 동원했다고 한다. 아무런 통계적 경향성이 없는 무작위(random) 자료들을 입력해본 것이다. 그랬는데도 그래프는 하키 스틱 모양을 그리는 결과가 나왔다는 것이다. 뮬러 교수는 그 검증 과정을 소개하면서 '지구 온난화 학계의 간판 스타나 다름 없는 존재인 하키 스틱은 엉터리 수학을 동원한 조작물(an artifact of poor mathematics)라는 사실이 밝혀졌다'고까지 썼다.

그랬던 리처드 뮬러 교수는 3년여 동안 진행된 BEST 프로젝트의 지구 육상 기온자료 검증 작업을 마치고 2012년 7월 28일 《뉴욕타임스》에 기고한 〈기후 변화 회의론자의 전향(The Conversion of a Climate-Change Skeptic)〉이라는 글을 기고했다. 그는 기고에서 '지구 육상 기온은 1753년 이후 지난 250년간 화씨 2.5도(섭씨 약 1.39도) 정도 올랐으며, 지난 50년 동안은 화씨 1.5도(섭씨 0.8도) 올랐다는 사실을 확인했다. 특히 그 기온 상승은 거의 온전히 인간이 배출한 온실가스 때문이었다'고 주장했다.

뮬러 교수 팀은 기온 관측 자료를 믿기 어렵다는 와츠 진영의 주장을 반영해 기온 측정 장치가 열섬 효과에 의해 오염되지 않을 시골 자료들만 뽑아서 따로 통계를 작성해봤고, 측정 장치가 잘못 설치됐거나 잘못 관리된 곳도 따로 뽑아 통계를 검증했다고 한다. 그랬더니 어떤 경우에도 결과는 똑같게 나왔다는 것이다. 결국 기온 측정 장치의 부실 여부는 적어도 육상 기온이 꾸준히 상승해왔다는 사실을 부인하는 증거로 채택할 수는 없었다는 것이다.

그는 또한 기존의 기후 모델이 워낙 복잡한 변수들을 동원한 모델이어서 모델을 돌린 사람 말고는 외부에서 그 모델이 무슨 자의적 매개변수를 활용했는지, 어떤 숨겨진 가정들을 전제로 했는지 검증할 수 없는 문제가 있다고 봤다. 뮬러 교수의 BEST 프로젝트팀은 이런 문제를 해결하기 위해 아주 단순하게 구성된 기후 모델을 만들어 투명하게 공개된 자료들을 입력해봤고 그 결과 인간이 배출한 온실가스만이 최근의 기온 상승을 설명할 수 있다는 결과를 얻었다고 했다. 그는 현재의 추세가 계속된다면 향후 50년 사이 다시 화씨 1.5도(섭씨 0.8도)의 기온 상승이 불가피하다는 예측도 내놨다.

그는 그러나 중세 온난기(Medieval Warm Period) 시절이 지금보다 더 따뜻했을 가능성은 인정했다. 이 점은 『대통령을 위한 물리학』에서도 밝히고 있다. '전향'에도 불구하고 마이클 만이 그린 '하키 스틱'의 편향에 대한 생각은 변치 않고 있다는 뜻이다.

인공위성 관측 자료로
온난화에 의문 제기한 과학자들

지구의 기온 상승 추세가 그렇게 심각한 것은 아니라는 과학자 그룹 중에 인공위성 자료를 분석하는 사람들이 있다. 대표적인 사람이 앨러배머대 헌츠빌 캠퍼스(UAH)의 로이 스펜서(Roy Spencer)와 존 크리스티(John Christy) 교수이다. 두 사람은 NASA가 운영하는 위성 시스템의 극초단파 관측을 통해 지구 기온 변화를 추적해왔다. 로이 스펜서 교수는 앞서 살펴본 대로 기후 시스템에는 균형 상태로 회복하려는 원상 복구의 경향이 있다고 주장한 사람이다. 그는 MIT 린첸 교수가 주장했던 '열대 상공의 열 배출구' 메커니즘을 지지하는 관측 결과를 내놓기도 했다.

로이 스펜서와 존 크리스티는 1990년 위성 관측 결과를 처음 발표했는데, 그 내용은 지상 기온 관측과는 반대로 지구 평균 기온이 떨어지고 있다는 것이었다. 이들은 '지상 관측은 관측 지점이 편중돼 있어 왜곡된 평균값을 내놓을 수 있는 반면, 위성 관측은 지구의 전 표면에 대한 기온 측정치여서 훨씬 신뢰할 만하다'고 주장했다.

그런데 1998년 기상 위성은 시간이 지나면서 궤도가 불안정하게 흔들리고 고도가 가라앉는 문제가 있다는 사실이 확인됐다. '고도 가라앉음' 현상을 감안해 기온 측정치를 보정한 결과 위성 관측치는 기온이 상승하고 있다는 것을 보여줬다.

위성 관측은 산소 분자로부터 방출되는 극초단파(microwave)를 측정해 기온을 추정하는 방식이다. 대기 중 산소 분자들은 더워질수록 극초단파를 더 강하게 방출하는 성질을 갖는다고 한다. 산소 분자의 진동 정도를 스펙트럼으로 걸러내면 다양한 고도의 기온을 구분해낼 수 있다는 것이다.

그런데 위성 장치는 발사 등 과정에서 혹독한 환경을 거치게 된다. 따라서 정교한 교정(calibration)을 거쳐야 신뢰 가능한 자료를 확보할 수 있다. 그런데 그 교정 과정이 정밀하지 못할 수가 있다는 것이다 (Climate of Extremes 2장, Patrick Michaels, 2009). 여기에다가 시간이 지나면서 차츰 위성의 추진력이 떨어지면서 고도가 낮아지는 문제가 있다. 동시에 위성 관측은 대류권과 성층권의 기온 변화를 구분해내지 못하는 약점도 갖고 있다. 지구 온난화는 대류권 대기층에선 기온 상승 현상이 나타나지만 성층권에선 반대로 냉각화가 빚어진다. 지구 표면으로부터 발산되는 적외선의 일부를 대류권층에서 가로채 다시 지구 표면으로 되돌려보내는 바람에, 전에는 성층권까지 닿던 적외선의 일부가 차단되기 때문이다.

UAH 연구팀이 이런 여러 문제에 대한 보정을 거친 결과 1978년 이후 2011년까지의 기온 상승 속도가 '10년에 평균 0.142도씩'으로 나타났다고 밝혔다. 일반 기후 모델들보다는 미약했지만 기온 상승이 있는 건 확인됐다. 어쨌든 위성 관측에 의한 기온 측정은 직접적인 측정치가 아니라 극초단파 분석 등을 통한 추론의 결과이기 때문에 지상 관측 자료보다 신빙성 측면에서는 떨어진다고 봐야 한다.

산꼭대기서 던진 농구공이 어디로 굴러갈지 예측하는 거나 마찬가지

지구 온난화를 둘러싼 가장 민감한 논란은 기후 모델 예측을 얼마나 신뢰할 수 있는 것이냐는 점이다. IPCC가 활용하는 기후 모델들은 향후 세계 각국이 채택할 경제발전의 시나리오에 따라 2100년 지구 기온이 얼마나 상승해 있을 것인가를 예측하는 것이 기본 임무다. 모델들은 열역학, 유체역학, 탄소순환, 수분 사이클 등에 관련된 여러 법칙에서 유래된 수식들로 구성돼 있다. 지구 표면을 수평-수직의 많은 격자(grid)로 나누어 각 격자에 대입한 수식들의 상호 작용을 따지는 것이다. 이 수식 계산이 너무 복잡하고 거대해 수퍼 컴퓨터로만 운용이 가능하다. 미국 NASA 갓다드 항공우주연구소, 국립대기과학 연구소(NCAR), 국립해양대기청(NOAA)의 지구유체역학연구소, 영국 해들리센터, 독일 막스플랑크 기상연구소, 일본국립환경연구소 등에서 기후 모델을 운용하는 중이다.

기후와 날씨 분야에선 카오스(chaos)라는 용어가 많이 사용된다. 카오스 이론을 만들어낸 것은 MIT 기상학 교수 에드워드 로렌츠(Edward N. Lorentz, 1917~2008)이다. 로렌츠 교수는 1961년 어느날 컴퓨터로 기상 모델을 돌리고 있었다. 하나의 값이 나오면 그 값을 다음 단계의 방정식에 입력시켰다. 그랬는데 어느 단계에서 도저히 나올 수 없는 수치가 나왔다. 로렌츠 교수가 오류 원인을 찾아보니 컴퓨터가 내놓은 실제 중간값은 '0.506127'이었는데 자신이 소수점 셋째 자리 이하는 큰 의미가 없다고 봐서 생략하고 '0.506'으로 입력했던 것이 결과 값에서 커다란 차이를 초래한 것이다. 로렌츠 교수는 이때의 경험에서 착상을 얻어 '기상 예측에서 초기의 미세 변화가 나중에 커다란 차이를 낳게 된다'는 카오스 이론을 발전시켰다.

커스텐 피터스는 이 문제를 '산 위에서 볼링공 굴려 내리기'에 비유해 설명했다. 만일 완벽한 가상의 당구대라면 당구공을 20개 뿌려놔도 입사각, 반사각, 무게, 마찰계수 등을 정밀하게 분석해서 20개 당구공의 움직임을 완벽하게 계산해낼 수 있다. 그러나 기상 예측은 '가상의 당구대에서 당구 치기'가 아니라 '산꼭대기에서 농구공 굴려내리기'라는 것이다. 아무리 정밀하게 예측해도 농구공이 밟고 지나간 모래 알갱이 하나가 산 아래 도착 지점에선 커다란 격차를 만들어낸다는 것이다 (The Whole Story of Climate - What Science Reveals about the Nature of Endless Change 11장, Kirsten Peters, 2012). 기상 현상을 설명하는 카오스 이론에 빗대 '10일 뒤 날씨도 예측 못하면서 100년 뒤 기후는 어떻게 예측하겠다는 거냐'는 반론이 나오는 것이다.

날씨 예보에 쓰는 기상 모델은 그나마 해상도(解像度)가 정교한 편이다. 수평 그리드 경우 폭이 12km짜리를 쓰는 게 보통인데 정밀한 모델은 4km짜리도 있다는 것이다. 수직으로는 70개 층을 구분할 수 있다. 그리고 전 지구에서 대기 관측 자료가 끊임없이 업데이트돼 입력된다. 세계기상기구(WMO)가 네트워크로 연결시켜놓은 관측지점이 지상 관측소 1만 곳, 해상 관측소 7000개 있고, 10여 개 기상위성으로부터도 모니터링이 이뤄지고 있다. 이런 정보들을 이용해 현재의 기술 수준으로 길게는 10일 앞까지도 기상 예측이 가능하다는 것이다.

'과학보다 예술'이라는 자평(自評)까지 나오는 기후 모델 예측

그러나 기후 모델은 최신 모델 경우도 가로 세로가 125~400km 수준의 해상도이다. 수직으로도 20개층밖에 구분하지 못한다. 그런데다가 기상 모델에서는 단기 예측이기 때문에 느릿느릿 움직이는 바다와 빙하 등의 반응은 계산할 필요가 없다. 그러나 기후 모델은 바다와 빙하가 어떻게 움직일 건가라는 아주 불확실한 변수까지도 챙겨 입력시켜야 한다. 그러나 바다가 온실가스 증가로 대기 중에 추가된 에너지 가운데 얼마 정도를 어떤 속도로 흡수해 심층 바다로 운반하게 될지 하는 문제 등은 정확한 예측이 거의 불가능하다.

그런데다가 기후 시스템 내에서 모든 요소들은 서로 꼬리에 꼬리를 무는 식으로 연결돼 상호작용한다. 예를 들어 식물 유형, 토양 습도, 눈 면적, 바다 수온, 얼음 면적, 심해 순환, 바다 생산성 같은 숱한 변수들이 있다. 아무리 성능이 뛰어난 수퍼컴퓨터를 동원하더라도 변수들끼리 얽힌 작용과 반작용의 메커니즘까지 규명하는 것은 불가능하다.

특히 골치 아픈 것이 구름이다. 구름은 흘러다니면서 변화무쌍하게 모양을 바꿔간다. 기류를 타고 움직이면서 때로는 비를 내리기도 한다. 바다 수온이 오르면 수분 증발이 활발해져 구름도 늘게 된다. 그런데 이때 생성되는 구름의 물방울 응결 상태가 어떤지 또는 어떤 고도의 구름을 생성하는지에 따라 기온을 더 올려가는 포지티브 피드백으로 작용할 수도, 기온을 떨어뜨리는 네거티브 피드백으로 작용할 수도 있다.

그런데 컴퓨터는 구름 알갱이들의 미세 상호작용 같은 것은 워낙 복잡해 수식화할 수가 없다. 그래서 과거 경험에서 얻은 관계식을 갖고 다음 단계의 결과를 추정하는 방식에 의존하게 된다. 그런 다음 관찰 결과가 나올 때까지 구름으로 인한 영향값을 계속 미세 조정(tuning)해 나가는 것이다(The Climate Crisis 1장, David Archer, 2010).

이때 활용하는 것이 이른바 '매개변수(parameter)'이다. 예를 들어 기온이 몇 도, 습도가 어느 수준일 경우 격자(grid) 안의 구름의 양은 얼마 정도 될 것이라고 미리 정해놓는 것이다. 물리-화학적 반응 법칙에 따라 결과를 도출해내는 것이 아니라 '전에 이런 상황일 때 이런 결과가 나왔으니 비슷한 상황에서는 이런 식으로 작용이 움직일 것'이라는 추정 아래 기대치를 채택하는 것이다.

한편으로 기후 모델 연구자들이 자기들이 원하는 값을 뽑아내기 위한 자의적으로 매개변수를 주무르는 측면도 있다. 과학은 사전 예측 능력을 가져야 하는데 기후 모델은 사전 예측이 아니라 '사후 끼워맞추기'라는 비판을 받을 여지가 있는 것이다. 로버트 카터는 이를 'educated guess'라고 했다. 실제 모델을 돌려보면 구름 작용에 관한 파라메타를 얼마로 하느냐에 따라 이산화탄소가 두 배로 되는데 따른 기온 상승치

가 1.5~11.5도까지 차이가 난다고 한다(Climate: the counter consensus – A Paleoclimatologist Speaks 5장, Robert M. Carter, 2010년). 그래서 이토 기미노리(伊藤公紀) 요코하마대 교수는 '모델에서 쓰는 파라메타는 2개 있으면 곤란하고, 3개 이상은 용납이 안 된다'고 지적했다(地球温暖化―埋まってきたジグソーパズル, 2003). 매개변수는 사실은 '어림짐작'이나 다름없기 때문이라는 것이다.

일본 국립환경연구소의 에모리 세이타(江守正多) 박사는 매개변수 처리에 자의성이 개입될 수밖에 없기 때문에 기후 모델 해석엔 '아트(art)적인 요소가 있다'고 말했다(地球温暖化の予測は「正しい」か?―不確かな未来に科学が挑む, 2008). 해명되지 않는 격자 내부의 미세현상은 경험에 입각해 매개변수로 처리할 수밖에 없는데 이게 얼마나 맞아떨어지는가 하는 것은 기후 모델 제작자의 실력에 달려 있다는 것이다.

세이타 박사는 '예를 들어 비가 모델 예측치보다 너무 덜 오면 비가 더 오는 방향으로 매개변수를 조정하게 된다. 이런 걸 미세조정(tuning)이라고 한다. 그런데 이렇게 하면 다른 변수들이 또 틀어지는 문제가 생기고 결국 적절한 선에서 균형을 맞추게 된다'고 했다. 다만 각 기관들이 운용하는 모델의 값은 모든 연구자에게 공개돼 냉혹한 평가를 받기 때문에 현재의 과학 지식에서는 최선의 기능을 발휘하도록 끊임없는 개선이 이뤄진다는 것이 세이타 박사의 설명이다. 기후 회의론의 입장들을 정리한 책 『Climatism』의 저자 스티브 고어햄(Steve Goreham)은 '과거 기상현상들에 맞게 매개변수들을 조정해놓고서 기후 모델의 예측 능력이 입증됐다고 주장하는 것은 논리적 순환론(circular reasoning)일 뿐'이라고 비판했다(Climatism!– Science, Common Sense, and the 21st Century's Hottest Topic 3장, Steve Goreham, 2010).

이런 자의성을 일부 완화시키기 위해 IPCC는 20여 개 기후 모델의 예측값을 평균해서 보고서를 작성한다. 오류 가능성을 분산시키면 그만큼 오류 리스크가 줄어들지 않겠느냐는 것이다. 제일 정확한 분석값을 뽑아내려는 것이라기 보다는 다수가 지지하는 결과를 채택하는 방식이다. 민주적인지는 몰라도 과학적 해결책이라고 보긴 힘들 것이다.

기후 모델의 또 하나 한계는 '임계치(threshold)'를 예측해내지 못한다는 점이다. 기후는 어떤 티핑 포인트를 지나치면 제어할 수 없게 새로운 균형을 찾아 굴러떨어지곤 했다는 것이 아이스코어의 분석을 통해 확인됐다. 1만 2900~1만 1700년 사이의 영거 드라이아스 같은 시기가 그런 경우일 것이다. 현재의 기후 이론가 중에서도 북대서양 컨베이어 벨트 해류 순환이 멈추는 경우를 상정하는 사람들이 있다. 기후 모델에선 과연 그런 가능성이 있는 것인지, 만일 일어난다면 언제 일어날 수 있는 것인지 등에 관해 판단할 수 없다. 제임스 핸슨 같은 이는 빙하의 꼭대기 물이 빙하의 깨진 틈새로 녹지 않고 밑바닥까지 내려가서 윤활유 작용을 하면서 빙하가 미끄러져 내려 붕괴할 가능성을 염두에 둬야 한다고 경고하고 있다. 이런 문제 역시 기후 모델에서는 워낙 불확실해 다룰 능력이 없다.

그런데다가 기후 모델은 북대서양진동(NAO), 태평양 10년 단위 진동(PDO), 엘니뇨-라니냐 남방진동(ENSO)처럼 과학자들이 메커니즘을 아직 이해하지 못하고 있는 지구 내부의 기후 역학을 반영하지 못하는 한계도 갖고 있다.

수천 명 전문가가 5~7년마다
'기후 보고서' 내는 IPCC

에너지경제연구원장을 지낸 원로 경제학자 이회성 박사가 2015년 10월 정부간 기후 변화협의체(IPCC) 제6대 의장으로 선출됐다. IPCC는 지난 1988년 유엔환경계획(UNEP)과 세계기상기구(WMO)가 손잡고 발족시킨 기구로 1990년 · 1995년 · 2001년 · 2007년 · 2014년의 다섯 차례에 걸쳐 기후 변화 평가 보고서를 냈다. 이 교수는 IPCC 창립 초기인 1992년 제3실무그룹(사회 경제 분야) 공동의장을 맡은 후 2008년부터는 IPCC 부의장으로 활동하는 등 20년 이상 IPCC에서 주요 역할을 해왔다.

IPCC는 여러 가지 점에서 전례 없는 기구다. 우선 전 세계 기후 관련 학자들 의견을 하나로 수렴해 보고서를 발간한다는 점이다. 2013~14년 IPCC가 펴낸 5차 보고서(Fifth Assessment Report · AR5) 중 '과학 근거(The Physical Science Basis)' 보고서를 보면 14개 장(章)으로 구성돼 있다. 장마다 총괄 저자(Coordinating Lead Author)가 2명씩, 주 저자(Lead Author)가 6~15명 배치돼 있다. 합쳐서 259명인데 모두 별도 급여나 보상 없이 자원봉사로 참여한다. 이들은 IPCC 집행부가 각국 정부와 국제 기구에서 추천한 977명 중에서 2010년 6월 선정했다. 국가별로는 EU가 70명, 미국 57명, 중국 14명, 일본 7명 등 39개국 전문가가 참여했다.

보고서 작성을 도운 보조 저자(Contributing Author)도 600명쯤 된다. 이들까지 포함하면 800명 정도가 '과학 근거' 보고서를 작성했다고 볼 수 있다. 한국인은 주 저자로 연세대 안순일 교수(대기과학) 한 명, 보조 저자로 다섯 명이 참여했다.

'과학 근거' 보고서는 이들 800명이 3년 걸려 기후 변화 분야에서 나온 과학 논문과 연구 보고서 9200건을 종합해 만든 것이다. 그 과정에서 전문가 1089명으로부터 검토 의견(comments) 5만 4677건을 제시받아 세 번에 걸쳐 원고를 수정했다. 접수 의견이 제대로 반영됐는지를 검토하는 감수자(Review Editor)가 50명 있는데, 여기에도 한국인이 한 명(권원태 전 기상청 기후과학국장)이 포함돼 있다. 저자와 감수자들은 전체 회의 4번과 수시로 열리는 분과 모임을 가졌다.

IPCC는 '과학 근거' 분야 보고서 외에도 2014년 '미래 영향(Impacts, Adaptation, and Vulnerability)', '정책 선택(Mitigation of Climate Change)' 보고서도 발간했다. '과학 근거' 보고서만 분량이 1552쪽에 달한다. 세 개 분야를 각각 담당하는 실무그룹(Working Group) I, II, III를 모두 합칠 경우 IPCC 보고서 작성에 관여한 전문가 숫자는 2500명이라고도 하고 3500명이라고도 한다. 한 사람이 여러 개 분과에 관여할 수 있기 때문에 참가 전문가 수를 정확하게 파악할 수는 없다. 한 가지 쟁점을 놓고 세계 각국의 전문가들이 이만한 규모로 참여해 단일 보고서를 채택한다는 것은 다른 분야에서는 볼 수 없는 일이다.

IPCC는 독자적 연구를 수행하는 기구는 아니다. IPCC는 해당 분야의 기존 연구 결과들을 평가하고 종합해 해당 시점에서의 최선 견해를 제시하는 것이다. 각 실무그룹들은 최종 보고서 발간 두세 달 전의 일정 시점을 마감(cut off) 시한으로 정해놓고 그때까지 과학저널들에 발표된 논문들을 검토하게 된다.

앞서 살펴봤듯이 기후 변화 문제는 과학적으로 아직 불확실한 부분들이 많다. 그래서 IPCC는 평가 항목마다 확률 용어를 부여해 확실성의 정도를 표현하고 있다.

'거의 틀림 없음'(virtually cirtain) = 99~100% 확률

'가능성 극단적으로 높음'(extremely likely) = 95% 이상

'가능성 매우 높음'(very likely) = 90% 이상

'가능성 높음'(likely) = 66% 이상

'가능성 많음'(more likely than not) = 50% 이상

'절반 수준 가능성'(about as likely as not) = 33~66%

'가능성 낮음'(unlikely) = 33% 이하

'가능성 매우 낮음'(very unlikely) = 10% 이하

'가능성 거의 없음'(exceptionally unlikely) = 1% 이하

예를 들면 5차 보고서의 과학 근거 보고서는 '인간 활동이 최근 60년 온난화의 주된 원인일 가능성이 극히 높다(extremely likely)'고 평가했는 데 이는 95% 이상 확률이라는 뜻이다. 2007년 4차 보고서에선 '가능 성이 매우 높다(very likely · 90% 이상 확률)'로 평가했었다.

과학계 견해를 확률로 표현하는 것에 대해서 비판하는 학자들이 있 다. 로이 스펜서 교수는 "기후학자들이 90%니 66%니 말하는 확률은 자기들의 주관적인 느낌을 말하는 것이고, 이건 진정한 과학이 아니라 유사 과학(pseudo science)일 뿐"이라고 했다(Climate Confusion 5장, 2009).

IPCC 홈페이지는 보고서 작성 목적에 대해 '각국 정책 결정자들에 게 기후 변화의 과학적 근거와 기후 변화의 영향과 미래 리스크, 그리 고 적응과 감축을 위한 정책 선택에 관한 정기적인 평가를 제공한다'

고 소개하고 있다. 그리고 이 보고서는 유엔기후협약(UN Framework Convention on Climate Change) 협상의 근거 자료로 활용된다는 것이다. 다만 보고서는 참조 자료일 뿐 강제성을 담은 정책 권고나 결정 내용은 아니다.

IPCC는 순수한 과학자들 모임은 아니다. IPCC의 최종 의사결정권은 195개 회원국이 참여하는 '총회(plenary)'에 있다. IPCC에 참여하는 사람들은 각국 정부 지침에 따라 회원국 대표로 활동하는 것이다. IPCC 집행부도 회원국 정부들에 의해 선출된다. IPCC의 보고서 내용과 문안 하나하나의 채택도 각국 정부 협상 과정을 거치게 된다. 따라서 국가간 힘겨루기, 타협, 협상, 담합 등의 과정이 펼쳐지게 된다. IPCC 보고서를 놓고 '정치성을 띠고 있다'는 주장이 나올 수 있는 근거인 것이다.

소수 핵심 과학자 그룹이 IPCC 견해 몰고가고 있다는 비판

IPCC에 대해 제기되는 주요 비판의 하나는 IPCC 보고서 작성 과정을 일부 과학자 그룹이 주도하고 있으며 이들이 보고서의 결론을 한쪽 방향으로 몰고 가고 있다는 것이다.

초기에 IPCC 설립을 주도한 사람으로는 스웨덴의 버트 볼린(Bert Bolin, 1925~2007), 캐나다의 모리스 스트롱(Maurice Strong, 1929~2015), 영국의 존 휴턴(John Houghton, 1931~) 등을 들 수 있다.

크리스토퍼 부커 같은 이는 'IPCC는 버트 볼린의 베이비'라고 표현했다(The Real Global Warming Disaster 2장, 2009). 버트 볼린은 스톡홀름대 기상학 교수로 오래 일했고 IPCC 설립을 주도한 후 IPCC 초대 의장(1988~97년)도 지냈다. 그는 1960년대부터 기후 분야의 국제 공동 연구에 깊이 관여해왔고, 1987년 '지속 가능 개발'의 개념을 만들어낸 '브룬틀란드 보고서' 작성에도 참여했다. IPCC의 1차(1990년), 2차(1995년) 보고서 작성을 종합 지휘했던 볼린은 2007년 IPCC가 앨 고어와 함께 노벨평화상을 수상할 때 대표 수상자로 참석을 권고받았지만 건강때문에 이뤄지지 않았다고 한다. IPCC는 2013년 낸 5차 보고서 가운데 '과학 근거 보고서'를 버트 볼린에게 바친다면서 첫머리에 그의 사진을 실었다.

캐나다인 모리스 스트롱은 석유, 전력 분야의 사업가 출신으로 1992년 스톡홀름 환경 회의에 관여하면서 환경 외교 분야 스타로 떠올랐다. 그는 1972년 창설된 유엔환경계획(UNEP)의 초대 사무총장직을 수행했고, 1992년 리우 환경 회의의 사무총장으로 기후 협약 등의 체결을 주도했다. 크리스토퍼 부커는 모리스 스트롱에 대해 '국가간 빈부 격차 완화를 위한 세계정부 수립의 포부를 가졌던 사회주의자'였다고 했다(The Real Global Warming Disaster 에필로그, 2009). 버트 볼린이 모리스 스트롱의 그런 포부에 과학적 명분을 제공했다는 것이다. 부커는 모리스 스트롱을 '각종 환경 회의의 장막 뒤 조정자'였다고 했다.

영국인 과학자 존 휴턴은 옥스퍼드대 대기물리학 교수 출신으로 1988~2002년까지 IPCC의 '과학 근거' 보고서 작성을 책임진 실무그룹(Working Group I)의 의장 또는 공동의장으로 활동했다. 그는 영국 기상청(Met Office) 청장을 지냈고, 1990년 마거릿 대처 총리의 지원을 받아 기상청 산하에 해들리센터도 창립해 초대 책임자직을 수행했다. 해들리센터는 기후 변화에 관한 과학 연구 센터로, IPCC 참가 과학자 선정을 해들리센터 소속 과학자들이 주도했다. 이 점은 존 휴턴 스스로도 인정하고 있다(Global Warming: the complete briefing 9장, 2004).

영국은 기후 변화 문제에서 가장 적극적인 정책을 펴고 있는 나라다. 해럴드 앰블러는 '영국은 1659년까지 거슬러 올라가는 기온 측정 자료를 갖고 있는데다 1800년대에는 영국 해군 함정들이 전 세계에서 수집한 기온 자료들을 확보하고 있어 일찍부터 기상학의 선진적 역할을 해왔다'고 설명했다(Don't Sell your Coat 6장, 2011). 그런데다가 석탄 노조에 맞서 석탄 산업의 구조조정을 추진한 마거릿 대처 영국 총리가 자신의 에너지 전환 정책을 뒷받침하기 위해 지구 온난화 이슈를 적극 활용했다는 것이다. 1971년 이스트앵글리아 대학에 설치된 기후연구 센터 CRU(Climate Research Unit)는 육상 기온 자료를, 기상청(Met Office)의 해들리센터는 해수 표면 온도 자료를 각각 수집 분석하는 방식으로 역할 분담이 이뤄져 있다고 한다.

IPCC 운영의 특징 중 하나는 5~7년 단위로 평가 보고서를 펴낸다는 점이다. 주기적으로 새롭게 축적된 연구 결과를 토대로 보고서를 업데이트해가고 있는 것이다. 기후 변화 과학의 불확실성을 감안해 새로 수집된 증거에 따라 IPCC 견해를 수정해갈 준비가 돼 있다는 뜻으로 해석할 수 있을 것이다.

1~5차 보고서에 이르기까지 바뀌어온 '기후 변화의 원인과 그 심각성'에 대한 견해를 보면 다음과 같다.

① 1990년 1차 보고서: "(20세기의) 관찰된 기온 상승의 상당 부분은 자연적 변동에서 비롯된 것일 수 있다."

② 1995년 2차 보고서: "증거들을 종합 판단할 때 인간이 기후에 영향을 미친다는 것을 어느 정도 분간(discernable)할 수 있다."

③ 2001년 3차 보고서: "지난 50년간 관찰된 온난화의 대부분은 인간 활동에 기인한다는 것에 관한 새롭고 더 강력한 증거들이 있다."

④ 2007년 4차 보고서: "1900년대 중반 이래 지구 평균 기온 증가의 대부분은 인간에 의한 온실가스 농도 상승에 기인할 가능성이 매우 높다(very likely.)"

⑤ 2013년 5차 보고서: "인간이 배출해온 온실가스가 1900년대 중반 이래 관찰된 기온 상승의 주된 원인인 것이 거의 틀림없다(extremely likely)."

지난 20여 년간 기후 분야 연구가 축적되면서 IPCC는 '인간에 의한 온난화'에 대해 점점 더 확신을 갖는 쪽으로 기울어왔다.

과학 결론이 '합의(consensus)'로 결정될 수 있는지

그러나 기후 변화 회의론자, 또는 부정론자 진영에선 IPCC 보고서에서 일부 편향된 과학자 집단이 과잉대표되어왔다는 점과, 과학 지식이 다수에 의한 합의(consensus) 방식으로 확정돼서는 안 된다는 두 가지 문제를 지적해왔다. 로버트 카터는 'IPCC 보고서 작성에 관여한 수천 명가운데 실제 자연과학 분야 전문가는 수백 명에 불과하며, 그중에서도 결론(Summary for Policy Makers) 작성에 관여한 것은 51명뿐'이라고 지적했다(Climate: the counter consensus 9장, 2010). 보고서 작성을 주도하는 주 저자(Lead Author)들은 편견과 선입견에 사로잡혀 있는 학자가 많다는 것이다. 카터는 'IPCC를 주도하는 과학자들은 상상 속의 재앙을 설정해놓고 자신들이 지구를 그런 재앙으로부터 구하는 임무를 수행하고 있다는 확신을 갖고 행동한다'고 했다.

크리스토퍼 부커는 "2007년 4차 보고서 경우 핵심이 되는 것은 9장(기후 변화의 이해와 원인 분석)이었는데 53명의 저자 가운데 44명은 영어를 쓰는 4개국(미국 · 영국 · 호주 · 캐나다) 출신이고 그중 10명이 영국 해들리센터 소속"이라고 지적했다. 9장에서 인용된 534개 논문 가운데 213개는 이들 IPCC 저자들 스스로가 쓴 것이라는 것이다. 부커는 "IPCC 보고서는 전체 참여자 2500명의 생각을 대변하는 것이 아니라 사실상 이들 53명의 견해를 대변하는 것일 뿐"이라고도 했다(The Real Global Warming Disaster 8장, Christopher Booker, 2009). 영국, 미국의 기후학계가 서로 '네가 내 등 긁어다오, 그러면 나도 네 등 긁어주겠다(You scratch my back, I scratch you)'는 식으로 행동하고 있다는 지적도 있다(Don't Sell your Coat 6장, Harold Ambler, 2011).

과학계 견해를 합의(consensus)로 결정짓는 IPCC의 구조에 회의를 표시하는 비판도 적지 않다. 크리스티안 제론도 같은 평론가는 IPCC 보고서가 확률로 견해를 표시하고 합의로 결론을 낸다는 점을 지적하면서 "과학 지식을 어떻게 육감과 투표로 결정하는가?"라고 비판했다. 그는 과학이 투표하는 방식으로 진행되는 거라면 갈릴레오나 아인슈타인도 무시됐을 것이라고 했다(Climate: the grate delusion 2장, Christian Gerondeau, 2010). 기후과학계가 주류 견해에 동조해야 한다는 은연 중의 압력이 작용해 집단 사고(group think)에 빠져 있다는 주장도 나온다.

이런 비판에 대해 1~3차 보고서 작성에서 핵심 역할을 한 존 휴턴 박사는 "불확실하다고 일기예보를 거부할 수는 없다. 일기예보는 불확실성에도 불구하고 다양한 범위의 사람들을 유익한 방향으로 인도해준다"고 했다. 불확실성을 인정하면서 가장 가능성 있는 정보를 전달하는 것이 과학자들의 책임이라는 것이다.

사회주의(red) 붕괴 후 환경주의(green)가
그 자리 대체했다는 주장

한편으론 IPCC 등 기후과학을 주도하는 과학자 집단의 이념 성향을 의문시하는 비판들도 있다. 크리스토퍼 부커는 "1980년대를 지나면서 소련과 동유럽 블록이 붕괴된 후 서구 좌파 세력은 심리적 진공 상태에 빠졌는데 그 빈 공간을 환경주의 이데올로기가 채웠다"고 말했다(The Real Global Warming Disaster 에필로그, 2009). 마르크시즘과 환경주의는 문명화된 서구를 적으로 삼았다는 공통점을 갖고 있다는 것이다. 기후과학자들은 자신들이 지구 전체를 종말에서 구한다는 성스런 임무를 띠고 있는 것처럼 종교적 사명감에 빠져 있다는 지적도 했다. 영국 재무장관을 지낸 나이젤 로손은 '마르크시즘 붕괴 후 자본주의와 미국을 혐오하는 사람들에게 새로운 주의 주장(creed)이 필요했고 녹색 이데올로기가 그걸 제공해줬다'고 했다. '그린이 새로운 레드(green is the new red)'라는 것이다(An Appeal to Reason 8장, Nigel Lawson, 2008).

기후 변화에의 적극 대처를 주장하는 영국 사회학자 앤서니 기든스도 기후 변화 관련 이슈는 '녹(綠)-적(赤) 연합(green-red coalition)'의 성격을 갖고 있다고 인정한다. 그는 "시장의 역할을 축소하고 국가의 책임 확대를 선호하는 사람들에겐 기후 변화가 그야말로 일용할 양식이 되고 있다"고 했다. 혁명적 사회주의가 해체되면서 사라졌던 급진주의가 회복될 찬스라고 생각하는 사람들이 기후 변화의 기치 아래 모였다는 것이다. 더구나 기후 변화 쟁점은 자본주의에 대한 비판을 새롭게 할 수 있는 기회도 제공하고 있다. 사회 개혁을 통해 기후 변화에 대응하고자 주장하는 사람들 대부분은 이념적으로 좌파에 가깝고, 기후 변화의 과학 이론에 회의적인 견해를 갖고 있는 사람들은 대개 우파 쪽이라는 것이다(The Politics of Climate Change 3장, 2009, 번역본 『기후 변화의 정치학』).

유엔기후협약(UNFCCC) 사무총장으로 2009년 코펜하겐 기후회의의 진행 실무 책임자였던 이보 드보어(Yvo De Bore, 1954~)는 "기후 변화 정책은 단순히 이산화탄소 줄이기가 아니다. 그건 산업혁명을 재균형화시켜 모든 나라에 보다 평등하고 안정적인 발전 경로를 만들어보자는 취지를 갖고 있다"고 말했다고 한다. 기후 변화의 쟁점은 생물 다양성, 사막화, 빈곤, 평등, 인구 증가, 소비, 글로벌 거버넌스 등의 문제에 활용할 수 있는 지렛대 받침점과 같은 역할을 한다는 것이다(The Climate Fix 1장, Roger Pielke, JR., 2010). 이보 드보어는 2014년 4월부터 한국 주도로 설립한 국제 기구로 서울에 본부 사무소가 있는 '글로벌 녹색성장 연구소(Global Green Growth Institute · GGGI)의 사무총장직을 수행하다가 2016년 4월 임기가 남아 있는데도 사퇴했다.

이보 드보어가 말한 '모든 나라에 평등하고 안정적인 발전 경로'라는 것은 선진국에 유리하게 구조화되어 있는 국제 경제-정치 시스템을 개혁해 선진국의 부(富)가 개발도상국으로 이전되게 하고 교역 관계도 개도국에 유리한 방향으로 바꿔보자는 취지로 이해할 수 있을 것이다. 유엔이 기후 변화에 적극적인 이유는 국제 사회의 광범위한 지지를 이끌어낼 수 있는 글로벌 환경 이슈를 끌고 가면서 각국 국내 정책에 영향을 끼칠 수 있는 글로벌 거버넌스를 구축해 유엔의 역할을 확장해보자는 생각도 있을 것이다.

'모든 이변은 온난화 탓' 주장으로 생기는 '온난화 피로' 현상

이렇게 이념 지향을 갖고 문제를 제기하다 보니 '정치화됐다' '자기들 생각에 맞게 끼워맞춘다' '반대 견해를 억누르려 한다'는 등의 비판이 나올 수밖에 없다. 2009년 코펜하겐 기후회의 직전 터진 이른바 '이메일 게이트' 사건에서 주류 기후과학자들 집단의 그런 폐쇄적 의사 소통의 한 단면이 드러났다. 이메일 게이트를 통해 제기됐던 과학 연구 결과의 조작 등 의문은 해당 과학자들이 소속됐던 조직들에서 각각 독립적으로 진행된 검증을 통해 대부분 해명됐다. 그러나 반대 견해를 가진 논문의 과학 저널 게재를 방해하려 들었다거나 자신들에게 불리하게 활용될 수 있는 기초 자료를 숨기는 걸 모의했다거나 하는 사례들은 과학자들도 이기심을 가진 감정적 인간에 불과하다는 사실을 드러냈다.

특히 문제는 주류 기후과학자들이 기후 변화 대응에 더 이상 시간을 지체해선 안 된다는 절박감에서 일반 대중과 의사결정권자들을 설득시키기 위해 과장된 논리와 표현을 동원한다는 점이다. 공포를 부추기고 과장된 경고를 하다 보면 주장에 무리와 허점이 따르게 된다. 결국 거짓과 과장으로 밝혀지는 그런 작은 허점이 쌓여가다 보면 나중에 가

선 기후과학자들이 하는 모든 주장이 도매금으로 불신당하는 사태로 몰릴 수 있다.

과학자는 아니지만 미국 전 부통령 앨 고어가 그런 과장된 주장을 펴는 대표적 사례로 늘 공격받는 인물이다. 영국 교육당국이 고어가 제작한 〈불편한 진실〉 다큐멘터리 DVD를 학교에서 방영하고 교육시키도록 하자, 한 지방 교육장이 '정파적 견해를 가르칠 수 없다'며 문제 비디오의 교육을 금지시켜달라는 청원을 법원에 낸 일이 있었다. 이에 대해 영국 런던법원은 2007년 10월 고어의 다큐멘터리에 9개 항목이 틀리거나 과장됐다고 판결했다. 다큐멘터리를 학교에서 방영하려면 아이들에게 이 부분을 확실히 고지해야 한다고 판결한 것이다. 다큐멘터리에서 조만간 바다가 20피트(약 5m) 상승하게 된다거나, 킬리만자로 빙하가 온난화 때문에 녹아내리고 있다는 설명, 2005년의 미국 뉴올리언스를 강타한 허리케인은 온난화 때문에 생겨난 것이라거나 하는 얘기들은 사실과 다르다고 판결한 것이다.

고어는 〈불편한 진실〉로 2007년 2월 다큐멘터리 부문 아카데미상을 받은 바로 다음 날 테네시 주 내슈빌에 있는 방 20개짜리 그의 집 전기요금이 미국 가구의 평균 20배에 달한다는 보도가 터져나와 스타일을 구기기도 했다.

고어 류의 주장은 일반 시민들이 뉴스 미디어를 통해서 많이 접할 수 있다. 예를 들면 2004년 동남아 쓰나미도 지구 온난화 탓이라고 일부 전문가가 주장했던 것 같은 얘기들이다. 토네이도 역시 온난화 때문이고, 가뭄도 홍수도 온난화 탓, 산불도 온난화 탓이라는 식이다. 이렇게 모든 기상이변이 화석 연료 때문에 빚어진 것이라는 주장들을 접하면서 일반 시민들은 일종의 '온난화 피로증'까지 느끼게 된다. 로이 스펜서는 기후학자들이 모든 기상이변을 온난화 탓으로 돌리는 것에 대해 '온난화가 삶의 흥분제, 엔터테인먼트의 소재가 돼버렸다'고 비꼬았다(Climate Confusion – how global warming hysteria leads to bad science, pandering politicians and misguided policies that hurt the poor 1장, Roy Spencer, 2009). 롬보르는 '절박한 어조로 극단적 어휘를 사용하면서 최후 심판 같은 유사종교적 관념으로 묵시론적 묘사를 하는 기후학자들의 호들갑은 사실상 기후를 소재로 한 포르노나 다름없다'고 비판했다(Cool It – the skeptical environmentalist's guide to global warming 4장, 2007, 번역본『쿨잇』).

만일 이런 주장의 어느 일부분이 나중에 사실과 다른 것으로 드러나면 시민들은 자신들이 속아왔다는 느낌을 받게 될 수도 있다. 온난화와 기후 변화를 주장하는 과학자들이 양치기 소년 취급을 받게 되는 것이다.《뉴욕타임스》칼럼니스트 토머스 프리드먼은 "고어가 사실 정보들을 고의적으로 충격적인 방식으로 제시하는 바람에 사람들은 기후 변화 문제 자체가 아닌 앨 고어에 대한 논쟁으로 어마어마한 시간과 에너지를 낭비했다"고 말했다(Hot, Flat, and Crowded 5장, Thomas Friedman, 2008, 번역본『뜨겁고 평평하고 붐비는 세계』).

'과학자는 솔직하면서 효율적이기도 해야 한다'는 이중 윤리부담론

주목할 만한 것이 스티븐 슈나이더(Stephen Schneider, 1945~2010)의 '이중 윤리부담(double ethical bind)' 주장이다. 슈나이더는 스탠퍼드대 교수로 환경생물학과 기후 모델링을 전공했다. 그는 TV 출연이나 언론 기고 등을 통해 기후 변화 심각성을 대중에게 전파하는 데 누구보다 기여를 했다고 평가받는다.

그는 젊은 학자 시절이던 1971년《사이언스》지에 「대기 중 이산화탄소와 에어로졸의 대규모 증가가 지구 기후에 미치는 영향」이라는 논문을 실었다. 그가 2저자로 참여한 이 논문은 '향후 50년 동안 인간의 오염 배출은 6~8배 증가할 것으로 예측되고, 그렇게 되면 대기의 햇빛 불투과성은 4배 증가할 것이다. 그 경우 지구 기온은 3.5도 정도 냉각될 것이고, 그 정도의 기온 하락은 지구가 빙하기로 들어가는 데 충분한 수준'이라고 결론지었다. 슈나이더의 논문은《뉴욕타임스》등에 크게 보도됐다. 그러나 슈나이더는 논문 발표 후 얼마 지나지 않아 논문이 에어로졸의 영향을 과대평가했고, 이산화탄소의 온난화 영향력은 절반 정도로 과소평가했다는 사실을 알게 됐다. 그는 1974년 문제의 논문을 철회했다. 이런 경력을 가진 슈나이더가 후일 기후 변화의 위험을 알리는 대열의 맨 앞장에 선 것을 놓고 '1970년대엔 빙하기 도래를 경고하던 사람이 이제 와서 온난화 위험을 부르짖고 다닌다'는 빈정거림을 받기도 했다.

슈나이더는 1989년엔《디스커버》지에 다음과 같은 요지의 말을 한 것으로 인용 보도됐다. "과학자는 과학적 방법론에 충실해야 한다는 윤리적 의무를 갖고 있다. 사실만 말하고, 자신이 갖고 있는 모든 의문·유보·전제조건을 밝힌다는 약속 아래 활동하고 있다. 그러나 우리는 과학자일 뿐 아니라 인간이기도 하다. 인간으로서 우리는 이 세계가 좀 더 나은 곳이 됐으면 하고 바라고, 우리 활동이 재앙적 기후 변화의 리스크를 줄이는 쪽으로 기여하기를 원한다. 그러기 위해선 폭넓은 지지가 필요하며 대중의 상상력을 붙잡아야 한다. 그러려면 많은 언론 노출이 필요하고, 그래서 우리는 공포 시나리오를 제시하고 사실을 단순화하고 드라마틱한 표현을 사용하게 된다. 스스로 품고 있는 의문들에 대해선 언급하지 않는 수도 있다. 과학자들은 이렇게 '효율적(being effective)이어야 하면서 동시에 솔직(being honest)해야 한다'는 이중의 윤리적 부담(double ethical bind) 사이에서 적절한 균형을 찾기 위해 노력해야 한다."

솔직한 고백이었지만 이 발언은 두고두고 기후학계 주류 학자들이 일부러 과장되고 극단적인 어휘를 쓰고 있다는 걸 인정한 것으로 공격 당하는 꼬투리가 됐다. 로버트 카터는 슈나이더의 주장을 '목적만 정당하면 수단은 뭐가 돼도 괜찮다(the ends justify the means)는 식'이라면서 이는 '숭고한 동기로 위장한 부패(noble cause corruption)'라고 주장했다(Climate: the Counter Consensus-A Paleoclimatologist Speaks 7장, Robert Carter, 2010).

슈나이더는 2009년 자서전 성격으로 출간한 『육박전으로서의 과학(Science as a Contact Sport)』에서 기후과학의 불확실성 속에서 과학자가 어떻게 행동해야 하는가 하는 '이중 윤리 부담' 문제에 대해 많은 언급을 했다. 그는 불확실성 속에서 과학자는 ①아무것도 안 한다 ②확신이 생긴 다음 말하기로 하고 연구만 한다 ③불확실하지만 자기 할 말을 한다, 라는 세가지 선택에 부딪혀 있다고 말했다. 확신이 선 다음 발언하겠다는 ②의 선택은 호미로 막을 수도 있었던 것을 사태가 악화된 뒤 가래를 동원해서도 못 막는 결과를 가져올 수 있다는 것이다. 그는 불확실하지만 적극적인 대책을 촉구하는 ③의 입장을 취해야 나중에 사태가 명료해졌을 때 인류의 선택지가 넓어질 수 있다고 했다. 그는 "과학자에게 중요한 것은 완벽한 예측을 추구하는 것이 아니다. 그건 불가능하다. 과학자는 불확실하더라도 핵심 포인트를 찾아내 사회에 그 메시지를 전달해야 한다"고 주장했다.

슈나이더는 그런 관점에 서서 IPCC가 미래 예측을 '확률' 개념으로 표현하는 것이 불확실성 속에서 과학자가 취할 수 있는 현명한 태도라고 주장했다. 100년 뒤의 일을 확률로 표현한다는 것이 과학윤리로선 황당하다고 생각할 수 있겠지만 현실에서의 정책결정을 위해선 과학자의 주관적 생각을 수치화해 제시할 필요가 있다는 것이다. 그러지 않으면 정책 결정자들이 근거 없이 자의대로 정책 선택을 하도록 방치하는 결과가 된다는 것이다. 그는 과학계에서 최종 합의가 이뤄지지 않았더라도 판단의 신뢰도를 심사숙고해 함께 밝히는 방식으로 과학계 나름의 의사를 표현해야 한다고 주장했다.

제임스 핸슨도 과학 연구에만 그치지 않고 언론 기고, 강연, 법정 증언, 의회 증언 등을 통해 사회를 향해 적극적인 발언을 해왔던 사람이다. 그 역시 자서전적 성격이 섞인 저서(Storms of my Grandchildren : The Truth about coming Catastrophe and Our Last Chance to save Humanity, 2010)에서 기후 변화론을 부정하는 사람들을 '컨트래리언(contrarions)'라고 부르면서 "이들은 기후과학의 일부 불확실성을 이용해 단호한 어조로 기후과학 이론 전체를 부정하려고 한다"고 했다. 반면 기후과학자들은 잔뜩 유보 조항을 달고 확인된 내용에 국한해 조심스럽게 발언하고 있다는 것이다. 언론에선 객관적으로 보도한다는 핑계로 양쪽 견해를 비슷한 비중으로 보도하고 있고, 그것이 일반 시민들에게 과학계 내부에서도 기후 변화론에 대한 찬반이 비슷한 세력으로 존재하는 것처럼 받아들여지게 만든다는 것이다.

'불확실성' 상황에선 '집단의 지혜'에 의존하는 게 안전

기후 변화 관련 논의는 과학적 확실성이 부족한 상황에서 벌어지는 혼탁한 논전의 성격을 갖고 있다. 그러다 보니 감정 싸움으로 번지고 인신공격적 발언들이 쏟아져나온다. 기후 변화 부정론 진영에선 기후 변화 과학자들이 연구비를 타내기 위해 자기들 연구를 과장하고 있다고 주장하는 경우가 많다. '인류 운명을 좌지우지할 만큼 중요한 문제인데 아직 불확실한 요소가 많으니 더 연구하기 위해 돈이 필요하다'는 논리라는 것이다(Climatism! 10장, Steve Goreham). 여기에 언론은 '불행한 소식을 보도해야 발행부수가 는다'면서 과장된 어조로 호응한다는 것이다.

요즘의 기후과학은 개별 과학자가 자기 혼자 실험실에서 하는 연구가 아니다. 빙하를 2~3km 시추해 아이스코어 샘플을 채취하고, 수천 m 깊이 바다 밑바닥에서 퇴적토를 걷어올리고, 수퍼 컴퓨터를 써서 기후 모델을 돌리는 일은 많은 과학자가 팀으로 움직여야 가능한 일이다. 이런 거대 과학의 연구에는 당연히 자금이 필요하다. 이 자금은 개인이 댈 수 있는 것은 아니다. 정부로부터 나오는 공적 자금에 의존하는 수밖에 없다. 기후과학자들은 공적 자금을 타내기 위해 정부와 여론을 상대로 자기들 연구의 절박성을 설득해야 한다. 그러다 보니 기후 변화 문제를 과장하게 된다는 것이다(The Whole Story of Climate 11장, Kirsten

Peters, 2012). 커스텐 피터스는 "기후학자들은 기후 변화론이 주목받으면서 자신들의 영향력을 즐기고 있는 측면도 있다"고 했다. 수십 년 전 기후과학자들은 일반 사회에선 존재도 알려지지 않았지만 지금은 세계가 그들의 말을 경청하게 됐다는 것이다.

앨러배머대 로이 스펜서 교수는 "과학계 전반에 걸친 음모가 있다고 생각하진 않지만, 일부 과학자들이 화석 연료는 어쨌든 몰아내는게 맞지 않느냐는 전제를 깔고 연구를 진행하기 때문에 오류(bias)에 무감각해진 측면이 있다"고 했다(The Grate Global Warming Blunder- How Mother Nature Fooled the World's Top Climate Scientists 5장, Roy Spencer, 2010). 어느 과학자라도 자기가 세계를 구하는 쪽에 서고 싶지 않겠느냐는 것이다. 이에 펜실베이니아 주립대 리처드 앨리 교수는 "과학자들이 연합해 세계를 상대로 사기칠 만큼 정치적으로 동질적이지 않고, 조직적으로 숙련돼 있지도 않다"고 했다(Earth-The Operators' Manual 24장, 2011).

런던 킹스칼리지의 마이크 흄 교수는 현재로선 기후과학은 불확실성(uncertainty)을 안고 있을 수밖에 없다고 했다. ① 기후과학의 수준이 아직 미흡하고 ② 기후 자체가 혼돈(chaos)의 성질을 갖는데다가 ③ 인간이 어떤 선택을 하느냐에 따라 미래 경로가 달라지기 때문이라는 것이다. 결국 인간은 불확실성이라는 숙명 아래서 의사 결정을 해야 한다. 이럴 때 전문가 집단의 견해가 진실을 보장하는 것은 아니지만 절차적으로 보면 '가장 안전한(the least worst)' 방법이라는 것이다(Why we disagree about Climate Change 3장, Mike Hulme, 2009). 전문가 집단의 합의가 진실을 보장하는 것은 아니지만, 합의 과정이 투명하게만 관리된다면 의사결정자로서는 불확실성의 한계 내에선 최선의 선택이라는 것이다.

　뉴욕대 데일 재미슨 교수는 '기후 변화는 워낙 복잡하고 거대한 이슈여서 모든 분야에 다 통달한 사람은 없다'고 했다. 각 분야 과학자 집단의 견해를 수렴하는 수밖에 없다는 것이다. 과학저널의 '동료 검증(peer review)'이 그런 '집단 지혜(collective wisdom)'를 구하는 방법이라는 것이다. 재미슨 교수는 '우리가 와인 품질을 평가하고 싶을 때는 와인 전문가들에게 물어보고, 아카데미 수상작도 관람객 숫자를 갖고 결정하는 것이 아니라 영화 전문가들이 판정하는 법'이라고 했다. 그는 과학계에서 매년 2만 1000개 저널에서 100만 개 이상의 논문이 동료 검증을 거쳐 발표되고 있는 점을 강조했다. IPCC 4차 보고서는 1만 8000개 논문을 인용했고, 기후과학계에선 2009년에만 8000개 논문이 발표됐다는 것이다. 과학 발전은 점진적(incremental)인 것이며 어느 하나의 논문이 갑자기 나타나 전체 이론을 누르고 우뚝 서는 일은 거의 없다고도 했다 (Reason in a Dark Time-why the struggle against climate change failed and what it means for our future 3장, Dale Jamieson, 2014).

　펜실베이니아 주립대의 마이클 만 교수는 'IPCC 같은 기구를 갖고 있다는 것이 얼마나 다행인가'라고 했다. IPCC 보고서는 각각 두 달씩 걸리는 세 번의 검토 과정을 거쳐 작성되며 이만큼 투명하고 공개적인 검증 과정이 없다는 것이다(The Hockey Stick and the Climate Wars 6장, Michael Mann, 2012). 만 교수는 '회의론은 과학의 동력'이라고 했다. 기존 이론을 뒤집어 생각하고 의심하는 것은 본연의 자세이고 '동료 검증'이 바로 그런 제도적 절차라는 것이다. 만 교수가 제기하는 것은 '그런데 비판적, 회의론적 자세가 모든 방향으로 작용해야지 왜 하필 기후 변화론을 부정하는 한 방향으로만 작용하느냐'는 것이다. 기후 부정론은 미리 정해놓은 잣대를 갖고 한쪽 방향으로만 몰고 가려 하고 있고, 그것은 '게으른 이들의 자기 위안(consolation)일 뿐'이라고도 했다.

만 교수는 일부 회의론자들은 자신들이 마치 갈릴레오나 다윈 같은 위대한 과학자들처럼 기존 과학계 이론을 뒤집는 역할을 하고 있는 것처럼 행세하지만 "한 명의 갈릴레오, 한 명의 다윈이 등장하기까지는 수백, 수천 명의 허풍선이들이 나타나기 마련"이라고 했다. 갈릴레오나 다윈은 기존 패러다임을 뒤집는 이론을 내놓기 전에 이미 자기 시대의 뛰어난 과학자로 존경받는 사람들이었다는 말도 덧붙였다.

8

윤리적 접근

Wicked
Problem

기후변화 쟁점을 놓고 논란이 극심한 이유는 워낙 커다란 이해관계가 걸려 있기 때문이다. 에너지는 사회 구성의 기본 뼈대다. 우리가 유지하고 있는 에너지 인프라는 수십 년 이상의 투자 끝에 완성된 것들이다. 이걸 바꾼다는 것은 어마어마한 사회적 비용이 수반되는 일이다.

하나의 에너지 인프라에서 다른 에너지 인프라로 전환하게 되면 기존 이해관계 구조를 변경하는 과정에서 무수한 승자(winner)와 패자(loser)가 생겨난다. 기득 이익을 잃게 되는 집단은 지금 현재의 경제 구조와 에너지 인프라 시스템에서 발언권을 가진 사람들이다. 반면 새로 등장할 에너지 구조에서 이득을 볼 수 있는 집단은 아직 생겨나지도 않았고 현재는 아무 발언권이 없다. 새로운 에너지 인프라 구축을 주장하는 사람들 목소리는 희미한 반면, 기존 이익을 포기해야 할 집단의 목소리는 요란할 수밖에 없다.

국가 단위로 봐도 그렇다. 기후변화의 부정적 결과들을 회피하기 위해선 세계적 수준의 에너지 인프라 전환이 필요하다. 에너지 전환은 어떤 나라엔 커다란 이득이나 '장래 손실의 회피'라는 긍정적 결과를 가져다 줄 수도 있다. 그러나 손실을 감수할 수밖에 없는 나라들도 생겨난다. 현재의 국제 관계는 각국 주권(sovereignty)의 거의 절대적 독자성을 전제로 하고 있다. 그런 상황에서 주권 국가로서의 권리를 제약받을 수 있는 사안을 놓고 각국 입장을 조율해 합의를 이끌어낸다는 것은 쉽지 않은 일이다.

CO_2의 확산성이 야기하는
'공유지의 비극' 현상

막대한 이해관계가 걸렸다는 이유 말고도, 기후 변화에의 대응을 '고약한 난제(wicked problem)'로 만드는 본질적 이유들이 있다. 온난화 원인 물질인 이산화탄소의 물리적-화학적 속성에서 비롯되는 어려움들이다. 크게 봐서 ①확산성 ②축적성 ③불확실성의 세 가지 특성을 들 수 있다.

우선 이산화탄소는 대기 중 확산성(擴散性)이 어마어마한 기체다. 일단 공기 중에 배출되면 바람과 기류에 실려 빠른 속도로 지구 전체로 퍼져나간다. 뉴욕대 타일러 볼크 교수는 "사람이 한 번 호흡을 할 때마다 5×10^{20}만큼의 분자를 내보낸다"고 설명했다. 500,000,000,000,000,000,000개의 이산화탄소 분자를 뱉어낸다는 것이다. 얼마나 많은 갯수인지 상상도 가지 않는다.

볼크 교수는 만일 어떤 사람이 한 번 호흡을 하면서 그만한 숫자의 이산화탄소 분자를 뱉어내면 그 이산화탄소 분자들은 대기 흐름을 타고 전 세계로 골고루 퍼져 다음해 봄 지구의 어느 곳에서 자라는 식물이건 그 식물의 이파리 하나하나가 광합성을 위해 들이켜는 공기 가운데 수십 개씩 들어 있게 된다고 설명했다(CO_2 rising 1장, Tyler Volk, 2008). 볼크 교수는 이산화탄소의 이런 확산 능력에 대해 '감탄스러울 뿐(marvelous)'이라고 했다.

강력한 확산성 때문에 이산화탄소는 지구상 어느 지점에서 배출되더라도 같은 효과를 내게 된다. 런던에서 배출됐건, 서울에서 배출됐건, 또는 아프리카 어느 나라에서 배출됐건 지구 기온을 끌어올리는 효과 면에선 다를 바 없는 것이다. 지구상 어느 나라가 배출한 이산화탄소이건 세계 모든 국가에 고르게 영향을 미치는 것이다. 거꾸로 얘기하면 지구상 어느 나라가 이산화탄소를 감축하건 지구 전체 온난화를 완화시키는 데는 같은 효과로 나타난다는 뜻이기도 하다.

자동차가 배출하는 아황산가스나 미세먼지 같은 오염물질도 공기 흐름을 타고 확산되기는 한다. 중국 대기오염 물질이 한반도로 날아와 피해를 주기도 한다. 하지만 그런 일반 대기오염 물질은 일정 시간이 지나면 자외선에 분해된다든지 다른 물질과 반응하거나 비에 씻기는 과정을 거쳐 사라진다. 그러나 이산화탄소는 수명이 긴데다가 워낙 반응성이 없는 물질이어서 지구 전체로 퍼져 오랫동안 영향을 미친다.

영향권이 특정 지역에 국한되는 일반 대기오염이나 수질오염은 지역에서의 노력으로 상당한 개선 효과를 볼 수 있다. 그러나 지구 온난화는 어느 특정 국가가 혼자 노력을 한다고 해서 해결되는 문제가 아니다. 내가 아무리 배출량을 줄여도, 지구 반대편 어느 국가가 배출량을 늘려놓으면 소용이 없다. 이산화탄소가 일으키는 온난화는 본질적으로 '국제성', '세계성'을 띠는 글로벌 현상이다. 모든 나라가 같이 협력해야 하는 해결할 수 있는 것이다.

다른 각도에서 본다면 이산화탄소가 일으키는 온난화는 꼭 내가 나서지 않아도, 다른 누군가 배출량을 줄여주기만 한다면 완화시킬 수 있는 문제이다. 내가 동참하지 않더라도 다른 나라들이 앞장서 배출량을 감축해줄 의사를 갖고 있다면 문제 해결이 가능한 것이다. 이산화탄소 배출량을 줄이려면 경제에 상당한 부담이 불가피하다. 따라서 어느 나라나 자기 나라에게 돌아올 고통은 피하면서 다른 나라의 솔선으로 문제가 해결됐으면 하고 바라는 동기가 작용하게 된다.

이처럼 기후 변화 문제는 환경경제학에서 말하는 '외부 효과', '시장실패', '공유지 비극(Tragedy of the Commons)'의 전형적 사례이다. 기업이 온실가스를 방출한다고 해서 그 기업에 피해가 돌아가는 것은 아니다. 기후 변화의 피해는 전 세계에 확산된다. 해당 기업에 그 확산 피해에 대한 책임을 물을 시스템도 갖춰져 있지 않다. 기업은 기업활동으로 인한 이익을 얻을 뿐이다.

협상을 통해 국가들간 감축 부담을 달리하는 방식으로 합의를 이룰 수도 있다. 우선 생각해볼 수 있는 것은 지금까지 이산화탄소를 일방적으로 많이 배출해온 나라들이 먼저 배출량 감축에 나서도록 하는 것이다. 역사적으로 이산화탄소를 다량 배출한 국가들은 대개 선진국들이다. 〈표 1〉 선진국들은 화석 연료를 많이 태워 경제를 키워왔고 국민도 풍요로운 소비 생활을 하고 있다. 이런 나라들이 먼저 이산화탄소 감축에 나서준다는 것은 일반적인 윤리 감각에도 맞는 일이다. 현재 진행되고 있는 기후 변화 국제 협상은 '선진국 우선'이란 원리를 토대로 하고 있다.

세계 누적 배출량 총계 1조 3673억 톤	
미국	3664억
EU(28국)	3290억
EU(15국)	2698억

중국	1501억
러시아	1027억
독일	848억
영국	704억
일본	510억
인도	379억
프랑스	344억
캐나다	283억
우크라이나	268억
폴란드	243억
이탈리아	214억
멕시코	149억
호주	148억
남아공	148억
한국	132억
스페인	124억
이란	123억
브라질	117억
카자흐스탄	116억

표 1 1850~2012년의 각국 에너지 분야 CO_2 누적 배출량
(세계자원연구소 자료, cait.wri.org, 이산화탄소 중량 기준)

누가 줄여도 마찬가지 효과라면 후진국에서 먼저 줄이는 것이 낫다는 주장이 나올 수도 있다. 한 단위의 이산화탄소를 줄이는 데 드는 비용이 선진국에서보다 후진국에서 훨씬 적게 들 수 있기 때문이다. 후진국 공장에선 기술이 낙후해 에너지 가운데 낭비되는 부분들이 많다. 조

금만 투자를 하면 상당량의 에너지 소비를 줄일 수 있다. 반면 선진국 공장들은 이미 에너지 효율을 높일 수 있는 수준만큼 높여놨다. 에너지 효율을 더 끌어올리는 것이 보통 어려운 것이 아니다. 이 때문에 기왕이면 선진국보다는 후진국 공장의 에너지 효율을 끌어올리는 것이 기술적으로나, 재정적으로나 훨씬 손쉬울 수 있는 것이다.

선진국과 후진국 사이에 얘기만 잘 된다면, 선진국 공장에서 이산화탄소 배출량을 감축시키는 것보다는 후진국 공장에서 이산화탄소 배출량을 감축시키도록 하자는 합의를 볼 수도 있을 것이다. 이런 타협이 이뤄지려면 선진국들이 이산화탄소 배출량 감축에 나서준 후진국에 대해 대가를 지불해야 할 것이다.

지구 온난화 과제가 지닌 이런 '세계성(世界性)'은 유례가 없는 것은 아니다. 세계 각국은 이미 1980~90년대에 걸쳐 성층권 오존층이 얇아지는 '오존홀' 문제를 겪었다. 성층권 오존층이 파괴된다는 건 지구상 주요 육상 생물이 멸종될 수 있다는 걸 의미한다. 오존홀 문제 역시 어느 한 나라의 노력만 갖고 해결할 수는 없는 글로벌한 과제였다. 국제 사회는 1985년 체결한 비엔나협약, 1987년 몬트리올의정서 등의 국제협약을 통해 오존홀 문제를 다뤘고, 오존홀은 해결되는 국면으로 가고 있다.

인류는 오존홀 문제를 겪으면서 세계인 모두가 공통의 대기 자원을 공유하고 있다는 사실을 새롭게 인식했다. 그 상황을 기후 변화 문제에서 다시 한번 더 절실하게 경험하고 있는 것이다.

그러나 기후 변화는 오존홀 문제와 비슷한 시기에 쟁점으로 제기됐지만 30년 가까운 기간이 흐르는 동안 해법을 찾지 못하고 있다. 해결은커녕 더 악화되는 추세로 가고 있다. 오존홀과 온난화 사이의 이런 차이는 우선 문제의 규모에서 비교도 안 될 만큼 격차가 있기 때문이다. 오존층을 파괴하는 프레온가스는 미국 듀폰과 영국 ICI 등 일부 국가 기업에서만 생산하던 물질이었다. 세계적으로 프레온가스 생산을 과점하던 듀폰과 ICI는 적당한 대체물을 곧바로 찾아냈기 때문에 단계적인 생산 중단에 쉽게 합의할 수 있었다(Energy at the Crossroads: global perspectives and uncertainties 6장, Vaclav Smil, 2003, 번역본 『새로운 지구를 위한 에너지 디자인』). 반면 이산화탄소는 지구상 모든 공장, 수억 대의 자동차, 수십억 인구가 생활하는 모든 사무실과 가정이 배출원이다. 배출 이산화탄소의 양이 워낙 많은데다 후처리 기술로 포집하기도 힘들다. 또한 화석 연료를 쓰기 위해 지금까지 원료 채굴과 수송, 처리, 전환, 발전 등 분야에 막대한 설비 인프라를 만들어놨다. 이런 인프라의 수명은 대개 30~50년 정도 간다. 엄청난 자본을 쏟아부은 화석 연료 인프라를 쉽게 포기하기 힘든 것이다. 더구나 화석 연료를 대체하는 에너지원은 아직 등장하지 못하고 있다.

한 가지 더 부수적인 이유를 든다면 오존홀은 '지구 하늘에 구멍이 뚫린 사진'이 있었다는 사실이다. 지구 온난화 경우는 기온이 2~3도 올라간다고 해서 무슨 나쁜 영향이 빚어지는 것인지 직관적으로 쉽게 와닿지 않는다. 그러나 오존홀 사진은 뭔가 긴급하게 조치를 취하지 않으면 지구 생물이 멸종할 수도 있다는 강력한 메시지를 줬다. 마이크 홈 교수는 기후 변화가 '위키드 프라블럼'이라면 오존홀 문제는 '테임 프라블럼(tame problem)'이라고 했다(Why we disagree about climate change 10장, Mike Hulme, 2009). 쉽게 길들일 수 있는 사안이라는 뜻이다.

남북 갈등 만든
'선진국=가해자, 후진국=피해자' 구조

이산화탄소의 확산성은 기후 변화에 대한 세계의 단합된 대처를 어렵게 만드는 요인이다. 누가 배출을 줄여도 같은 효과를 내기 때문에 모든 나라들은 될 수 있으면 다른 나라가 배출 감축의 부담을 지고, 자기들은 그 부담을 피하고 싶다는 생각을 갖고 있는 것이다.

이 상황에서 특히 갈등을 빚어온 것이 선진국 그룹과 개발도상국 그룹 관계이다. 지금까지 이산화탄소를 주로 배출해온 것은 북반구 온대지역에 몰려 있는 선진국들이다. 선진국들은 일찍부터 화석 연료를 소비해 경제를 키우고 사회 인프라를 축적해왔다.

반면 기후 변화로 인한 해수면 상승이나 폭우-가뭄-허리케인 등 난폭해지는 기후의 피해는 기후 변화 대응 능력을 갖추지 못한 개도국들에 집중된다. 원인은 선진국들이 제공했는데 피해는 후진국들이 봐야 하는 구조다. 기후 변화의 '위키드'한 측면이다.

해수면이 상승되면 수몰 위기에 놓일 국가들이 연합한 '소도서국가연합(Alliance of Small Island States · AOSIS)' 42개국의 이산화탄소 배출량은 전 세계 배출량의 0.5%에 불과하다. 개인 배출량으로 따져도 이들 국가들은 세계 평균의 4분의 1 수준이다. 그런데 이들은 온난화 피해를 가장 격렬하게 겪을 나라들이다. 방글라데시도 해수면이 조금만 상승해도 국토 상당 부분이 물에 잠긴다. 방글라데시 국민 1인당 온실가스 배출량은 세계 평균의 20분의 1, 미국의 50분의 1밖에 되지 않는다.

반면 경제 강대국 10개 나라 배출량을 합치면 세계 배출량의 66.4%에 달한다.〈표 2〉이들 나라들은 어지간한 온난화 기후 변화에 대응할 능력도 갖추고 있다. 선진국과 후진 개도국 간 가해자-피해자 관계를 '공간적 비대칭성(非對稱性)'이라고 말할 수 있다.

2012년 세계 연간 배출량 338억 4300만 톤	
중국	93억 1200만(28.8%)
미국	51억 2200만(15.8%)
EU(28국)	36억 1000만(10.7%)
EU(15국)	29억 1300만(8.6%)
인도	20억 7500만(6.4%)
러시아	17억 2100만(5.3%)
일본	12억 4900만(3.9%)
독일	7억 7300만(2.4%)
한국	6억 1700만(1.9%)
이란	5억 9300만(1.8%)
캐나다	5억 4300만(1.7%)
사우디	4억 8000만(1.5%)
브라질	4억 7700만(1.5%)
영국	4억 6300만(1.4%)
멕시코	4억 6000만(1.4%)
인도네시아	4억 5600만(1.4%)
이탈리아	3억 9100만(1.2%)
호주	3억 9100만(1.2%)
남아공	3억 8200만(1.2%)
프랑스	3억 4300만(1.1%)
터키	3억 3200만(1.0%)
폴란드	3억 200만(0.9%)

표 2 2012년 상위 20국 에너지 분야 CO_2 배출 총량
(세계자원연구소 자료, cait.wri.org, 이산화탄소 중량)

결국 선진국-후진국, 남-북 국가 간 갈등이 생길 수밖에 없고 이것이 기후 문제 모순의 근본 구조다. 선진국 입장에선 돈을 들여 기후 변화 억제책을 시행해봐야 나중에 결정적 이득을 보는 건 개도국이다. 개도국들은 기후 변화를 일으킨 주범인 선진국들이 '후진국도 동참해 기후 변화에 대처하자'고 하는 것을 받아들일 수 없다. 선진국들이 온실가스를 내뿜어 자기들 경제를 키워놨으면서, 뒤늦게 선진국을 쫓아가겠다는 개도국 발목을 잡으려는 것으로나 보일 것이다.

선진국-개도국간 갈등 구조만 있는 것은 아니다. 각 나라들은 입지, 환경 조건에 따라 지구 온난화에 대한 취약성에서 큰 차이가 있다. 수몰 위기, 쓰나미 위기에 노출된 국가들이 있는 반면, 미약한 수준의 온난화는 되레 국익에 도움이 될 거라고 판단하는 국가들도 있다. 인구 규모가 작은 국가들의 이해관계는 가볍게 볼 수 있다는 판단을 할 수도 있다. 키리바시, 몰디브, 마셜제도, 토켈라우, 투발루 등 환초로만 이뤄진 다섯 나라는 인구를 합쳐봐야 50만 명밖에 안 된다. 호주 정부의 기후 변화 수석보좌관은 런던의 한 국제회의에서 "호주 산업계가 이산화탄소 배출량을 줄이느라 피해를 보는 것보다 태평양 작은 섬나라 사람들을 이주시키는 것이 나을 것"이라고 발언했다고 한다(The Weather Makers 32장, Tim Flannery, 2005, 번역본 『기후 창조자』).

"기후 변화론 등장 이전 시기 배출엔 책임 없다"는 선진국들

공해 관련 분쟁에서 기본이 되는 원칙이 있다. '오염 원인자 부담 원칙

(polluters pay principle)'이다. 더럽힌 사람이 깨끗하게 치우는 책임도 져야 한다는 것이다. 이 원칙을 적용한다면 현재의 기후 온난화에 대한 해결 책임은 대부분 선진국들에게 돌아간다.

이 원칙을 극단적으로 적용한다면 모든 국가들은 인구 대비 역사적 누적 배출량에 비례한 만큼씩 책임을 지면 될 것이다. 그러나 그렇게 되면 미국과 유럽 경제는 당장 견딜 수 없는 곤경에 처하고 말 것이다. 선진국 경제는 '온실가스 다량 배출'이란 전제 아래 유지되고 있다. 1인당 연간 10톤의 이산화탄소 배출국들에 배출량을 연간 1톤씩으로 제한한다면 그 나라들 경제는 결딴날 수밖에 없다. 반면 배출량이 1.5톤, 2톤 정도이던 개도국이 연간 1톤으로 삭감하는 것은 상대적으로 쉬울 수 있다.

선진국들에 할 말이 없는 것은 아니다. 1980년대에 온실가스가 지구 기후 시스템을 손상시키고 있다는 주장이 제기되기 전까지는 자기들에게 지구 대기를 오염시킨다는 어떤 고의나 인식도 없었다는 것이다. 1997년 성립된 교토의정서 체제는 이런 선진국들 입장을 반영해 만들어졌다. 감축 의무를 선진국들에만 지우면서도, 감축의 기본 출발점(base line)을 1990년으로 잡았다. 선진국 배출량을 2012년까지 '1990년 대비 5.2%' 감축한다는 걸 목표를 정한 것이다. 1990년은 IPCC의 1차 보고서가 나온 해다. 국제적으로 합의된 절차에 따른 과학적 평가가 이뤄진 해의 배출량을 감축 기준점으로 삼았다.

이 방식은 얼핏 그럴 듯 해보이지만 중요한 문제점을 안고 있다. 1990년 시점에서 선진국 국민은 1인당 연간 10톤, 개도국은 1인당 연간 2톤씩 배출했다고 치자. 그렇게 되면 감축의 기준점이 개도국은 1

인당 2톤인데 반해 선진국은 10톤이 된다. 선진국과 개도국 사이의 감축 속도 등에 차이를 두긴 할 것이다. 그렇더라도 선진국에게는 '10톤'이라는 기득권을 보장한 것이나 마찬가지다. 이 방식은 세계의 잘 사는 나라엔 계속 잘 살 권리를 주고 못사는 나라는 영원히 못살게 만드는 원칙일 수 있다(One World : The Ethics of Globalization, Peter Singer 2장, 2002, 번역본 『세계화의 윤리』). 프린스턴대 피터 싱어 교수는 "선진국들이 오염시켜 놨는데, 선진국들이 계속 더 많은 배출량을 할당받는 불공평 체제를 영원히 구조화시키자는 것이 된다"고 했다. 미국 워싱턴대 스티븐 가드너 교수도 "선진국들이 과거 온실가스를 대량 배출한 것이 후진국 국민과 미래 세대, 자연 생태계에 고통을 안겨주는 원인인데 선진국 기존 배출량을 앞으로의 배출 권리로 인정한다는 것은 말이 안 된다"고 했다(A Perfect Moral Storm: the ethical tragedy of climate change 9장, Stephen M. Gardiner, 2011).

피터 싱어 교수는 '모든 세계인의 1인당 배출량을 동등하게'를 국제협약의 기본 원칙으로 삼아야 한다고 주장했다. 그는 이 원칙조차도 선진국에 유리한 것이라고 말했다. '오염 원인자 부담' 원칙을 철두철미하게 적용한다면 선진국 국민들은 이미 과거에 많은 온실가스를 배출해 인류 공유 대기 자원의 상당 부분을 고갈시킨 책임을 져야 한다는 것이다. 따라서 선진국 국민에겐 대기 중 이산화탄소 농도가 일정 수준이하로 떨어질 때까지는 개도국 국민보다 훨씬 적은 몫의 배출량을 할당해야 한다는 주장도 성립된다는 것이다. 싱어는 '1인당 배출량을 동등하게'의 원칙은 '과거는 잊어버리고 새 출발하자'는 것인만큼 선진국 국민들에게 관대한 원칙이라고 설명했다. 나아가 사회 전체 효용을 극

대화하자는 공리주의 원칙을 적용해 보더라도, 부자에게 하나 더 주는 것보다는 가난한 사람에게 하나 더 줄 때 전체 효용가치가 늘어난다는 것이 싱어의 논리다.

문제는 현실적으로 '1인당 동등한 배출량'의 원칙을 실행하는 것은 선진국의 기존 경제 시스템에 너무 큰 충격을 줄 수 있다는 점이다. 선진국의 소비 수준을 급격하게 끌어내리라고 강요하면 선진국 국민들은 절대 받아들이려 하지 않을 것이다.

싱어 교수는 '배출권 거래제'가 이 문제를 푸는 해결책이 될 수 있다고 했다. 선진국 국민들이 개도국으로부터 배출권을 사들여 자신들 소비 수준을 유지하면 된다는 것이다. 이렇게 되면 가난한 나라 국민들도 온실가스 규제 협약에 가입해 선진국 국민과 동등한 배출권을 할당받은 후 배출권 일부를 선진국 국민에 팔아 이익을 보겠다는 생각을 가질 수 있다. 개도국도 자발적으로 온실가스 규제 시스템에 참여하도록 이끌 수 있다는 것이다. 배출권 거래 시스템에는 선진국의 부(富)를 후진국으로 이전시켜 국가간 평등을 촉진하는 효과가 있다.

기후 협약에 '세계 정부' 만들자는 이상(理想) 숨어 있나

1997년 체결된 교토의정서, 2015년 채택된 파리협정(Paris Agreement) 등은 국가간 온실가스 배출량 할당 작업의 일환이라고 할 수 있다. 교토의정서는 선진 37개국에 대해서만 배출 할당량을 적용했다. 그러나 교토의정서는 국가들의 실천을 강제할 수 있는 수단을 갖추지 못해 기대했던 효과를 보지 못했다. 게다가 개도국들 경제 규모가 빠른 속도로 팽창하면서 의무 감축 대상 37개국의 배출량 비중은 2012년 기준 당초 목표치(세계 배출량의 3분의 2)에서 현저히 모자라는 세계 배출량의 5분의 1이라는 미미한 수준으로 전락했다. 교토의정서 체제를 갖고는 온난화를 저지할 수 없다는 것이 분명해진 것이다.

새로 채택된 파리협정에선 전 세계 195개 국가가 어떤 식으로든 모두 온실가스 규제에 참여하는 시스템이 만들어졌다. 대신 규제 방법이 달라졌다. 교토의정서에선 규제 대상국들에게 '너는 5%, 너는 6% 줄여라'라는 식으로 수치 목표를 하향식(top down)으로 할당했다. 파리 방식은 '당신 나라가 실천가능한 계획을 성의껏 제출한 후 이행하라'는 상향식(bottom up) 방식이다. 이 이행 계획서를 '자발적 기여 계획안(INDCs · Intended Nationally Determined Contributions)이라 부른다. 목표를 뭘로 잡을지, 어떤 로드맵으로 갈지는 각국 재량이다. 설렁탕도 좋고 스파게티도 좋으니 각자 여건과 능력에 맞게 실천 약속을 내놓고 국제 사회의 주기적 검증을 받아가며 이행에 나서자는 것이다.

어떤 에너지를 얼마만큼 쓰느냐는 것은 국가 경제의 골조에 관계되는 것이다. 국가의 핵심 경제 정책 결정에 있어서 국제협약의 규제를 받는다는 것은 국가 주권에 대한 제한을 수용한다는 의미이다. 이런 일이 벌어지게 된 것은 대기 자원은 모든 나라가 공유(共有)하는 것이고, 그 공유 자원이 유한(有限)한 것이라는 인식을 갖게 됐기 때문이다.

대기 자원이 무한한 것이라면 누가 얼마만큼 오염 물질을 배출하든지 남에게 피해를 주지 않는 것이므로 아무 상관이 없다. 그러나 대기 자원이 유한하다는 것이 확인된 이상, 누군가가 자기 몫보다 많은 오염 물질을 대기 중에 쏟아내게 되면 다른 사람이 배출할 수 있는 용량은 그만큼 줄어든다. 잘 사는 나라 사람들의 경제 활동 결과 대기의 환경 용량이 줄어든다면 그것은 못사는 나라들이 발전할 수 있는 기회를 빼앗는 결과가 된다. 온실가스 환경 협정은 유한한 대기 자원을 더 이상 손상시키지 않으면서 공평하게 활용할 수 있는 규칙을 만들어보자는 것이다. 국제 사회가 유한 자원의 고갈이란 위기를 맞아 '지구 공동체'라는 동일 운명체 인식을 갖게 된 것이다.

그러나 국가 주권에 대한 제한이 순조롭게 이뤄질 리는 없다. 각국은 자국 법체계에 따라 자국 내에서 벌어지는 일에 대한 배타적 권리를 갖는다. 각국 정부는 자국 국민의 이해를 대변하는 조직이다. 국가 구성원인 국민 이익을 추구하지 않는 정부는 성립하기 힘들다. 누가 자국민 이익을 앞세우지 않는 정부에 투표하겠는가. 따라서 모든 국가의 정부는 유한 자원인 대기를 공평하게 나눠 쓰자는 지구 공동체의 윤리를 인정하면서도 될 수 있으면 자국 배출몫을 키우려는 이해관계를 갖는다. 모든 국가 정부들이 이런 식으로 자국 이익을 앞세울 경우 '공유지의 비극' 현상은 피할 수 없게 된다.

공유지의 비극이 벌어지는 것을 피하려면 국가 간에 배출량 억제 약속과 함께 서로 상대방 국가의 약속 이행 여부를 감시하고 약속을 어길 경우 제재를 가할 수 있는 시스템을 구축해야 한다. 국제 사회가 국가 주권에 일정한 제약을 가하는 방식이다.

그 방법의 하나로 '세계 정부' 비슷한 기구를 두는 것을 생각해볼 수 있다. 온실가스 협약을 어길 경우 세계 정부가 제재를 가함으로써 이행을 강제시키는 것이다. 이를테면 유엔 같은 기구에 강제력을 부여하는 방법이다. 기후 변화협약과 IPCC를 추진해왔던 사람들 생각 속에는 세계 정부 같은 시스템의 출범을 어떤 이상(理想)의 하나로 삼고 있었을 가능성이 있다. 그런 국제 기구를 통해 온실가스 배출권의 국가간 공평한 배분도 달성하고, 선진국-개도국 간 경제 불평등도 완화시키자는 생각이다.

현재로선 각국 배출량을 통제할 수 있는 강제력을 가진 국제 기구가 없다. 교토의정서도 정부간 약속이었을 뿐 그걸 이행하지 않을 경우의 제재 장치를 두고 있지 않았다. 파리협정도 '자발적 감축'이 원칙이지 이행 강제 수단을 정하고 있지는 않다. 그럼에도 온실가스 국제협약에 일정 수준의 효력을 기대할 수 있는 이유는, 지금의 국제 경제 시스템이 어느 나라도 타국과의 교역을 끊고 순전히 자국 힘으로만 번영된 체제를 유지할 수는 없게 돼 있기 때문이다. 국제 경제 구조에서 어떤 나라가 압도적 비중을 차지하고 있지 않는 한 어느 국가도 다른 나라들과의 공존(共存)을 인정할 수밖에 없다. 이런 국가간 상호 의존성(inter-dependency) 때문에 어느 나라도 국제 규범을 벗어나 행동하기 어렵게 된 것이다.

더구나 지금은 한 나라에서 벌어지는 일들이 실시간으로 다른 나라 국민들에게 속속들이 전파된다. 세계인들이 서로 연결돼 의사소통을 하는 시대로 들어선 것이다. 어떤 정부도 타국 정부와 국민의 평판을 무시하고 완전히 자국민 이익만 추구할 수는 없는 시대가 됐다. 커뮤니케이션의 발전으로 각국 정부는 전 세계를 상대로 자신들 결정을 정당화해야 하는 상황이 됐고, 이것이 새로운 윤리의 구축을 위한 토대로 작용하고 있는 것이다(One World : The Ethics of Globalization 1장, Peter

Singer, 2002, 번역본 『세계화의 윤리』).

기후 협약을 '개도국 발전 봉쇄 음모'로 보는 시각

문제는 유한한 공유자원이라는 인식은 있지만 그럼에도 국가간 이해 관계가 아주 다르다는 점이다. AOSIS(소도서 국가 연합) 국가들처럼 기후 변화의 전개에 당장의 생존 위협이 걸린 절박한 국가들도 있다. 그러나 개도국들 대부분은 국민 생활 수준을 끌어올리는 것이 최우선 국가 목표이다. 아시아, 아프리카, 중국, 인도 등의 나라들은 50년, 100년 뒤 기온이 2~3도 오른다든지 해수면이 상승할 수 있다는 등의 불확실한 미래 기후 예측에 입각해 자국 경제 발전의 통로를 봉쇄당하는 것은 원치 않을 것이다.

개도국들 입장에서 보면 지금까지 진행된 온난화의 책임 대부분은 선진국들에 있다. 선진국들이 만들어놓은 문제 때문에 자신들이 값싼 에너지인 화석 연료에 접근할 권리를 제한당한다는 것은 공평하다고 생각하지 않을 것이다. 선진국들이 누리고 있는 풍요는 과거 선진국들이 독점적으로 자원을 개발해 세계인의 유한한 공유 자원인 대기를 오염시켜 왔기 때문에 가능했다는 측면이 있다. 개도국들은 선진국 주도 국제 경제 질서 속에서 자신들의 이해관계가 구조적으로 억눌려왔다는 피해 의식도 있다. 그런 개도국들 입장에서 선진국들이 자기들은 과거 200년 동안 '화석 연료 무한 사용'의 권한을 누려왔으면서 이제 와서 '함께 화석 연료 소비를 줄여가자'고 하는 것은 받아들이기 어려울 수밖에 없다.

이런 시각을 집약한 것이 2011년 국내에서 '저탄소의 음모'라는 제목으로 번역돼 나온 중국 금융 분석가 거우홍양(勾紅洋)의 『低碳陰謀(Low Carbon Plot)』라는 책이다. 거우홍양이 보기에 영국과 독일은 풍부한 석탄 자원을 이용해 선발 산업국가의 혜택을 누렸다. 이어 미국은 석유 에너지 패권 위에서 세계 초강대국의 지위를 누렸다. 이들 선진국들은 산업구조를 고도화시켜 금융, 서비스, IT 등 저탄소 산업 분야에서의 우위를 이용해 아직도 국제 경제 질서를 장악하고 있다. 반면 중국은 뒤늦게 산업화의 길로 들어서 기계, 건설, 화학, 철강 등 이산화탄소 배출량이 많은 에너지 다소비 업종을 전략 산업으로 해서 선진국들을 뒤따라가려고 안간힘을 쓰고 있다. 그런 상황에서 국제적으로 탄소세라든지 배출권거래제 등의 온실가스 규제 정책이 도입되면 에너지 가격은 뛸 수밖에 없다. 선진국들이 기후 변화 관련 국제협약을 밀어붙이려 하는 것은 뒤늦게 선진국을 쫓아가려 허덕이는 중국 등 개도국의 발목에 온난화의 족쇄를 채우겠다는 음모에 다름 아니라는 것이다.

러시아, 캐나다 등의 한대 기후권의 에너지 강국들은 기후 온난화가 자국 국민들에 더 풍요로운 삶을 보장할 것이라고 생각할 수 있다. 러시아 푸틴 대통령은 "날씨가 따뜻해진다면 모피 살 돈을 아낄 수 있기 때문에 러시아인들에겐 기쁜 일"이라고 농담처럼 말한 적이 있다고 한다(低碳陰謀 2장, 勾紅洋, 2010, 번역본 『저탄소의 음모』). 러시아, 캐나다 등이 기후 협약에 시큰둥한 반응인 것은 당연한 일이다.

온난화 대응 능력에 있어서도 선진국과 개도국은 격차가 있을 수밖에 없다. 온대 기후권의 대부분 선진국들에게 기후 변화의 위협은 열대 개도국만큼 절박하지는 않다. 기후 변화에 가장 예민한 산업 분야인 농업만 해도 선진국 경제에서 차지하는 비중은 미미한 수준이다. 선진국들은 앞선 농업 기술, 보건 의료 체제, 재해 방지 시스템를 활용해 어지간한 기후 변화에는 적응해갈 수 있을 것이다.

반면 식량 생산, 안전한 물 공급, 기초 보건의료에서 한계선상에 놓여 있는 열대 개도국들은 기후 변화로 인해 생태계 균형이 약간만 흔들려도 굉장한 어려움을 겪을 수 있다. 세계 식량 생산이 5년만 연속 흉작을 겪는다면 개도국 가운데는 심각한 사회 불안정과 혼란에 빠질 나라가 적지 않을 것이다. 이렇게 되면 기후 변화의 피해는 기후 변화의 원인을 제공한 선진국들에 돌아가는 것이 아니라, 기후 변화를 초래한 책임이 거의 없는 개발도상국들이 짊어지게 된다. '오염 원인자 책임'이 아니라 '오염 피해자 책임 원칙(polluted pay principle)'의 결과를 낳게 된다. 윤리적으로 공평하다고 볼 수 없는 것이다.

더구나 국가간 소비 수준에는 압도적인 불평등이 존재한다. 선진국 국민의 소비 상당 부분은 사치성 소비들이다. 반면 개도국들 소비는 생존형 소비다. 선진국 국민이 사치품 구입비를 조금만 아끼면 아프리카의 어린 생명들을 구할 수 있다. '선진국 부자 한 쌍이 오페라 극장 가느라 쓰는 돈이 빈곤국 많은 이들이 한 해 먹고 사는 비용보다 더 많다면, 선진국이 더 양보해 개도국 국민의 기본 생존 욕구 충족을 훼방놓지 말아야 한다'는 것이다. '부자가 보석 갖느라고 가난한 사람 모포 빼앗아서는 안 된다'는 것이다(World ethics and climate change 6장, Paul G. Harris, 2010).

같은 재정을 갖고 가능하면 최대 효용을 거둬야 한다는 관점에서 보더라도 배출권 할당은 개도국들에게 유리하게 이뤄져야 한다. 절대 빈곤국에 있어서 빈곤의 해결은 절박한 일이다. 선진국 국민들이 얼마 되지 않는 양보만 하더라도 개도국의 실로 곤궁한 사람들 복리와 행복 수준을 크게 끌어올려줄 수 있다면 선진국 국민들이 양보해 과잉 소비를 자제하는 것이 윤리적이라는 것이다.

결국 윤리적으로 정당하고 정의롭게 기후 변화를 예방하고 극복하기 위해서는 '가해자'이자 '오염 원인자'이자 '적응 능력 보유자'이기도 한 선진국의 솔선수범이 필요하다. 파리협정에서 '2020년부터 선진국들이 개도국의 기후 변화 극복과 적응을 위해 매년 1000억 달러씩 기여하도록 한다'는 합의를 본 것은 선진국들이 그동안 지구 공유 자산인 대기를 이산화탄소 배출로 오염시켜온 데 대한 배상과 보상의 성격을 포함하고 있다. 다만 이 1000억 달러가 충분한 액수인지, 어떤 방법으로 그걸 조달할 것인지, 누구에게 어떻게 배분해 무슨 사업에 쓰도록 할 것인지를 놓고 논란이 거듭될 수밖에 없다.

미국 부시 정권의 이기적 행동이
발목 잡은 교토의정서

파리협정 이전까지 기후 변화 극복을 위한 단합된 국제 행동이 여의치 않았던 책임 중 큰 부분이 미국에 있다고 할 수 있다. 미국은 1850년 이후 2012년까지 누적 이산화탄소 배출량이 전 세계 배출량의 27%나 됐다. 인구는 세계의 5%도 안 되면서 온난화는 4분의 1이 넘는 원인 제공을 한 것이다. 미국이 경제 최강대국으로서 세계 질서를 주도하게 된 것에는 미국이 자국 경제를 쌓아 올리면서 뿜어낸 이산화탄소 덕을 봤다고 해야 할 것이다. 당연히 미국이 가장 큰 책임을 느끼고 단합된 국제 보조를 이끄는 데 앞장서는 것이 맞다.

그러나 미국 부시 정권은 2001년 교토의정서에서 탈퇴해버렸다. 자국의 경제 정책 결정 주권이 타국에 의해 간섭받거나 훼손 당하도록 내버려둘 수 없다는 입장이었다. 최대 온실가스 배출국이면서 1997년 교토 협상 과정에서 모든 선진 산업국이 동의했던 약속을 미국만 못 지키겠다고 나온 것이다. 미국은 그만한 경제 패권을 갖고 있기 때문에 다른 나라들 평판에 흔들릴 필요도 없고 다른 나라들이 자기를 제재할 수도 없다고 본 것이다. 미국의 오만하고 이기적인 자세가 교토의정서의 실패를 몰고왔다고 할 수도 있다.

미국은 그후 '중국이 동참하지 않는 한 우리도 이산화탄소 규제를 받아들일 수 없다'고 주장했다. 중국인들은 기가 찬다는 반응일 수밖에 없다. 중국의 1850~2012년의 누적 배출량 비중은 11%로 미국(27%)에는 한참 모자랐다. 중국 인구가 미국의 4배를 넘는다는 점을 감안하면 중국인 개개인의 책임은 미국인 개인과 비교해 10분의 1 정도로 봐야 할 것이다 지금도 중국의 개인당 배출량은 미국의 42% 수준이다.〈표 3〉

주요국 1인당 2012년 배출량	
세계 평균	**4.81톤**
미국	16.3
캐나다	15.6
한국	12.3
러시아	12.0
일본	9.8
독일	9.6
EU(15국)	7.3

영국	7.3
EU(28국)	7.2
중국	6.9
덴마크	6.8
북한	1.8
인도	1.7
필리핀	0.9
파키스탄	0.8
캄보디아	0.3
미얀마	0.2
르완다	0.07
우간다	0.07
차드	0.02

표 3 2012년 일부 국가 1인당 에너지 분야 CO_2 배출량
(세계자원연구소 자료, cait.wri.org, 이산화탄소 중량)

자국 영토 내 일은 자국이 책임을 갖고 권한을 행사한다는 민족 국가(nation state) 시스템의 국제 질서 아래서는 각국 정부가 이기적 행동을 취하게 돼 있다. 그러나 국제 교역의 진전으로 국가간 상호의존성이 강화됐고, 교통과 커뮤니케이션의 발달로 각국 국민 사이에 국경을 넘어선 감정적 소통도 활발해졌다. 최근 들어서는 인권 등 보편적 가치에 관계된 사안에 있어서는 국제 사회가 특정 국가의 내부 사정에 관여할 수 있다는 인식이 차츰 자리잡아 가고 있다. 실제 그런 개입 사례들도 생겨나고 있다. 그런데다가 환경 오염의 경우 그 악영향이 배출국 내에만 머무르는 것이 아니라 이웃 국가, 심지어는 전 세계로 확산되는 성

질을 갖고 있어 국가 간 협조와 상호 견제가 필요한 상황이 됐다.

그러나 앞서 살펴본 대로 기후 변화에 관계된 각국 이해관계는 아주 다양해서 일사불란한 대열을 형성하기 쉽지 않게 돼 있다. 자국 국민 이익을 최우선시하는 민족국가의 정부들이 자국 이익을 양보하고 희생하면서 서로간 이해 관계를 조정해 세계 전체의 이익을 위한 길로 나아간다는 것이 쉽지 않은 과제이다.

맨 처음 1980~90년대에 기후 변화에의 국제적 공동 대처를 주장하면서 이니셔티브를 잡고 나온 것은 서구 선진국들이었다. 그러나 빈부 격차와 그에 따른 형평성 문제가 두드러지게 제기되면서 저개발국의 빈곤 문제를 해결하지 않고서는 기후 문제도 풀기 어렵다는 인식이 자리잡게 되었다. 기후 협약에서 '공통의, 그러나 차별적 책임(common, but differentiated responsibility)'이라는 합의를 어떻게 구현해 나가느냐에 향후 기후 협약의 미래가 달려 있다고 할 수 있다.

1000년 지나도 29%가 남아
온난화 일으키는 이산화탄소

이산화탄소가 가진 분자적 특성인 '확산성'은 기후 변화의 '가해자'와 '피해자'를 분리시키는 '공간적 비대칭성'을 낳는다. 이산화탄소의 또 하나의 특성인 축적성(蓄積性)은 '시간적 비대칭성'을 초래한다.

시카고대 데이비드 아처 교수는 인간이 궁극적으로 1조~2조 톤의 이산화탄소(탄소 중량 기준)를 배출할 경우 29%는 1000년이 지나도 대기 중에 남아 있고 14%는 1만 년이 넘어도 남게 된다고 설명한다

(The Long Thaw: How Humans are Changing the Next 100,000 Years of Earth's Climate 9장, David Archer, 2009). 인간이 배출한 이산화탄소를 바다가 흡수하고 바닷 속에 용해된 이산화탄소가 바닷속 생물들의 '생물학적 펌핑'을 거쳐 탄산칼슘 형태로 바다 밑바닥에 퇴적되는 과정이 그만큼 느리게 진행된다는 것이다. 아처는 10만 년의 세월이 지나도 인간 배출 이산화탄소의 7%는 대기 중에 남아 있게 된다고 했다.

다른 연구팀들 기후 모델도 정도의 차이는 있지만 인간 배출 이산화탄소의 상당 부분이 오랜 기간 대기 중에 잔류하게 되는 것으로 설정하고 있다. 독일과 스위스 과학자들의 모델에 따르면 배출 이산화탄소의 35~55%는 100년 이후까지, 28~48%는 200년 이후까지도, 15%는 1000년 이후까지 남아 있게 된다는 것이다(The Climate Casino 4장, William Nordhaus, 2013). 대기 중 이산화탄소가 워낙 반응성이 없는 기체이기 때문이다.

수질오염처럼 흘러가는(flow) 오염이라면 일정 시간이 지나면 오염 물질이 바다로 다 떠내려간다. 아황산가스나 질소산화물같이 반응성이 강한 대기오염 물질도 수일~수주가 지나면 분해되거나 빗물에 녹아 사라진다. 그러나 이산화탄소 오염은 매립장 쓰레기처럼 쌓여가는(stock) 오염이기 때문에 두고두고 골치를 썩이는 것이다.

이산화탄소의 오랜 수명 때문에 인간 배출 이산화탄소는 바다와 육상 생태계가 빨아들여 고정시킬 수 있는 능력을 초과하는 부분들은 계속 쌓여가면서 대기 중 농도를 끌어올리게 된다. 그러다 보니 이산화탄소의 온난화 효과는 날이 갈수록 가중된다. 이럴 때 나타나는 현상은 온난화의 원인 물질인 이산화탄소를 배출하는 시점과 그로 인해 피해가 나타나는 시점이 시간적으로 분리된다는 점이다. 원인과 결과 사이에 지체 현상이 빚어지는 것이다.

지금 세대 입장에선
'남의 문제'일 뿐인 기후 변화 피해

축적성으로 인해 현 세대가 온실가스를 배출해놓으면 그 피해는 후손 세대가 보게 된다. 우리가 지금 배출하는 이산화탄소로 우리가 현재 피해보는 부분은 별로 없다. 기후 변화는 지금 세대 입장에선 '나의 문제'가 아니라 '남의 문제'인 것이다.

원인 행위와 결과로 나타나는 피해 사이의 이같은 시간적 분리 때문에 이산화탄소를 배출하는 세대는 그것이 일으키게 될 고통에 대한 인식이 약할 수밖에 없다(A Perfect Moral Storm—the ethical tragedy of climate change 1장, Stephen M. Gardiner, 2013). 내가 배출한 이산화탄소가 수십 년, 또는 100~200년 뒤에야 구체적인 피해로 나타난다는 것이기 때문이다. 더구나 이산화탄소의 온난화 현상이 어떤 형태로, 얼마나 심각하게 나타날지에 대해선 과학적 불확실성이 여전하다. 현 세대는 '피해가 구체하되기 전에 뭔가 기술적 해결책이 나오지 않겠느냐'며 책임을 회피하려 할 여지도 많다.

또한 미래 세대가 입게 될 피해를 일으키는 것은 지금 우리 세대가 배출한 이산화탄소뿐 아니라 과거 우리의 아버지, 할아버지 세대가 뿜어낸 이산화탄소도 포함돼 있다. 이의 해결은 우리 세대의 힘만 갖고 이뤄질 일도 아니고, 앞으로 여러 세대가 동시에 꾸준하게 노력해야 한다. '나 혼자만의 책임'이 아닌 것이다. 현 세대로서는 주저주저하면서 시간 끌기로 나가려는 심리적 동기가 작동할 수 있다.

　인간 인식은 시간적 범위 측면에서도 한계를 갖는다. 사람들은 보통 자식 세대나, 아니면 손자 세대 정도까지의 상황을 염두에 두고 행동한다. 자신들의 행동이 증손자 세대, 또는 그 이후 세대에 어떤 결과를 가져올지까지 내다보면서 의사 결정을 하기는 쉽지 않다.

　민주적 정치 시스템 아래서 실질적 의사 결정권자들의 임기는 4~5년 수준이다. 정치 권력은 '다음번 선거에서의 재선'이 최우선 목표다. 시간적 시야가 짧을 수밖에 없다. 기후 변화 대책은 다음 세대를 위해 현 세대가 소비를 억제하고 욕망을 눌러두자는 일이다. 현재의 정치 권력이 아직 태어나지도 않았고, 따라서 투표권도 행사할 수 없는 미래 세대를 위해 현 세대 유권자에게 고통과 부담을 안기는 방향으로 행동하기는 어려운 일이다.

　각 세대마다 이런 식의 이기적인 행동이 겹쳐 누적되면 기후 변화를 막는 것은 시간이 갈수록 점점 더 어려워진다. 매 세대의 이기적 행동으로 대기 중 이산화탄소는 계속 쌓여간다. 미래 세대가 겪게 될 고통의 크기도 점점 커지게 된다.

　이산화탄소의 확산성으로 인한 '원인과 피해의 공간적 분리'보다도 축적성이 야기하는 '시간적 분리'가 구조적으로 더 극복하기 어려운 문제다. 선진국이 가해자로서 이산화탄소를 뿜어내고 그 피해를 주로 후진국들이 입게 되는 '공간적 분리' 현상은 그래도 선진국과 후진국의 당사자들이 한 자리에 앉아 대화라도 해볼 수 있다. '죄수의 딜레마', '공유지의 비극' 상황에선 적어도 당사자들이 존재하기 때문에 어느 한

쪽이 '일단 내가 먼저 양보할 테니 다음 번에 당신이 양보하라'는 식으로 일정한 타협에 도달할 수 있다. 주고 받는 상호성(reciprocity)이 작동할 수 있다. 파리협정 같은 것이 그런 대화의 결과이다.

그러나 현 세대와 미래 세대 사이에는 대화 자체가 불가능하다. 세대 간 합의를 이끌어낼 당사자인 미래 세대는 의사결정자 자체가 존재하지 않는다. 현 세대가 미래 세대를 위해 욕구를 억제하는 희생적 행동을 취하더라도 미래 세대가 그 대가로 현 세대에게 해줄 수 있는 것이 없다. 현 세대의 방탕을 미래 세대가 견제할 방법이 없는 것이다.

그나마 부모 세대와 자식 세대 간 문제라면 감정적 연결의 끈이 작동할 수 있다. 내가 좀 손해보더라도 내 자식이 잘되는 거라면 그걸 마다할 부모가 많지 않다. 그러나 지금 우리가 에너지 사용을 줄이면 500년, 1000년 뒤 미래 세대의 후손들이 빙하 해체나 바다 산성화의 피해를 피할 수 있게 된다고 치자. 우리의 이기적 행동의 결과로 1000년 뒤 나타나는 지구 생태 변화 때문에 분투하게 될 후손들에 어떤 동정심을 느낄 수 있겠냐는 것이다(Reason in a Dark Time 5장, Dale Jamieson, 2014). 그렇게 까마득한 미래 세대를 위해 지금의 욕망을 다스린다는 것은 손쉬운 일이 아니다. 현 세대는 자기가 이산화탄소를 뿜어내더라도 그 피해가 스스로에게 오는 것은 아니기 때문에 될수록 많이 뿜어내 지금의 욕구를 최대한 채우려는 이해가 작동하게 된다. 스티븐 가드너는 이를 '현 세대의 폭정(tyranny of contemporary)'이 일어날 수밖에 없는 구조라고 했다(A Perfect Moral Storm 5장, 2011). 기후 변화의 또 다른 위키드한 속성을 보여준다.

문제는 현 세대가 자신들의 방탕으로 얻게 될 이득은 사소한 반면,

후손 세대가 입게 될 손실과 피해는 무지막지한 것이 될 수 있다는 점이다. 이미 풍요로운 생활을 하는 현 세대가 사치적 소비만 억제하더라도 미래 세대 피해의 상당 부분을 막아줄 수 있을지 모른다. 그러나 현 세대가 다음 세대 일은 나 몰라라 하고 눈 앞 욕구를 채우려 들면 후손 세대들은 자연재해, 식량 공급 불안정, 생태 파괴, 사회 혼란과 전쟁 등의 대가를 치를 수 있다는 것이다. 후손들은 결정권도 없는 상태에서 당하기만 하는 일이다.

기후 변화 각성 이끌어내기 어려운
'CO$_2$ 작용의 점진성'

확산성, 축적성과 함께 기후 변화 이슈의 또 하나의 특성은 불확실성(不確實性)이다. 기온 상승은 인간 배출 온실가스 탓이라기보다 다른 어떤 자연적 요인 때문이 아닐까 하는 반론이 여전히 있다. 온난화 현상이 맞는다 하더라도, 그 피해는 우려 수준만큼은 아닐 거라는 주장도 있다. 그 피해가 어떤 집단에 집중될 것인지도 명확지 않다. 기후 변화에 책임 있는 집단이 누구이고, 그들에게 각각 얼마만큼의 책임을 배분해야 하는 것인지도 아리송하다. 머지 않은 장래에 모든 걱정거리를 한 방에 해소시켜 줄 획기적 신기술이 등장할지도 모른다. 이런 불확실성들이 기후 변화 대응을 향한 일사불란한 전열을 갖추는 데 방해가 된다.

불확실성은 기후 변화의 원인과 결과가 공간적 · 시간적으로 분리돼 있는데다가 이산화탄소의 배출에서부터 그 결과가 나타나기까지의 인과 관계 사슬이 너무 길다는 데서 연유한다. 기후 변화에 관한 한 모든 세계인이, 나아가 과거 세대로부터 현 세대를 거쳐 미래 세대에 이르기까지 다 연결돼 있다. 도대체 어떤 집단의 실책과 잘못으로 어떤 집단에게 피해가 돌아가는지에 대해 설득하고 납득시키기가 쉽지 않은 것이다. 예를 들어 호주에서 생산한 석탄을 갖고, 중국이 전기를 생산해 그걸 에너지로 상품을 만들고, 그 상품을 미국인들이 소비한다면 과연 누구에게 얼마만큼씩 책임을 지워야 하는 것인가(Reason in a Dark Time- why the struggle against climate change failed and what it means for our future 5장, Dale Jamieson, 2014).

위기가 시급하게 닥쳐오는 것이라면 사람들을 각성시켜 위기 대응 대열에 동참시키는 것이 비교적 용이할 것이다. 그러나 기후 변화는 서서히 다가오는 위기이다. 적어도 이번 세대는 기후 변화의 본격 위기에 직면하는 일은 없을 것이다. 과학자들은 인간 사회가 적극적인 이산화탄소 감축에 나서건 그렇지 않건, 2050년까지는 현상적인 결과에 있어 큰 차이가 없을 것이라고 보고 있다(CO$_2$ Rising- The World's Greatest Environmental Challenge 10장, Tyler Volk, 2008). 그러나 이산화탄소는 축적성 때문에 앞 세대의 배출량 위에 다음 세대의 배출량이 계속 더해지는 성질을 갖는다. 시간이 지날수록 배출량의 영향력은 누적되게 된다. 방치해두고 있다가는 나중에 가서 기후 변화를 막아보려 손쓰려 해도 어쩔 수 없는 단계에 도달하고 말 수 있다.

이산화탄소는 보이지도 않고 냄새도 없고 색깔도 없다. 대기 중 비중이 현재의 0.04%에서 두 배, 세 배가 된다고 해서 인간 건강에 직접적인 피해를 주는 것도 아니다. 지구 표면에서 발산되는 적외선을 붙잡아두는 복잡 난해한 과정을 거쳐 기온을 올리고, 기온 상승 결과로 해수면이 올라간다든지 강수량 분포가 달라진다든지 하는 결과가 나타나는 것이다. 하늘에 구멍이 뻥 뚫리는 오존홀 같은 극적인 영상(映像) 효과로 위기의 절박성을 표현해줄 방법도 없다. 영국 사회학자 앤서니 기든스는 '기후 변화가 몰고 오는 위험은 추상적이고 모호해서 맞서 싸울 분명한 적군이 존재하지 않는 것과 비슷한 현상'이라고 했다(The Politics of Climate Change 서문, Anthony Giddens, 2009).

이산화탄소 배출은 지금 당장 나의 행동이 내가 직접 아는 어떤 사람에게 피해를 안겨주는 일이 아니다. 내가 내뿜은 이산화탄소는 70억 전 인류가 뿜어내는 무수한 이산화탄소들에 섞여 기온 상승에 '70억분의 1'만큼 기여한다. 하나하나의 행동이 애당초 기온 상승을 가져올 수 있다고 의식하면서 한 일도 아니다. 뉴욕대 데일 재미슨 교수는 이를 '집합행동의 문제(collective action problem)'라고 표현했다(Reason in a Dark Time 6장, 2014).

반면 이산화탄소 배출을 줄이기 위한 행동은 당장의 욕망을 절제해야 하는 일이다. 감수해야 할 희생과 고통은 명확하고 구체적인데, 그 결과는 지구 반대편의 누군지도 모를 미래 세대의 어떤 사람에게 50년 후 또는 100년 후에 그 형태를 짐작할 수 없는 모호한 피해로 나타나게 된다. 이산화탄소 삭감을 위한 비용은 당장 소요되는데 결과는 한참 뒤 나타나는데다 효과도 불확실하다. 돈은 많이 드는데 그 효과를 확신할 수 없는 것이라면 정부가 납세자들에게 비용 부담을 설득하기 쉽지 않을 수밖에 없다. 역시 기후 변화의 위키드한 속성이다.

'인지 부조화' 회피가
기후 이론을 외면하게 만든다

노르웨이의 심리학자이면서 경제학자인 스톡네스는 기후 변화에 관한
한 일반 시민의 인식을 바꿔놓기 힘든 이유를 심리적 측면에서 찾고 있
다. 그간의 기후 변화론이 지구의 재앙을 강조하는 종말론적 접근법을
써왔던 것이 문제라는 것이다. 기후론자들은 '작은 차를 사라' '비행기
여행을 자제하라' '전기를 꺼라'라는 식으로 끝없이 잔소리를 해왔다.
그러지 않으면 지구는 재앙으로 굴러떨어진다는 것이다.

스톡네스는 '기후 변화론의 재앙 내러티브는 실패했다'고 진단한다
(What We Think about When We Try not to Think about Global Warming 12장,
2015, Per Espen Stoknes). 사람들을 숨막히게 몰아붙이고 그들이 죄의식
을 느끼게 하는 시도들이 사람들로 하여금 반발 심리를 갖게 만들어 기
후 변화 문제를 아예 못 들은 척하거나, 무시하거나, 부정하게 만든다
는 것이다. 스톡네스는 기후 변화론에 저항하는 심리적 메커니즘을 '인
지 부조화(cognitive dissonance)' 이론으로 설명한다. 인지 부조화란 자기
가 믿는 신념과 실제 일어나는 일이 일관성을 잃거나 모순되는 상황에
처한 것을 말한다. 사람들은 인지 부조화 상황에 부딪힐 때 자기 생각
을 벌어지는 일들에 맞춰 바꿔나감으로써 신념과 행동이 다른 데서 비
롯되는 심리적 불편함을 해소하려 든다는 것이다.

인지 부조화론을 이론화한 미국 심리학자 레온 페스팅거는 1957년
에 낸 저서(A Theory of Cognitive Dissonance)에서 관련 심리 실험을 설명
했다. 우선 실험 참가 학생들에게 (봉투 붙이기 식의) 지루하고 재미 없
는 작업을 하게 했다. 그런 다음 A 그룹에겐 상당액의 돈을 주면서 같

은 작업에 들어갈 다음 차례 학생들에게 그 작업이 아주 재미 있고 즐겁다고 거짓말을 하게 했다. B 그룹에겐 푼돈만 준 후 대기 학생들에게 같은 설명을 하게 했다. 그런 다음 A와 B 그룹을 상대로 실제 본인들이 어떤 생각을 갖고 있는지를 물어봤다. 그랬더니 의외로 돈을 많이 받은 A 그룹은 작업이 정말 지루했다고 대답한 반면, 돈을 적게 받은 B 그룹은 제법 재미 있었다고 대답하는 경향을 보였다는 것이다. B 그룹 학생들은 자신들이 동원됐던 지루했던 작업을, 푼돈 몇푼을 받고 대기 학생들에게 제법 흥미 있었다고 거짓말을 하게 된 상황을 심리적으로 아주 불편하게 여겼기 때문에 그런 모순적 반응이 나왔다는 것이다. 심리적 불편함과 인지 부조화를 해소시키기 위해 사실은 그 작업이 꽤 할 만한 측면도 있었다는 식으로 자기 합리화를 했다는 것이다. 페스팅거 이후 많은 심리학자들이 인지 부조화에 관련된 심리 실험을 시도해 유사한 결과를 얻었다고 한다(What We Think about When We Try not to Think about Global Warming 5장).

스톡네스는 특히 지식인들 사이에 기후 변화 이론에 대한 혐오와 부정이 강한 이유를 인지 부조화 이론을 갖고 설명했다. 논리를 중시하는 지식인들에게 기후 변화 이론을 받아들이면서도 자기 생활방식을 바꾸지 않는다든지 기후 변화 방지를 위한 적극적 행동에 나서지 않는다는 것은 전형적인 인지 부조화를 불러일으킨다. 지식인들은 심리적으로 불편한 이런 상황을 피하기 위해 기후 변화 이론에서 아예 고개를 돌려버리거나 경우에 따라선 적극적으로 부정하는 태도를 취하는 수가 많다는 것이다. 기후 변화론을 반박하고 부정하는 주장이 지식인 사이에 널리 유포되는 것은 이런 이유 때문이다.

인지 부조화에서 벗어나기 위한 진실 왜곡, 현실 외면에 관한 역사적 사례들도 꽤 있다. 스톡네스는 노예제가 오랫동안 사회 시스템으로 채택됐던 것도 마찬가지라고 주장했다(What We Think about~ 6장). 인간이 다른 인간을 물건이나 다름 없이 소유하고 부리고 비인격적으로 취급하는 것은 일상적인 도덕윤리와 충돌하는 일이다. 그러나 노예제 시절의 지배계층들은 노예제의 정당성에 대해 거론하는 것 자체를 회피한다거나, '전부터 그래왔다'는 식으로 자기 합리화를 하면서 노예제의 비도덕성을 정면으로 마주하는 것을 피했다.

기후 변화를 경고하는 목소리는 수십 년 동안 끊임없이 제기됐다. 그랬어도 일반의 인식과 정치 지도자들 태도는 별로 달라진 게 없다. 스톡네스는 기후 변화 이론은 '과학 커뮤니케이션의 역사상 최대 실패 사례(the greatest science communication failure in history)'라고까지 했다(What We Think about~ 7장). 기후 과학자들이 30년 동안 일반 시민과 정치인들을 상대로 설득해왔지만, 인지 부조화 상황을 피하기 위해 취하는 자기 합리화와 무관심이라는 장벽을 넘어서지 못했다는 것이다.

기후 변화론을 진지하게 받아들이게 되면 사회 시스템, 에너지 인프라, 개인의 생활양식은 근본적으로 바꾸지 않으면 안된다. 그 과정은 고통과 희생을 수반한다. 지금 우리 세대가 누리고 있는 부유한 생활양식의 상당 부분을 포기해야 할 가능성이 크다. 더구나 현 세대가 감수해야 할 희생과 절제와 손실은 분명하고 구체적인 반면, 미래에 얻게 될 이득은 불확실하고 추상적이다. 사람들은 그런 궁지에 빠지지 않기 위해서 애당초 골치 아픈 문제들은 생각 창고의 구석에 처박아 두거나 기후 변화론의 일부 명료하지 못한 부분들을 핑계 삼아 이론 전체를 부인해버리는 출구를 찾게 되는 것이다.

기후 변화 해결 위해선
'도덕의 재구성' 필요하다는 주장들

하버드대 마이클 샌델 교수의 '정의론' 강의 동영상을 보면, 두 갈래 철도길 레일의 손잡이를 작동시키면 5명이 죽게 됐던 것이 1명만 죽으면 되는 것으로 바뀌는 상황이 제시된다. 대다수 학생들은 이런 선택에서 '레일 손잡이를 잡아당기겠다'고 손을 들었다. 하지만 레일 윗쪽 다리 난간에 기대 서 있는 뚱뚱한 사람을 밀어 레일 위로 떨어뜨림으로써 달려오는 열차를 멈추게 해 레일 위에서 작업 중인 다른 5명의 인부 목숨을 구하는 선택에는 대부분 학생들이 '할 수 없다'고 대답했다. 손잡이를 작동시키는 것은 뭔가 매개 과정이 개입된 간접 행위로 느껴지는 반면, 난간 위 뚱뚱한 사람을 손으로 밀어뜨리는 것은 구체적인 인간에 대한 직접적 살인 행위여서 실행할 수 없다고 느끼는 것이다.

이산화탄소 배출은 레일의 방향 손잡이를 트는 일보다 100배, 1000배 더 추상적이고 간접적인 행동이다. 그에 따른 결과는 나의 행동으로부터 너무 먼 시간과 공간의 간격을 건너 일어나기 때문에 그에 대한 도덕적 책임을 느끼기 힘들 수밖에 없다. 도둑질이나 강도 같은 범죄는 가해자와 피해자가 누군지 알 수 있고 행동과 결과의 인과 관계가 직선적이다. 그러나 SUV를 몰면서 거기서 나오는 매연이 누군가의 죽음에 100만분의 1, 1억분의 1 정도 기여한다고 해서 운전자에게 무슨 도덕적 책임을 느끼기를 기대할 수 있겠는가.

지금 이산화탄소를 내뿜는 나의 행동이 100년 뒤 아프리카에 살게 될 어느 인간 집단에게 가뭄으로 인한 기근 피해를 초래하게 된다고 치자. '100년 뒤 아프리카 사람'의 복리를 위해 당장 우리의 욕구 충족을 자제하자는 사회적 합의를 이뤄내는 것이 얼마나 어려운 일이겠는가. 더구나 나 하나의 솔선이 가져올 '재앙 회피' 효과는 측량할 수 없는 수준으로 극미한 것이다.

기후 시스템의 균형은 복합적 힘에 의해 유지된다. 그 균형이 깨졌다고 해서 그 원인이 이산화탄소 배출 때문이라고 특정할 수 있는 것도 아니다. 거대 태풍이 몰아닥쳐 큰 피해를 야기시켰더라도 그것이 지구 온난화 때문에 벌어진 일인지에 대해선 논란이 벌어질 수밖에 없다. 게다가 기후 변화의 가해자들이 누군가에게 해를 끼치려는 인식을 갖고 그런 행동을 한 것도 아니다. 석탄, 석유를 태우는 행동이 지구 온난화를 일으킨다는 주장이 본격적으로 제기된 것은 30년 전이다. 인간은 그 200년 전부터 화석 연료를 사용해왔다.

데일 재미슨 교수는 어떤 행동의 도덕적 평가를 위해선 원인과 결과가 연결되는 구조에 대한 과학적 인식이 필요하다고 했다(Reason in a Dark Time 5장, 2014). 칼 들고 돈을 빼앗는 강도나 사무실에서 서류에 사인하면서 남의 돈을 갈취하는 것이나 도덕적으로 나쁘기는 마찬가지다. '사무실 강도'의 비도덕성을 파악하기 위해서는 그것이 왜 문제가 되는 행동인지에 관한 지적(知的) 훈련이 필요하다는 것이다.

재미슨 교수는 기후 변화 대응을 위해선 집단적 도덕의 재구성(revision)이 필요하다고 했다. 현재의 도덕 규범은 연비 나쁜 큰 자동차를 몰거나 비행기를 타고 다니는 것을 특별히 문제 있는 행동으로 규정짓지 못하고 있다. 그러나 그런 행동들이 누적돼 미래 세대에 심각한 피해를 줄 수 있는 것이라면 '불필요하게 이산화탄소를 다량 배출하는 행동'을 '나쁜(wrong) 행동'으로 규정하는 도덕 인식의 전환이 필요하다는 것이다. 흡연도 전엔 단순한 개인적 취향으로 여겨졌지만 지금은 다수 시민들이 썩 좋지 않은 습관으로 여기고 있다. 공장 굴뚝 연기도 한때 번영의 상징으로 받아들여지던 시절이 있었지만, 미래에는 기후 변화를 초래하는 원인으로 인식될 수 있다는 것이다. 그런 도덕의 재구성이 없이는 위키드(wicked)한 속성을 갖는 기후 변화 문제의 진정한 해결이 어렵다는 것이다.

프린스턴대 피터 싱어 교수도 지금까지의 도덕률은 ①대기는 무제한의 자원이라는 인식 ②가해자의 책임과 피해자의 손실이 뚜렷하게 연결되는 상황이라는 두 가지 전제 아래 진화해온 산물이라고 봤다. 그러나 지금 세대에게 대기는 유한한 공유 자산이 됐고, 한 사람의 절제 없는 행동이 복잡한 인과 사슬을 거쳐 뒷세대의 지구 반대편 사람에게 불행을 초래할 수도 있는 상황이 됐다. 그렇다면 그에 맞는 새로운 도덕 규범의 형성이 필요하다는 것이다(One World: The Ethics of Globalization 2장, 2002).

시카고대 데이비드 아처 교수는 150년 전까지 존재했던 노예제도의 경우 경제 득실의 관점에서 폐지된 것이 아니라 윤리의 관점에서 폐지됐다고 강조했다. 그전까지만 해도 백인이 흑인 노예를 부리는 것에 대해 윤리적 저항감이 별로 없었다. 아처 교수는 화석 연료를 소비하는 문제도 손실(cost)과 이득(benefit)을 따지는 경제의 관점이 아니라 무엇이 정당하고 옳은 행위냐 하는 윤리 관점에서 해결책을 찾아야 한다고 봤다(The Long Thaw 13장, 2009).

'예방 원칙'을 뒷받침하는
'최소 극대화'의 도덕 논리

1992년 체결된 유엔 기후 변화협약(UNFCCC) 본문엔 '과학적 확실성이 부족하다고 해서 기후 변화를 방지하기 위한 행동을 보류해선 안 된다'는 조항이 있다. 일반적으로 '예방 원칙(precautionary principle)'으로 불리는 조항이다. 기후 변화처럼 되돌릴 수 없는 불가역적(不可逆的) 변화가 초래될 확률이 상당하고 그 리스크가 감당하기 어려울 정도의 크기라면, 과학적 확실성이 부족하더라도 적극적으로 행동에 나서야 한다는 논리다.

스티븐 가드너는 『완벽한 도덕적 혼란(A Perfect Moral Storm)』에서 이 예방원칙을 존 롤스(John Rawls) 『정의론』의 '무지의 베일(veil of ignorance)'과 '최소 극대화(maximin)' 원칙을 갖고 설명했다. 기후 변화 결과가 어떨 것인지에 대해선 여전히 많은 불확실성이 남아 있다. 최소 극대화의 원칙은 장래의 결과가 어떤 것이 될지 확실히 알 수 없을 때 우리 선택은 최선(最善)의 결과를 기대할 수는 없더라도 최악(最惡) 상황은 우선 피하는 쪽으로 가야 한다는 것이다. 존 롤스의 논법으로 설명한다면 우리는 자신이 어떤 상황에 처하게 될지 모르는 '무지의 베일' 상태에 놓여 있다고 했을 때 노예제라는 신분 구조를 선택하지는 않을 것이다. 자신이 운이 좋아 왕자 신분으로 태어나는 최선의 결과가 생길 수도 있겠지만 자칫하면 노예로 전락해버리는 최악의 구렁텅이로 빠질 수도 있기 때문이다. 작은 확률이라도 그런 최악의 상황이 벌어지는 일은 피하기 위해 사람들은 '무지의 베일' 상황에선 노예제에 동의하지 않을 것이며 그게 도덕적 결정이라는 것이다.

인간 사회가 지금까지의 낭비적 에너지 소비 구조를 앞으로도 계속 그대로 유지하기로 했다고 치자. 그 결과가 어떻게 될지 확실한 예측은 어렵다. 운이 좋아 지구 온난화 이론이 틀린 것으로 판명된다면 에너지도 풍부하게 쓰고 기후 변화의 나쁜 결과도 생기지 않는 최선 상황이 찾아올 수도 있다. 그러나 운이 나쁘게도 기후 변화론이 맞는 것이라면 인간 사회엔 감당할 수 없는 재앙이 닥칠 수 있다. 두 가지 상황 가운데 어느 쪽으로 가게 될지 아직 불확실하지만, 최악 재앙을 피할 수 있는 선택을 하는 것이 현명하다는 것이다.

더구나 그 재앙을 이산화탄소 배출의 원인 행위자인 선진국 국민이 아니라 이산화탄소를 배출한 적이 거의 없는 아프리카나 아시아의 저개발국 국민이 감당해야 하는 것이라면, 재앙을 막기 위한 노력을 외면하는 것은 비도덕적이다. 존 롤스가 얘기하는 '무지의 베일'을 적용해 우리가 풍요로운 소비 생활을 누릴 수 있는 선진국 국민으로 태어날지 선진국의 방탕한 소비 때문에 곤경에 처할 수 있는 개도국 국민으로 태어날지 알 수 없는 상황이라고 치자. 그 경우 선진국 국민들은 스스로의 소비 수준을 떨어뜨리는 불편을 감수하더라도 죄 없는 개도국 국민에게 치명적 해를 입히지 않는 선택을 하는 것이 당연할 것이다.

과학적 불확실성은 기후 변화 대응을 어렵게 만드는 핵심 장애물이다. 기후 변화가 사실인지, 그게 얼마나 큰 피해를 몰고 올지 불확실한데 경제에 과도한 부담을 주는 대책을 서둘러 실행할 필요가 있느냐는 반론이 강력하다. 당장 획기적 대책을 실행하기 보다 서서히 강도를 높여가며 불확실성을 해소시켜 가자는 '두고 보자(wait & see)' 전략을 주장하는 이들도 있다. 우선 경제 성장에 주력한 후 후손들이 부자가 되고 나서 그들이 자신들의 경제력을 갖고 대처하게 만들면 되지 않느냐는 논리를 내놓기도 한다.

과학적 불확실성이 있는 건 틀림없는데 그것이 빠른 시일 내 해소될 가능성은 없다. 문제는 대처가 늦으면 늦을수록 그걸 막기 위해 드는 비용은 더 많아질 가능성이 크다는 점이다. 불확실성을 이유로 '확실해질 때까지 기다리라'는 것은 결국 아무 잘못 없이 심각한 피해에 직면할 가능성이 높은 피해자 집단에게 '피해가 생길 거라는 것을 너희가 증명하라'고 입증 책임을 떠넘기는 것이 된다. 그건 마치 남의 집 유리창을 깨놓고 나서 '내가 유리창 깨는 걸 녹화한 CCTV라도 있냐. 그런 증거가 있다면 보상해주겠다'고 버티는 것과 비슷하다. 부자들의 무분별한 방종으로 가난하고 선량한 사람들이 피해를 입을 수 있다는 주장이 제기됐을 경우, 부자들이 지금 수준의 소비를 계속 유지해가려면 자신들의 소비가 가난한 이들에게 해를 끼치지 않을 것이라는 사실을 스스로 입증해야 한다.

불확실성이 인간에 유리한 쪽으로만 작용한다는 보장 있나

불확실성이 인간에 유리한 쪽으로만 작용한다는 보장이 없다는 점도 간과해선 안 된다. 기후과학자들이 예측하는 것보다 더 치명적인 피해가, 더 빨리 찾아올 가능성을 배제할 수 없는 것이다(The Hockey stick and the Climate Wars 2장, Michael Mann, 2012). 마이클 만 교수는 우리가 보험에 가입하는 것은 건물이 불에 탄다는 확신이 있기 때문이 아니라고 했다. 불이 날 확률이 얼마일지 불확실하지만, 만일 불이 나면 큰 손해를 볼 것이기 때문에 적지 않은 돈을 '재앙 회피 비용'으로 기꺼이 지불하고 있다는 것이다.

현재는 이산화탄소 증가량의 상당 부분을 바다가 빨아들여 해소해주고 있다. 그러나 바다가 어떤 임계점을 지나쳐 더 이상 이산화탄소를 흡수해주는 역할을 맡지 못하고 되레 이산화탄소를 뿜어내는 쪽으로 작용할 수도 있다는 주장이 나오고 있다. 육지 토양도 그동안은 화석연료 연소로 과잉 배출된 이산화탄소를 받아들이는 저장소(sink) 역할을 해왔다. 그러나 기온 상승이 일정 수준 이상 진행되면 토양 속 미생물에 의한 유기물 분해가 활발해지면서 거꾸로 이산화탄소를 토해내는 쪽으로 작용할 가능성도 있다. 기온이 10도 올라가면 미생물에 의한 부패 작용은 두 배로 강화된다(The Global Carbon Cycle 6장, David Archer, 2010).

북극 얼음이 빠른 속도로 녹고 있는 것은 1970년대 후반 시작된 인공위성 관측으로 확인되고 있다. 북극 얼음이 햇빛을 반사해내는 알베도는 80%를 넘는다. 하지만 얼음이 녹아버린 바다의 알베도는 10% 아래로 떨어진다. 북극 얼음이 녹으면 녹을수록 지구 표면에서 흡수하는 태양 입사량은 점점 더 많아진다.

발전소 굴뚝에서 나오는 매연은 태양빛을 반사해버리는 냉각화 작용을 했다. 이것이 1940~75년 사이 이산화탄소 농도의 증가에도 불구하고 지구 기온이 오르는 걸 막아줬다. 그러나 선진국에 이어 개발도상국들도 자국 국민들 건강을 보호하기 위해 탈황장치들을 보편적으로 달게 되는 시기가 올 것이다. 그렇게 되면 에어로졸 냉각 효과가 희미해져 기온 상승 속도는 지금보다 더 빨라질 수 있다. 대기학자 폴 크루첸은 매연 감소 효과 때문에 2100년의 기온 상승이 7~10도까지 진행될 수 있다는 주장을 했다(Heat 1장, George Monbiot, 2007). 예일대 윌리엄 노드하우스 교수는 '기온 상승이 어느 수준에 달했을 때 기후 시스템의 균형이 깨지는 티핑 포인트가 찾아올지 알 수 없다'면서 '과학에선 100% 확실성에 도달할 수 없다. 100% 확실해지기까지 기다렸다가는 일을 그르칠 수 있다'고 했다(The Climate Casino 24장, 2013). 이산화탄소의 긴 수명과 바다의 열 관성 때문에 온난화가 명백해지는 단계에 도달한 다음에는 이미 상당 수준의 추가적 온난화가 불가피해지기 때문이다.

불신에서 비롯되는
'공유지 비극'

기후 변화는 '공유지 비극(tragedy of the commons)'의 전형적 사례다. 모든 나라가 동시에 함께 협조하면 모두의 이익이 될 수 있지만, 세계 모든 국가를 단일 보조로 묶을 시스템은 마련돼 있지 않다. 대부분은 무임 승차(free riding) 유혹에 빠져 있다. 서로 상대방을 믿지 못하면서 '나 혼자 온실가스 감축에 나서면 나만 손해'라며 상대에 책임을 미루는 '비난 게임(blame game)'을 해왔다.

공유지 비극의 참가자들은 협력적 시스템을 원한다. 구성원들이 자제해 목초지에서 키울 가축 마릿수를 일정 수준에서 제한하면 목초지는 꾸준히 재생산되면서 지속 가능한 가축 사육이 보장된다. 그러나 참가자들은 서로 상대방을 믿을 수 없다. 내가 가축 마릿수를 제한하더라도 상대 역시 욕구를 자제할 것이라는 보장이 없다. 참가자들의 행동을 규제하고 감시할 시스템이 마련돼 있지 않기 때문이다. 결국 참가자들은 내가 가축 수를 제한해봐야 다른 사람이 가축을 늘려버리면 아무 소용 없다는 판단에서 목초지에 투입하는 가축 마릿수를 늘려간다.

공유지 비극 상황이 전개되면 참가자들은 시간이 흐르면서 뭔가 일이 잘못된 방향으로 흘러간다는 것을 깨닫게 된다. 목초지에 너무 많은 가축이 나와 풀을 뜯고 있고 목초지가 점점 훼손되고 있는 것이다. 이걸 그대로 내버려두면 목초지 전체가 망가진다는 것을 느끼게 된다. 참가자들은 늦었지만 지금부터는 남은 목초지라도 보존하자면서 협력적 시스템을 구축하는 방향으로 나아갈 수 있을 것이다.

기후 변화의 경우도 각국은 서로 절제 없이 행동하면 기후 시스템이 망가질 수 있다는 것을 인식하고 있다. 각국의 이기적 행동을 규제할 글로벌 거버넌스는 갖춰져 있지 않다. 그러나 국가간엔 교역, 안보 등 측면에서 서로를 필요로 하는 '상호 의존적(interdependent)' 관계망이 구성돼 있다. 서로의 행동을 다양한 강도로 규제할 수 있는 수단들은 존재한다.

그럼에도 지난 20여 년간 국제 사회는 해결책을 만들어내지 못했다. 국가들 사이의 이해관계가 너무 달라 대부분의 국가가 동의할 수 있는 배출량 배분과 이행 감시 체제를 만들어낼 수 없었던 것이다. 각국 실천 내용에 대한 모니터링 시스템도 갖춰져 있지 않고, 일탈 국가에 대한 제재 수단도 구축하지 못했다.

현재 상황에서 국제적으로 확립됐다고 할 수 있는 기후 변화 대응의 기본 규칙은 '선진국 먼저 행동하기'이다. 이른바 '공통의, 그러나 차별화된 책임(common, but differentiated responsibility)' 원칙이다. 이건 '오염자 책임 원칙(polluter pay principle)'에도 부합한다. 2012년까지 적용됐던 교토의정서가 이 원칙에 입각한 국제 합의였다.

'선진국 우선 행동'은 '문제를 일으킨 측에서 알아서 해결하라(you broke it, you fix it)'는 윤리 원칙이다. 개도국 입장에서 볼 때 선진국들은 온실가스를 배출해온 덕에 부자가 됐다. 선진국 국민들은 SUV도 몰고 방마다 에어컨을 틀고 있다. 선진국의 이런 '사치 소비' 때문에 가난한 나라의 '생존 조건'이 위험에 빠지게 됐다. 선진국이 사치 소비를 억제해 개도국의 기본 생존권을 보호하는 것은 당연한 윤리적 책임이다.

대기는 공유 자원이다. 선진국들이 지난 200년간 산업화 과정을 통해 그 유한한 공유 자원을 독점적으로 소비해왔다. 그 때문에 지금 와서 뒤늦게 산업화의 길로 뛰어들려는 개도국들은 공유 자원의 이용이 제한받게 된 상황이다. 그렇다면 선진국들이 손상된 자원에 대한 복구와 개도국들이 입을 피해에 대한 보상을 책임져야 하는 것이다.

선진국들은 '1980년대까지는 인간 배출 온실가스가 기후 변화를 일으킨다는 사실 자체를 알지 못했는데 왜 우리가 모든 책임을 뒤집어 써야 하느냐'는 반론을 편다. 그러나 야구 놀이를 하다가 실수로 남의 집 유리창을 깼을 때 '고의로 깬 것은 아니니 보상해줄 수 없다'고 주장한다면 그건 말이 안된다. 일부러 그런 건 아니니 도덕적 비난은 하지 말라고 부탁해볼 수는 있겠지만, 피해를 입힌 책임 자체를 부인할 수는 없다.

선진국 국민들은 역사적 누적 배출량은 지금 세대가 아니라 지나간 선조 세대들이 배출한 것 아니냐는 반론을 펼 수도 있다. 조상들이 한 일을 왜 지금 세대가 책임져야 하느냐는 것이다. 그러나 선진국 후손들은 조상들이 남보다 앞선 산업화를 통해 이산화탄소를 배출한 덕을 보고 있다. 만일 선조들이 진 빚을 후손들이 안 갚는다면 선조들이 물려준 재산을 상속받을 권리도 포기해야 한다는 주장이 나올 수 있다(A Perfect Moral Storm 11장, Stephen M. Gardiner, 2011).

개도국 CO_2 감축 없이는
해결 불가능하게 된 현실 문제

문제는 기후 변화를 선진국에 대한 규제 만으로는 해결할 수 없는 상황에 와 있다는 사실이다. 1990년 이후 2005년까지 15년 사이 선진국 배출량은 16% 증가한 반면 개도국 배출량은 86% 증가했다(World Ethics and Climate Change 4장, Paul G. Harris, 2010). 중국만 해도 국가 단위 배출량에서 2006년 미국을 제치고 세계 1위가 됐다. 2012년 기준으로 중국은 세계 배출량의 28.8%를 차지하고 있고, 미국은 15.8%다. 2030년까지 이산화탄소 증가분의 4분의 3은 개도국에서 나오게 될 것이다. 선진국만 줄여봐야 소용 없게 된 것이다.

　선진국, 개도국 구분도 과거처럼 단순하지 않다. 개도국 가운데는 중국, 인도, 브라질처럼 인구나 국토면적에서 웬만한 선진국을 압도하는 거대 개도국들이 있다. 거대 개도국 일부 부유층은 선진국 상류층 못지 않은 소비 생활을 누리고 있다. 거대 개도국의 일부 부유층의 인구와 경제 규모는 개별 선진국들보다 훨씬 클 수 있다. 개도국군(群)으로 분류돼온 나라들 가운데에서도 경제개발에 성공해 거의 선진국 대열에 가 있는 한국 같은 중진 도약국도 있다. 중진 도약국의 중산층 이상은 선진국 하류 계층보다는 풍족한 생활을 하고 있다.

선진국 국민들은 거대 개도국의 부유층과 중진 도약국 중산층의 소비 생활을 눈으로 보고 있다. 중국은 여전히 개도국으로 분류되지만 최상층 1억 명의 소비 수준은 선진국에 뒤떨어지지 않는다. 중국 부자들이 세계의 백화점을 휩쓸고 다닌다. 한국 같은 신흥 도약국의 부유층들도 선진국 중산층 못지 않은 유복한 소비 생활을 누리는 걸 모두가 알고 있다.

그런데 지금까지 거대 개도국과 중진 도약국 부자들은 자국의 '평균 배출량' 통계 뒤에 숨어 온실가스 감축 의무에서 면제돼 있었다. 이런 모순은 미국인들이 '중국 수퍼 리치들도 참여 안 하는데 왜 미국 빈곤층까지 의무를 부과시키자는 거냐', '중국 동참 없이 어차피 기후 변화 해결은 불가능한 것 아니냐' '우리는 과거에 모르고 배출했지만 지금의 중국은 알면서도 펑펑 배출하고 있다'며 버틸 근거가 됐다. 미국이 '중국이 배출 규제에 참여하지 않는 한 우리도 동참할 수 없다'고 뻗댈 수 있었던 것도 그런 이유에서다.

홍콩교육학원(Hong Kong Institute of Education)의 폴 해리스 교수는 이 문제에 나름의 해법을 제시했다. 해리스는 '개도국 부유층의 규모는 계속 늘어 수억 명에 달했고 이들에 대한 규제가 기후 변화 해결의 핵심 열쇠로 등장했지만, 이들 신소비층(new consumer)은 아직 최근 현상(recent phenomenon)이어서 충분히 주목받지 못하고 있다'고 했다(World Ethics and Climate Change 6장, 2010). 해리스에 따르면 GDP 7000달러 이상의 소비력을 가진 개도국 중산층은 8억 명 수준이며, 이는 선진국 인구 9억 명에 육박하다는 것이다. 중국의 경우 연 7000달러 이상 소득의 인구가 4억 5000만 명에 달한다. 중국의 이산화탄소 배출량은 2005년

51억 톤(탄소 질량 기준으론 약 13억 9300만 톤) 수준이었으나 지금 추세대로 가면 2030년에는 147억 톤에 달하게 된다. 선진국들이 아무리 노력해봐야 중국 동참 없이는 '현실적으로도 윤리적으로도(both practical and ethical reason)' 기후 변화를 막을 수 없는 상황이라는 것이다.

국제 사회가 이 문제를 본격적으로 다루지 못하는 이유는 국제 협약이 근본적으로 국가간 협상이라는 점 때문이다. 국제 협상에선 행동의 주체가 국가이다. 과학 연구를 목적으로 하는 IPCC조차 '국가간 패널(Inter-govermental Pannel for Climate Change)이다. 기후 변화협약의 합의된 원칙인 '공통의, 그러나 차별적 책임'도 역시 부국과 빈국 사이의 국가간(inter-national) 차원의 접근이지 국가 내부(intra-national) 빈부 격차는 다루지 못하고 있다.

각국 정부는 자국의 총체적 이익 수호를 최종 목표로 삼는다. '민족 국가'가 안고 있는 이런 본질적 이기주의가 '전 세계인의 복리 향상과 지구 생태계 보전'이라는 더 큰 목표를 억눌러 버린다. 국가를 대표하는 정부는 장기적 이익도 대변하기 힘들다. 정부 권력으로 선발되는 과정에서 현 세대의 지지만 필요로 하기 때문이다.

국가의 이런 측면 때문에 개도국이나 중진 도약국의 재력 있는 부유층도 자국이 '개도국'으로 분류되면서 면죄부를 받아왔다. 국가 단위 협상은 기후 변화를 가중시키는 데 중요한 비중을 차지하고 있는 집단의 존재를 잊고 있었던 것이다. 세계인을 단순히 'Annex I(교토의정서에서 온실가스 배출 감축 의무를 부과한 선진 국가군)', 'non-Annex I(의무 감축 대상에서 제외된 개도국 국가군)'으로 구분짓는 것은 모든 인간을 국적만 갖고 부자(rich)와 빈자(poor)로 구분해놓는 것이 된다. 게다가 선진국 부유층도 30년 전까지는 화석 연료 소비가 기후 변화를 일으킨다는 사실을 몰랐다는 점도 참작해야 한다. 반면 현재의 개도국 부유층은 기후 변화의 인과 관계를 알 만큼 알면서도 온실가스를 과도하게 내뿜고 있다. 선진국 국민들도 이런 사정을 뻔히 보고 있으니 '거대 개도국이나 중진 도약국의 부유층을 참여시키지 않는 협약은 실효성이 없다'며 발을 뒤로 빼게 되는 것이다.

'개도국 부유층'에도
책임 지우는 시스템의 필요성

기후 협약은 과거의 국제협약보다는 코스모폴리탄적 요소를 반영하고 있다. 한 국가의 낭비적 소비가 다른 나라에 가하는 고통에 대해 일정 책임을 인정한다는 점부터가 그렇다. 파리협정 경우 2020년부터 선진국들이 매년 1000억 달러의 펀드를 제공해 개도국의 기후 변화 적응을 돕기로 했다. 그럼에도 그 책임의 주체가 아직은 민족 국가(nation state)에 머물러 있는 한계가 있다. 폴 해리스 교수는 '중국 부유층에 미국 중산층과 비슷한 수준의 의무를 부과하는 것은 확실히 불공평(unfair)하다'고 했다. 기후 변화를 야기시킨 각국의 역사적 책임의 무게가 다르기 때문이다. 그렇다면 선진국 국민은 자기들의 역사적 누적 배출량까지 책임지도록 하고, 개도국 부유층 경우는 역사적 배출 책임은 따지지 않는 대신 현 시점에서의 배출량에 대한 책임은 지우는 것이 합리적이라는 것이다. 개도국 부유층이 자기 책임을 지는 모습을 보여준다면 선진국 부유층·중산층도 자기들에게 부과되는 책임을 모른 체할 수는 없을 것이다.

폴 해리스 교수는 '선진국 우선 행동의 원칙' 아래 '개도국 부유층 동참'의 보조적 원리를 추가하는 방안을 나름의 아디이어로 제시하고 있다(World Ethics and Climate Change 7장). 현실적으로 국가라는 실체가 각국 의사결정을 주도하고 있기 때문에 기후 변화 해결책도 결국은 국가 단위의 행동을 기반으로 할 수밖에 없다. 해리스 교수는 이에 따라 국가 단위에 기초한 규제를 골간으로 하되, 개도국 부유층에도 책임을 물을 수 있는 보조적(corollary) 제도를 도입하자는 것이다. 교토의정서 체제처럼 국가간 배출총량 할당을 기본 규제 방안으로 유지하면서, 대신 모든 국가의 화석 연료 소비에 대해 탄소세를 부과해 세계적 규모의 글로벌 펀드를 조성하자는 것이다. 항공여행 등의 사치적 소비 활동에 세금을 부과한 후 거기서 조성된 재정을 갖고 기후 변화 피해에 민감한 개도국 취약 계층의 기후 변화 적응력 강화와 피해 복구 비용 등으로 쓸 수도 있을 것이다. 이런 탄소세나 사치소비세는 국가 단위가 아니라 개인 소비량에 비례해 부과되는 것이어서 화석 연료를 다량 소비하는 개도국 부유층들에도 일정 부분 책임을 지우는 것이 된다.

교토의정서 체제가 결국 파탄을 맞은 것에 대해선 여러 분석이 있다. 예일대 윌리엄 노드하우스 교수는 '교토의정서는 국가간 배출권거래제를 허용하는 등 굉장히 혁신적 아이디어를 도입했고 출발은 야심적(ambitious)이었다'고 했다. 그러나 가입국의 목표 이행을 강제하는 조항이 없어 미국은 애당초 탈퇴해버리고 후쿠시마 사태를 겪고난 일본, 오일샌드 개발에 몰두한 캐나다 등이 대열에서 이탈해도 제재할 방안이 없었다(The Climate Casino 21장, 2013).

UC샌디에이고의 데이비드 빅터 교수는 2011년 낸 『교착상태에 빠진 지구 온난화(Global Warming Gridlock)』저서에서 교토의정서 체제는 파산했다고 주장했다. 192개나 되는 유엔 회원국 전체를 참여시켜 '만장일치제' 원칙으로 합의를 이루려 했던 것 자체가 무리였다는 것이다. 우등생 국가와 낙제생 국가를 모두 한 텐트에 집어넣어 협상하라고 하니 모두를 만족시킬 수 있는 가장 약한 최소공약수의 결론으로 귀착될 수밖에 없었다(law of least ambitious program)는 것이다.

데이비드 빅터 교수는 온실가스 배출 비중에 있어서 상위 6개국이 64%, 12개국이 74%를 차지한다면서 핵심 배출국끼리만 모여 실질 내용이 있는 협상을 추진하는 것이 낫다고 주장했다. GATT · WTO · EU · OECD 같은 국제 기구 · 국제협약도 처음엔 소수 핵심 국가만의 합의로 출발해 점점 가입국을 넓히고 협약 강도를 높여왔다는 것이다(Global Warming Gridlock 7장, David G. Victor, 2011).

데이비드 빅터 교수는 윌리엄 노드하우스나 마이크 흄 교수의 견해와는 달리 강제적 이행을 의무화하는 방식보다는 '의무 사항이 아닌(non-binding)' 자발적 형식의 참여가 더 효과적이라고 주장했다. 기후변화 이슈처럼 문제의 인과 관계가 확실히 규명돼 있지 않고, 정책 효과가 어떻게 나타날지 불확실한 상황에서 전면적 의무 이행의 강제는 이탈 국가를 만들어낼 수밖에 없다는 것이다.

빅터 교수는 각국의 이해관계가 워낙 다양하고 실천 능력에 격차가 있기 때문에 일괄적인 의무 부과보다는 각국 사정과 능력에 따라 실천 가능한 약속을 내놓고 그것의 이행에 대해 국제적 검증을 실시하는 '상향식(bottom-up)' 방식이 훨씬 효과적일 수 있다고 했다. 자발적 약속을 이행하지 않을 경우 국제적, 또는 국내적 비판에 직면하도록 만드는 '미이행 국가에 조명 비추기' 방식을 통해서 실효 있는 성과를 거둘 수 있다고 했다(Global Warming Gridlock 8장). 그런 과정을 통해 각국이 서로 '다른 나라가 실천한 만큼 나도 실천한다'의 단계를 밟아 주기적으로 실행 수준에 강도를 높여가자는 것이다. 빅터 교수의 제안 가운데 상당 부분이 2015년 파리협정에서 현실화됐다.

'부자가 될 후손에 대응 맡겨두자' 논리

전 세계가 보조를 갖춰 기후 변화에 대응하자는 현재의 국제협약 흐름에 근본적 반론을 제기하는 전문가들이 있다. 기후 변화에 관한 과학적 사실들이 불확실한 상황에서 무리하게 '예방 원칙(precautionary principle)'을 밀어붙이기보다는 신중한 자세로 상황을 더 지켜보자는 것이다. 어떤 결과가 나올지 모르는 상황에선 그때 그때 결과가 나올 때마다 그에 따른 적절한 수준의 적응과 대비를 하는 것이 낫다는 주장이다.

앤드루 데슬러는 이런 '적응(adaptation) 우선' 정책엔 여러 장점이 있다고 했다. ① 적응 돌입까지 상당한 시간적 여유를 가질 수 있고 ② 지켜보면서 상황이 더 확실해질 때 행동을 취할 수 있고 ③ 미래 세대는 더 부자가 돼 있을 것이기 때문에 '부자가 될 후손'에게 대응을 맡길 수 있고 ④ 적응 투자는 기후 변화 외의 다른 재난에도 대비할 수 있는 힘을 길러주는 다목적 효과가 있다는 것이다(Introduction to Modern Climate Change 10장, Andrew Dessler, 2012).

이런 '일단 지켜보기(wait & see)' 입장을 대표하는 학자는 덴마크의 비외른 롬보르(Bjørn Lomborg, 1965~　)이다. 롬보르는 2001년 발간한

『회의적 환경주의자(The Skeptical Environmentalist)』로 일약 세계적 주목을 받은 통계학자로, '종말이 다가온 듯 외쳐대는 환경론자들의 주장은 근거 없는 헛소리'라고 주장해왔다. 그는 '회의적 환경주의자'에서 '지난 100년 동안 수명은 2배 늘었고, 키가 더 커졌으며, 병으로 고통받는 일도 줄었고, 먹을 것도 풍부해졌는데 사람들은 환경주의자들의 근거 없는 비관론에 현혹돼 걱정이 많아졌다'고 했다. 그 때문에 정부는 쓸데없는 일에 돈을 쏟아붓고 있으며, 정작 시급한 곳엔 손을 쓰지 못하고 있다는 것이다.

그는 원래 그린피스 회원으로서 환경운동에 깊은 공감을 느끼는 환경론자였다고 스스로를 소개했다. 그런데 1997년 메릴랜드대 경제학 교수 줄리언 사이먼(Julian Simon, 1932~98)이 인터뷰에서 '환경론자들의 너절한 통계 자료 때문에 잘못된 선입견이 퍼지고 있다'고 주장하는 것을 보고 사이먼을 고꾸라뜨리겠다는 생각에서 자료를 모으기 시작했다는 것이다. 그 결과 다다른 곳은 당초 목표지와는 정반대였다. 그는 '회의적 환경주의자'에서 환경주의자들의 주장이 과장되고 왜곡됐다는 것을 뒷받침하는 산더미 같은 통계자료를 제시했다. 그 책에는 무려 1800종의 참고문헌 색인이 붙어 있고 2930개의 주(註)가 달려 있다. 그는 책에서 "만약 다 씻은 접시를 전자현미경으로 들여다본다면 틀림없이 수많은 미세먼지와 기름찌꺼기를 보게 될 것이다. 하지만 우리에게는 접시를 조금 더 깨끗하게 닦느라 하루를 온통 다 보내는 것보다 훨씬 더 중요하고 보람 있는 일이 얼마든지 많다"고 썼다(The Skeptical Environmentalist-measuring the Real State of the World 1장, 2001, 번역본 『회의적 환경주의자』). 온난화 대책 등 환경투자는 많은 경우 낭비적이라는 게 그의 결론이다.

롬보르 교수는 2004년 노벨경제학상 수상자 4명 등 세계 수준의 경제학자들에게 만일 500조 달러의 재정이 생긴다면 어디에 쓰는게 맞느냐는 문제를 제기해 '코펜하겐 컨센서스(Copenhagen Consensus)'라는 결론를 이끌어냈다. 경제학자들은 17가지 정책을 놓고 비용편익분석 관점에서 우선순위를 매겼는데, 가장 시급한 투자로 꼽은 것은 에이즈 통제, 미량 영양소 공급으로 영양실조 방지, 보조금 폐지로 무역 자유화, 말라리아 통제 등이었다. 반면 들인 돈에 비해 가장 효과가 미약한 것으로는 탄소세와 교토의정서가 꼽혔다.

롬보르는 2007년 출간한 『쿨잇(Cool It · 진정하라)』에서 'IPCC의 미래 전망 시나리오는 서기 2100년 개도국 국민 연평균 소득을 10만 달러로 예측하고 있다'면서 '우리가 미래의 개도국 사람들을 돕기 위해 이산화탄소 배출을 줄인다면 그것은 가난한 방글라데시 사람을 돕는게 아니라 부유한 네덜란드 사람을 돕는 꼴이 된다'고 주장했다.

롬보르 주장은 꽤 설득력을 갖고 있는 것이 사실이다. 특히 그는 지금의 우리 세대보다 훨씬 더 잘살게 될 후손들을 도우려고 가난한 우리 세대에게 고통을 강요할 것이 아니라, 지금 현 시점에서 각별한 도움을 필요로 하고 있는 제3세계 빈곤층의 현재 고통을 덜어주는 것이 더 윤리적이라고 주장하고 있다. 기후 변화라는 미래의 불확실한 손실과 피해를 막기 위해 노력하는 것보다, 당장 배를 곯고 깨끗한 물을 못 마시고 질병에 시달리고 전기 혜택도 누리지 못하는 아프리카 · 아시아 빈민을 돕는데 주력하자는 것이다.

스티븐 가드너는 이에 대해 '논점 바꾸기(shifting the playing ground)'의 논리일 뿐이라고 비판했다. 기후 변화 대응 투자와 개도국 빈민을 돕는 문제는 연결시킬 필요 없는 전혀 다른 사안이라는 것이다. 그는 기후 변화 투자와 개도국 빈민 지원은 둘 중 하나를 선택해야 하는 것이 아니라 둘 다 해야 하는 문제라고 했다. 리처드 앨리 교수도 '아이 교육이 중요하다고 구멍 뚫린 지붕을 방치하는 사람도 없고, 지붕 개수가 급하다고 아이를 학교에 보내지 않는 부모는 없다'고 했다. 지붕 개수와 자녀교육은 양자택일할 문제가 아니라 가계 재정을 잘 꾸려서 둘 다 해나갈 문제다. 기후 변화 투자와 개도국 돕기도 마찬가지라는 것이다.(Earth-The Operators' Manual 15장, 2011)

더 중요한 문제는 롬보르가 주장하는 방식의 적응 위주 대응은 선진국엔 도움이 되겠지만 적응 능력을 키울 경제력이 없는 개도국은 방치해버리는 결과가 될 수 있다는 점이다. 게다가 이산화탄소는 축적성을 갖는다. 이산화탄소 농도가 일정 수준에 도달하기 전까지 아직 큰 피해는 없지 않느냐고 안심하고 있다가는, 이산화탄소 농도가 임계점을 넘어버리면 어떤 적응 방법을 동원해도 대처할 수 없는 상황으로 몰릴 수 있다.

롬보르와 반대 입장에 서 있는 경제학자는 2006년 『스턴 보고서』(Stern Review on the Economics of Climate Change)를 낸 영국 경제학자 니컬러스 스턴(Nicholas Stern, 1946~)이다. 월드뱅크 수석 이코노미스트 경력을 갖고 있는 스턴은 영국 정부 의뢰로 작성한 700쪽짜리 스턴 리뷰에서 기후 변화를 지금처럼 방치해두면 그로 인한 미래 피해가 세계 GDP의 5~25%에 달할 수 있다는 계산을 내놨다. 반면 대기 중 이산화탄소 농도를 산업혁명 전의 2배 수준인 550ppm 이하로 관리해 기후 변화 피해를 예방하기 위한 투자는 매년 GDP의 1% 재원으로 충분하다는 것이다. 1%를 투자해 5~25%의 손실을 막는 투자라는 것이다.

그러나 스턴 보고서도 향후 세계 경제가 연간 1.3%씩 성장할 것이라는 전제를 깔고 있다. 그 전제대로면 서기 2200년 세계 경제규모는 지금의 12.3배가 돼 있을 것이다. 최악의 경우를 상정해 기후 변화로 인해 35%의 손실을 보더라도 200년 후 후손들은 지금보다 8배 더 잘 살게 된다. 그때가 되면 해수면이 상승하더라도 토목회사들이 막아줄 것이고, 질병이 번지더라도 제약회사들이 막아줄 수 있다는 것이다. 이걸 놓고 어떻게 재앙이 다가올 것처럼 말할 수 있느냐는 논리가 나올 수 있다(Reason in a Dark Time 4장, Dale Jamieson, 2014).

IPCC 4차 보고서를 보더라도 6개 시나리오 가운데 최악의 시나리오가 선진국 경우 연 1%씩 성장을, 후진국은 2.3%씩 성장하는 걸로 전제하고 있다. 그 경우 선진국은 100년 후 기후 변화로 GDP 3%의 손실을 보고 개도국은 10%의 손실을 본다 하더라도, 선진국은 지금보다 2.6배 잘 살게 되고 후진국도 8.5배 잘 살게 된다. IPCC가 가정한 최상의 시나리오가 실현된다면 100년 뒤 선진국은 지금보다 4.8배, 후진국은 50배 부유해진다는 결론이 나온다(An Appeal to Reason 2장, Nigel Lawson, 2008). 그러니 굳이 부족한 재원을 들여 온실가스를 규제하려 애쓸 필요 없이 나중 기후 변화가 심각해지더라도 대처할 수 있는 적응력을 키우는 쪽으로 가야 한다는 주장이 여전히 나름의 지지를 확보할 수 있다.

할인율에 따라 달라지는 '기후 변화 방지 투자'의 합리성

롬보르식 관점의 기본 전제는 세계 경제가 앞으로도 꾸준히 성장해간다는 것이다. 이는 지난 200년간 세계인들이 직접 겪어온 경험과도 일치하는 것이다. 현 세대를 포함해 지난 100~200년간의 세대들은 할아버지 때보다는 아버지 때가, 아버지 때보다 아들 때가 경제적으로 더 풍요로워지는 걸 목격해왔다. 당연히 이 추세가 계속될 것이라는 기대를 갖고 있다.

세계 경제가 지금까지 200년 동안 그래왔던 것처럼 앞으로도 꾸준히 성장해나가려면 두 가지 전제가 필요하다. 첫째는 지난 1만 년간 안정적이었던 간빙기 기후가 앞으로도 지속된다는 전제이다. 두 번째는 200년간 세계 경제의 급속 성장을 뒷받침해준 화석 연료를 앞으로도 제한 없이 소비하는 것이 가능하다는 전제이다. 두 전제가 흔들린다면 '기후 변화 대응은 미래 세대에 맡기기' 전략은 곤란해질 수 있다.

기후 변화 대응에서 경고론자(alarmist) 진영과 회의론자(skeptic) 진영 간 근본 차이는 인류의 발전 전망에 대해 낙관하느냐 비관하느냐에 달려 있다고도 볼 수 있다. 미래를 밝게 보는가 어둡게 보는가 하는 것은 미래에 닥칠 수 있는 고통과 그것을 극복하기 위해 들여야 하는 재정의 크기를 어떻게 파악하느냐는 관점의 차이로 연결된다. 미래 세대에게 닥칠 고난이 가볍고 쉽게 극복 가능한 것이라면 지금 세대가 그것을 예방해주기 위해 과도하게 비용을 들여가며 노력할 필요는 없다는 논리로 귀결된다.

여기서 부딪히는 문제가 할인율(discount rate)의 문제다. 경제학자들의 비용편익 분석에서 할인율만큼 골치 아픈 논쟁거리도 없다. 어느 쪽 주장이건 옳다고 손을 들어줄 만한 압도적으로 뚜렷한 논거를 찾기 힘들기 때문이다.

기후 변화 대책투자에 대한 경제 분석에서 '비용(cost)' 항목은 미래 기후 변화를 막기 위해 지금 투입해야 하는 재정이다. '편익(benefit)'은 지금의 예방 투자로 미래 세대가 얻게 될 '손실 회피 이익'을 말한다. 주로 문제 되는 것은 미래의 손실 회피 이익을 얼마로 볼 것인가 하는 점이다. 이 계산을 할 때 경제학자들은 '할인율'이란 개념 도구를 활용한다.

할인율에는 첫째 같은 돈이라도 미래 소비보다 현재의 소비를 선호하는 '시간 할인(time discounting)'이란 논리적 근거가 있다. 한달 뒤 먹을 수 있는 근사한 저녁 티켓과 지금 당장 먹을 수 있는 같은 값의 저녁 티켓이 있을 경우 사람들은 한달 뒤 티켓보다는 지금 쓸 수 있는 티켓에 더 값을 쳐준다. 논리를 더 확장시키면 자식 세대 복지보다는 우리 세대 복지를 더 가치 있게 여기는 것이다. 도덕적으로는 문제를 제기할 수 있지만 실제 행동에선 대다수 사람들이 그런 선택을 한다(Introduction to Modern Climate Change 10장, Andrew Dessler, 2012).

할인율 적용의 두 번째 이유는 재정 투입은 시간이 지나면 본전 이상의 이익을 낳게 마련이라는 것이다. 이른바 '성장 할인(growth discounting)'의 논리다. 만일 경제가 늘 연간 10%씩 성장하는 것이라면 올해의 100원은 내년엔 110원이 돼 있을 것이다. 따라서 내년의 100원과 올해의 100원을 똑같은 가치로 평가할 필요는 없다.

기후 변화로 인한 피해는 지금 당장 현실화되는 것이 아니라 수십 년, 또는 수백 년 뒤 나타나게 된다. 따라서 미래의 손실비용이 현재 가치로 얼마냐 하는 것을 따질 때는 미묘한 할인율의 차이로도 계산 결과가 하늘과 땅 차이만큼 벌어질 수 있다. 문제는 할인율 설정이 경제학자의 주관적 가치 판단에 좌우된다는 점이다. 할인율을 연간 1.4%로 잡을 것인지, 5.5%로 잡을 것인지 경제학자들은 제각각 논리적 근거를 들이대지만 어느 쪽도 상대방을 설복시키지 못한다.

50년 뒤 닥칠 기후 변화 피해액이 1억 달러로 예상된다고 하자. 그걸 막기 위해 지금 얼마의 투자까지 감수할 수 있느냐는 논쟁이 벌어졌다. 〈표〉에서 보듯 할인율(달리 말하면 투자 이익률)을 연간 1%로 잡을 경우 6080만 달러까지 투자할 수 있다는 계산이 나온다. 반면 할인율을 7%로 잡으면 339만 달러, 10%면 85만 달러 이상의 투자는 해선 안 된다는 결론에 도달하게 된다(The Climate Casino 11장, William Nordhaus, 2013).

연간 할인율 1% 경우	6080만 3882달러
4% 할인율	1407만 1262달러
7% 할인율	339만 4776달러
10% 할인율	85만 1855달러

표 4 50년 뒤 1억 달러의 '손실 회피 이익'의 현재 가치

할인율을 얼마로 설정하느냐에 따라 미래 세대의 손실을 막기 위해 현 세대가 감수할 수 있는 투자 규모에 대한 판단이 천양지차로 벌어질 수 있다. 할인율을 1.4%로 극히 보수적으로 잡은 니컬러스 스턴의 『스턴 보고서』는 100년 후 후손 세대에 닥칠 기후 변화 피해 규모를 세계 GDP의 5~20%라고 계산했다. 할인율을 1.4%로 작게 잡은 것은 미래 세대가 우리 세대 때문에 겪게 될 고통을 평가절하해서 안된다는 스턴의 가치관을 반영한 것이다.

반면 예일대 윌리엄 노드하우스 교수는 5.5%의 할인율을 적용해 100년 뒤 기후 변화의 피해 규모를 계산했고, 그 결과는 세계 GDP의 0.5~2%라는 결론이었다. 할인율을 1.4%로 잡을 것인지 5.5%로 잡을

것인지에 따라 계산이 10배 차이가 났다. 노드하우스처럼 높은 할인율을 채택하면, 미래 세대의 피해가 지금 가치로 따져 그렇게 어마어마한 것은 아니므로 그걸 막기 위해 과도한 투자를 할 필요는 없다는 결론에 이르게 된다.

할인율이라는 개념 도구를 들이대는 순간부터 경제학은 해소될 수 없는 혼돈의 늪에 빠지게 된다. 예를 들어 5% 할인율을 쓸 때 200년 뒤 지금 현재의 세계 총생산만 한 가치는 지금 가격으로 따지면 수십만 달러에 불과한 것이 되고 만다(A Perfect Moral Storm 7장, Stephen M. Gardiner, 2011). 그렇게 되면 수백 년 후 아무리 재앙적 사태가 닥치더라도 그 피해가 현재 가치로 따지면 별게 아니므로 지금 세대는 그걸 막기 위해 무리하게 투자를 하기보다는 우리 자신의 편익을 늘릴 당장의 소비에 치중하는 편이 낫다는 결론에 이르게 된다.

비용-편익의 '배분적 정의'는 다루지 못하는 경제 분석

기후 변화 대응 투자를 얼마까지 용인할 것인가에 관한 경제학자들의 비용편익분석 논쟁은 할인율 하나만 갖고도 풀 길 없는 수렁에 빠지게 된다. 할인율을 얼마로 정할 것이냐가 분석자의 자의에 의한 결정이라면, 그 자의적 할인율을 갖고 분석해낸 결과를 놓고 누가 옳으냐 따진다는 것 자체가 무의미해지는 것이다.

프린스턴대 피터 싱어 교수는 '50년 뒤 1억 달러'라는 '손실 회피 이익'의 가치는 어디까지나 지금 현재 시점에서의 평가라는 점을 지적했다. 50년 뒤엔 그 가치가 얼마든지 달라질 수 있다는 것이다. 북극곰 멸종을 막는 것에 대해 우리가 현재 부여하는 가치가 1억 달러라고 하자. 그러나 50년 뒤 지금보다 훨씬 물질적으로 풍족해졌다면 북극곰 멸종을 막기 위해 10억 달러도 아깝지 않다고 생각하게 될 수 있다. 이런 것들의 가치는 우리가 건강에 부여하는 가치와 비슷하게 부유해지면 부유해질수록 그걸 유지하기 위해 기꺼이 지불하겠다는 비용도 더 많아진다(One World: The Ethics of Globalization 2장, Peter Singer, 2002). 이렇게 '미래의 손실 회피 이익'에 대한 현재와 미래의 계산이 달라질 수 있다는 점까지 감안하면 할인율 논쟁은 정말 종잡을 수 없게 된다.

비용편익분석은 그밖에도 많은 '계산 불능 요소'들을 안고 있다. 기후 변화는 굉장히 장기적으로 나타나는 현상이고, 지구상 모든 지역에 어떤 형태로든 영향을 끼치게 된다. 어떤 피해는 수십 년 단위에서 겪어야 하고, 어떤 피해는 수백 년~수천 년 지나서 나타날 수 있다. 또 어떤 국가는 격렬한 피해에 직면할 수 있는 반면, 어떤 국가는 피해보다 이득이 더 클 수 있다. 이런 것들 가운데 뭘 중시하고, 뭘 무시하며, 뭘 빼고, 뭐는 넣을 것인지를 누가 판단하느냐는 것이다. 지구 전역에 수십~수백 년에 걸쳐 어떠한 기상재해가 어떤 강도로 어떤 단계에서 닥쳐올지 예측한다는 것도 말이 안 되는 일이다. 수십 년, 수백 년 뒤 무슨 기술이 등장해 인류의 부담과 비용을 획기적으로 덜어줄 수 있을지 하는 문제도 현재로선 판단이 불가능하다.

피해의 내용들 가운데 시장 가치로 표현할 수 없는 문화적, 정서적 가치는 또 어떻게 처리할 것인가. 예를 들어 북극곰이나 산호초의 존재에 부여하는 가치는 문명과, 시대와, 가치관에 따라 달라질 수 있다. 눈이 풍부하게 내리던 지역에 눈이 내리지 않게 됐을 때 그 피해의 크기를 누가 결정하느냐는 것이다(Why we disagree about climate change 4장, Mike Hulme, 2009).

기후 변화 가능성 가운데는 확률은 극히 낮지만 한번 벌어지면 인간에겐 돌이킬 수 없는 재앙이 될 수 있는 것들도 있다. 해양 컨베이어벨트의 흐름이 끊어진다든지, 거대 대륙 빙하가 녹아버린다거나, 바다 밑 바닥 메탄하이드레이트가 분출하는 사건 같은 경우들이다. 이런 것들의 피해 규모도 주관적 평가에 맡길 수 있을 뿐 경제학자들 사이의 합의는 불가능하다(Climate Change Ethics 3장, Donald A. Brown, 2013).

또 하나 도저히 해소할 수 없는 도덕적 쟁점이 남아 있다. 경제분석은 비용과 편익의 총량(總量) 합계를 계산할 수는 있을지 몰라도, 그 비용과 편익이 누구에게 배분되고 누구 부담으로 돌아가는 것이 옳은가 하는 '배분적 정의(正義)'에 대해선 아무 판단도 제시해주지 못한다는 점이다. 도널드 브라운은 "만일 미국이 10억 달러를 기후 변화 방지를 위해 투자했을 경우 개도국에 돌아가는 이익의 화폐적 가치보다, 자국 내 보건 문제에 투자했을 때 자국 국민들이 얻게 될 이익의 화폐적 가치가 크다고 해서 기후 변화 방지 투자는 외면하고 그 10억 달러를 자국 보건에 투자하기로 했을 때 개도국 입장에선 이걸 어떻게 보겠느냐"고 했다. 미국은 온실가스 배출로 개도국에 피해를 안겨준 '가해자' 입장이다. 그런 미국이 피해자 집단에 대한 보상을 통해 실현할 수 있는 '피해자 복리 향상 이익'과 자국 국가 내 투자로 자국민에게 돌아갈 수 있는 '가해자 복리 향상 이익'의 크기를 비교해 의사결정을 한다면 그것이 윤리적으로 말이 되느냐는 것이다.

화폐 가치의 합산 총계를 갖고 투자 여부를 판단하는 비용편익분석은 사람들이 중요시하는 가치들간의 대체 가능성(substitutability)을 전제로 한다. 예를 들어 경제학자가 겨울에 눈을 더 이상 보지 못하게 된 손실(損失)을 보건의료 수준 향상으로 수명이 늘어난 이익(利益)을 갖고 벌충할 수 있다고 주장할 때 얼마나 많은 사람이 동의하겠느냐는 것이다.

기후 변화 경제 분석을
윤리-도덕 논리로 보완해야

인간을 움직이는 동기에는 ① 경제 이익 ② 도덕 윤리의 두 가지가 있다. 경제 분석은 이중 어떤 선택이 경제적으로 이익이냐 관점에서 상황을 보려는 것이다.

경제 관점은 강력한 설득력을 갖는다. 인간의 근본 본성인 이기심(利己心)에 근거를 둔 분석이기 때문이다. 비용편익분석은 어떤 선택이 인간 집단에 이득을 가져다주느냐를 따지는 것이다. '미래 손실 회피 이익'이라는 것은 원래는 '미래에 입게 될 피해'의 크기를 따지는 것이다. 비용편익분석에선 그 개념을 '미래에 닥칠 피해를 피함으로써 얻게 되는 이득'으로 바꿔놓는다. '잃게 되는 것'이 아니라 '얻게 되는 것'을 보여주고 있다. 어떤 선택이 무슨 이득을 가져다 주느냐를 제시함으로써 그 선택의 합리성을 보여주려 하는 것이다.

현실 정치에서도 이익과 손실을 대비시키는 '경제적 접근법'을 활용하면 국민 설득이 훨씬 쉬워진다. 이명박 정부의 캐치프레이즈였던 녹색성장(green growth) 전략이 그런 접근법이었다. 이명박 전 대통령은 취임 첫해인 2008년 8월 15일 '건국 60주년 경축사'에서 "저탄소 녹색성장은 녹색 기술과 청정 에너지로 신성장 동력과 일자리를 창출하는 신 국가발전 패러다임"이라고 선언했다. 그는 "녹색성장을 통해 다음 세 대가 먹고살 거리를 만들어내겠다"고 말했다. 녹색성장이 대한민국을 부강하게 만들 수 있다는 논리였다.

일반적으로 '환경 보전'과 '경제 개발'은 대립 가치로 이해된다. 그런 데 녹색성장론은 화해가 어려워 보였던 환경 가치관과 경제 가치관의 차이를 해소시켜 버리는 힘을 갖고 있다. 경제 개발이 우선이라고 생각 하는 사람들에게 '녹색성장론은 환경만 챙기는 것처럼 보이지만 사실 은 경제 우선론 못지않게 더 경제를 키우는 전략이다'라면서 설득을 한 다. 일종의 '상대방 링에 올라 상대 규칙대로 싸움을 벌여 상대 설복시 키기'를 하고 있는 것이다. 그런 만큼 강점을 지닌 논리다.

그러나 녹색성장론에는 두 가지 허점이 있다. 첫 번째는 '기후 변화 를 막아야 한다는 본래 목표는 어디로 갔냐'는 것이다. 원래는 지구를 기후 변화 위기에서 구해내야 한다는 취지로 알았는데, 녹색성장론은 '녹색성장을 해야 기후 변화를 막는다'가 아니라 '녹색성장을 해야 잘 살게 된다'고 주장하고 있다. 그렇다면 녹색성장론은 결국 나 혼자 잘 살아 보려는 전략에 불과한 것인가 하는 점이다.

두 번째 허점은 '녹색성장을 추진하면 잘 살게 되긴 하느냐'는 것이 다. 기업들은 기후 변화 대책이 에너지 가격을 끌어올려 경쟁력을 훼손 시킨다는 주장을 해왔다. 녹색성장을 해야 경제가 부강해진다는 말을 들어왔는데 정작 경제 주체들은 녹색성장이 경제를 망칠 수 있다고 반 박하는 것이다. 두 주장이 부딪힐 경우 어떤 주장이 맞는지를 놓고 끝 없는 주장과 논박이 이어지게 된다. 마치 기후 변화 대책의 비용편익분석을 둘러싸고 경제학자들 사이에 해소될 길 없는 논쟁이 벌어지는 것과 마찬가지다.

이득과 손실을 대비시키는 경제 분석은 논리가 단순명쾌하고 사람 본성인 이기심(利己心)에 호소하는 것이어서 설득력 있다. 그러나 경제 분석으로 기후 변화 문제를 접근하면 논란의 수렁에 빠질 수밖에 없다. 기후 변화 대책은 원래부터 현 세대 사람들이 스스로를 위해 행동을 취하자는 것이 아니다. 우리 다음 세대, 또는 기후 변화에 취약한 여건의 다른 집단 사람들을 먼저 생각하는 이타심(利他心)을 발휘해보자는 것이다. 이타적이어야 할 행동을 이기심의 동기로 바꿔 논리를 제시하려는 것이니 앞뒤가 꼬일 여지가 많다.

경제 분석은 그것대로 유용하게 쓰일 분야가 많을 것이다. 그러나 기후 변화에 관한 한, 경제 분석에만 의존할 것이 아니라 윤리적, 도덕적 논리로 보완해야 한다. 도덕과 윤리의 재구성이 가능하다면 경제 분석이 제공해줄 수 있는 논리적 설득력과는 비교할 수 없는 강력한 모티브가 작동된다. 왕조 시대의 도덕 윤리와 현대 민주주의 시대의 도덕 윤리가 얼마나 다른 것인가를 생각해보면 알 수 있는 일이다. 사람들 생각을 바꾸는 것은 굉장히 어려운 일이지만, 사람들 인식과 가치관에도 어떤 티핑 포인트가 있어서 그 경계점을 지나게 되면 일거에 새로운 도덕률과 가치관이 형성될 수도 있다 (The Politics of Climate Change 5장, Anthony Giddens, 2009, 번역본 『기후 변화의 정치학』).

9

에너지 전략

Wicked
Problem

이산화탄소 배출량은 아래 공식으로 결정된다.

$$이산화탄소\ 배출량 = 인구(P) \times 풍요도(A) \times 기술(T)$$

이 공식은 『인구 폭탄(The Population Bomb, 1968)』을 쓴 폴 에를리히(Paul R. Erlich, 1932~)가 만들어낸 '환경 충격 공식(IPAT formular, Impact= Population $\times$ Affluence $\times$ Technology)'에 따른 것이다. 에를리히는 인구 팽창이 지구 생태에 가하는 충격을 강조하기 위해 이 공식을 만들었다.

여기서 '기술(technology)'은 다시 두 가지 요소로 분리해볼 수 있다. 하나는 '에너지 집약도(energy intensity)'로 단위 GDP를 생산하는 데 드는 에너지 소모량을 말한다. 또 하나는 '탄소 집약도(carbon intensity)'인데 단위 에너지 생산 과정에서 얼마만큼 이산화탄소가 배출되는가를 따지는 지표다.

위 공식에 의하면 이산화탄소 배출을 줄이기 위한 방법에는 네 가지가 있다(The Climate Fix 3장, Roger Pielke, JR., 2010).

① 인구를 줄인다
② 소비 수준을 낮춘다

③ 에너지 효율을 높인다

④ 탈탄소 에너지를 쓴다

중국의 '한 자녀 정책'이
연 12억 톤 CO₂ 배출 억제 효과

첫 번째의 '인구 줄이기'는 중국이 1979년부터 폈던 '한 자녀 갖기 운동' 유형의 정책으로 인구 증가를 억제하는 방법이다. 중국은 자신들 정책으로 3억 명 정도 인구 증가를 막았다고 보고 있다(Why we disagree about climate change 8장, Mike Hulme, 2009). 이 정책을 갖고 연간 12억 톤의 이산화탄소 배출을 억제했다는 것이다. 이 논리를 받아들인다면 중국의 인구 억제 정책은 지구 전체 배출량의 5% 정도를 감축시킨 효과가 있었던 셈이다. 교토의정서보다 더 큰 효과를 거뒀다는 것이다.

인구 규모의 강제 조절을 정부 정책으로 삼기는 어렵다. 인권, 종교 등 논란이 일 수 있다. 사회가 장기적으로 그런 지향을 가질 수는 있겠지만 인구 동태를 결정하는 것은 가치관, 경제 수준 등의 요소이지 정부가 인구 줄이기를 정책으로 선택한다는 것은 무리가 따른다.

두 번째의 '소비 수준 낮추기' 역시 정책으로 성립하기 힘들다. 미국 카터 정부가 유사한 정책을 추구한 적이 있지만 카터는 재선에 실패했다. 국민 복지 수준을 낮추는 걸 목표로 하는 정권은 지속되기 힘들다. 경제가 일정 수준에 오른 선진국이 물질 소비 수준을 끌어올리는 것을 최우선 과제로 삼지 않을 수는 있을 것이다. 그러나 선진국만큼 잘 살아보는 것이 국민의 최우선 열망인 개도국을 향해 '소비를 증가시키지 말라'고 요구할 수는 없다. 세계 15억 인구가 아직 전기를 소비하지 못하고 있다. 이들에게는 지구 기온이 몇도 오르고 그로 인해 수십 년, 또는 100~200년 뒤 찾아올 기후재앙을 거론하는 것은 배부른 논리이다.

이회성 박사에 앞서 IPCC 의장을 지낸 인도의 라젠드라 파차우리(Rajendra Pachauri)는 2009년 7월 언론 인터뷰에서 "당신은 4억 명 국민이 자기 집에 전기 조명이 없는 것을 상상할 수 있습니까? 민주주의 국가라면 그런 현실을 외면할 수 없습니다. 우리(인도)는 정말로 석탄을 쓰는 것 외의 선택이 없습니다"라고 말했다(Power Hungry 5장, Robert Bryce- The Myth of "Green" Energy and the Real Fuels of the Future, 2010). 기후 변화를 막자는 대열의 최선두에 섰던 인사마저도 기후 변화 억제가 자국민의 발전 열망보다 앞설 수는 없다고 봤다.

인구 억제와 소비 억제 말고 이산화탄소를 줄이는 방법은 같은 에너지를 쓰더라도 더 많은 GDP를 생산할 수 있게 에너지 효율을 높이는 세 번째 방법과, 같은 에너지를 만들어내더라도 탄소 배출량이 적은 기술을 쓰는 네 번째 방법의 두 가지가 있다. 둘 다 관건은 과학 기술이다.

지난 100년 동안 세계의 GDP 1000달러 생산당 이산화탄소 배출량은 1.27톤에서 0.62톤으로 줄었다. 지난 100년간 이산화탄소를 줄이기 위한 특별한 기후정책이 시행됐던 것은 아니다. 그런데도 단위 GDP당 탄소 배출량은 줄어왔다. 주로 에너지 효율 개선 때문이었다. 예를 들어 1974년 연간 1800kWh이던 냉장고 소비전력이 현재는 500kWh까지 떨어졌다. 냉장고 평균 용량은 400L에서 650L로 증가했는데도 소비전력은 줄어들었다(Physics for Future Presidents 24장, Richard Muller, 2008, 번역본 『대통령을 위한 물리학』).

에너지 효율 개선은 앞으로도 더 이뤄져야 한다. 리처드 뮬러 교수는 '에너지 절약은 가장 중요하고 실용적이며 값싼 대책'이라고 했다. 주택 단열은 불과 5.62년이면 투자비를 회수할 수 있다. 수익률로 따져 연간 17.8%의 고수익이다. 컴팩트 형광등으로 바꾸는 일은 0.48년만에 투자비가 회수된다. 연간 209% 수익률이다(Energy for Future Presidents 7장, Richard Muller, 2012).

컨설팅 업체 맥킨지의 2009년 '탄소 절감(carbon abatement)' 관련 보고서도 자주 인용된다.〈그림 1〉 보고서에 따르면 이산화탄소 배출량과 에너지 소비량을 줄여주면서 동시에 재정 이득을 볼 수 있는 에너지 절약과 효율 개선 투자 항목이 많다. 맥킨지는 LED 조명 설치와 주택 단열을 비롯해 가전제품 효율 개선, 하이브리드 자동차, 폐기물 재활용 등을 그런 예로 들었다. 이런 투자 항목들은 기후 변화를 막아야 한다는 공공 목적을 위해 자신의 경제 이익을 희생할 필요가 없는 대책들이다. 왜냐하면 이산화탄소 배출량도 줄여주면서 투자자의 주머니도 두둑하게 채워주기 때문이다.

그런데도 이런 에너지 효율 투자가 활발하게 이뤄지지 않는 이유는 인간 시각이 워낙 근시안(myopia)이어서 멀리 내다볼 줄 모르기 때문이다. 에너지 효율 투자는 대개 초기 선행 투자 단계에서 많은 돈이 들어간 후 오랜 기간 작은 이득을 지속적으로 얻게 된다. 그런데 사람들은 당장 투입해야 하는 100만 원이 손해라고만 생각하지 그로 인해 매달 5만원의 에너지 비용이 절약되고 2년도 안 돼 들인 돈의 원금 전부가 회수된다는 사실은 실감하지 못한다(The Climate Casino 22장, William Nordhaus, 2013). 미래 이익보다 지금의 현금을 선호하는 '심리적 이자

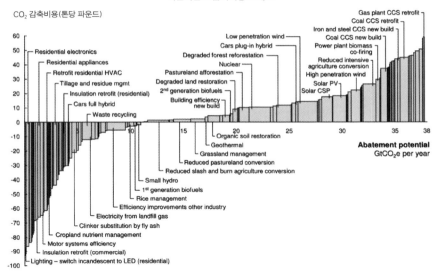

이산화탄소 감축비용 그래프

CO₂ 감축비용(톤당 파운드)

(막대그래프 내 라벨들)

Residential electronics
Residential appliances
Retrofit residential HVAC
Tillage and residue mgmt
Insulation retrofit (residential)
Cars full hybrid
Waste recycling
Small hydro
1st generation biofuels
Rice management
Efficiency improvements other industry
Electricity from landfill gas
Clinker substitution by fly ash
Cropland nutrient management
Motor systems efficiency
Insulation retrofit (commercial)
Lighting – switch incandescent to LED (residential)

Organic soil restoration
Geothermal
Grassland management
Reduced pastureland conversion
Reduced slash and burn agriculture conversion

Low penetration wind
Cars plug-in hybrid
Degraded forest reforestation
Nuclear
Pastureland afforestation
Degraded land restoration
2nd generation biofuels
Building efficiency new build

Gas plant CCS retrofit
Coal CCS retrofit
Iron and steel CCS new build
Coal CCS new build
Power plant biomass co-firing
Reduced intensive agriculture conversion
High penetration wind
Solar PV
Solar CSP

Abatement potential
GtCO₂e per year

그림 1 Pathways to Low Carbon Economy (McKinsey & Company)에서 인용. 그림에서 왼쪽으로 갈수록 이산화탄소 배출량을 줄일 뿐 아니라 그 자체로도 경제 이득을 가져다주는 방안들이다. 예를 들어 주택 조명을 LED로 바꾸는 것은 이산화탄소(배출량을 줄이면서 동시에 톤당 90파운드의 이익을 볼 수 있다. 각 막대그래프의 폭은 해당 대책이 연간 얼마의 이산화탄소(단위 10억 톤)를 줄일 잠재력을 갖는가를 보여준다.

율'이 워낙 높기 때문이다.

'에너지 효율 개선' 투자가
환영받지 못하는 이유들

에너지 효율 투자는 화끈하게 효과가 나타나기도 힘들다. 정치인 등 공공 투자를 결정하는 사람들은 기왕이면 화려하게 테이프 커팅을 할 수 있고 눈에 띄는 큰 덩어리 효과를 가져오는 프로젝트를 원한다. 오랜 기간 미세하게 분산적 효과가 누적돼 나타나는 에너지 효율 투자는 매력적이지 못하다(Power Hungry 14장, Robert Bryce, 2010). 작은 효과를 무수히 더해야 전체 이득이 계산되다 보니까 투자 효과를 쉽게 증명하기도 힘들다.

에너지 효율 개선으로는 기후 변화를 막는 데 한계가 있다는 시각도 적지 않다. 에너지 절약은 지난 100년간 기후 변화 이슈와 관계없이 경제성을 추구하는 과정에서 꾸준히 이뤄져왔다. 에너지 절약 부문의 '낮게 달린 과일(low hanging fruits)'은 수확할 만큼 수확했다는 것이다. 앞으로의 추가적 에너지 효율 개선은 지금까지만큼 높은 수익률을 보장하기는 힘들다고 보는 것이다.

에너지 효율이 높아진다고 해서 에너지 소비가 그만큼 줄어든다고 기대하기도 어렵다. 이는 '제본스 역설(Jevons Paradox)'이라고도 하고 '카줌-브룩스 공리(Khazzoom-Brookes Postulate)'라고도 부르는 현상이다. 스탠리 제본스라는 학자가 밝혀내기를 스팀 엔진의 효율은 1700년대 0.5%에서 현대 디젤엔진의 45%까지 개선됐는데도 에너지 소비는 끝없이 늘기만 했다. 그와 비슷하게 주택 단열로 가스비가 줄어들면 집주인은 돈 부담이 줄어들었다며 실내 온도 설정을 높이게 된다는 것이다(Heat- how to stop the planet from burning 4장, George Monbiot, 2007).

에너지 효율화 투자 외에 온실가스 배출을 줄일 또 하나의 테크놀로지는 에너지 자체를 탈(脫)탄소화하는 방법이다. 탄소 덩어리나 다름없는 석탄 같은 에너지에서 탈피해 이산화탄소를 적게 배출하거나 거의 배출하지 않는 에너지 기술로 전환하는 것이다. 신재생에너지나 원자력 기술이 대표적인 예다.

지구공학 논의의
물꼬가 터지다

이산화탄소 배출을 용인하면서도, 또는 이산화탄소 배출을 막지 못하더라도 기온상승을 억제할 수 있는 방법을 모색하는 논의들도 있다. 이른바 '지구공학(Geo Engineering)'이라 이름 붙은 기술들이다.

지구공학 논의에 물꼬를 튼 것은 오존층 연구로 노벨화학상을 받은 네덜란드 대기화학자 폴 크루첸(Paul Crutzen, 1933~　)이다. 그는 2006년 과학저널《클라이밋 체인지》에 '성층권에 황을 뿌려 알베도를 높이는 방안 연구'라는 글을 발표했다. 그는 논문에서 기후 변화를 막기 위한 노력이 계속 성과를 거두지 못한다면 인간이 직접 대기 조성에 작용해 기후를 컨트롤하는 '플랜 B'까지도 고려해야 하는 상황에 몰릴지 모른다고 경고했다. 크루첸은 1991년 피나투보 화산이 분출하면서 뿜어낸 아황산가스가 성층권에 1~2년 머물면서 태양빛을 우주로 반사시켜 지구 평균 기온을 떨어뜨렸던 사례를 상기시켰다. 크루첸은 세계 각국이 서둘러 기후 변화 대책을 추진하지 않으면 지구공학적 시도까지 불가피해진다는 점을 경고하기 위해서라고 했지만, 그의 글은 결과적으로 권위있는 과학자가 지구공학 가능성을 공인한 효과를 가져왔다.

지구공학의 대표적 방법으로는 '성층권에 황 뿌리기'처럼 태양광의 입사량을 조절하는 기술(solar radiation management · SRM)과 '바다에 철분 뿌리기' 등의 방법으로 대기 중 탄소 농도를 떨어뜨리는 기술(carbon dioxide removal · CDR)의 두 가지가 있다. 성층권에 황산에어로졸 뿌리기는 피나투보 효과를 통해 현실에서 효능이 입증됐다는 장점이 있다.

당시 피나투보에선 1000만~2000만 톤의 입자와 가스가 분출됐고, 지구 기온을 평균 0.3~0.5도 낮추는 효과가 있었다.

성층권에 황 뿌리기는 이산화탄소 배출을 원천적으로 줄이는 '에너지 규제' 방식과 비교해 경제 부담이 가볍다는 매력이 있다. 지상 기지에서 성층권까지 닿는 29km의 가벼운 호스와, 그 호스를 지탱하기 위해 90~270m 간격으로 달아매는 헬륨 풍선, 황산에어로졸을 고공으로 이송하기 위해 100m 간격으로 설치하는 20kg짜리 펌프만 달면 된다는 주장도 있다. 이 설치비는 1억 5000만 달러, 연간 운영비는 1억 달러면 된다는 것이다(Super Freakonomics 5장, Steven D. Levitt & Stephen J. Dubner, 2009, 번역본 『슈퍼 괴짜경제학』).

과학자들 계산으로는 이 방법으로 황산에어로졸을 연간 500만 톤씩만 뿌리면 된다는 것이다. 이는 발전소와 공장 굴뚝에서 산업적으로 쏟아내는 황 배출량의 10분의 1 규모이다. 이때의 황 성분은 주로 석유정제 과정 부산물이나 석탄발전소 탈황 장치에서 걸러낸 것을 쓰게 될 것이다. '황 뿌리기'가 실현된다면 대기를 더럽히지 말라고 일부러 걸러내서는 하늘로 뿌려댄다는 아이러니가 현실화되는 것이다.

비슷한 방법으로 바다를 항해하는 선박에서 끊임없이 상공으로 바닷물을 뿌려대자는 제안이 있다. 그러면 물 알갱이가 상공으로 퍼진 후 물은 증발하고 소금 성분만 남게 된다. 그 경우 바닷물의 염분 성분이 구름의 씨앗으로 작용한다는 것이다. 대기 중 수분 함유량은 일정한데 구름 씨앗이 많이 생기면 구름 알갱이는 작아진다. 구름 알갱이가 작을수록 그 구름은 태양빛을 반사시키는 구름이 된다. 성층권 황뿌리기나 공중에 바닷물 살포하기로 태양 입사량의 2%만 반사시키면 '이산화탄소 2배 증가' 효과를 상쇄시킬 수 있다고 한다.

'태양빛 반사시키기'로는
바다 산성화는 막을 수 없다

'태양빛 반사시키기'로 지구 알베도를 높여 기온을 떨어뜨리자는 아이디어는 심각한 단점을 갖고 있다. 대기 중 이산화탄소 농도를 떨어뜨리지는 못한다는 것이다. 높은 이산화탄소 농도는 온실효과 말고도 '바다 산성화'라는 부작용을 야기시킨다. 태양빛 반사력을 높이는 지구공학 기술은 기온상승을 막아줄 수는 있어도 바다가 산성화되는 것은 손쓸 도리가 없는 것이다.

또 하나 문제점은 막대한 양의 황산에어로졸을 주기적으로 계속 뿌려대야 한다는 점이다. 성층권은 수증기 성분이 적고 대류권처럼 기상 현상이 강하지 않기 때문에 황산에어로졸이 강수에 씻겨 내려가지 않고 오랫동안 머무를 수는 있다. 그러나 일정 시간이 지나면 결국 자연 중력에 의해 지상으로 가라앉게 된다. 따라서 '냉각 효과'를 지속시키기 위해선 꾸준히 황산 에어로졸을 뿜어줘야 한다. 국제 정치 불안이나 경제 침체 등으로 에어로졸 살포가 중단되면 즉각 기온이 급상승하게 되는 위험이 있다. 이럴 때의 기후 급변은 훨씬 대응하기 어렵다.

'바다에 철분 살포'는 바다를 부영양화시키자는 아이디어다. 바다에는 다른 영양성분들은 조류 번식에 충분한 양으로 존재하지만 철분은 부족하다고 한다. 모자라는 철분만 공급해주면 조류가 급속하게 자라난다는 것이다. 바다 표면에서 자란 조류는 죽은 후 바다 밑바닥으로 가라앉게 되고, 이때 몸 속 탄소 성분을 함께 끌고 내려간다. 빙기에 활발하던 '생물학적 탄소 가라앉히기(biological carbon dumping)' 현상을 인위적으로 만들어내자는 것이다.

이 방안은 여러 차례 실험 규모로 시도된 적이 있다. 2009년에도 석 달 동안 남극해 주변에서 4톤의 철 성분을 $300km^2$ 면적에 뿌리는 실험이 행해졌다. 그 결과 해수 표면에는 기대했던 대로 많은 양의 조류가 자라났다. 그러나 수심 200m 깊이에서 관측한 결과 가라앉는 유기물질 양은 미미했다. 철 1톤을 뿌리면 탄소 1톤이 가라앉는 정도였다. 광합성 과정을 거쳐 이산화탄소를 몸 속에 빨아들이면서 번식한 식물성 플랑크톤은 죽어서 바다 밑바닥으로 가라앉기보다 동물성 플랑크톤의 먹이가 된다든지 해서 표층수 생태계 내에서 계속 순환이 이뤄지고 있었던 것이다(Earthmasters-The Dawn of the Age of Climate Engineering 2장, Clive Hamilton, 2013).

'지구공학' 적용 어렵게 만들 국제정치의 갈등 요소

기후 시스템은 복잡하다. 기후 결정 요소가 수없이 많고, 그것들은 복잡한 상호관계와 피드백 작용으로 얽혀 있다. 인간의 인위적 지구공학적 시도에 어떤 반응을 나타낼지 알 수 없다. 성층권 황 뿌리기 경우 중-저위도 지역 강수량을 10~20% 감소시킬지 모른다고 지적하는 과학자들이 있다. 인도 몬순도 약해질 수 있다는 것이다. 해양에서 바닷물 뿌리기 역시 바다 표면을 냉각시켜 해류 흐름에 변화를 줄 수 있다.

지구공학 방법은 통제된 상황에서 환경영향 평가를 하면서 10년 정도 실제 규모로 실험을 해봐야 그 부작용과 효과에 대한 검증이 가능할 것이다. 만일 실험 도중 어떤 기후 재난이 발생했을 때 그것이 실험 탓인지, 온난화 탓인지, 또는 다른 자연적 요인에서 빚어진 것인지 가려내기 힘들 수 있다. 조금이라도 이상 현상이 나타나면 그것이 모두 지구공학 때문에 빚어진 것이라는 비난이 쏟아져 나올 것이다(The Climate Fix 5장, Roger Pielke, JR., 2010).

지구공학이 수십 년 내 실현될 수 있을 것 같지는 않다. 기술과 비용의 문제가 해소된다고 해도 국제정치 갈등 요인을 극복할 수 있을 것 같지 않기 때문이다. 예를 들어 지구공학 방법을 실행할 경우 다수 국가가 이득을 본다 하더라도 일부에선 되레 피해를 입게 됐다고 주장하는 국가가 나올 수 있다. 그 경우 국제사회가 지구 전체의 적절한 기후 시스템이 뭔지에 대해 일치된 견해를 만들어낼 수 있을지 의문이다(Introduction to Modern Climate Change 11장, Andrew Dessler, 2012). 지구공학 방안은 기후 변화가 급박한 단계로 들어섰을 상황에서 비상-임시-응급 조치로나 검토 가능한 대안일 것이다.

지구공학은 기존의 에너지 소비 행태는 그대로 유지해보자는 무책임한 발상이라는 비판도 있다. 지구공학 기술에 대한 본격 연구에 시동이 걸리면 기존 경제 구조나 에너지 소비 시스템을 굳이 바꿀 필요 없다는 주장이 나올 수 있다. 환경운동 진영에서는 지구공학이 이산화탄소 배출을 줄이려는 의무감을 약화시키는 모럴 해저드를 가져올 것이라고 주장하고 있다(Earthmasters 7장).

지구공학은 '원인 치유'가 아니라 '증세 관리(symptom management)'

의 대증 요법이다. 일종의 진통제 투여라고 할 수 있다. 기후 변화의 위기 해소를 위한 분명하고 효과적인 방법들을 외면하고 불확실하고 리스크가 큰 해법에 매달리는 것은 말이 안 된다는 비판도 있다(A Perfect Moral Storm: the ethical tragedy of climate change 10장, Stephen M. Gardiner, 2011).

비상 사태에 대비한 지구공학의 연구는 계속해야 한다는 주장도 있다. 예일대 노드하우스 교수는 '지구공학은 의료에서 마지막 극단 처방(salvage theraphy)과 비슷한 것'이라면서 '모럴 해저드 위험이 있지만 최후 방책을 갖고는 있어야 한다는 차원에서 연구를 해둬야 한다는 논리가 있다'고 했다(The Climate Casino 13장, William Nordhaus, 2013). 거대 빙하가 붕괴되는 위기에 처한다든지 시베리아 동토에 잠긴 메탄가스가 대량으로 풀려나올 조짐이 보인다든지 하는 긴박 상황에 대응할 수 있는 마지막 수단을 갖고는 있어야 하지 않느냐는 것이다. 근본적인 이산화탄소 감축 대책이 마련되기 전까지 '시간 벌기' 수단으로 임시 활용할 수 있을 것이라는 주장도 있다.

워싱턴대 스티븐 가드너 교수는 '만일 경우에 대비해 연구만이라도 진행하자는 것은 얼핏 그럴 듯한 제안으로 보이지만 예를 들어 고문(拷問) 기법 연구도 지식의 확장이라면서 허용해도 되는 것인가?'라고 되물었다. 가드너는 '핵무기를 도시 어딘가에 숨긴 테러리스트를 고문이라도 해서 핵무기를 찾아내야 하는 상황이 생길 수도 있다는 이유로, 그런 경우에 대비해 고문 담당 부서를 설치하고 고문 전문가를 육성하면 나중엔 평상시에도 고문 기법을 써보자는 이야기가 나오게 된다'고 했다(A Perfect Moral Storm 10장, 2011).

가드너 교수는 '어떤 식이든 지구공학에 시동을 걸어놓으면 온실가스 감축에 소홀해지는 유혹이 생길 수밖에 없다'고 했다. 과학 연구는 한번 시작하면 그것에서 이득을 보려는 이익집단이 형성된다고 가드너는 주장했다. 결국은 그 기술을 써먹게 되는 '자기 실현적 예언(self fulfilling prophesy)'의 특성을 갖는다는 것이다.

CCS로 배출 CO_2 10%만 처리해도 매일 41척 초대형 유조선 분량

경우에 따라 지구공학적 방안으로도 분류되는 대책 중에 '탄소포집저장(CCS, Carbon Capture and Sequestration/Storage)'이라는 방법이 있다. 발전소나 산업체의 화석 연료 연소 과정에서 나오는 이산화탄소를 석회 성분으로 침전 분리시키자는 것이다.

대기 중에서 이산화탄소를 걸러내는 것은 비실용적이다. 이산화탄소 농도가 0.04%밖에 안 돼 희박하기 때문이다. 반면 석탄발전소 굴뚝 배기가스 중에는 이산화탄소가 12~15% 농도로 농축돼 있다. 시멘트나 철강 제조공정에서도 집적된 형태의 이산화탄소가 배기가스로 발생한다. 그 배기가스를 화학적으로 처리해 이산화탄소를 액체 형태로 분리해낸다는 것이다. 분리시킨 이산화탄소는 심해저, 또는 석탄·석유 폐광, 지하 대수층에 집어넣어 격리시키게 된다.

이 방법이 실용화되면 지구상에 풍부하게 존재하는 연료 자원인 석탄을 기후 변화 걱정 없이 사용할 수 있다는 이점이 있다. 현재 매장이 확인된 석탄 자원은 1조 6000억 톤 정도라고 한다. 연간 60억 톤 정도 소비한다고 보면 확인 매장량만 갖고도 200년 이상 버틸 수 있다.

문제는 CCS를 통해 이산화탄소를 분리 저장하는 과정에서 에너지 손실이 불가피하다는 점이다. 석탄발전소 경우 생산 에너지 가운데 적게는 10%, 많게는 40% 에너지가 소요된다고 한다. 전기에너지를 주로 석탄발전소에서 얻고 있는 중국, 인도 같은 나라들이 그만한 에너지 손실을 감수하기를 기대하는 건 힘든 일이다.

CCS로 걸러내야 하는 이산화탄소의 양도 너무 많다. 현재 실제 CCS를 시행하고 있는 노르웨이 스타토일(Statoil)사가 북해 가스유전에서 분리 저장하고 있는 양은 한해 100만 톤 수준이다. 그 정도 프로젝트를 10개쯤 해야 표준적인 석탄발전소의 한해 배출량을 처리할 수 있다.

만일 이산화탄소 세계 배출량의 10%가 좀 안 되는 30억 톤을 압력을 가해 액화시킬 경우 그 양은 연간 생산되는 석유량과 비슷해진다. 매일 200만 배럴(약 32만m³) 용량의 초대형 유조선 41척 분량을 운반하고 처리해야 한다. 여기에 소요되는 석탄발전소 분리 설비, 압축 장치, 격리 시설, 저장소, 파이프라인 등을 생각해보라. 세계 각국이 이런 인프라를 언제 갖출 수 있겠느냐는 것이다(Power Hungry 15장, Robert Bryce, 2010). 수억 년 걸려 지각 아래에 저장돼 있던 화석 연료를 끄집어내 태우고는 그로 인해 발생한 이산화탄소를 다시 지각 아래 집어넣겠다고 어마어마한 인프라를 건설한다는 것 자체가 황당한 발상이다.

폐광구 등에 주입시킨 이산화탄소가 얌전히 그곳에 머물러 있을지도 의문이다. 심해 경우 600m 아래면 60기압 이상 압력을 받기 때문에 액화 이산화탄소가 다시 기화하지는 않는다고 한다. 그러나 액화 이산화탄소가 과포화 상태에서 모종의 이유로 갑자기 거품으로 터져나오는 일은 없겠느냐는 것이다. 1989년 아프리카 카메룬의 니오스(Nyos) 호수라는 곳에서 호수 밑바닥층 이산화탄소가 샴페인 거품이 터져나오는 식으로 용출하면서 주변 지역 주민 1700명과 동물들이 몰살한 사건이 있었다.

폐유정에 저장한 이산화탄소가 미처 막아두지 못한 드릴 구멍 등을 통해 연간 0.1%씩만 새어나와도 1000년 후면 모두 대기 중으로 되돌아오게 된다. 바다 밑바닥에 저장해둬도 1000년 후면 4분의 1쯤이 대기로 새나갈 것이라고 한다. CCS가 당장 수백 년의 기후 변화를 막는 대책일 수는 있어도 수천 년 이상 지속적 효과를 보장하는 해결책은 아니다. CCS는 성공한다 해도 대안 에너지가 개발될 때까지 시간을 버는 용도로나 도입해야 한다.

CCS가 실용화되려면 이산화탄소 저장고를 석탄발전소에서 머지 않은 곳에 확보할 수 있어야 한다. 그러지 않으면 운송 비용 때문에 경제성을 맞추기 어렵다. 그러나 저장 이산화탄소가 장래 무슨 변화를 일으킬지 불확실한 상황에서 이산화탄소 저장고를 선뜻 받아들이려 하는 지역 사회가 있을지 의문이다. CCS는 석탄발전소 건설 단계부터 CCS를 전제로 한 설계를 채택해야 한다. 따라서 신규 발전소라야 CCS의 실행이 가능하다. 지금부터 준비하더라도 10년 뒤에나 적용 가능한 기술이다.

다만 석탄을 가스화하는 기술을 채택할 경우 경제성을 확보할 수도 있다고 한다. 석탄을 가루로 만들어 고온-고압의 수증기를 가하면 석탄 분자가 깨지면서 수증기와 반응해 일산화탄소와 수소 가스가 혼합된 합성가스(syngas)가 만들어진다. 이렇게 해서 얻어진 합성가스는 물을 끓여 수증기를 만들 필요 없이 직접 연소 방식으로 터빈을 돌릴 수 있다. 이때 연소되는 합성가스는 순수 이산화탄소를 배출하기 때문에 분리시켜 고정하기 쉽다는 것이다. 미국이 2003년 착수한 퓨처젠(FutureGen) 프로젝트가 바로 이 IGCC(intergenerated gasification combined cycle) 기술을 활용하자는 시도다. 국내에서도 한국서부발전이 충남 태안에 IGCC 실증 플랜트를 5년 가까이 건설한 끝에 2016년 8월 상업운전을 개시했다는 보도가 있었다. 일본, 스페인 등에서도 IGCC가 실용화되어 있다.

'위키드 프라블럼'의 대표 사례
바이오 에너지

이산화탄소 배출을 줄일 수 있는 대체 에너지 기술로는 현 단계에선 태양광-풍력 등의 신재생 에너지, 그리고 원자력이 유망 대안이다. 바이오(bio) 에너지도 미국-유럽 등에서 한 때 각광을 받긴 했다. 그러나 바이오 에너지는 얼핏 이산화탄소 배출을 감소시켜줄 것이라는 기대를 불러일으키지만, 파고 들어가서 보면 허상이라는 사실이 드러난다.

바이오 에너지가 주목을 받은 것은 미국 부시 정권의 에탄올 권장 정책 때문이다. 부시 대통령은 2007년 신년 연설에서 '향후 10년 안에 석유 소비를 20% 줄이고 대신 에탄올 소비를 7배 늘리겠다'고 밝혔다. 부시 대통령은 2006년 신년 연설에서도 에탄올 에너지 지원 정책을 펴겠다고 했었다.

그런데 부시의 에탄올 정책은 즉각 부작용을 불러일으켰다. 2007년

1월 말 멕시코 수도 멕시코시티에서 시민 7만 명이 시위를 벌였다. 멕시코인의 주식(主食)인 '토르티야'라는 옥수수 전병 값이 세 배로 뛰어오른 것이다. 그뿐 아니라 부시의 에탄올 에너지 지원 정책 이후 전 세계의 옥수수 사료 값도 천정부지로 뛰었다. 필자는 2007년 3월 31일자로 '사람 식량 왜 차에 먹이나'라는 칼럼을 썼다. 당시 썼던 칼럼 내용은 지금 관점에서도 유효하다는 생각이 들어 그대로 인용해본다.

〈사람 식량 왜 차에 먹이나〉

에탄올이 석유 대체연료로 각광을 받고 있다. 부시 미국 대통령은 1월 신년연설에서 향후 10년 안에 석유 소비를 20% 줄이겠다고 발표했다. 대신 에탄올 소비를 7배 늘리겠다는 것이다. 부시는 이달 9일엔 룰라 브라질 대통령과 만났다. 두 나라는 에탄올 연구도 함께 하고 세계 에탄올 소비와 생산을 늘리자고 합의했다. 두 나라가 세계 에탄올의 70%를 생산한다. '에탄올 OPEC'가 만들어질 참이다.

에탄올은 휘발유와 섞어서 자동차 연료로 쓴다. 미국은 옥수수로, 브라질은 사탕수수로 만든다. 사탕수수나 옥수수로 만든 에탄올을 태우면 이산화탄소가 나오지만 그건 원래 식물이 광합성을 하면서 대기에서 가져온 것이다. 에탄올 자동차를 굴린다고 공기 중 이산화탄소가 늘지는 않는다는 것이다.

부시의 목표가 온난화를 막자는 데 있는 것 같지는 않다. 부시의 본심은 농민한테 득이 되는 정책을 펴자는 것이고, 또 석유를 믿고 콧대가 높아진 이란과 베네수엘라를 눈 뜨고 못 보겠다는 것이다.

미국 농민은 입이 벌어졌다. 옥수수 가격은 1년 새 2배로 뛰었다. 미국엔 에탄올 공장이 117곳 있는데 76곳을 새로 짓고 있다. 에탄올을 만들려면 광대한 농지가 필요하다. 브라질엔 아마존이 있다. 옥수수보다 사탕수수로 에탄올을 만드는 것이 훨씬 효율이 높다. 브라질 에탄올의 절반 이상은 미국으로 간다. 부시가 룰라와 '에탄올 동맹'을 맺은 이유다.

문제는 부작용이다. 1월 말 멕시코시티에서 7만 명이 시위를 했다. 멕시코 사람들 주식(主食)인 '토르티야'라는 옥수수 전병 값이 세 배로 뛰어오른 것이다. 전 세계 옥수수 사료 값도 오르고 있다. 한국에서도 작년 11월 이후 사료값이 두 차례, 합해서 10~15% 올랐다. 조만간 전 세계 고깃값도 오를 것이다. 세계에서 배를 곯는 사람이 8억 명이다. 자동차도 8억대다. 8억대 자동차를 움직이기 위해 가난한 8억 명의 배가 더 고파진다.

옥수수 농사에 쓰는 트랙터나 트럭은 석유로 움직인다. 비료, 농약을 만드는 데도 석유가 든다. 에탄올 공장도 석유가 있어야 돌아간다. 옥수수를 재배해서 에탄올 자동차를 굴리기까지 소모되는 석유량이 에탄올 연료가 대체하는 석유의 70%는 된다는 연구가 있다. 옥수수밭, 사탕수수밭을 확장하려면 숲을 베어내야 한다. 미국 농지가 4억 에이커다. 미국 휘발유 소비량의 절반을 에탄올로 대체하려면 3억 5000만 에이커의 농지가 필요하다. 브라질은 아마존을 개발하려 한다. 아마존은 지구의 허파라는 곳이다. 아마존 숲을 베어내면 대기 중 이산화탄소는 늘어난다.

지금 에탄올을 만들 때는 곡물 알갱이를 쓴다. 만일에 곡물 껍질이나 식물 줄기, 목재 같은 것을 원료로 쓸 수 있다면 얘기가 달라진다. 섬유소(셀룰로스)로 에탄올을 만든다는 뜻이다. 그렇게만 되면 옥수수 껍질, 쌀겨, 목초, 갈대, 억새, 목재 부스러기가 모두 연료가 된다. 그런데 셀룰로스는 단단한 사슬 형태의 분자 구조여서 좀체 분해가 안 된다. 그래서 사람이 옥수수는 먹어도 풀은 못 먹는다. 소나 염소처럼 풀을 소화시키는 동물은 되새김 위를 갖고 있다. 되새김 위 속에 셀룰로스를 분해하는 미생물을 키운다.

과학자들이 미생물을 흉내 내는 에탄올 공장을 만들 수만 있다면 세상은 달라질 것이다. 그 기술이 가능한 것인지, 가능하다면 언제쯤 실용화될 수 있는 것인지 알 수가 없다. 지금 기술 수준에선 옥수수 에탄올을 자동차 연료로 쓴다고 해서 온난화가 막아지지도 않고 도덕적으로도 문제가 있다. 사람이 자동차는 없어도 살 수가 있지만 밥을 안 먹고는 살 수가 없다.

에탄올 생산은 에너지 수지(收支)상 큰 이득이 나지 않기 때문에 정부 보조금 없이는 지탱 불가능하다. 미국 경우 정부 보조금이 에탄올 시장 가격의 65%까지 됐다고 한다. 2009년에만 127억 달러가 옥수수 재배 농민들과 에탄올 사업자들에게 지원됐다. 그래도 미국의 2억 4000만 대 자동차를 움직이는 연료의 5%를 충당했을 뿐이다(Climatism!- Science, Common Sense, and the 21st Century's Hottest Topic 13장, Steve Goreham, 2010). 스티브 고어햄은 "25갤런이 들어가는 SUV 기름통 한 통에 85%짜리 에탄올을 채울 경우 옥수수 9부셸(약 228kg)이 소모된다. 이건 저개발국 국민이 1년 먹을 양식이다. 식량을 연소시키지 말라!(Don't burn food!)"고 썼다.

옥수수의 에탄올 연료 전환이 별 실효가 없는 이유는 발효와 증류 과정에서 에너지 손실이 크기 때문이다. 옥수수는 일단 효소를 써서 전분을 사탕 성분으로 쪼갠 후 이스트로 발효시켜 '에탄올+물'의 용액을 만들게 된다. 여기에 열을 가하는 증류 가공을 거쳐 물을 제거하면 에탄올이 남게 된다. 그런데 에탄올은 발효 과정에서 에틸알코올의 농도를 20% 이상으로 끌어올릴 수 없다. 그렇게 되면 발효 이스트가 죽어버리기 때문이다. 따라서 증류 가공으로 들어가는 '에탄올+물'의 용액에는 물 성분이 80% 이상 들어 있게 된다. 이 80% 이상의 물을 없애는 과정에서 워낙 많은 에너지가 소모된다(Climate of Extremes 8장, Patrick Michaels, 2009).

사탕수수로 에탄올을 만들어내는 과정은 훨씬 효율이 높다. 사탕수수는 성분이 전분이 아니라 사탕이어서 쪼개는 과정이 필요 없다. 그런데다 브라질 열대 지역의 광합성 효율은 미국의 온대 지역보다 훨씬 높다. 사탕수수 에탄올의 에너지 효율은 1.7~1.9배라는 분석이 있다(Powering the Future 9장, Daniel B. Botkin, 2010). 연구 결과에 따라선 3배 이상 효율이 있다고 보기도 한다. 그러나 사탕수수에 들러붙는 입자 세척에 많은 물을 사용해야 해 그 과정에서 수질 오염이 생긴다고 한다.

유럽 '바이오 디젤' 정책은
열대 밀림을 파괴해 온실가스 배출

미국만 아니라 유럽도 바이오 에너지 적극 지원 정책을 썼다. EU는 2003년 '2020년까지 자동차 연료의 10%를 바이오 디젤로 충당한다'는 행정명령을 내렸다. 그런데 유럽의 바이오 디젤 권장 정책도 역시 생태 파괴의 부작용을 초래한다는 사실이 드러났다. 궁극적으로는 온실가스를 줄이는 정책도 못 된다는 것이다. 필자는 2008년 3월 21일자로 '바이오디젤 국제 사기극'이란 다소 선정적 제목의 칼럼을 실었다. 이 글도 전체를 그대로 인용해보려 한다.

〈바이오 디젤 국제 사기극〉
미국이 옥수수 에탄올을 자동차 연료로 쓰는 바람에 한국 자장면값, 라면값까지 올라갔다는 얘기는 이제 알 만한 사람은 다 알게 됐다. 사람 식량을 차(車)에 먹인 결과 배를 곯는 전 세계 인구 8억명의 배가 더 고파진 것이다. 에탄올을 자동차 연료로 쓴다고 해서 온실가스가 줄어드느냐 하면 별로 그렇지도 않다는 주장이 많다.

석유 대신 쓰는 연료엔 에탄올 말고 바이오 디젤도 있다. 에탄올은 미국·브라질에서, 바이오 디젤은 유럽에서 주로 쓴다. 에탄올은 미국 옥수수, 브라질 사탕수수로 만드는 데 바이오 디젤은 인도네시아와 말레이시아의 야자열매로 만든다. 바이오 디젤도 에탄올 못지않은 문제를 안고 있다.

인도네시아 온실가스 배출량이 세계 3위라고 하면 무슨 말도 안 되는 얘기냐고 할 사람이 많을 것이다. 석탄·석유 사용량만 따지면 인도네시아는 세계 15위밖에 안 된다. 그러나 온실가스는 화석 연료에서만 나오는 게 아니다. 나무를 베어내면 그 나무 몸체는 결국 썩어서 이산화탄소가 돼 날아간다. 인도네시아는 열대림을 너무 베어내는 바람에 미국, 중국 다음 가는 온실가스 배출국이 됐다. 인도네시아가 안고 있는 특별한 문제는 야자 플란테이션을 '피트 랜드(peat land)'라는 습지에 많이 만들고 있다는 점이다. 피트 랜드는 나무가 울창하면서도 바닥엔 물이 고여 있다. 물 아래는 농축된 유기물 덩어리라고 할 수 있다. 유기물 층 두께는 보통 2m를 넘는다. 나무, 풀이 죽어서 피트 랜드 밑바닥으로 가라앉으면 좀체 분해되지 않는다. 물이 차 있어 공기 중 산소와 접촉할 수가 없기 때문이다. 피트 랜드에 가라앉은 식물 유기물은 수백, 수천 년을 서서히 썩어가다가 나중엔 석탄이 된다.

야자 플란테이션을 만든다고 피트 랜드의 물을 빼내고 나무를 잘라내면 수백, 수천 년을 견딘 두꺼운 유기물 층이 몇 년 안에 분해되면서 이산화탄소를 뿜어낸다. 플란테이션을 만들려고 일부러 불을 지르는 수도 있다.

작년 7월 인도네시아 당국이 '리아우'라는 지역을 위성으로 조사해봤더니 124군데에서 산불이 나 있었다.

그린피스는 작년 11월 '야자기름 산업이 기후를 삶아대고 있다(How the Palm Oil Industry is Cooking the Climate)'는 보고서를 냈다. 인도네시아는 세계 열대림의 10%(9100만ha)를 갖고 있다. 그중 2000만 ha가 피트 랜드다. 인도네시아가 피트 랜드에 조성한 야자 플란테이션만 150만 ha가 된다. 향후 10년 내 다시 300만 ha가 그렇게 될 운명이다. 이건 유럽 때문이다. 유럽은 바이오 연료 비중을 현재의 1%에서 2010년 5.75%, 2020년까지는 10%로 올린다는 계획을 추진 중이다. 유럽 국가들은 동남아에서 수입한 야자기름을 석유 대체연료로 사용했다. 그러는 바람에 야자기름 값이 최근 2년 사이에만 2배 뛰었다. 그럴수록 더 많은 인도네시아 피트 랜드가 파괴될 수밖에 없다. 인도네시아 피트 랜드에서 나오는 이산화탄소만 한 해 18억t으로 한국 국가배출량의 3배를 넘는다.

유럽 국가들은 지구 온난화를 막기 위해서라며 바이오 디젤을 쓴다. 그렇게 하면 유럽 대륙에서 배출되는 이산화탄소는 줄어들 것이다. 하지만 지구 반대편 동남아에선 더 많은 이산화탄소를 뿜어내게 된다. 이산화탄소는 어디서 나오더라도 지구 전체로 퍼져나간다. 유럽 국가들은 유럽 땅에서 배출되는 온실가스가 줄어들었다며 그걸 '실적'으로 잡아놓는다. 그 실적을 '온실가스 배출권 시장'에서 돈 받고 팔기도 한다. 아무리 봐도 이건 무슨 '국제 사기극'처럼 여겨질 뿐이다.

바이오 연료를 사람이 먹는 곡물이나 열매가 아닌 식물의 몸체, 즉 보통은 폐기물로 버리고 마는 셀룰로스 성분을 갖고 만들 수 있다면 충분히 대체 에너지로서의 가치가 있다는 기대가 있다. 또한 바다나 호수에 사는 조류(藻類)의 엄청난 증식 효과를 활용한다면 꿈의 에너지를 만들어낼 수 있다고 보는 과학자 그룹이 적지 않다. 특정 조류 경우는 조건만 맞으면 4시간마다 몸체를 두 배로 늘리는 종류도 있다고 한다. 그 과정에서 생기는 물질은 중유(重油) 성분과 본질적으로는 동일하다는 것이다(炭素文明 결론, 佐藤健太郎, 2013, 번역본 『탄소 문명』). 조류를 이용한 바이오 에너지 생산은 곡물 생산과 토지 활용 측면에서 경합하지 않는다는 장점도 있다(Powering the Future- A Scientist's Guide to Energy Independence 9장, Daniel B. Botkin). 오염 수계에서 조류를 재배하면 오염을 제거하는 효과도 있다. 셀룰로스 에탄올이나 조류 기름 같은 '2세대 바이오 연료'가 실용화된다면 석유를 상당 부분 대체하는 효과가 있을 것이다.

한달 300~350kWh 전기 생산해낸
주택 지붕 태양광

화석 연료를 대체할 수 있는 대안 에너지로 각광을 받는 것이 태양광과 풍력이다. 비전문가 입장에서 태양광-풍력의 가능성과 경제성에 대해 정밀 분석-평가를 하는 것은 무리일 것이다. 개인 경험을 토대로 태양광-풍력의 잠재력과 한계의 일단을 소개해볼까 한다.

필자는 2007년 4월 집 지붕에 3kW 용량 태양광 패널을 달았다. 단독 주택을 짓고 이사하면서다. 집 설계 단계부터 태양광 설치를 전제로 했기 때문에 주택 지붕을 남쪽을 향해 45도 각도로 맞췄다. 태양광 패널을 갖다 붙이기만 하면 되도록 미리 전선 케이블을 설치해놨다. 그렇게 한 후 전문 업체에 신청했더니 한나절 작업으로 3kW짜리 태양광 공사가 끝났다. 가로×세로 80.3cm×124.8cm의 일본 샤프사 제품 태양광 모듈 24장을 달았다. 베란다 벽면엔 태양광 직류 전기를 교류로 바꿔주는 등산 가방 크기의 변환기(인버터)를 설치했다. 현관엔 한전 계량기와 별도로 태양광 전력 생산량을 일러주는 계량기를 달았다.

이렇게 하는 데 필자가 들인 비용은 200만 원이었다. 당시 업체의 설명으로는 3kW 태양광을 설치하는 표준 비용이 2000만 원쯤 든다고 했다. 그 가운데 1500만 원 정도가 정부 보조금이었다. 집 주인은 500만 원 정도를 부담해야 한다. 필자 경우엔 주택을 지으면서 태양광 설치에 필요한 장비를 갖췄기 때문에 개인 부담 비용을 크게 절감했다. 기존 주택에 태양광을 달았다면 태양광 패널을 앉히기 위한 골조 설치에 적지 않은 비용이 더 들었을 것이다.

태양광을 설치한 다음 그것이 얼마 정도 전기를 생산하는지 관찰해 봤다. 설치 후 몇 달 동안 지켜본 걸로는 대략 한달 300~350kWh 정도의 전기를 생산해냈다. 4년 뒤인 2011년 다시 점검해봤더니 역시 비슷한 수준이었다. 그걸로 한 달에 5만~10만 원의 전기 요금을 절약할 수 있었다. 200만 원을 투입해서 그 정도 이득을 봤으니 개인적으로 큰 도움이 됐다. 물론 정부 보조금 지원의 덕을 본 것이다.

문제는 정부 보조금과 관계없이 태양광이 경제성을 갖출 수 있느냐는 것이다. 우리 집 태양광은 3kW짜리여서 100% 효율을 발휘한다면 한달 2160kWh의 전기를 생산하게 된다. 그런데 300~350kWh 전기를 생산했으므로 대략 15% 정도의 효율이라고 할 수 있다. 일본 경우 평균 효율을 12% 정도 잡는다고 한다. 태양은 하루 중 낮 동안만 비추고, 그것도 구름이 끼면 입사량이 작아지므로 20% 이상 효율을 올리기는 기술적으로 어렵다고 한다. 태양광은 해가 비출 때만 제대로 작동하는 '파트타임 전기'라고 할 수 있다.

태양광의 경제성을 원자력발전소와 비교해볼 수 있다. 원자력발전소는 효율이 대략 90% 선이다. 100만kW짜리 표준형 원전 1기에서 시간당 90만kWh의 전기를 만들어낸다. 3kW 짜리 가정집 태양광은 시간당 '3×0.15(효율)=0.45kWh'의 전기를 생산한다. 원전 1기에 맞먹는 전기를 생산하려면 200만 가구(90만÷0.45=200만)의 지붕에 3kW짜리 태양광을 달아야 한다.

이걸 돈으로 계산하면 2007년 비용으로 '2000만 원×200만 가구=40조 원'이 된다. 원전은 1기 건설에 3조 원쯤 잡는다. 40조 원 대(對) 3조 원이라면 엄청난 차이다. 지금은 태양광 가격이 많이 떨어졌으니 비용을 절반으로 잡는다 해도 20조 원이다. 더구나 가정집 태양광의 수명은 20년쯤 잡는데 반해 원전은 40~60년이다. 가까운 시일 내에 태양광이 원전의 경제성을 따라잡을 수 있을 것으로 기대하기 힘든 격차다.

풍력·태양광은 백업 설비 필요한 '파트타임 전기'

2011년 시점에서 원자력과 비교한 풍력 전기의 경제성은 어떤지도 알아봤다. 풍력도 역시 '파트타임 전기'다. 바람이 불 때만 전기를 생산한다. 업체에 알아보니 풍력 전기의 효율은 25% 정도라고 했다. 날개 한 쪽의 길이가 70m쯤 되는 2MW(2000kW) 풍력의 설치비는 40억 원 정도였다. 그런 풍력 설비로 원전 1기만큼 전기를 생산하려면 1800기(90만kW÷2000kW÷0.25=1800)가 필요하다. 도합 7조 2000억 원을 들여야 원전 1기만큼 전기를 공급할 수 있다. 역시 원자력 전기보다는 경제성이 크게 떨어진다는 계산이다.

태양광과 풍력은 필요한 때에 필요한 만큼 전기를 유연하게 생산해낼 수 있는 장치가 아니다. 해가 비치고 바람 불 때만 전기를 만들어낸다. 아무리 소비자가 전기를 필요로 하는 시간대라도 바람이 안 불고 구름이 끼어 있으면 일을 하지 않는다.

전기는 순간순간 공급량과 소비량을 정확하게 맞춰가야 한다. 어느 순간 공급량이 소비량을 못 따라가면 곧바로 전기 주파수가 떨어진다. 국내 가전제품과 전기 장치들은 주파수가 60±0.2Hz일 때 정상 가동하도록 맞춰져 있다. 주파수가 그 범위를 벗어나면 전기로 돌아가는 모터들에 무리가 가면서 정밀 기기들이 오(誤)작동한다.

2011년 9월 15일 벌어진 순환 단전(斷電) 사태는 전기 수요공급 밸런스의 그런 '즉시성'을 보여주는 사례였다. 당시 오후 3시 11분부터 4시간 45분 동안 사상 초유의 순환 정전 사태가 빚어져 753만 가구의 전기 공급이 일시 중단됐다. 당시 순환 정전은 전력 당국이 일부러 전기 공급을 끊어 생긴 것이다. 전력 공급 당국이 그런 조치를 취한 이유는 전력 공급이 위태로운 임계점 근처까지 갔기 때문이었다.

원자력발전소나 화력발전소의 터빈은 분당 3600회 속도로 빠르게 돈다. 초당 60회다. 그래서 60Hz의 전기를 생산해낸다. 발전소 터빈들은 굉장히 예민하다. 고속으로 회전하기 때문에 약간의 부하 충격만 받아도 멈춰서게 돼 있다.

그런데 전력 공급망은 전국이 하나의 네트워크로 연결돼 있다. 만일 어느 한 군데 발전기가 과(過)부하로 인해 터빈이 멈춰설 경우 그 발전기의 가동 중단으로 인해 전체 네트워크에 추가적인 초과 부하의 충격이 가해지게 된다. 그로 인해 다른 발전기 중 터빈이 하나 더 가동을 중단하면 '초과 부하'는 더 가중된다. 이런 식의 연쇄 충격이 가해지면서 전체 전력 공급이 일시에 다운돼버리는 '블랙 아웃' 사태로 가버릴 수 있다. 2011년 9월 전력 당국은 '전국 블랙 아웃'을 막기 위해 지역을 돌아가며 전기 공급을 끊었다.

기상예보 반영 안 했다가 빚어진 '2011년 9월 순환 정전'

전력 공급 시스템은 이렇게 순간순간 수요에 맞춰 정확한 양의 전기를 공급하는 것이 관건이다. 전기 수요는 '날씨' 요소와 '이벤트' 요소에 따라 출렁인다. 기상 조건이 어떠냐에 따라 전력 수요가 크게 달라지는 것은 당연하다. 전력 당국은 기상청 예보를 주시하면서 하루하루의 전력 공급 계획을 세우게 된다. 어떤 발전소를 언제쯤 동원하느냐 하는 전력 공급 계획을 시간 단위로 세워놓는다.

전력 수요는 '이벤트' 요소에도 민감하게 반응한다. 예를 들어 국가대표팀 월드컵 경기가 있는 날은 전반전과 후반전 사이 하프타임에 훨씬 많은 전력 공급 태세를 갖춰놓아야 한다. TV 앞에서 경기에 몰두하던 전 국민이 일시에 물을 끓이고 냉장고 문을 여는 시간이 그때이기 때문이다.

2011년 9월 15일의 순환단전도 사실은 전력 당국의 수요 공급 예측이 빗나가 빚어진 일이었다. 9월 15일은 추석 연휴(10~13일)가 끝난 다음 다음날이었다. 전력거래소는 연휴 하루 전인 9일 기상청으로부터 다음 1주일의 주간(週間) 예보를 통보받았다. 주간예보는 문제의 15일 서울 최고기온을 28도로 내다봤다. 전력거래소는 주간예보를 토대로 15일의 최고 전력사용량을 6400만kW로 잡았다. 전력거래소는 매일 오후 6시 다음날 전력운용계획을 짜게 돼 있다. 정상이었다면 14일 오후 6시에 15일자 전력운용계획을 세우면서 '서울 최고기온 30도'라는 한 시간 전 기상청 자료를 업데이트해 활용했어야 한다. 그러나 전력거래소는 5일 전에 만든 운용계획을 그냥 써먹었다. 그 바람에 늦더위로 치솟은 전력 수요에 대응하지 못한 것이다. 명절에 들어가면서 명절 기간과 연휴 뒤 이틀까지의 전력운용계획을 미리 짜놓고는 기상예측이 바뀌었는데도 반영하지 않았던 것이다.

2011년 순환 정전 사태를 길게 언급한 이유는 태양광과 풍력 전기가 가진 공급 불안정성을 설명하기 위해서다. 순간순간 전기 수요 변동에 가장 유연하게 대응할 수 있는 발전방식은 수력발전이다. 댐의 수문을 열었다 닫는 방법으로 30초면 전기 공급을 끊었다 이었다 할 수 있다. 전력 수요 변화에 전혀 대응 불가능한 것이 원자력발전소다. 한번 가동을 중단했다가 다시 움직이게 하는 데 최소 사흘이 걸린다.

원자력발전소는 부하 변동에 관계없이 365일 24시간 꾸준히 전기를 공급하는 기저(基底) 부하를 맡게 하는 것도 그 때문이다. 그 반대 역할을 하는 것이 양수(揚水) 발전이다. 전력 수요가 떨어지는 새벽 시간에 남아도는 원자력 전기로 물을 하부댐에서 상부댐으로 끌어올린다. 그랬다가 낮동안 전력 수요가 급작스레 치솟을 때 양수댐이 가동해 최첨두 부하에 맞춰가는 것이다. 양수댐 같은 수력발전은 일종의 '5분 대기조'라고 할 수 있다. 수치로 나타나는 전력 공급 능력 이상으로 귀중한 전력 자원이다.

화력발전의 터빈은 발전기가 식어버린 상태에서 전기 생산을 재개하기까지 여러 시간의 예열이 필요하다. 몇 분 단위로 전력 수요가 치솟을 때에는 대처 능력이 없다. 전력 당국은 이 때문에 화력발전소의 출력을 100%가 아닌 90%, 또는 95%에 맞춰놓는다. 이때 예비로 남겨두는 5~10%의 전력을 '운전예비(spinning reserve) 전력'이라고 한다. 어딘가 발전소가 고장 나거나 전기 수요가 느닷없이 튀어오르는 경우에 대비해 5~10% 출력은 언제라도 추가로 돌릴 수 있는 상태로 대기시켜 놓는 것이다. 이와 달리 한 두시간 걸려야 전력 공급이 가능한 화력발전 전력은 '정지예비(standing reserve) 전력'이라고 부른다. 가스발전은 석탄발전보다는 훨씬 신속하게 추가 전력 공급이 가능하다.

태양광과 풍력 전기는 이렇게 전기 수요 변화에 맞춰 즉각 대응한다는 것이 원천적으로 불가능하다. 이 때문에 바람이 잦아들거나 햇빛이 구름에 막혀 비추지 않는 때에 대비한 '백업(back up)' 발전설비를 갖춰놓아야 한다. 풍력·태양광 비중이 미미한 수준이면 전기 공급을 수요량에 맞추는 데 큰 문제가 없다. 그러나 풍력·태양광 비중이 10%, 20% 수준으로 늘어나면 전기 공급 시스템은 불안정해질 수밖에 없다. 풍력·태양광이 멈출 때 언제라도 돌릴 태세가 돼 있는 여분의 백업 발전용량을 갖고 있어야 한다. 예를 들어 겨울밤 전기 소비가 피크에 가까워졌을 때를 생각해보자. 햇빛은 없고 바람마저 불지 않으면 전기 공급은 원자력·화력에만 의존해야 한다. 풍력·태양광을 많이 세워놨다고 다른 발전소를 짓지 않아도 되는 것이 아니다. 풍력·태양광이 거의 가동하지 않는 경우를 상정하고 그에 대비한 발전설비를 별도로 지어놓아야 한다. 백업 발전설비로는 보통 기민하게 가동시킬 수 있는 가스발전이 채택된다.

'풍력발전 세계 1위'
덴마크의 비애

세계에서 풍력발전 비중이 가장 높은 나라가 덴마크다. 덴마크는 5500개나 되는 풍력터빈을 돌려 자국 전기 수요의 20% 정도를 커버하고 있다. 덴마크가 풍력대국(大國)이 될 수 있는 것은 수력발전 국가인 이웃 노르웨이(수력 비중 99%), 스웨덴(40%)과 전력 공급망이 연결돼 있기 때문이다.

덴마크 풍력터빈이 힘차게 돌 때에는 덴마크 전기가 노르웨이·스웨덴으로 수출된다. 반대로 바람이 약해져 전기 부족 사태에 빠지면 노르웨이·스웨덴에서 전기를 수입해온다. 덴마크의 풍력 전기 가운데 노르웨이·스웨덴으로 수출되는 양이 절반이고 대략 그만큼의 전기를 노르웨이·스웨덴에서 수입해온다. 덴마크는 노르웨이·스웨덴 같은 이웃이 있기 때문에 마음 놓고 풍력발전에 몰두할 수 있는 것이다. 노르웨이·스웨덴은 덴마크의 배터리 역할을 해주고 있다고도 할 수 있다.

그러나 덴마크는 자기네가 절실할 때 전기를 수입해오고 상대방이 원하지 않을 때에도 전기를 수출해야 하기 때문에 전력 거래 조건에서 불리한 조건을 감수할 수밖에 없다. 전기 수입 가격은 비싸고 수출 가격은 싸게 매겨진다. 덴마크 국민은 에너지 세금 때문에 그러지 않아도 비싼 전기요금을 물고 있다. 그렇게 거둔 전기요금의 상당 부분은 풍력발전에 보조금으로 지원된다. 결과적으로 그 보조금의 일부는 남의 나라 수력발전을 지원하는 데 쓰이고 있는 것이다(Climatism 10장, Steve Goreham, 2010). 2016년 6월엔 덴마크 정부가 더이상 보조금으로 풍력 발전을 지원하지 않겠다는 입장을 정했다는 보도도 나왔다.

태양광·풍력의 단속성 보완해주는
스마트 그리드

태양광 · 풍력 전기의 단속성(斷續性 · intermittency)을 해결하는 테크 놀로지로 기대를 모으고 있는 것이 지능형 전력 시스템(Smart Grid)이 다. 스마트 그리드는 전기 공급처인 발전소 · 송전망과 소비처인 가전 제품 · 공장기계에 인공지능을 심어놓은 것이다. 그런 후 전기 수급 상 황에 맞춰 전기요금이 시시각각 변하게 만든다. 예를 들어 전기 소비량 이 몰려 예비발전소를 돌려야 하는 때는 전기료가 저절로 비싸진다. 가 전제품 · 공장기계에 달린 지능칩은 변화하는 가격에 반응해 전기료가 비싸지면 가동을 멈추거나 출력을 떨어뜨린다.

이 시스템이 완성되면 모든 전기에 가격 꼬리표가 달리는 거나 마찬 가지다. kWh당 50원짜리 전기도 생기고 300원짜리 전기도 생긴다. 그 러면 가전제품에 달린 지능칩이 오른 전기료에 반응해 가동을 멈추거 나 약하게 만든다. 예를 들어 가정 세탁기에 'kWh당 50원 이하일 때 움 직여라' 하고 명령을 입력시켜 놓으면 세탁기가 알아서 새벽에 전기료 가 싸졌을 때 빨래를 하는 것이다. 전력회사 입장에서는 풍력 · 태양광 이 제대로 전기를 생산하고 있지 못할 때에는 전기요금을 비싸게 움직 여 전력 소비량을 끌어내릴 수 있다. 여름 한낮 시간대처럼 전기 소비 가 치솟을 때에도 전력 요금을 비싸게 매겨 수요를 조절할 수 있다스마트 그리드 시스템의 완성된 형태는 전국의 전기자동차를 전력 공급망에 참여시키는 것이다. 전기자동차 배터리는 용량이 작은 것은 10kWh, 많은 것은 50kWh 정도 전기를 저장할 수 있다. 충전기는 시간당 2~3kWh 속도로 전기자동차에 전기 공급이 가능하다. 반대 방향으로 작동시키면 전기차에서 시간당 2~3kmh 속도로 전기를 빼낼 수 있게 된다. 국내 전기자동차 대수가 1000만 대라고 치자. 이것들을 모두 전력 공급망에 연결시킬 수만 있다면 전력회사는 시간당 2000만kWh 이상 공급할 수 있는 예비전력 공급원을 확보하는 것이 된다. 원자력발전소 20기 분량이다. 전기차 소유주들은 밤중에 싼 전기를 충전시켜 둔 후 직장에 출근해서 주차장 전기 콘센트에 전기차 배터리를 연결시켜두면 된다. 전력회사는 낮 시간 전력 소비 피크타임에 콘센트에 연결된 전기차 배터리들로부터 전기를 끌어가 소비자들에게 공급하게 된다. 전기차 소유주들은 이때 전력 공급의 대가로 비싼 값을 받을 수 있을 것이다. 전력회사로서는 피크 부하에 대비한 추가 발전설비의 건설과 운영비 부담을 덜 수 있다(Sustainable energy without the hot air 26장, David JC Mackay, 2009).

대용량 에너지 저장장치(Energy Storage System · ESS)의 실용화도 기대를 모으는 분야다. 거대 용량 배터리를 갖고 있으면 원자력발전소가 전력 수요가 적은 밤중에 생산하는 전기나 태양광 · 풍력 생산 전기 가운데 남아도는 전기를 ESS에 저장해뒀다가 나중에 요긴한 때 써먹을 수 있다. 일본에서는 후쿠시마 원전 사고 이후 전력 공급 불안정성에 대한 우려가 높아지면서 소비자들이 가정에서 쓸 수 있는 소형 ESS의 판매가 활발하다고 한다. 평소 ESS에 전기를 저장해뒀다가 전력 공급이 불시에 끊기더라도 일정 시간 전기 공급을 받겠다는 것이다.

'에너지 시장 불안정성' 극복이
신재생 에너지 생존의 관건

태양광 · 풍력은 에너지 시장 특성의 하나인 불안정성(不安定性)의 난제도 극복해야 한다. 에너지 시장은 예측 불가능한 국제정치 요소에 의해 출렁인다. 산유국 내부의 정치 사정이라든지 국가간 전쟁 · 갈등 등 요인들로 유가가 어떤 때는 곤두박질 치고 어떤 때는 치솟는다. 유가는 경제 사이클 영향도 받는다. 2008년 8월에는 배럴당 147달러까지 치솟은 적도 있다. 재생 에너지 시장은 이런 유가 사이클에 이리 치이고 저리 치인다. 어떤 때 유가 상승에 힘입어 투자 붐이 일었다가는 갑자기 유가가 내리막길로 접어들면 공급 과잉으로 허덕이게 된다.

태양광 · 풍력은 아직은 기존 에너지들과 가격 경쟁을 할 수 없는 상태이기 때문에 국가 보조금에 의존하고 있다. 석탄화력이나 원자력발전 같은 기존 전력 산업은 인프라 구축이 완성돼 있고 발전소 설비의 감가상각도 거의 이뤄진 상태여서 에너지 공급 단가를 아주 낮게 유지할 수 있다. 반면 신재생에너지는 정부가 직접 보조금을 주거나, 에너지 관련 규제를 강화해 인위적 수요를 만들어주거나, 공공 조달 과정에서 우선구매 등 혜택을 주지 않으면 기존 에너지와 경쟁하기 힘들다. 문제는 정부 정책도 예측할 수 없다는 점이다.

세계 태양광 시장에서 톱 랭킹 회사는 수시로 바뀐다. 신재생에너지 시장의 불안정성 때문이다. 필자는 독일 태양광 업체 큐셀(Q-cell)의 이름을 2008년 2월 처음 들었다. 그 전 해에 집 지붕에 일본 샤프사 태양광 패널을 달았기 때문에 태양광 시장 관련 뉴스를 눈여겨 볼 때였다. 그런데 큐셀이란 독일 기업이 태양광 세계 1위 일본 샤프를 제쳤다는 뉴스가 나왔다. 궁금해 뒤져보니 큐셀은 1999년 세워져 당시 9년밖에 안 된 신생 기업이었다. 비결은 독일 정부의 보조금(補助金) 정책에 있었다. 일종의 '가격 보장제'인데 정부가 태양광·풍력 전기를 시장 가격의 몇 배로 사주는 것을 말한다. 2008년 독일 전기 요금은 1kWh당 평균 0.18유로였지만, 전력회사들이 태양광을 설치한 가정과 기업에서 사들이는 전기의 가격은 0.38~0.54유로였다. 두 배 이상 값을 쳐준 것이다. 전기나 에너지 분야는 인프라 비용이 비싸고 공급망(網)이 필요한 네트워크 산업이라 진입 장벽이 높다. 신생 기술이 기존 시장 지배자들과 경쟁하기 힘들다. 그래서 어느 나라나 태양광·풍력에 보조금 정책을 쓴다. 큐셀은 보조금에 힘입어 2008년 세계 1위에 올랐던 것이다. 그런데 2010년 '태양광 세계 1위'의 자리는 독일 큐셀에서 중국의 썬테크로 넘어갔다. 중국 썬테크 역시 중국 지방정부들의 물밀듯한 보조금 지원에 힘입어 급부상한 업체다. 창업자 스정룽은 한때 중국 1위 부호 자리에도 올랐다. 그 썬테크도 2014년 도산하고 말았다.

2016년 현재 태양광 세계 1위는 한화큐셀이다. 한화는 2012년 9월 파산한 독일 큐셀을 인수합병한 후 꾸준한 투자 확대로 태양광 랭킹 1위에 올랐다. 2012년 4월 큐셀이 도산했을 때 유럽 언론은 '보조금에 살고 보조금에 죽다(live by feed-in tariff, die by feed-in tariff)'라는 제목을 달았다. 에너지 기업 흥망(興亡)은 이렇게 정부 정책과 경제 상황 등 외부 변수에 좌우되는 경우가 많다.

어떤 기술이 미래 승자가 될지
알 수 없는 에너지 시장

미국 《타임》지가 2010년 말 KAIST의 온라인 전기차 기술을 '2010년 세계 최고 발명품'의 하나로 선정했다. 온라인 전기차는 도로에 전선을 매설한 후 달리면서 전기를 충전하는 방식이다. 일반 전기차는 배터리 가격이 비싸고, 배터리의 에너지 저장밀도가 낮아 한번 충전으로 달릴 수 있는 거리가 너무 짧고, 충전 시간이 많이 걸린다는 기술적 장애를 안고 있다. 온라인 전기차는 그런 한계를 일거에 넘어설 수 있는 기술이다. 지정된 노선을 운행하는 버스 같은 교통수단에 유망한 기술이다.

그런데 그로부터 5개월 뒤 우리 과학기술정책연구원(STEPI)은 온라인 전기차 기술을 평가하면서 아주 야박한 점수를 줬다. 이유가 궁금해 STEPI 보고서를 훑어봤더니 나름대로 일리가 없지 않았다. 보고서는 온라인 전기차 기술의 독창성과 잠재력은 인정했다. 그러나 경쟁 테크놀로지인 배터리 기술이 획기적으로 진화하면 한순간에 쓸모없어져 버릴 수 있다는 점을 지적했다. 그럴 경우 온라인 전기차를 도입하느라 도로 바닥에 전력 공급선을 까는 인프라 비용이 낭비될 수 있다. STEPI 보고서는 그런 불확실성(uncertainty)에 유의한 것이다. 따라서 정부가 온라인 전기차 개발을 지원하더라도 배터리 기술의 발전 추세를 봐가며 단계적으로 해나가야 한다고 조심스런 평가를 한 것이다.

에너지 분야는 아니지만 국가가 어떤 기술을 채택하느냐 하는 전략 판단이 얼마나 중요한지 보여주는 사례가 있다. 프랑스에서 1982년부터 운영한 '미니텔'이라는 기술이 있다. 9인치 화면이 달린 일종의 단말

기인데 2002년까지 900만 대가 보급됐다. 미니텔은 정보화 시대의 도래를 예감한 프랑스 정부가 1970년대 말부터 의욕적으로 추진한 국책 사업이었다. 국민이 정보 서비스를 편하게 이용하도록 하고 이를 통해 종이 소비도 줄여보자는 의도가 있었다.

미니텔은 2000년대로 접어들기 전까지는 제 역할을 톡톡히 해냈다. 프랑스 국민들은 미니텔을 통해 교통 정보나 공연 예약 같은 생활 정보들을 처리했다. 어떤 의미에선 프랑스가 정보통신 분야의 첨단을 달리고 있었다.

인터넷이 등장하면서 미니텔은 순식간에 도태되고 말았다. 훨씬 발전된 형태의 정보통신 기술이 등장하자 쓸모없는 구닥다리로 전락했다. 1990년대 말까지만 해도 프랑스 텔레콤에 연간 10억 유로씩 순이익을 가져다주던 미니텔은 2012년 6월 폐쇄되고 말았다. 미니텔은 한때 프랑스를 세계 최고 수준 정보통신 국가로 만들어줬지만 글로벌 정보기술 혁명이 일어나자 인터넷 시대의 혁신을 가로막는 골칫덩이로 전락한 것이다.

에너지 분야에도 이런 기술적 리스크가 존재한다. 현재 에너지 기술의 미래는 원자력을 비롯해 풍력·태양광 같은 신재생에너지, 그리고 석탄과 셰일가스 등이 경합하고 있다. 만일 CCS 기술이 실용화 된다면 석탄에너지가 각광을 받게 될 것이다. IT로 전기 생산·공급·소비를 통제하는 스마트 그리드 기술이 완성되면 태양광·풍력의 공급 불안정성을 극복할 수 있어 신재생에너지가 용트림하는 세상이 오게 된다. 원자력은 사고 위험성과 핵폐기물 문제가 장애물인데 이게 어떤 기술로 또 획기적인 돌파구를 찾게 될지 알 수가 없다. 에너지산업은 미래 승자(winner)를 확실하게 내다보기 힘들다. 바이오나 IT처럼 진입 장벽이 낮고 초기 투자비용이 크지 않다면 수많은 기술이 피 터지게 경합해 승자가 나타날 때까지 기다리면 된다. 하지만 에너지 분야는 막대한 인프라 투자가 필요하고 한번 인프라를 설치해놓으면 수십 년 이상 써먹어야 한다. 따라서 정부 정책은 성급하게 어떤 한 기술에 올인해선 안되고 신중하게 기술 진화 추세를 봐가면서 유연하게 대응해야 한다. 무슨 기술이 최후 승자가 될지 주기적 재평가를 통해 불확실성을 관리해나가야 한다.

인프라 2배 될 때마다
생산 비용 22% 떨어지는 태양광

그럼에도 태양광 · 풍력은 아주 잠재력이 풍부한 에너지다. 풍력은 이미 가격 경쟁력 면에서 기존 전력 기술들에 근접해가고 있다. 태양광 역시 빠른 속도로 기술이 진화하고 있다. 신재생에너지 전도사처럼 활동하고 있는 스탠퍼드대 토니 세바(Tony Seba) 교수는 '화석 연료 산업은 수확체감의 법칙의 지배를 받고 태양광 산업은 수확체증의 법칙에 따라 움직이고 있다'고 주장했다(Clean Disruption of Energy and Transportation: How Silicon Valley Will Make Oil, Nuclear, Natural Gas, Coal, Electric Utilities and Conventional Cars Obsolete by 2030, 2014, 번역본 『에너지 혁명 2030』). 석유 산업 경우 손쉽게 채굴할 수 있는 유정들이 고갈됨에 따라 1개 유정에서 생산할 수 있는 양은 점점 줄고 있다. 깊은 바다 속을 뒤지거나 더 깊이 파지 않으면 석유를 구할 수 없게 됐다. 반면 태양광 패널의 학습 곡선은 22%다. 인프라가 2배 될 때마다 생산 비용이

22%씩 낮아진다는 뜻이다.

필자가 2007년 지붕에 태양광 패널을 달았을 때엔, 패널 비용과 설치비 등을 모두 합쳐 2000만 원 선이었다. 그런데 2016년 9월 언론보도에 나온 경기 고양시의 어느 주택의 경우 920만 원 들여 (본인 부담 470만 원) 3kW 용량 태양광을 설치했다고 한다. 9년 전 설치비의 절반 수준이다. 물론 세계적 태양광 붐이 일면서 공급 과잉으로 가격이 폭락한 측면이 우선 있을 것이다. 그럼에도 9년 만에 가격이 절반으로 하락했다는 것은 여러 시사점을 준다. 수많은 업체가 태양광 시장에 나타났다가 사라지고 하겠지만, 전체 산업으로서 태양광 앞날은 밝은 것 아니냐는 것이다.

토니 세바 교수에 따르면 2013년 태양광 발전설비 용량은 141기가와트(GW; 1GW=표준형 원전 1기의 시설 용량)였다. 불과 13년 전인 2000년에는 1.4기가와트였다. 그 사이 연간 43%씩 성장했다. 세바 교수는 2008년 와트(W)당 6달러였던 태양광 패널 가격은 2013년 65센트 선으로 떨어졌다고 한다. 5년 사이 거의 10분의 1 수준이 됐다.

세바 교수는 '태양광 시장 규모가 일정 수준을 넘어서면 시장의 선(善)순환 원리가 작동해 자본 조달이 용이해지고, 공급 능력이 확대되고, 가격은 더 낮아지고, 수요가 추가로 생기게 될 것'이라고 했다. 특히 전기자동차 같은 상호보완적인 시장이 등장하고 스마트 그리드와 대용량 에너지 저장기술이 자리잡으면 풍력·태양광이 에너지 시장을 장악하게 될 거라는 주장이다.

그러나 태양광 에너지의 단가 계산은 보통 복잡한 게 아니다. 우선 태양광이 설치된 지역의 햇빛 입사량이 어느 정도 강한지에 따라 단가가 달라진다. 태양광을 대규모로 설치할 경우 백업 발전 설비 비용도

단가 계산에 포함시켜야 한다. 태양광은 원자력 발전처럼 초기 설비비용이 큰 반면, 유지 운영비는 싸게 먹힌다. 이런 경우 이자율을 얼마로 잡느냐에 따라 단가 계산이 완전히 달라질 수 있다.

기후과학자들이 공개적 지지
표명하고 나선 '원자력'

태양광·풍력과 함께 화석 연료를 대체할 유력 후보의 하나가 원자력 에너지다. 기후 변화 과학자들 중에 특히 원자력 지지자가 적지 않다. 파리기후회의가 진행되던 2015년 12월 3일 제임스 핸슨, 케리 이매뉴얼, 켄 칼데이라, 톰 위글리, 과학자 네 명이 '원자력이 기후 변화 대응의 유일한 실효적 대안(Nuclear power paves the only viable path forward on climate change)'이라는 성명을 발표했다.

네 과학자는 기후 변화 과학을 주도해온 사람들이다. NASA의 갓다드 연구소에서 활동했던 제임스 핸슨은 말할 것도 없고, MIT의 케리 이매뉴얼은 '지구 온난화가 허리케인의 발생 빈도는 낮추지만 강도(强度)는 키운다'는 주장을 일반화시킨 허리케인 전문가다. 카네기과학연구소의 켄 칼데이라는 '바다 산성화' 이론을 정립시켰고 지구공학 이론 발전을 이끌어가고 있다. 호주 출신 과학자 톰 위글리는 15년간 영국 이스트앵글리아대에 설치된 '기후연구센터(Climate Research Unit)' 책임자를 맡았던 기후학자다.

네 과학자는 성명에서 '원자력을 에너지 대안에서 제외시키는 것은 인류의 중요한 선택권을 제한하는 일이며 기후 변화 대응을 실패로 이끄는 길'이라고 주장했다. 과학자들은 '풍력·태양광을 갖고 100% 에너지를 충당할 수 있다고 보는 것은 소망 사고(wishful thinking)일 뿐'이라고 했다. 제임스 핸슨 등은 원자력이 재생에너지의 단속성 한계를 극복하게 해줄 수 있도록 '모든 대안 동원하기 전략(all of the above approach)'을 써야 한다고 주장했다.

네 명 과학자는 '2050년까지 화석 연료 발전을 모두 대체하려면 매년 115기씩 원자력발전소를 건설해야 한다'면서 '프랑스와 스웨덴이 15~20년 사이 원자력을 주력 에너지로 키운 것을 보면 불가능하지 않은 목표'라고 했다. 이들은 핵폐기물은 화석 연료 연소 폐기물에 비하면 소소한(trivial) 문제일 뿐이라고 했다.

환경운동권 활동가들은 일반적으로 원자력 에너지에 대해 우호적이지 않다. 원자력이 핵무기 공포를 상기시키는데다 원자력은 지구상에 없던 원소를 만들어내 에너지로 쓴다는 점 때문에 자연 섭리와 맞지 않는다는 인상을 준다. 원자력은 중앙집중적 거대 설비로 대규모 에너지를 만들어낸다. 태양광·풍력 등의 분산 에너지를 주장하는 환경운동권 철학과는 거리가 있다.

그러나 원자력은 기후 변화에 대응하는 유력한 기술 대안인 건 분명하다. 통상적인 공해와 오염 문제를 극복했다고 볼 수 있는 선진국 환경운동권에선 기후 변화가 가장 중요한 환경 이슈로 대두돼 있다. 원자력은 적어도 발전 단계에서는 이산화탄소를 거의 발생시키지 않는다. 건설 과정에서 콘크리트와 철강을 쓴다든지 화석 연료를 소모하는 점을 감안해 전주기 분석(Life Cycle Anaysis)를 해보면 전력 생산량 kWh당 이산화탄소 발생량은 40g에 못 미친다는 것이 IPCC 견해다. 반면 석탄발전 등 화석 연료를 기반으로 한 전력 생산은 kWh당 400g의 이산화탄소를 배출시킨다(Sustainable Energy without the Hot Air 24장, David JC Mackay, 2009).

환경운동가들에겐 원자력에 대해 어떤 입장을 취할 것인가 하는 점이 중요한 관점 설정의 하나이다. 그런 점에서 환경운동 진영에 유효한 이론적 토대를 제공한 '가이아 가설'의 창시자 제임스 러브록(James Lovelock)의 견해는 흥미 있는 참고 사항이 된다. 러브록은 2005년《뉴욕타임스》와 인터뷰에서 "나는 녹색주의자다. 환경운동권 친구들에게 간청하겠다. 제발 외고집으로 원자력을 반대하지 말라"고 했다. 그는 2004년에는 "오직 원자력만이 온실가스도 배출하지 않으면서 화석연료를 대체해 인류의 대규모 에너지 수요를 만족시킬 수 있는 수단이다"라고 주장했다.

그린피스 초창기 멤버로서 6년간 그린피스 인터내셔널의 책임자로 일했던 패트릭 무어(Patrick Moore)도 화석 연료를 대체하기 위해선 원자력을 받아들일 수밖에 없다고 주장했다. 그는 1970년대에는 원자력을 반대했으나 시간이 지나면서 원자력을 기저 부하 전력의 공급원으로 써야 한다는 입장으로 돌아섰다. 그린피스 조직에선 패트릭 무어를 변절자 비슷하게 취급하고 있다.

방사능 건강 피해는
대수롭지 않은 수준이라는 전문가들

에너지 전문가들 중에는 의외로 원자력에너지의 건강 위해성이 우려할 만한 수준은 아니라고 주장하는 사람들이 많다. 영국의 에너지 전문가인 케임브리지 대학 데이비드 맥케이(David MacKay) 교수는 그의 총기 넘치는 저서(Sustainable Energy-without the Hot Air)에서 원자력발전과 석탄발전이 야기시키는 인명 피해를 비교했다. 그는 관련 연구를 종합한 후 연료 채굴에서부터 전력 생산·소비에 이르기까지의 '1기가와트·연(GWy·100만kW급 발전소를 1년 내내 가동해 얻는 전력량)'의 전력 에너지당 원자력발전소는 0.2명의 인명이 희생되는데 반해 석탄발전소는 2.8명이었다고 밝혔다.

맥케이 교수가 주로 인용한 자료는 1995~2005년의 기간 동안 발전 방식별 환경-보건 코스트를 계산한 ExternE(Externalities of Energy) 라는 연구 결과다. EU 의뢰로 이뤄진 ExternE 계산에 따르면 원자력발전의 환경-보건 코스트를 유로 가격으로 따진 결과 kWh당 0.0019유로였다. 반면 석탄발전은 원자력발전 코스트의 30배가 넘는 0.06유로였다고 한다.

세계원자력연합(World Nuclear Association)이라는 단체도 1970~1992년의 기간 동안 전주기 분석(Life Cycle Analysis)을 통해 전력 생산 과정에서 사고로 발생한 사망자 숫자를 비교해봤다. 그 자료에선 석탄발전이 '1테라와트·연(TWy)'당 사망자가 342명이었고, 원자력발전은 8명이었다.

석탄 발전 과정에선 방사능도 유출된다. 석탄에는 저농도 우라늄·토륨 등 방사능 물질이 포함돼 있다. 이것들이 비산재(fly ash)에 섞여 환경 속으로 퍼져나간다. 원자력발전소 폭발 사고나 핵폐기물 처리 과정을 감안하지 않을 경우, 석탄 발전으로 인한 방사능 노출량이 같은 전력 생산량 기준으로 원자력 발전보다 100배쯤 높다고 알려져 있다.

세계보건기구(WHO)가 2008년 발표한 자료에 따르면 석탄 산업으로 인한 대기오염 피해 사망자 숫자는 연간 100만 명 정도라고 한다. 전체 대기오염 사망자의 3분의 1 정도이다. 제임스 핸슨은 '그 100만 명 가운데 석탄발전이 원인인 경우를 10%만 잡아도 10만 명이 된다. 그러나 석탄발전에 반대하는 시위는 없다. 석탄으로 인한 사망은 원전 사고 사망보다 덜 섹시(sexy)하기 때문'이라고 했다(Storms of my Grandchildren 9장, 2010).

UC버클리 리처드 뮬러 교수는 2012년에 낸 저서 『미래 대통령을 위한 에너지(Energy for Future Presidents)』에서 2011년의 후쿠시마 원전 폭발 사고로 인한 방사능 기인 사망자 숫자를 추정해봤다. 히로시마 · 나가사키 원폭 피해자들에 대한 조사연구를 통해 방사능 노출 강도(dose)와 건강 피해(response) 사이엔 선형적(linear) 상관 관계가 있다는 사실이 확인돼 있다. 뮬러 교수는 이런 선행 연구를 토대로 후쿠시마 인근 지역에서 측정된 방사능 강도와 지역 인구 규모를 감안할 때 방사능으로 인한 추가 사망자는 많아야 218명 나올 것이라고 예측했다. 실제로는 100명 미만일 것이라는 것이다.

스탠퍼드대 연구팀도 2012년 7월 과학저널에 발표한 연구 결과에서 후쿠시마 사고로 방사능 때문에 암에 걸려 사망하게 될 숫자를 15~1300명으로 예측됐다. 최선의 추정 수치는 130명이라는 것이다. 반면 사고 후 강제 피난(evacuation) 생활에서 오는 스트레스와 피로 등의 이유로 인한 사망자는 600명 정도 될 것이라는 게 연구팀 결론이었다.

원자력발전소 리스크와
석탄발전소 리스크의 다른 점

건강 위해성 측면에서 보면 석탄발전이 원자력발전보다는 훨씬 피해가 클 것이라는 사실은 짐작할 수 있다. 석탄 연소 과정에서는 미세먼지와 수은 같은 중금속 성분을 포함해 수많은 오염 물질이 배출된다. 다만 석탄이 뿜어내는 대기오염 물질들은 광역 범위로 수많은 인구에게 미량 수준으로 분산된다는 특징을 갖는다. 따라서 누가 석탄발전으로 인한 피해를 입고 있는 것인지 뚜렷이 가려내기도 어렵다. 피해자들 사이의 집단 연대 행동 같은 것도 잘 생겨나지 않는다.

반면 원전 사고는 한번 터지면 입지 지역 주민들에 피해가 집중된다. 원자력발전소는 만일의 사고에 대비해 대도시보다는 시골이나 벽지 지역에 자리잡게 된다. 원전 생산 전기는 송전선로를 통해 멀리 도시 지역으로 공급된다. 원전 입지 지역 주민들 입장에서는 도시민들을 위해 자신들이 희생 당하고 있다는 불공평(不公平)의 감정을 갖지 않을 수 없다. 경제적 보상을 해준다고는 하지만 주민들이 충분하다고 느낄 만큼의 보상액이 되기는 쉽지 않다.

원자력 에너지의 리스크를 단순히 사망자 숫자만 따져 석탄발전과 비교하는 것에는 다른 문제도 있다. 방사능 물질은 일단 누출되면 위험을 차단할 방법이 없고 자연 붕괴를 기다리는 수밖에 방법이 없다. 방사능 물질이 자연 붕괴 과정을 통해 위험성이 사라지기까지는 오랜 기간이 걸린다. 사고가 한 번 발생하면 그걸 수습하는 데 드는 비용과 사회적 부담이 막대할 수밖에 없다.

후쿠시마 원전 사고의 수습 과정을 보더라도 방사능은 정말 무섭다는 생각을 갖게 된다. 첨단 과학의 시대에도 폭발 원전에 접근할 방법조차 찾지 못했다. 사고 현장에 가볼 수 있어야 무너진 것은 뜯어내고 부서진 장비는 고치고 방사능이 새는 곳은 땜질할 수 있을 텐데 아예 근처에 접근할 수가 없었다. 이런 장면을 중계방송 보듯 경험한 시민들은 방사선이 눈에 보이는 것은 아무 것도 없는 데도 정말 무서운 것이라는 사실을 실감했을 것이다.

후쿠시마 수준의 심각한 원전 사고가 발생하면 제염(除染)과 자연 붕괴 과정을 거쳐 방사능이 안전 수준으로 떨어지기까지 수십 년 동안 주변 일대는 사람이 살 수 없는 곳이 돼버린다. 고리·신고리 원전 단지에는 2016년 초 현재 6기의 원전이 가동 중이고 2기가 추가로 가동될 예정인데다 2021·2022년 2기가 더 준공될 예정이다. 고리·신고리 지역은 2015년 5월 방사능 비상 사태가 벌어질 경우에 대비한 '방사선비상계획구역(EPZ)'을 기존 8~10km에서 20~30km로 확대해 재설정했다. 인구 350만명의 부산시 중심부가 고리원전에서 대략 30km쯤 떨어져 있는 점을 감안하면 고리·신고리 원전에서 만에 하나라도 심각한 사고가 발생할 경우의 혼란과 피해는 상상할 수 없는 수준일 것임을 알 수 있다.

원자력 전기가
정말 싼 것인지에 대한 의문들

정부가 원자력발전소를 계속 추진하는 가장 큰 이유는 다른 발전방식에 비해 전력 생산 비용이 싸게 먹힌다는 판단 때문이다. 필자는 후쿠시마 원전 폭발 사고를 겪으면서 과연 원자력 전기가 다른 전기에 비해 싸다는 게 사실인가 하는 의문을 품게 됐다. 후쿠시마 원전 사고 발생 2주쯤 지난 2011년 3월 26일자에 썼던 '원자력 전기의 진짜 가격'이라는 칼럼에서 그런 의문을 표시해봤다.

〈원자력 전기의 '진짜 가격'〉

2009년판 원자력발전백서를 보면 원자력발전소에서 한전에 파는 전기의 단가는 1kWh당 39원, 석탄발전소는 51원이다. 이것만 보고 원자력을 '싼 전기'로 단정하는 건 섣부르다. 원자력엔 요금에 반영되지 않은 비용들이 많다.

우선 사용후핵연료 처리 비용이 그렇다. 사용후핵연료는 지금 원자력발전소 안에 쌓여 있지만 언젠가는 비용을 들여 처리해야 한다. 원자력 전기의 단가엔 당연히 이 비용이 포함돼 있어야 맞다. 원전 운용회사인 한국수력원자력은 2009년 방사성폐기물관리법 시행 뒤로는 연(年) 2500억원 정도의 사용후핵연료 처리비를 국가에 내고 있다. 하지만 2008년까지 발생한 사용후핵연료를 처리할 비용 3조6000억원은 마련해놓지 못했다. 이 돈은 나중에 전기 소비자들 고지서에 추가될 수밖에 없다.

원전 해체철거 비용도 마찬가지다. 후쿠시마 원전 사고로 원전의 수명 연장은 쉽지 않게 됐다. 당장 금년 상반기 안에 월성1호기의 수명연장 여부를 결정지어야 한다. 원전 해체는 굉장히 어려운 작업이다. 스리마일의 경우 14년이 걸렸다. 황일순 서울대 교수는 원전 1기당 철거해체 비용을 6000억원 이상으로 추산했다. 우리는 1978년 이후 18개월마다 1기씩의 속도로 21기의 원전을 지었다. 앞으로 원전 해체철거가 시작되면 18개월마다 6000억원씩 들여 원전을 철거해야 한다. 한수원이 이를 위해 적립해놓은 돈은 없다. 결국 이 비용도 전기 소비자 고지서에 얹히게 될 것이다.

원전에서 한번 사고가 나면 거대사고가 된다. 그래서 보험회사들은 보상한도액 상한(上限)을 그어놓고 보험 가입을 받았다. 발전소가 입는 재산 피해의 보상 한도액은 사고당 10억달러다. 지역주민 등의 피해에 대해선 한수원이 전적으로 책임지는 손해배상 상한선이 원전단지당 500억원밖에 안 된다. 500억원 이상 5300억원까지는 정부가 피해보상을 부분 지원하고, 5300억원이 넘는 피해는 정부가 다 떠맡게 돼 있다. 큰 사고가 터지면 결국 국민 세금으로 대응할 수밖에 없다. 전기요금 형태는 아니더라도 국민 부담이다.

원전 건설·운용 과정에서 초래되는 사회적 비용도 어마어마하다. 정부는 1986년부터 중·저준위 방사성폐기물처리장 부지를 찾다가 19년 만인 2005년에야 경주로 낙착을 봤다. 그 사이 안면도(1990년)·부안(2003년)에서 준(準)민란 수준의 혼란을 겪었다. 향후 고준위폐기물 처리장 부지도 구해야 한다. 이런 사회비용 역시 전기요금 고지서에 오르지는 않지만 국민이 짊어져야 하는 부분이다. 이런 부담을 가격으로 따진다면 얼마나 되는 것일까.

원자력엔 단점만 아니라 단점을 상쇄할 수도 있는 장점들도 있다. 온실가스 배출량이 극히 적고, 대기오염 물질도 거의 배출하지 않는다. 공정한 평가를 하려면 이런 플러스 부분까지 감안해야 한다. 그러나 이 계산은 냉정하고 합리적이기가 힘들다. 원자력 사고는 발생 확률은 '0'에 가깝지만 한번 터지면 피해는 측정 불가(不可) 수준이다. 이런 종류의 리스크는 '위험 크기×발생 확률'이라는 단순공식으로 풀기 어렵다. 이른바 '영-무한대 딜레마(zero-infinity dilemma)'의 전형이다. 예를 들어 수술 의사가 '사망 확률이 1000분의 1'이라고 설명했다고 치자. 목숨의 1000분의 1만 떼어내

희생시킬 방법이 없다. 환자는 아무리 확률이 낮아도 죽을 수 있다는 공포를 떨쳐내기 힘들다. 원자력은 국민이 갖는 이런 공포를 어떻게 넘어서느냐가 문제다.

일본에서도 필자가 갖고 있던 것과 비슷한 문제 의식이 제기됐던 것 같다. 일본 정부는 후쿠시마 원전 사고 7개월 후인 2011년 10월 초 총리실 산하에 전문가 10명이 참여한 '코스트 검정위원회'를 구성했다. 원자력발전소의 사고 리스크와 건설·운영 과정에서 발생하는 사회적 리스크까지 포함해 원전에서 생산하는 전력의 발전단가를 다른 발전원(源)들과 제대로 비교해보자는 의도에서였다. 위원회는 8차례 회의를 거쳐 2011년 12월 보고서를 내놨다.

일본은 2004년에도 발전원별 단가를 내놨지만 그땐 발전설비의 건설비·운영비·연료비만 따졌다. 당시의 원자력 전기 발전단가는 kWh당 5.9엔, 석탄화력은 5.7엔이었다. 후쿠시마 사고 후 발족한 코스트 검정위원회는 추가 안전대책비, 정책 경비, 사고 대응비의 세 항목을 추가했다. 추가 안전대책비란 후쿠시마 사고 후 노심손상·수소폭발을 막기 위한 보강설비 비용으로 원자로당 194억 엔이 들었다. 정책 경비는 입지 확보를 위한 지역지원비와 기술개발비 등으로 원자력 업계 전체로 연간 3193억 엔이었다. 사고 대응비는 사고 원자로의 해체철거비, 오염토양 정화비, 주민 피난·재(再)정착비, 영업 손해, 재산 피해, 정신적 피해 등을 합한 것이다. 위원회는 그 시점까지 확인된 비용만 5조 8000억 엔이라고 했다. 앞으로 얼마나 더 늘어날지 예측이 힘들다는 것이다. 검정위원회는 숨어 있던 이런 비용을 드러낸 후 '원자로 50기를 가진 일본에서 40년의 원자로 수명 동안 후쿠시마 같은 대형사고가 한 번 발생한다'는 가정 아래 발전단가를 다시 계산했다. 그 값이 kWh당 '적어도 8.9엔 이상'이었다. 8.9엔은 '확인된 피해·복구비만 감안한 최저(最低)값'이라는 단서를 달았다. 2004년보다 적어도 50% 상승한 수치다.

검정위원회는 석탄화력에도 '숨은 비용'이 있다고 봤다. 일본은 2011년 당시 시점에서 교토의정서에 가입해 온실가스 삭감 의무를 지고 있었다. 위원회는 EU 온실가스 배출권거래시장의 이산화탄소 거래가를 참고해 'CO$_2$ 감축 대책비'를 계산했고, 그것까지 더한 석탄화력의 발전단가는 kWh당 9.5~9.7엔이었다. '적어도 8.9엔 이상'이라는 원자력과 우열을 따지기 힘든 수치다. 위원회가 계산한 풍력발전의 발전단가는 원자력과 비슷하거나 그보다 2.5배, 태양광은 3~5배 수준이었다. 위원회는 풍력·태양광은 앞으로 기술발전과 대량생산 효과로 발전단가가 대폭 떨어질 여지가 크다는 단서를 달았다.

일본 정부는 후쿠시마 원전의 해체·철거 완료 시점을 2050년으로 잡고 있다. 무려 40년 동안 작업을 해야 폭발 원전의 안전한 마무리가 이뤄진다는 것이다. 후쿠시마 원전 사고로 인한 피해액을 일단 5조 8000억 엔으로 잡았을 때 겨우 석탄발전과 겨룰 수 있는 경제성을 갖고 있다는 것이 일본 정부 판단이다. 실제 피해 규모는 아무리 봐도 5조 8000억 엔보다는 훨씬 큰 액수가 될 것 같다.

후쿠시마 사고 후 국내 연구기관들도 '원자력 전기의 실제 원가'를 계산하는 작업을 시도했다. 현대경제연구원은 2013년 11월 낸 보고서에서 '원전의 숨겨진 코스트를 계산해야 한다'고 주장했다. 폐로 해체 비용을 정부는 9조 원만 계상해놓고 있는데 실제론 23조 원을 준비해 뒤야 한다는 것이다. 또 사용후핵연료 처분 비용도 우리 적립금은 16조 원에 불과한데 실제는 72조 원으로 잡아야 한다고 현대경제연구원은 밝혔다. 또한 원전 사고에 대해 원전 운용사에 5000억 원까지만 한도로 책임을 규정하고 있는 점도 원전 코스트 계산을 왜곡시키고 있다고 했다.

환경정책평가연구원도 2014년 2월 '원자력 전기의 숨은 비용을 더하면 원전 발전단가는 석탄발전이나 LNG발전보다 비싸다'고 주장했다. 한국전력이 원자력발전소 운용자에게 지불하는 비용은 kWh당 48.8원이지만 여러 사회적 비용을 합칠 경우 54.2~254.3원, 평균치로는 154.3원으로 잡아야 한다는 것이다. 국회 예산정책처도 2014년 3월 '원전 발전 단가에는 사고 위험 등의 간접 비용이 빠져 있다'면서 '정부가 원전의 경제성에 대해 재검토해야 한다'는 보고서를 냈다.

이들 보고서들은 본격적인 연구라기보다는 예비적 수준의 검토들이었다. 국가 에너지 시스템을 어디로 가져가야 할 건지는 아주 중요한 사안이다. 산업 분야의 이해관계를 넘어 중립적이고 객관적인 분석이 정부 차원에서 이뤄져야 한다.

원자력 에너지가 실상은 그렇게 싼 에너지가 아니라는 연구 결과는 미국·유럽 등지에 적지 않게 있다고 한다. 예일대 윌리엄 노드하우스 교수가 소개한 미국 에너지 당국의 평가를 보면 복합가스 발전은 kWh당 고정-변동비 포함해 6.61센트, 석탄발전은 9.48센트, 풍력 9.70센트, 원자력 11.39센트, 태양광 21.07센트였다(The Climate Casino 23장, William Nordhaus, 2013).

원자력 전기의 경제성을 평가할 때 주목해야 하는 점은 원자력 전기의 코스트가 시간이 지나면서 갈수록 비싸지는 추세를 보이고 있다는 점이다. 스탠퍼드대 토니 세바 교수는 "오늘날 원자로 건설은 1970년 대 초보다 약 10배 더 비용이 들어간다. 원자력 산업은 유일하게 부정적 학습곡선을 가진 메이저 산업이다"라고 했다. 토니 세바 교수는 미국에서 1980년대에 건설된 보틀 원자로 이후 원자력발전소가 한 기도 건설되지 않은 이유는 안전성 때문이라기 보다 경제성을 맞출 수 없었기 때문이라고 주장했다.

'욕망 억제' 아니라 '기술 대전환'으로 기후 위기 뚫자는 주장

어떤 에너지든 문제 없는 에너지는 없다. 풍력 전기만 해도 환경단체들 에선 경관을 해친다는 주장을 하는 경우가 많다. 원자력발전소 핵폐기 물이 골칫덩이지만 석탄발전소 연소 폐기물이 환경적으로 더 나쁘다 는 주장을 하는 전문가들이 있다. 태양광은 현재로선 발전 단가가 높다 는 단점이 있지만, 좁은 국토의 우리로선 태양광 패널을 설치할 충분한 토지가 부족하다는 것도 극복하기 어려운 문제다. 에너지 선택은 '아무 문제 없는' 에너지를 고르는 것이 아니라 '문제가 적으면서 극복 가능 하고 장래성 있는' 에너지를 골라가는 문제다.

전통적인 환경운동론을 비판하고 나선 '브레이크스루 연구소 (Breakhrough Institute)'의 테드 노드하우스(Ted Nordhaus)와 마이클 셸 렌버거(Michael Shellenberger)는 기후 변화 위기는 '욕망의 억제'가 아니 라 '기술 혁신'을 통해 극복돼야 한다고 주장했다(Break Through; why we can't leave saving the planet to environmentalists, 2007). 향후 10년간 3000억 달러의 공공자금을 투자하는 '신 아폴로 프로젝트'를 가동시켜 저탄소 에너지 기술을 개발하자는 것이다. 2차대전 때 원자폭탄을 개발했던 '맨해튼 프로젝트'나 아폴로 우주선을 달에 착륙시켰던 1960년대의 '아폴로 프로젝트' 비슷하게 일거에 에너지 문제를 해결해줄 '은탄환(silver bullet) 기술'을 개발해내자는 주장이다.

브레이크스루 진영 학자들은 기후 변화 문제는 워낙 거대하고 복잡한 과제여서 '사람이 자연 생태를 망가뜨린다'는 전통적인 오염 패러다임을 갖고는 해결할 수 없다고 주장하고 있다. 배출권거래제 같은 규제 정책으로 에너지 가격을 끌어올려 이산화탄소 배출을 줄여보자는 '억제의 정치(politics of limits)'는 실패할 수밖에 없다는 것이다. 왜냐 하면 자연 생태 보존이나 기후 균형 같은 환경 가치는 물질 욕구가 채워진 다음에나 등장하는 탈물질(脫物質) 욕구이다. 에너지 가격을 끌어올려 수십억 저개발국 국민의 에너지 접근권을 제한하는 정책을 그들 국민이 수용하지 않을 것이다.

브레이크스루 진영 학자들은 '희생의 공유(shared sacrifice)'를 강요하지 말고 기술 혁신으로 에너지와 일자리 풍요 시대를 가져오겠다는 '가능성의 정치(politics of possibility)'를 해야 국민을 움직일 수 있다고 주장한다. 기술 발전과 경제 번영을 공해의 원인으로 배척하는 전통 환경주의 이론을 갖고는 중국, 브라질, 인도 국민의 발전 욕구를 억누를 수 없다. 빈곤층의 기근 고통보다 독수리 멸종 위기에 더 깊은 관심을 쏟는 환경운동 엘리트주의의 좁고 편협한 시각으로는 기후 변화 위기를 뛰어넘을 수 없다는 것이 브레이크스루 진영의 주장이다.

기후 변화가 임계점에 다다르기 전에 막으려면 21세기 중반까지 선진국 경우 이산화탄소 배출량을 80~90% 정도 감축해야 한다고 주장하는 사람들이 많다. 브레이크스루 진영 학자들은 교토의정서가 거둔 미미한 효과를 볼 때 이는 불가능한 목표라는 것이다. 후진국의 배 곯는 국민들에게 기후 변화를 막기 위해 에너지를 덜 쓰라는 것은 더 실현 가능성이 없는 요구이다.

지금의 컴퓨터와 인터넷 문명은 미국 정부가 안보 필요성 때문에 막대한 자금을 쏟아부어 이룬 기초과학 기술의 진보 덕분에 가능했다. 이런 기반 기술 연구는 공적 자금만이 감당할 수 있다. 기업은 당장의 이익이 보장되지 않는 기초 연구에 장기 투자를 할 수 없다. 에너지 분야는 기술을 개발하더라도 독점적 특허권을 안정적으로 보장받기 힘들다. 이윤 동기로 움직이는 기업들로선 대대적 투자가 어렵다. 따라서 정부가 나서야 한다는 것이다.

브레이크스루 연구소와 생각을 공유하는 사람들이 적지 않다. 영국 총리 과학고문을 지낸 데이비드 킹(David King), 『스턴 보고서』를 낸 니컬러스 스턴(Nicholas Stern), 로열소사이어티 회장을 지낸 마틴 리스(Martin Rees) 등 저명 학자들은 2015년 6월 '글로벌 아폴로 프로그램(Global Apollo Programme)'이란 기구를 발족했다. '2025년까지 석탄 전기보다 값싼 기저 부하 전기를 개발하자'는 목표를 내걸었다. 이들은 선진국들이 GDP의 0.02%씩 10년간 출연해 마련한 총 1500억 달러의 자금을 갖고 청정 에너지 기술을 개발하자고 제안했다. 1500억 달러면 2015년 화폐 가치로 미국이 아폴로 프로젝트에 들였던 비용과 비슷한 액수다. 그만한 재정을 투입해 각국이 중복 연구를 피하게끔 조정해 가면서 태양광·풍력과 에너지 저장 시스템, 스마트 그리드, 수소차 등 기술을 개발하자는 것이다.

이들의 제안은 파리기후회의의 개막에 맞춰 어느 정도 모양을 갖춘 형태로 다시 등장했다. 전 마이크로소프트 회장 빌 게이츠, 페이스북의 마크 저커버그, 아마존의 제프 베조스, 중국 알리바바의 마윈, 일본 소프트뱅크 손정의, 미국 투자가 조지 소로스, 인도 타타그룹의 라탄 타타 등 세계 10개국 28명의 투자자들이 '브레이크스루 에너지연합(Breakthrough Energy Coalition)' 이란 기구를 만든 것이다. 브레이크스루 에너지연합은 파리회의 개막일인 2015년 11월 30일 파리 현지에서 발족식을 갖고 각국 공공 연구소에서 진행되는 기초연구들 가운데 잠재력 있는 것을 골라 인내력과 유연성을 갖고 지원하겠다고 밝혔다. 빌 게이츠는 "현재의 재생에너지 기술이 많은 진보를 이룩했고 저탄소 경제에 주요 기여를 할 수 있다고 생각하지만, 기후 변화 과제의 규모로 볼 때 새 접근법이 필요하다"고 했다. 빌 게이츠는 전부터 태양광에 대해 '귀여운(cute)' 기술이라고 하는 등, 신재생 에너지 등 기존 기술에 의존한 기후 변화 해결을 비관적으로 봐왔다. 저커버그는 "현재의 기술 개발 속도가 너무 느리다"고 했다. 브레이크스루 에너지연합의 발족에 호응해 미국, 중국, 인도, 브라질 등 20개국은 기존의 청정기술 투자 규모를 두 배로 확장하겠다고 밝혔다.

에너지 기술 개발은 사기업이 감당하기는 어려운 분야다. 진입 장벽이 워낙 높은 데다가 리스크가 크기 때문이다. 설령 막대한 자금을 쏟아부어 기술 개발에 성공했다고 하더라도, 신약 특허권이 철저하게 보호받는 제약 분야 등과는 달리 기술 개발 이익을 독점적으로 누리기가 어렵다(Global Warming Gridlock 5장, David Victor, 2011). 또한 에너지 분야는 기존 기술이 네트워크 인프라를 빈틈없이 갖춰놓은 상태다. 기존 인프라는 수십 년에 걸친 운용 과정에서 감가상각 비용 부담도 떨어낸 상태다. 신 기술이 새 네트워크 인프라를 깔고 충분한 수요를 확보해 기존 기술과 경쟁을 할 수 있기까지는 오랜 시간과 막대한 재원 투자가 필요하다.

에너지 분야는 새로운 기술을 만들어냈다 하더라도 대형 장비와 시설을 세워 현실적 적용 가능성을 검증해봐야 한다. 여기에도 막대한 시간과 재정이 소요된다. 연구에서부터 이익 실현까지의 회임(懷妊) 기간이 긴 것이다. 사기업들이 이런 '죽음의 계곡(valley of death)'을 무사히 건넌다는 것은 쉽지 않다. 완전 신개념의 기술일 경우 계곡은 더 깊고 험하다. 따라서 대대적인 공적 자금이 투입돼 리스크를 감당하지 않으면 신기술 에너지가 등장하기 어렵다.

로저 필크 교수도 정부가 댐 건설과 전염병 퇴치 같은 공공사업을 펼치듯 에너지 기술 개발에 대대적 투자를 해야 한다고 주장했다. 미국 정부 경우 수십 년간 의약 개발에 연간 300억 달러, 국방 기술 개발에 연간 800억 달러씩 쏟아부었다. 에너지 분야도 같은 방식의 노력이 필요하다는 것이다(The Climate Fix 9장, Roger Pielke, Jr. , 2010).

'신 기술 등장' 기다리며 행동 미뤘다간
시간 놓치고 만다

문제는 장래에 어떤 에너지가 인류에게 안정적 에너지를 보장해줄 기술이 될지 미리 짐작하기 어렵다는 데 있다. 전 세계 수많은 연구소들에서 수천, 수만 명의 연구원들이 꿈의 에너지원을 찾아 밤을 새우고 있다. 30년, 50년 뒤에는 지금 우리가 생각지도 못한 분야에서 에너지 공급의 돌파구가 열릴 수 있다.

브레이크스루 진영에서 제안하는 것처럼 연간 300억 달러씩 10년 동안 신기술 개발에 투자하기로 했다고 치자. 그렇다 해도 그 돈을 어느 분야에 투자하는 것이 맞는지 어떻게 합의를 이룰 수 있냐는 것이다. 원자폭탄을 만들어낸다든지 우주선 달 착륙을 성공시키는 것은 비교적 단일 부문의 과학기술이다. 이에 반해 에너지 분야의 대안은 10가지도 넘는 후보들이 있다. 만일 10개 분야에 매년 30억 달러씩 투자한다고 할 때 맨해튼 프로젝트, 아폴로 프로젝트와 같은 집중력 있는 성과를 낼 수 있을지 의문이다. 연구비 배분 단계에서부터 각 분야별 과학자 집단 간에 걷잡을 수 없는 갈등이 벌어질 수 있다.

UC샌디에이고의 데이비드 빅터 교수는 '신기술 에너지 개발을 맨해튼 프로젝트와 혼동해선 안 된다"고 했다. 새로운 에너지 시스템의 구축은 원자폭탄 기술 개발처럼 폭탄 하나 만들면 끝나는 과제가 아니다. 기술이 개발됐더라도 기술을 적용할 수 있는 인프라를 구축하고 비즈니스 모델을 갖춰야 하는 일종의 '경제 개발'이라는 것이다(Global Warming Gridlock 2장). 원자력 발전 기술과 액화천연가스(LNG) 기술도 기술개발에서 인프라 구축을 거쳐 확산-보급되기까지 30년 이상 걸렸다.

에너지 분야에서 무슨 마법의 지팡이처럼 모든 것을 한꺼번에 해결해주는 기술이 등장할 가능성이 없다고는 할 수 없다. 그러나 지금 단계에선 그게 어느 분야에서 나올 것이라고 예측조차 할 수 없다. 어떤 기술이 승자(winner) 기술이 될지 불투명한 상황이라면 에너지 효율 향상과 이산화탄소 분리-저장을 비롯해 태양광, 풍력, 스마트 그리드, 전력 저장장치, 원자력 등의 각 분야의 신기술 개발을 촉진하는 '산탄총 전략'이 필요하다.

'불확실성(uncertainty)'은 기후 변화 이슈의 중심 개념의 하나다. 기후의 움직임 자체도 예측을 허용하지 않는 불확실성을 특성으로 한다. 기후 못지 않게 불확실한 요소가 기술 개발의 불확실성이다. 장래 어떤 기술이 개발되고, 무슨 에너지가 등장할지 모르는 상황에서는 다양한 후보 기술들에 대한 폭넓은 지원이 필요하다.

예일대 윌리엄 노드하우스 교수는 "기후 변화를 한 방에 날려보낼 수 있는 은탄환(silver bullet) 기술은 없다. 다양한 기술을 활용하고 여러 부문의 노력이 함께 가야 한다"고 했다. 경제는 너무 복잡하고 과학 기술은 빠른 속도로 진화하기 때문에 무엇이 정답인지 알 수 없다는 것이다(The Climate Casino 15장, William Nordhaus, 2013).

《뉴욕타임스》 칼럼니스트 토머스 프리드먼은 '가장 중요한 것은 에너지 혁신을 위한 생태 시스템'이라고 주장했다. 그는 "필요한 것은 외딴 비밀 연구소에서 스무 명 남짓한 과학자들이 참여하는 정부 주도 비밀 프로젝트가 아니다"라고 했다. 프리드먼은 "필요한 것은 (청정 에너지 기술 개발을 향해 경쟁하는) 1만 명의 혁신가"라면서 "그러자면 시장으로 하여금 1만 개 차고와 1만 개 실험실에서 청정에너지 부문을 대상으로 한 1만 가지 혁신에 착수하도록 우리만의 가격 신호를 만들어야 한다"고 주장했다. 그는 "(기술 혁신을 향한 경쟁이 일어날 수 있게 해주는) 정책·조세 유인책과 억제책, (탄소세나 배출권거래제 등) 규제로 이뤄진 지적 설계 시스템이 바로 우리에게 필요한 것"이라고 했다. (Hot, Flat, and Crowded 11장, 2008, 번역본 『뜨겁고 평평하고 붐비는 세계』)

미국의 저명 에너지 학자 대니얼 예긴은 "한 가지 에너지 대안만 추구하다가 과학 기술, 규제 정책, 리스크 판단 등이 갑작스레 바뀌면 대처할 수가 없다"면서 "예기치 못한 변화와 불확실성에 대응하려면 평소부터 에너지 다양화를 기본 전략으로 채택해야 한다"고 했다(Quest 20장, Daniel Yergin, 2011).

미국의 기후 변화 분야 유력 블로거인 조지프 롬(Joseph Romm, 1960~)은 빌 게이츠 등이 주도한 브레이크스루 에너지 연합이 발족한 직후 이를 비판하는 글을 자신의 블로그(Climate Progress)에 실었다. 롬 박사는 "에너지 인프라는 한번 구축하면 수명이 수십 년 간다. 인도 같은 나라는 지금 당장 인프라를 건설해야 하는데 새로운 기술이 등장하기를 기다릴 수는 없다"고 했다. 이미 등장해 있는 잠재력 있는 기술들을 빨리 현실에 적용해야 한다는 것이다. 그는 태양광, LED, 배터리 기술 등의 단가는 최근 몇 년 크게 낮아졌으며 이는 정부 주도의 대형 연구개발 효과가 아니라고 했다. 핵융합이니 초전도체 기술 같은 것은 수십 년 전부터 '브레이크스루 기술'로 소문났지만 지금껏 이룬 것이 없다는 것이다.

조지프 롬은 "이미 우리는 기술을 갖고 있으며 필요한 것은 수백억 달러가 드는 새로운 기술 개발 연구가 아니라 수조 달러가 소요될 기존 기술의 확산 전개(accelerated deployment)"라고 주장했다. 생쥐를 갖고 얘기하는 것이 아니라 코끼리를 얘기해야 한다는 것이다. 롬 박사는 "부시 정부는 규제 정책이 아니라 기술로 승부하면 된다면서 수소차나 바이오 에너지 프로젝트를 추진해봤지만 결국 실패했다"면서 신기술이 해결해줄 거라는 '기술 함정(technology trap)'에서 벗어나야 한다고 주장했다(Hell and High Water 6장, 2007).

펜실베이니아 주립대 리처드 앨리 교수는 언젠가 획기적 신기술이 등장해 인류를 구원해줄지도 모르지만, 그걸 기대하고 아무것도 안 하고 있어서는 안 된다고 했다. '배가 들어오면 큰 행운이지만 들어올지 안 들어올지 모르는 배를 기다리며 부두에서 서성이는 것보다 뭔가 유익한 일을 찾아 노력하는 게 바람직하다'는 것이다.(Earth-The Operators' Manuals 23장, 2011).

프린스턴대 로버트 소콜로(Robert Socolow)와 스티븐 파칼라(Stephen Pacala) 교수는 2004년 《사이언스》에 발표한 논문(Stabilization Wedges: Solving the Climate Problems for the Next 50 Years with Current Technologies)에서 지금 기술로도 상당한 이산화탄소 감축 효과를 낼 수 있는 15개 후보 기술 목록을 제시했다. 건물 단열, 자동차 연비 향상, 이산화탄소 분리-저장, 원자력 발전, 태양광, 풍력 등이다. 소콜로 교수 등은 자신들이 '쐐기(wedge)'라 이름 붙인 이 15개 기술 가운데 7개만 확실히 성공시켜도 2000년대 중반까지 대기 중 이산화탄소 농도를 500ppm 아래로 묶는다는 목표를 이룰 수 있다고 주장했다(The Climate Fix 2장, Roger Pielke, JR. ,2010).

10

파스칼의 내기

Wicked
Problem

런던 킹스칼리지 마이크 흄 교수는 기후 변화를 '고약한 난제(wicked problem)'로 보는 논리의 연속선상에서, 기후 변화를 다루는 과학을 '포스트 노멀 사이언스(post-normal science)'라고 했다. ① 사실은 불확실한데 ② 가치는 대립적이고 ③ 걸린 이해관계(stake)는 중대하고 ④ 결정은 시급한 사안이라는 것이다(Why we disagree about climate change 3장, Mike Hulme, 2009). 앞길이 불투명한 상황에서 지금 빨리 어떤 결정을 내리지 않으면 안되는 고약한 상황에 놓여 있는 것이다. 흄 교수는 전문가들 사이에서도 의견이 충돌하는 부분들이 적지 않다는 점을 인정하면서 각자 자기 가치관을 드러내놓고, 투명하고 공개된 과정을 통해, 사회와도 소통하면서, 기후 변화 문제를 극복할 대안을 찾아내야 한다고 했다.

기후 변화 대응은 유조선 항로 바꾸듯
미리미리 움직여야

영국 기상청장을 지냈고 14년간 IPCC의 과학평가 실무그룹을 이끈 영국의 존 휴턴 박사는 "좀 더 정확한 정보가 필요한 것은 사실이지만 불완전하더라도 현재 존재하는 최선의 정보들에 근거해 행동에 나서야 한다"고 했다. 그는 더 이상 기다려서는 안 되는 이유로 무엇보다 기후와 인간의 반응 속도가 늦다는 점을 들었다. 우선 인간의 이산화탄소 배출이 기후 변화로 나타나기까지는 수십 년 이상 시간이 필요하다. 기후 시스템이 반응을 나타내기까지의 시간적 지체를 감안한다면 인류가 지금 당장 '순 배출 제로(net zero)'를 이룬다 하더라도 일정 수준 추가 기온 상승은 불가피하다. 존 휴턴 박사는 여기에다 인간이 지금 당장 기후 변화 대처에 본격적으로 나서기로 결정한다 하더라도 그 효과가 나타나기까지는 수십 년의 시간이 소요된다고 했다. 에너지 전환을 위한 대규모 인프라를 새로 구축하는 데는 그만한 시간이 걸린다는 것이다(Global Warming: the complete briefing 9장, John Houghton, 2004).

존 휴턴 박사는 기후 변화에 관한 한 이미 상당한 수준으로 사실들이 알려질 만큼 알려져 있다고 했다. 기후 변화는 '일어날 것 같지 않은 일'이 아니라 '거의 틀림없이 일어나게 될 일'이라는 것이다. 그는 온실가스를 줄이기 위한 대책들은 기후 변화를 막아주는 이득 외에도 에너지 비용을 절감시켜 주거나 에너지 공급의 안정성을 확보하는 데도 도움이 되는 '후회 없는 정책(no regret policy)'이 될 것이기 때문에 주저할 이유가 없다고도 했다.

UC샌디에이고의 데이비드 빅터 교수는 기후 변화에서 나쁜 일이 벌어질 확률은 점점 커지고 있다고 했다. 산업혁명 이후 온실가스 배출로 이미 0.8도의 기온 상승이 있었다. 빅터 교수는 대기 중 축적된 이산화탄소 때문에 향후 0.3~0.6도의 추가 기온 상승은 예정된 상황이라고 했다. 그런데다가 인간의 대응 속도가 느린 점을 감안할 때 새롭게 추가질 수밖에 없는 온실가스로 인한 0.5~0.7도의 기온 상승도 불가피하다. 따라서 향후 20년만 지나면 많은 이들이 기후 시스템의 '임계점'으로 설정하고 있는 '2도 상승'은 저질러진 일이 돼버릴 것이라는 설명이다(Global Warming Gridlock- Creating More Effective Strategies for Protecting the Planet 6장, David Victor, 2011).

피할 수 없게 돼버린 기후 변화의 가장 큰 고통은 후진국에게 돌아간다. 미국은 농업 인구가 3%에 불과하고 GDP에서 차지하는 비중은 1%밖에 안 된다. 인도는 농업 인구가 절반이고 GDP 비중도 18%나 된다. 기후 변화에 민감한 농업 종사 인구가 많고 적응에 필요한 재정과 사회 인프라가 갖춰져 있지 않은 개발도상국들에게 집중적으로 고통이 가해질 수밖에 없다.

독일 킬 대학 해양과학 연구소의 모집 라티프 교수는 기후 변화 대응을 거대 유조선의 항로 변경에 비유했다. 모터보트라면 눈앞 장애물이 나타날 때마다 순간순간 방향을 바꿀 수 있다. 유조선은 항로를 한번 바꾸려면 앞으로 벌어질 상황에 대한 예측을 전제로 해야 한다. 지구 시스템은 반응 속도가 굉장히 느리다. 특히 기후 시스템 자체의 관성만 아니라 경제 시스템의 관성도 고려해야 한다. 고속열차가 정지하려면 몇 km 전부터 속도를 늦춰야 하듯 기후 변화에 대한 대응도 먼 미래를 내다보면서 해야 한다는 것이다(Bringen Wir das Klima aus dem Takt? 8장, Mojib Latif, 2007, 번역본 『기후 변화, 돌이킬 수 없는가』).

라티프 교수의 경고는 1912년 4월 14일 1500명의 생명이 희생된 거대 여객선 타이타닉호의 비극을 상기시킨다. 타이타닉호는 2200명의 승객과 승무원을 태우고 대서양 항로를 운항하다 빙산과 충돌해 침몰했다. 타이타닉호는 그날 아침부터 밤까지 같은 항로를 지나가는 다른 선박들로부터 6차례나 '빙산이 떠다니니 조심하라'는 경고 메시지를 수신했지만 설계 최고속도(시속 24노트/44km)에 거의 육박한 시속 22 노트로 운항했다. 뒤늦게 빙산을 발견하고 방향을 틀었지만 거대 선박의 항해 관성을 이기지 못해 빙산과 충돌하고 말았다.

라티프 교수는 "우리는 늘 불확실성 속에서 살아가고 있고 불확실한 일들이 벌어질 수 있다는 판단 아래 행동한다"고 했다. 자동차를 운전할 때는 교통사고가 발생할 작은 확률이 있고, 집 밖에 외출할 때는 널빤지 하나가 머리 위에 떨어질 수도 있는 극미의 불확실성에 대응해 조심하며 산다는 것이다. 라티프 교수가 판단하기에 인간이 기후를 변화시켰을 확률은 일상생활에서의 확률과 비교한다면 굉장히 확실한 정도의 것이다. 기후문제에 관해서만 '완벽한 확실성'을 요구한다면 그게 놀라운 일이다.

IPCC 5차 보고서 가운데 2013년 발간된 '과학근거 보고서'는 '1950년대 이후 관측된 기후 변화의 대부분은 수천 년 내 전례 없던 것이며, 인위적 온실가스 배출이 이런 온난화를 일으켰을 가능성이 극단적으로 높다(extremely possible)'고 했다. IPCC 보고서는 '극단적으로 가능성 높다'는 표현은 95% 이상 확률을 의미하는 것이라고 밝히고 있다.

기후 균형에는
티핑 포인트가 있다

시카고대 데이비드 아처 교수는 "지역 편차가 있긴 하지만 최근 수십 년간 육지와 바다 할 것 없이 지구 전역의 기온이 상승했다"면서 "인간에 의한 온실가스 배출 요인을 빼놓고는 이걸 설명할 방법이 없다"
고 했다(The long Thaw : How Humans are Changing the Next 100,000 Years of
Earth's Climate 2장, David Archer, 2009). 아처 교수는 이를 피살 시체가 있
는 방에서 용의자가 연기나는 총을 들고 있는 상태에서 체포된 것에 비
유했다. 경찰 조사 결과 그 용의자가 문제의 총을 구입한 사실까지 확
인된 거나 마찬가지라는 것이다. 그런데도 그 용의자가 범인이 아니라
고 주장하려면 왜 그 모든 일이 벌어졌는가를 설명할 수 있어야 한다.
아처 교수는 "이산화탄소 온난화론은 수십 년 간의 기온 상승을 너무
잘 설명하고 있다"고 했다. 만일 이산화탄소 온난화론이 사실이 아니라
면, 왜 이산화탄소가 기온을 끌어올리는 작용을 하지 않는지에 대해 규
명할 수 있어야 한다는 것이다.

텍사스A&M의 앤드루 데슬러 교수는 지표 기온, 위성 측정치, 해수
면 상승, 북극해 얼음 변화 등 다양한 지표들이 '인위적 온실가스 배출
에 의한 온난화'를 지지하는 쪽으로 한 방향의 경향성을 보이고 있음을
지적했다. 그밖에 식물 개화 시기, 타이거 지대 해빙 상황 등 숱한 연관
현상도 관측되고 있다. 데슬러 교수는 "모든 지표마다 에러의 가능성은
있다. 그러나 모든 에러가 (온난화가 사실이 아닌데도 온난화가 맞다고 주
장하는 쪽의) 한 방향으로 날 수는 없는 것"이라고 말했다(Introduction to
Modern Climate Change 2장, Andrew Dessler, 2012).

예일대 윌리엄 노드하우스 교수는 "기온 상승만 볼 게 아니라 그에
딸린 다른 수많은 현상들까지 종합해 판단해야 한다"고 했다. 더러는
인위적 온실가스 배출에 따른 온난화에 배치되는 현상들도 관측되지
만 전체적인 '증거의 균형(balance of evidence)'을 보라는 것이다. 노드하

우스 교수는 "범죄 수사는 목격자만 찾는 게 아니라 DNA, 지문, CCTV 같은 증거들도 수집하는 것"이라고 했다. 일부 불확실한 부분이 있더라도 후일 목숨을 건 룰렛 돌리기를 피하려면 미리 프리미엄 보험료를 지불하는 것이 합리적인 정책이라는 것이다.

펜실베이니아 주립대 마이클 만 교수는 기후 시스템에 불확실한 부분이 있는 것은 사실이지만 "우리가 미래 세대의 운명을 놓고 주사위 던지기를 할 권리는 없다"고 했다(The hockey stick and the climate wars 1장, Michael Mann, 2012). 지금의 기후 변화 문제는 우리 세대가 야기시킨 것이므로 우리가 비용을 부담해 대책을 강구해야 한다는 것이다. 지금 세대가 화석 연료를 태워 현재의 풍요를 누리고 있는데, 미래 세대는 우리 행동에 따른 결정적 피해를 감수해야 할 가능성이 높다. 그런 상황에서 과학적으로 100% 확실치 않으니 좀더 두고보자면서 방치해둘 수 있는 거냐는 것이다.

'타이프 II 에러'는
어떤 일 있어도 피해야

미국 위드너대 도널드 브라운 교수는 정책 결정 에러에는 두 가지 종류가 있다고 설명했다. '타이프 I 에러'는 사실이 아닌데도 사실인 것으로 받아들이는 오류(false positive)를 말한다. 예를 들어 환자가 병에 걸리지 않았는데도 병에 걸린 것으로 잘못 판단해 처방한다든지, 용의자가 범죄를 저지르지 않았는데도 유죄로 판결하는 경우를 말한다. 기후 변화에 적용해본다면 '인위적 온난화'가 사실이 아닌데도 사실인 것으로 받아들여 온실가스를 줄이기 위한 탄소세·배출권거래제를 시행한다든지 하는 쓸 데 없는 대책을 시행하는 경우의 오류를 '타이프 I 에러'라고 할 수 있다.

반면 '타이프 II 에러'는 사실인데도 사실이 아닌 것으로 판단하는 경우의 오류(false negative)를 의미한다. 화재가 발생해 경보가 울렸는데도 경보가 전에도 여러 차례 잘못 울렸다는 이유로 무시해버리거나, 적이 쳐들어올 가능성이 있는데도 그럴 리 없다고 안심하고 있다가 당하는 경우의 오류를 말한다.

문제는 기후 변화 경우 실험실 같은 통제된 환경에서 가설을 실험해 볼 수 없는 상황이라는 점이다. 워낙 많은 변수가 얽혀 있는데다가 원인 요소가 작용해 결과로 나타날 때까지 장기간이 걸릴 수 있다. 이 때문에 '타이프 I 에러'의 오류를 범하지 않겠다면서 명백한 수준의 과학적 확실성이 확인되기 전까지 행동을 취하지 않겠다는 정책 선택을 할 수가 있다. 온난화가 사실이 아닌데도 온난화를 막겠다고 화석 연료 에너지 가격을 올려 기업의 경영 부담을 가중시키거나, 대안 에너지를 개발하느라 아까운 정부 재정을 써버리는 것같은 불필요한 비용 부담을 피하겠다는 것이다.

반면 온난화가 사실인데도 사실이 아니라고 판단하고 대책을 소홀히 했다가 나중에 온난화가 사실로 드러났을 때 피해를 고스란히 감수해야 하는 '타이프 II 에러'의 위험도 있다. 문제는 '타이프 II 에러'의 위험이 '타이프 I 에러'의 위험과 비교할 때 워낙 크고 무겁다는 점이다.

도널드 브라운 교수는 기후 문제엔 일정 수준 불확실성이 어쩔 수 없다고 봤다. 그러나 불확실하다고 대응을 늦출 경우 나중에 닥칠 수 있는 피해는 '재앙적 수준'일 수 있다는 것이다. 그렇다면 '타이프 I 에러'의 부담을 무릅쓰고 인류 운명을 좌우할 수도 있는 '타이프 II 에러'를 피하기 위해 노력하는 것이 합리적이라는 논리이다(Climate Change Ethics- Navigating the Perfect Moral Storm 4장, Donald A. Brown, 2013).

브라운 교수는 '타이프 II 에러'의 위험을 반드시 피해야 하는 데엔 윤리적 이유도 있다고 했다. 지금까지 화석 연료를 태워 지구 온난화를 일으킨 책임은 선진국에 있고, 앞으로 생길 기후 변화 피해는 개도국에 집중될 가능성이 크다. 기술 개발과 에너지 규제 강화로 기후 변화를 막을 수 있는 능력은 선진국이 갖고 있다. 그런 선진국이 '과학적으로 불확실하니 대책 실행을 뒤로 미루겠다'는 것은, 자기들의 잘못이 앞으로 닥쳐올 재앙의 원인일 가능성이 높은데도 피해를 입게 될 개도국에게 '너희가 인과 관계'를 입증해 제시하라'고 요구하는 것이나 마찬가지라는 것이다.

브라운 교수에 따르면 일반 형법에서도 어떤 행동이 반드시 나쁜 결과를 초래할 것이 확실하지는 않더라도 타인에게 심각한 피해를 줄 가능성이 높은 경우는 처벌하게 돼 있다. 어떤 사람이 술을 마시고 운전을 하면 경찰은 음주운전으로 단속을 한다. 그가 음주운전을 했다고 꼭 사고를 낼 것이라고 확신할 수는 없다. 그러나 그 사람이 음주운전 사고를 내면 애꿎은 사람에게 피해를 주게 된다. 따라서 경찰은 음주운전이 반드시 사고로 연결된다고는 볼 수 없더라도 남에게 해를 끼칠 가능성이 있으므로 예방적 의미의 단속을 하는 것이다.

기후 변화 대책은
기후 아니라도 어차피 해야 할 일들

17세기 프랑스 수학자이자 철학자인 블레즈 파스칼(Blaise Pascal, 1623~62)은 『팡세』(Pensées · 사색록)에서 초월자인 절대자를 왜 믿어야 하느냐의 문제를 다뤘다. 그는 기독교 세계관을 옹호하고 전파하기 위해 쓴 이 단편적인 원고들의 묶음에서 신을 믿는 삶과 신을 믿지 않는 삶의 장단점을 수학의 확률 이론을 활용해 비교했다.

파스칼은 인간은 신의 존재를 놓고 도박을 벌일 수밖에 없는 상황이라고 했다. 신을 믿거나, 신을 믿지 않거나의 선택이다. 『팡세』의 한국 번역본(김형길 옮김, 서울대학교출판문화원, 2010년 전정판) 45장 '기계의 논설' 편을 보면, 파스칼은 "(신의 존재를 놓고 우리는) 내기를 하지 않으면 안됩니다. 당신은 배에 올라탄 사람처럼 이미 내기에 뛰어든 것입니다. 그러니 어느 쪽을 선택하시겠습니까?"라고 묻고 있다. 그러면서 파스칼은 신의 존재를 놓고 어느 한쪽 선택을 할 경우의 득실(得失)을 따져 보라고 했다.

만일 신이 존재한다는 쪽에 내기를 걸었다고 하자. 파스칼은 "당신이 내기에서 이기게 될 경우 당신은 모든 것을 따게 된다"고 했다. "지게 될 경우는 아무 것도 잃게 되지 않는다"는 것이다. 신을 믿기로 선택했는데 실제로는 신이 없다고 해도 "당신은 신자가 되고, 교양 있고 겸손하고 감사할 줄 아는 사람, 자선적인 사람, 신실한 친구, 참된 친구가 될 것"이라는 것이다.

신이 존재하지 않는다는 쪽에 내기를 걸었을 경우는 전혀 다르다. 믿은대로 신이 존재하지 않는다고 해서 별로 얻는 것은 없다. 반대로 신이 실제로 존재할 경우는 커다란 낭패에 처하게 된다. 따라서 신의 존재에 대한 증명이 이뤄지지 않았다고 해도 신이 있다고 전제하고 행동하는 것이 합리적이라는 것이다.

'파스칼의 내기(Pascal's Wager)'로 널리 알려진 이 얘기를 기후 변화 문제에 응용해볼 수 있다. 온난화가 사실이 아닌데도 사실일 걸로 믿고 대책을 취할 때의 '타이프 I 에러' 손실은, 온난화가 사실인데도 사실이 아니라고 여기고 방치해뒀다가 재앙적 상황에 맞닥뜨리는 '타이프 II 에러'의 손실과 비교할 때 사소한 것에 불과하다.

기후 변화 대응 노력들은 꼭 기후 변화가 아니더라도 해두면 여러모로 인간 사회에 도움이 되는 것들이다. 예를 들어 전기를 덜 잡아먹는 가전제품을 만든다든지, 스마트 그리드로 전력의 피크타임 부하를 낮춘다든지, 연비 좋은 자동차를 만드는 것 등은 그 자체로 경제적 이득을 가져다 준다. 풍력·태양광 등 대안 에너지의 비중을 대폭 높여 놓으면 에너지를 해외 수입에 의존하는 나라들은 에너지 안보적 측면에서도 큰 도움이 된다. 화석 연료를 덜 쓰면 공기도 깨끗해질 것이다. 말하자면 기후 변화를 막기 위한 정책들은 기후 변화에 대한 대응 정책이면서 향후로도 풍족한 에너지를 안정적으로 쓰면서 환경도 개선하기 위한 중요한 수단들이다.

텍사스A&M 데슬러 교수는 "기후 변화 투자는 에너지 안보, 공해방지, 화석 연료 고갈 대비를 위해서도 어차피 필요한 일"이라고 했다. 앞으로 수십 년 기후 변화를 방지하기 위한 투자를 해나가다가 만일 인간 배출 온실가스로 인한 기온 상승이 사실이 아닌 걸로 밝혀지면 그때 그만두면 되는 일이라는 것이다(Introduction to Modern Climate Change 14장, Andrew Dessler, 2012). 기후 변화는 티핑 포인트를 지나치면 다시 복원이 불가능한 불가역성(不可逆性)의 특징도 갖는다. 대처를 소홀히 하고 있다가 나중에 심각한 위협인 것으로 확인되면 감당하기 어려운 리스크가 된다.

《뉴욕타임스》 칼럼니스트 토머스 프리드먼은 "경제를 청정에너지 체제로 바꾸는 일은 올림픽 철인 3종 경기에 출전하려고 훈련하는 것에 비유할 수 있다"고 했다. 올림픽까지 훈련을 잘 견뎌낸다면 우승할 가능성이 있다. 올림픽에 참가하지 못한다 하더라도 더 건강해지고 강력해지면 몸매도 좋아지고 더 오래 살 수도 있다. 철인 3종 경기 훈련은 하나의 근육이나 기술을 연마하는 것이 아니라 전반적 능력을 개선시키는 일이다. 철인 3종 경기 훈련을 치러내면 올림픽에서 성과를 못 거두더라도 인생을 살아가면서 부딪히는 다른 경주에서의 승리 가능성을 높여준다는 것이다(Hot, Flat, and Crowded 8장, Thomas Friedman, 2008, 번역본 『뜨겁고 평평하고 붐비는 세계』).

운 나쁜 방향으로의 '불확실성' 가능성은 왜 생각 않나

데이비드 아처의 '연기 나는 총을 쥔 용의자'의 경우를 보자. 그가 범인이 아닌데도 경찰이 그를 체포하는 것은 '타이프 I 에러'를 범하는 것이다. 이 에러는 추가 보강 수사나, 검찰 기소, 법원 판결 단계에서 바로잡을 기회가 있다. 기후 변화 문제에 이를 적용해 본다면 일단 온실가스 감축을 위해 최대한 노력을 펴다가 '인위적 배출 온실가스에 의한 기온 상승'이 사실이 아닌 걸로 밝혀지면 온실가스 감축 정책을 중단해 오류를 바로잡을 수 있다는 뜻이다.

그러나 용의자가 범인인데도 경찰이 100% 확실한 증거가 없다고 풀어줬다가 용의자가 도주해버리면 오류를 바로잡을 기회 자체가 사라져버린다. 기후 변화에 대입시켜볼 때 한번 티핑 포인트를 지나 '나쁜 평형' 상태로 굴러떨어져 버렸을 때 이를 되돌릴 방법이 거의 없는 것과 마찬가지다. 더구나 그 용의자는 다른 곳에서 또 다른 범죄를 저지를 가능성도 있다.

불확실성(uncertainty)이라는 기후 변화의 속성이 꼭 인간에게 유리한 방향으로만 작용할 거라고 볼 수는 없다. 온난화 이론이 사실이 아닐 수도 있다는 불확실성이 있지만, 미래의 기후 변화 상황이 현재의 온난화 이론이 예측하는 것보다 훨씬 악성(惡性)일 수도 있다는 불확실성도 있다. 예를 들어 IPCC 보고서는 그린란드 빙하나 남극서부 빙하의 급작스런 해체 같은 상황은 염두에 두고 있지 않다. 그러나 만일 빙하 녹은 물의 '윤활유 효과'에 의해 거대 빙하가 붕괴되는 상황이 벌어지기라도 한다면 6장에서 살펴봤던 1만 2900년 전의 영거 드라이아스, 8200년 전의 8.2k 이벤트 같은 기후재앙이 닥칠 수도 있다.

하버드대 나오미 오레스케스 교수는 불확실성 문제와 관련, 과학계가 '95% 신뢰 수준'을 고집하는 것도 문제라고 지적했다. '95% 기준'을 기후 변화 문제에 적용할 경우, 20세기의 기온 상승이 인간 배출 온실가스 때문이 아니라 자연에 존재하는 내부 동력의 작용으로 우연하게 일어났을 가능성이 5%보다 낮다는 사실을 증명해야만 기후 변화론을 인정하게 된다. 온난화와 관련해 나타나는 여러 현상들은 아직 '95%

기준'을 충족치 못해 '입증되지 않은 걸'로 치부되는 경향이 있다는 것이다(The Collapse of Western Civilization 2장, 2014, 번역본 『다가올 역사, 서양 문명의 몰락』).

환경 용량 가득 찬 상태에서의
기후 변화 리스크

유라시아 대륙과 북미 대륙에 거대 빙하가 존재하던 빙기에는 빙하가 붕괴된다든지 빙하 녹은 물이 고인 거대 호수의 둑이 무너진다든지 하는 요인이 기후 급변(abrupt climate change)을 불러오곤 했다. 현재는 대륙 빙하가 녹은 상태인 간빙기라서 기후 급변 가능성이 빙기 때만큼 크지는 않다.

그러나 시카고대 데이비드 아처 교수는 현재의 기온 상승은 지구 표면이 인간에 의해 거의 개발된 상태에서 진행되고 있다는 사실을 유의해야 한다고 지적했다. 어지간한 기후 조건의 토지는 농지로 경작되고 있거나 도시 개발이 완료된 상태다. 동-식물들 서식지는 조각날 대로 조각나버렸다. 현재의 지구상 인구 70억 명은 이미 지구의 환경 용량에 벅찬 수준이다. 향후 50년이 지나면 지구 인구는 다시 90억 명으로 늘어날 것이라는 예측이다. 이 상태에서 기후 시스템의 균형 파괴가 일어날 경우 인간과 동-식물 생태계가 탄력적으로 적응할 수 있을지 의문이라는 것이다(The Climate Crisis 8장, David Archer, 2010).

70억 인구가 복닥거리고 사는 지구는 위태위태한 균형 상태에 놓여 있다고 봐야 한다. 이만한 규모 인구가 국가별 정치 체제를 구성하고, 주로 시장경제 시스템 아래서 집단별로 사회에 필요한 생산 활동을 영위하고 산다는 것은 어찌 보면 기적과 같은 일이다. 수백만 명이 몰려 사는 거대 도시들에 하루도 빠짐 없이 이들을 먹여 살릴 먹거리와 에너지가 착착 유기적으로 공급되고 있다. 수천만 명 경제활동 인구가, 어떤 사람은 공사장에서 철근을 이어붙이고, 어떤 이는 비료 공장에서 일하고, 어떤 사람은 전자제품 판매장에서 상품을 팔면서, 서로 이름도 얼굴도 모르는 사람들에게 제공되고 공급될 상품과 서비스를 만들고 운반하고 판매하면서 살아가고 있다. 현대 사회 시스템이 탄력적이고 빈틈 없이 연결돼 움직이기 때문이다.

이런 탄력성과 유기적 연결성을 다른 각도에서 본다면 충격에 굉장히 취약한 구조라고도 할 수 있다. 모종의 이유로 시멘트나 모래 생산이 중단되거나 공급이 줄어든다고 가정해보자. 전국 공사장은 혼란에 빠져버릴 것이다. 곡물 생산이 몇 년 연이어 흉년을 맞았을 경우엔 더 큰 사회 혼란을 피할 수 없다. 가뭄으로 물 공급이 여의치 않게 된 경우를 상정해봐도 마찬가지다. 중간 규모 국가에서 빚어진 경제 위기가 전 세계에 즉각 파급 효과를 확산시키는 시대다. 기후 급변으로 한 나라에서 벌어진 비상 사태는 전 세계에 연쇄 충격을 가한다.

인간 사회는 수천 년 동안 지속된 최적의 안정적 기후 조건 아래서 번영을 누려왔다. 거친 긴 풀(Long Grass) 지대에 비유할 수 있는 빙기의 덜커덕거리는 기후 급변들과는 비교할 수 없는 행운이다. 잘 깎아 다듬어 놓은 깨끗한 잔디밭에서 봄날의 따뜻한 햇볕을 받으며 피크닉을 즐기고 있는 상황이다. 중진국 이상의 국가라면 무서운 질병의 위협으로부터도 거의 벗어나 있다. 참을 수 없는 더위, 견딜 수 없는 추위 같은 것도 걱정할 필요가 없다. 기근 같은 것을 염려하며 살지 않는다. 건강에 좋다는 유기 농산물을 찾아 소비하는 세상이다. 수명은 80세 이상으로 늘어났다.

언제까지 이런 평온한 '잔디밭 시대'가 지속될 수 있을 것인가. 기후 변화의 미묘한 변동이 아슬아슬하게 유지돼온 인간 사회의 시스템 균형을 순식간에 뒤흔들어 놓는 일은 없을 것인가.

비관적 생태학자와 낙관적 경제학자의 '내기'

세상에는 두 종류 사람이 있다. 낙관하는 사람과 비관하는 사람이다. 타고난 성격이 그 사람을 비관적으로, 또는 낙관적인 성격으로 만드는 경우가 많다. 인간의 미래에 대해 숙고하는 학자가 비관적인가 낙관적인가 하는 점은 그 사람의 전공이 무엇인가와도 상당한 관련이 있는 것 같다. 단순화 시켜 보면, 경제학자는 대체로 낙관적인 편이고 생태학자는 비관적인 경향이 짙다. 경제학자와 생태학자 간 알력의 대표적 사례가 생태학자 폴 에를리히(Paul Erlich, 1932~)와 경제학자 줄리언 사이먼(Julian Simon, 1932~98) 간에 5개 광물 가격의 등락 여부를 놓고 벌어진 '1000달러 내기'였을 것이다.

두 사람은 1970년대 내내 인구 증가가 식량 · 자원의 고갈 · 부족을 야기해 재앙을 몰고 올 것인지(에를리히), 아니면 인간 특유의 창의력과 시장 시스템의 적응력이 발휘돼 인간 사회가 지속 성장을 구가할 것인지(사이먼)를 놓고 논전을 벌였다. 둘 다 자의식이 강한데다, 강한 성격이고, 선동적이고, 자극적 어휘를 구사하고, 논점을 단순화시키는 경향이 있고, 논쟁을 즐기는 학자였다. 둘은 1981년 학술지를 통한 설전 끝에 줄리언 사이먼의 제안으로 크롬 · 구리 · 니켈 · 주석 · 텅스텐의 5

개 광물 가격이 1990년까지 오를 것인가(에를리히 판단) 내릴 것인가(사이먼 판단)를 놓고 1000달러 내기를 걸었다. 결과는 폴 에를리히의 완패였다. 5개 광물은 평균 50% 정도 가격이 떨어졌다(The Bet, Paul Sabin, 2013).

사이먼은 내기의 승리로 자유시장주의의 아이콘 같은 상징적 인물이 됐다. 사이먼은 1995년에는 앨 고어에게 인간 사회의 물질적-환경적 지표들이 개선될 것인지 악화될 것인지를 놓고 내기를 제안하기도 했다. 1997년 덴마크 통계학자 비외른 롬보르는 기고만장한 사이먼의 낙관적 전망을 읽고 나서 사이먼 주장을 뭉개버리겠다고 반박 자료 수집에 나섰다가 대부분의 통계가 사이먼 주장을 뒷받침한다는 사실을 알게 됐다고 한다. 롬보르는 2001년 『회의적 환경주의자(The Skeptical Environmentalist)』라는 방대한 서적을 출간해 일약 사이먼의 뒤를 이은 낙관적 경제학자의 선두 대열에 섰다.

낙관적 경제학자와 비관적 생태학자의 내기에선 경제학자가 이겼다. 인간의 혁신 능력과 시장경제 시스템이 자원과 에너지 고갈을 극복하고 인간 사회의 지속적 번영을 가능케 해준다는 것이다. '부자가 된 뒤에 기후 변화에 적응하면 된다'고 주장하는 롬보르 교수의 논리에는, 경제는 앞으로도 꾸준히 성장할 것이고 인간은 기후 변화 위기를 어렵지 않게 극복하고 말 것이라는 낙관이 배경에 깔려 있다. 롬보르의 대표 저서 『회의적 환경주의자』의 제 1부 제 1장의 첫 제목은 '상황은 개선되고 있다'는 것이다. 그리고 본문 맨 마지막은 "아름다운 세상이 아닌가!"라는 문장으로 끝난다.

사이먼과 롬보르 식 낙관 논리의 강점은 최근 200여 년간 인간 사회의 경험과 역사가 그들 주장을 뒷받침하고 있다는 점이다. 서기 1800년 10억 명 규모이던 지구 인구는 70억 명으로 늘었다. 그랬어도 서구 사회는 과학 기술의 진보로 기근과 질병을 몰아내고 거대 생산력을 이뤄냈다. 그걸 토대로 복지 시스템을 완비했고, 생활환경 조건과 생태 상황은 점점 개선돼왔다. 경제학자들은 200년간 목격해온 '오직 진보만의 역사'가 앞으로도 계속될 걸로 보고 있는 것이다. 화석 연료로부터의 에너지 전환도 과학기술과 혁신으로 무난히 이뤄낼 것이라는 낙관이다.

지난 200년의 인류 번영 역사는 석탄·석유 등 화석 연료의 덕을 확실히 봤다. 그 200년 동안 인류는 지구 생태계가 수천만~수억 년 동안 생산해 지각 속에 저장해뒀던 탄소 에너지를 거의 무제한으로 꺼내 쓸 수 있었다. 석탄, 석유, 천연가스는 파이프를 땅에 박거나 굴을 파 채굴하기만 하면 고밀도로 쏟아져 나오는 에너지 자원이다. 석유는 100년 전엔 채굴에 소모되는 에너지 대비 생산되는 에너지의 비율(energy return on energy invested · EROEI)이 무려 100대 1에 달했다. 요즘도 그 비율이 20대 1을 유지하고 있다. 다른 에너지에선 생각할 수 없는 에너지 생산 효율이다(Power Plays- Energy Options in the Age of Peak Oil 8장, Robert Rapier, 2012). 최근 200년의 세대는 과거 선조들은 누릴 수 없었던 이런 '공짜 에너지'의 축복을 받아 오늘의 과학 문명을 세워 올렸다.

화석 에너지 시대가 앞으로 얼마나 더 지속될 것인가를 둘러싼 논의는 분분하다. 퍼듀대 스티브 핼릿(Steve Hallet) 교수는 석유를 포함한 화석 에너지 시대는 짧게 지나가고 말 것이라고 주장한다. 핼릿 교수는 석유 고갈 시기를 놓고 논쟁을 벌이는 몇십 년의 차이는 수천~수만 년의 인류 역사 관점에서 보면 별 의미가 없다고 했다. 석유 시대는 기껏해야 200~300년 존속하는 것인데, 200~300년을 놓고 '석유 시대(oil age)'로 부를 수도 없다는 것이다. 스티브 헬릿은 석유 시대라는 것은 짧게 스쳐 지나가고 마는 '막간(幕間 · petroleum interval)'에 불과하다고 했다(Life without Oil- Why We Must Shift to a New Energy Future 4장, Steve Hallett, 2011).

화석 연료의 고갈이 언제 찾아올지 하는 문제는 비전문가가 끼어들 수 있는 논쟁 분야가 아니다. 다만 석유 고갈 시기가 향후 40년이나 아니면 80년이냐 하는 논쟁이 큰 의미가 없다는 헬릿 교수의 견해에는 공감이 간다. 석유 자원의 수명이 40년이건 80년이건, 아니면 160년 이어진다 하더라도 지구 지질 역사로 볼 때 찰나에 불과한 기간이다.

석탄과 석유 다음의 대안 에너지가 등장하긴 할 것이다. 원자력일 수도 있고 태양광-풍력 같은 재생에너지일 수도 있다. 에너지 전환 과정이 연착륙이냐 경착륙이냐 차이는 있겠지만 과학자들이 새로운 에너지원을 찾아내긴 할 것이다. 그러나 화석 연료만큼 생산 단가가 싸고, 에너지 밀도가 높고, 이용이 편리한 에너지를 만들어내긴 어려울 거라는 느낌이 든다.

'온화한 기후'와 '에너지 풍족'을 누리는 현 세대의 예외적 행운

'72의 법칙'이라는 것이 있다. '72'를 연간 성장률로 나눌 때 얻어지는 숫자가 해당 경제가 2배로 커지는데 걸리는 햇수라는 뜻이다. 예를 들어 경제가 연간 7.2%로 성장한다면 10년이면 경제 규모가 2배가 된다. 경제가 10년에 2배씩 성장한다면 100년 뒤의 경제는 '2^{10}=1024배', 다시 말해 지금의 1000배 경제가 된다(Introduction to Modern Climate Change 10장, Andrew Dessler, 2012). 보다 보수적 가정으로 경제가 연간 3%씩 성장한다고 치자. 그래도 24년이면 2배 경제가 된다. 100년이면 대략 16배의 경제가 되는 것이다.

세계 전체 경제가 3%씩 꾸준히 100년 동안 성장한다는 것도 무리한 가정이다. 경제학자인 예일대 노드하우스 교수는 보다 현실적인 전제 아래 자신의 경제 모델을 돌려봤다. 2000년대에는 세계인의 1인당 GDP가 연간 2% 다소 못 미치는 수준으로, 2100년대에는 1% 약간 못 미치는 수준으로 성장한다는 가정이었다. 그랬더니 현재 1만달러 수준인 1인당 GDP가 2100년에는 5만 5000달러 수준으로, 2200년에는 13만달러 수준까지 높아졌다. 말하자면 향후 100년이면 전 세계인 평균 소득이 지금의 선진국 수준까지 가 있게 된다는 것이다. 100년 뒤 세계 경제가 그렇게만 성장할 수 있다면 어지간한 기후 변화의 리스크들은 관리가 가능할 것이다. '우선 성장해놓고 뒷일 처리는 후손들에게 맡겨두면 된다'는 주장이 통할 수 있다.

그러나 경제학자들의 이런 전제는 200~300년 짧게 지나가고 말 화석 연료 시대에나 국한해 적용될 수 있는 것은 아닌지 하는 것이다. 세계 경제가 지난 200년 지속 성장이 가능했던 것은 지구가 수억 년간 지각 아래에 농축했던 화석 연료라는 저축 자원을 공짜나 다름 없이 꺼내 쓸 수 있었기 때문이다. 그 200년의 성장 경험이 경제학자들로 하여금 '경제는 늘 성장하는 것'이라는 생각을 갖게 했다. 올해 경제보다 내년 경제가, 내년 경제보다는 내후년 경제가 더 커지는 것이 당연하다.

경제학의 기본 분석틀인 '보이지 않는 손에 의한 수요 공급의 균형'은, 수요만 있다면 공급은 얼마든지 따라갈 수 있다는 걸 전제로 한다. 줄이언 사이먼은 '자원과 에너지의 한계는 없다. 자원이 고갈되더라도 수요만 있으면 인간의 창의력이 대체품을 찾아낸다'고 주장했다. 사이먼의 저서 『궁극의 자원(The Ultimate Resource, 1981)』은 인간 자신이 인간 사회의 발전을 받쳐주는 궁극적 자원이라는 주장을 담고 있다.

그러나 지금 인류가 이룬 문명은 극히 예외적으로 안정적 상태로 유지되고 있는 기후 시스템과 거저나 다름 없이 무한정 땅 속에서 꺼내 쓰는 화석 연료의 덕분에 성취한 것은 아닐까. 예외적인 온화한 기후 조건과 일시적으로만 유지될 수 있는 에너지 풍족의 두 가지 행운(幸運)이 겹쳐 '풍요의 시대'가 찾아온 것일 수 있다. 안정된 기후와 풍족한 에너지가 없다면, 인간 창의력으로 공급은 얼마든지 가능하다는 '수요 공급 원리' 자체가 작동하지 않을 수 있다.

기후 평형은 위태위태한 상태에서 지탱되고 있는 것일지 모른다. 현재의 기온 상승은 직전 빙기에서 간빙기로의 이행 과정보다 20~30배 빠른 속도로 진행되고 있다. 기후 시스템이 '덜컹' 하면서 언제 지금의 '좋은 균형'에서 '나쁜 균형'으로 굴러 떨어질지 알 수 없다.

기후 변화가 점진적인 속도로 진행돼가는 것이라면 지속적 성장 경제가 그 충격을 흡수할 수 있을 것이다. IPCC가 5차 보고서에서 내다본 서기 2100년까지의 해수면 상승치는 최대값이 82cm다. 연간 1cm씩 상승한다는 것이다. 그 정도 수준이라면 '더욱 부자가 돼 있을' 다음 세대, 다다음 세대가 감당할 수 있을 것이다. 인구밀도가 높은 해안 도시에는 에펠탑의 네 배 철골량이 들어갔다는 네덜란드의 매슬란트 갑문

같은 폭풍해일 방지 구조물을 설치해 안전성을 높이면 된다.

그러나 1만 4000년 전 뵐링 온난기나 8200년 전의 8.2k 이벤트 때는 해수면이 한꺼번에 수m~수십m 상승했다. IPCC 모델들은 이런 비선형적(non-linear) 변화는 상정하지 않고 있다. 지질학적 증거로 확인되는 기후 폭주(暴走)의 아주 작은 형태라도 지금의 지구를 덮치는 날이면 에덴 동산의 균형이 깨지면서 세계 경제의 안정성은 붕괴되고 말 것이다. 그럴 때 수억~수십억 인구가 겪어야 할 불행과 고통은 끔찍할 것이다.

화석 연료의 매장 한계도 생각해 봐야 한다. 특히 석유가 문제가 된다. 에너지는 크게 나눠 ①전기 ②열 ③운송의 세 가지 용도로 사용된다. 이 중 운송 연료로는 석유만큼 편리한 에너지원이 없다. 석유는 액체 형태라서 저장과 운반이 쉽다는 장점을 갖는다. 여러 모양의 저장 용기에 담아 운반이 가능하다. 에너지 밀도가 높아 주유도 순식간에 가능하다.

석유는 비등점 차이에 따라 분별 증류(fractional distillation)가 이뤄진다. 분자 크기별로 깔끔하게 분리돼 휘발성, 중량 등 성질이 같은 종류끼리 분리 정제가 가능하다. 그래서 어떤 것은 스토브 난방용으로 쓰고 어떤 것은 차량 내연기관 연료로 쓸 수 있다. 그렇기 때문에 엔진 출력도 정밀하게 미세 조정이 가능한 것이다. 불균일한 탄소 덩어리인 석탄은 흉내낼 수 없는 장점이다. 그래서 석유를 '궁극의 연료'라고도 한다(炭素文明論—「元素の王者」が歷史を動かす 11장, 佐藤健太郎, 2013).

세계적으로 연간 300억 배럴의 석유가 생산되고 있다. 그 가운데 75%가 교통 수단 연료로 쓰인다. 자동차 연료로 활용될 수 있는 경합

후보로 배터리를 들 수 있다. 그러나 최고 성능 리튬 배터리라 하더라도 무게 당 에너지 저장밀도에서 휘발유의 80분의 1밖에 안 된다. 부피 당으로 따진다 해도 10분의 1 정도다. 배터리 성능의 개선이 이뤄지겠지만 에너지 밀도, 재충전 편의성, 한번의 에너지 공급으로 갈 수 있는 주행 거리 측면에서 석유만한 편의성을 이루긴 어려울 것이다. 게다가 비행기는 배터리로는 움직이기 힘들다.

석유는 차량 연료말고도 플라스틱 제조, 화학물질 원료 등 수많은 용도로 쓰인다. 우리 주변에 석유가 들어가지 않은 물건을 찾아보기 힘들 정도다. 인류가 대체 물질을 확보하지 못한 상태에서 석유가 피크오일의 단계를 맞게 된다면 끔찍한 혼란이 올 것이다. 피크오일은 대공황의 시작이 될 것이다(Life without Oil 8장, Steve Hallett, 2011). 어떤 의미에선 기후 변화보다 석유 고갈이 더 시급한 문제일 수 있다. 세계 각국이 에너지 확보를 위해 경쟁하는 시대는 도덕과 윤리, 절제와 매너 따위는 통용되지 않는 '육탄전의 시대'가 될 것이다.

온화한 기후와 풍족한 에너지의 두 가지 행운이 언제까지나 유지된다고 보는 것은 비현실적이다. 그런 비현실적 가정을 전제로 하는 경제학의 낙관주의에 미래를 맡길 수는 없다. 경제학 예측을 믿기 어려운데 대해 기후학자인 시카고대 데이비드 아처 교수는 '경제학 관점은 근시안적(myopic)이어서 먼 미래 일을 고려할 수 없기 때문'이라고 했다(The Long Thaw: How Humans are Changing the Next 100,000 Years of Earth's Climate 프롤로그 · 에필로그, David Archer, 2009).

불과 한두 세기의 화석 연료 시대 때문에 수만 년 뒤 후손까지 영향받게 된다는 것을 경제학적 관점에선 다룰 수 없다는 것이다. 경제학의 시간 관점은 수십 년 수준에서 벗어나기 어렵고 그래서 IPCC의 미래 예측 모델도 '2100년까지'라는 틀 안에 머무르고 있다. 경제학의 근시안은 미래에 닥쳐올 수 있는 한계를 감안하기 힘들기 때문에 정책이 단기 이익을 추구하고 공유 자원을 과잉 개발하게 만든다는 것이다.

다음번 빙기 도래 막는 도구로 석탄 재고를 남겨두자는 주장

화석 연료 소비를 절제해야 하는 이유는 위에서 든 기후 변화와 에너지 고갈의 두 가지 외에 또 다른 이유도 있을 수 있다. 화석 연료가 아주 먼 미래에 빙기(氷期)의 도래를 막을 수 있는 유효한 수단이 될 수 있다는 것이다.

인간 집단으로선 빙기 만한 생태 지옥도 없을 것이다. 북반구 중위도 이북의 대륙을 두께 2~3km의 빙하가 뒤덮은 광경을 상상해보면 알 수 있다. 수은주가 영하 30도, 40도 이하로 떨어지는 지금의 시베리아처럼 가혹한 기후 조건에선 인간의 도시 문명이 가능하지 않다. 휘몰아치는 먼지로 눈 앞도 잘 보이지 않는 상황일 수 있다. 풍요로운 녹색의 숲은 열대 지대에서나 겨우 유지되고 있을 것이다. 안정적인 식량 공급도 불가능할 수밖에 없다. 얼마 남지 않은 인간 집단들 사이엔 상대방이 가진 것을 빼앗기 위한 피범벅 싸움이 벌어질지 모른다. 빙기의 그런 지옥에 비하면 지금 우리가 걱정하고 있는 온난화 시대는 낙원이다.

인류는 280만 년 전부터 계속돼온 빙하기 속에서 살고 있다. 빙기와 간빙기의 교대는 태양 주변을 도는 지구 궤도 사이클에 지배된다. 지구 궤도 움직임은 인간으로선 어쩔 수 없이 주어진 조건이다. 5만 년이 될지, 10만 년이 될지 모르지만 지구 궤도 사이클로만 보면 빙기는 오게 돼 있다. 그 빙기의 도래를 피하는 것이 가능하기만 하다면 무슨 수를 써서라도 피하는 것이 최선이다. 그런 관점에서 지하에 매장된 석탄을 '빙기 도래 대처용'으로 손대지 말고 보관하고 있자는 주장들이 있다.

고기후 학자이면서 과학저술가인 커트 스테이저가 그런 주장을 펴는 대표적인 사람이다. 그는 "석탄을 지하에 그대로 내버려둬 5만 년 뒤 후손들이 빙기 도래를 막기 위해 잘 통제된 방식으로(in a responsibly controlled manner) 그걸 태우는 것까지 생각해야 한다"고 주장했다(Deep Future-The Next 100,000 Years of Life on Earth 에필로그, Curt Stager, 2011). 그런 빙기 임박 시기에 가면 이산화탄소는 대기를 오염시키는 존재가 아니라 빙기 도래를 막아주는 보험 같은 존재가 돼 있을 수도 있다는 것이다. 그는 화석 연료를 다 소모해버리는 행위는 미래 세대의 선택 가능성을 봉쇄하는 일이라고 했다. 다만 그는 "이런 문제를 과학적이고 냉철하게 봐야 하지만 너무 먼 미래의 일이라 우리가 진지하게 생각하기는 힘들다"고 인정했다.

영국의 과학 픽션 작가 아서 클라크(Arthur C. Clarke)도 "지구 석탄 매장량은 지구를 보수 유지하는 엔지니어의 연장통에 들어 있는 잠재적인 연장과 같다. 지구는 앞으로 몇천 년이면 새로운 빙기로 들어설지 모른다. 이때는 석탄이 인류를 지켜주는 강력한 도구가 될 수 있다"고 했다(The Weather Makers 366쪽에서 재인용, Tim Flannery, 2005년, 번역본 『기후 창조자』).

화석 연료는 절제 없이 계속 꺼내 쓴다면 기후 급변의 위기를 몰고 올 수 있다. 반면 먼 미래 후손들에겐 화석 연료가 빙하기 지옥의 도래를 막아줄 수 있는 구원의 에너지가 될 수 있다. 기후 변화는 기준 시점(時點)을 어디로 잡을지, 보는 각도를 어디로 바꿀지에 따라 그 양상이 변화무쌍하게 달라진다. 기후 변화는 단순하게 접근하면 중요한 실체를 놓쳐버리는 '고약한 난제(wicked problem)'이다.

온난화가 '작대기 싸움'이라면 빙하기는 '핵 전쟁'

기후 변화를 막기 위한 대책은 2000년대를 사는 우리 세대의 이익을 위한 조치가 아니다. 2100년대나 2200년대에 닥쳐올 재앙을 막아보자는 것이다. 현 세대의 절제를 통해 미래 세대의 이익을 확보하자는 것인만큼 기후 변화 대책은 본질적으로 이타적(利他的) 동기를 갖고 있다.

더 나아가 5만 년 뒤, 또는 10만 년 뒤의 후손들이 빙하에 파묻히는 걸 피할 수 있도록 화석 연료를 손대지 말고 지각 아래에 그대로 보관해두자는 제안까지 나왔다. 이것이 얼마나 현실감 있는 생각일까.

현대 민주주의 국가에선 해결해야 할 절박한 과제들이 숱하게 많다. 그것들을 임기 4년, 5년의 정부들이 맡아 처리하고 있다. 그런 정부에 5만 년 뒤의 일을 미리 내다보고 그때의 후손들 고통을 덜어주기 위한 현 세대의 양보 조치를 강구하라고 할 때 누가 팔을 걷어붙이고 나설 수 있는 것인가. 인간의 시간 관념으로 보거나, 정치 시스템의 한계로 보거나 수천 년, 수만 년 뒤 미래의 일을 진지하게 고민한다는 것은 쉬운 일이 아닐 것 같다.

지구 기후를 움직이는 동력에는 크게 세 가지가 있다. 첫째는 지각의 움직임이다. 지구는 아직 내부 열이 살아 있는 행성이다. 식어버린 달과는 다르다. 그래서 끊임없는 판 구조 운동이 전개되고 있다. 남미 대륙과 남극 대륙이 떨어지기도 하고, 떨어져 있던 남미와 북미 대륙이 붙기도 했다. 아프리카와 남극 대륙에 붙어 있던 인도 대륙판이 떨어져 나온 뒤 북진해 유라시아 대륙과 충돌했다. 그 과정에서 바다 해류가 바뀌고 화산 분출 강도와 빈도가 바뀌었다. 수천만~수억 년 시간 단위에서 벌어지는 이런 지각판의 움직임이 지구 표면을 빙하로 뒤덮이게도, 남극 대륙에 야자나무가 자라게도 만든다.

　　지구 기후를 움직이는 두 번째 힘은 지구의 궤도 변화다. 2만 1700년, 4만 1000년, 10만 년을 주기로 변화하는 세 개의 궤도 사이클이 지구의 대륙 빙하를 만들었다 녹였다 해왔다. 빙기-간빙기가 교대해 찾아오는 이 변화는 지난 280만 년 동안 지구 표면 환경을 바꿔왔다. 그 빙하기 280만 년도 지구 전체의 지질 역사 46억 년에 비교하면 0.06%에 불과한 시간일 뿐이다. 지구는 나머지 99.94%의 기간 동안에도 격렬한 지질과 생태와 기후의 변화를 겪어왔다. 그러면서 다양한 생물종들이 등장했다가는 사라지고 하면서 현재의 인간 시대로까지 이어져왔다.

　　기후 변화를 일으키는 세 번째 힘은 인간의 온실가스 배출이다. 인간에 의한 기후 간섭이 본격화된 것은 200년 전 산업혁명이 시작되면서부터다. 그 200년을 수만 년의 시간 규모에서 진행되는 빙기와 간빙기의 교체와 비교해보면 정말 미미한 변화에 불과할 수 있다. 수천만 년 단위의 지각판 움직임과 견준다면 찰나에 이뤄지는 변화이다. 온실가스 배출로 인한 기후 변화는 그 규모와 강도에 있어서도 판구조 운동이나 지구 궤도 변화와 비교하면 커다란 파도 표면에 나타나는 작은 물결일 수 있다.

지각판 움직임과 궤도 변화라는 두 자연의 힘은 무자비하고 무지막지한 것이다. 인간 존재 따위는 염두에도 두지 않는다(Global Warming: Alarmists, Skeptics, and Deniers 3장, Dedrick Robinson, 2012). 커트 스테이저는 "온난화와 빙하기의 재앙 규모는 작대기 싸움과 핵폭탄 전쟁을 비교하는 것과 같다"고 했다. 이런 관점에서 보면 몇도의 기온 상승을 막기 위해 아등바등한다는 것이 무슨 의미가 있는 것인지 하는 생각마저 든다.

기후 변화 대응 허망하게 만드는 지질학적 거대 사건들

지질학은 수천만 년, 또는 수억 년, 수십억 년 시간대의 변화까지 다루는 학문이다. 지질학자들은 온난화와 기후 변화에 대해 냉소적인 경향이 있다. 지질학자 커스텐 피터스는 "우리가 기후 변화를 적으로 삼아 그걸 막겠다고 덤벼들면 언제나 지고 말 것"이라고 했다(The Whole Story of Climate 1장, Kirsten Peters, 2012). 기후는 온화하고 안정적이라는 생각부터 틀렸다는 것이다. 지구 기후는 수십억 년의 지질 역사 기간 동안 격변을 거듭해왔고 앞으로도 덜컹거리는 변화를 겪을 수밖에 없다는 것이다. 피터스는 "우리가 언제 (간빙기의) 에덴 동산에서 내쳐질지 알 수 없는데 이산화탄소를 줄이겠다고 소란을 벌이는 게 무슨 대단한 의미가 있겠느냐는 문제가 있다"고 했다.

윤리학자로 지구공학 문제를 다룬 클리브 해밀턴은 "지질학 관점에서 들여다보면 인간 시대는 일시적이고 결국 사라지고 말 것이라는 느낌을 갖게 된다"고 했다. 그런 관점에 서기 쉬운 지질학자들은 일종의 고운명주의(paleo-fatalism)에 빠져 기후학자들의 온난화 경고에 무관심하거나 적대적인 경향이 있다는 것이다(Earthmasters-The Dawn of the Age of Climate Engineering 8장, Clive Hamilton, 2013).

지질학적 시간과 인간의 시간은 완전히 다른 수준에서 작동한다. 그랜드캐년의 깊은 계곡은 한 방울씩 떨어지는 빗물의 미세한 힘이 수백만 년 누적적으로 가해져 파인 것이다. 해변의 무수한 모래 알갱이는 수십억 년 내리쬔 태양의 힘으로 만들어졌다. 태양이 바다에서 수증기를 끌어내 산악 지대에 비를 뿌렸고, 비를 맞은 암석이 조금씩 부숴지면서 개울을 타고 운반돼 마침내 바닷가에 모래 알갱이로 쌓였다. 그 모래 더미를 만드는 데 쓰인 태양 에너지는 얼마나 막대한 것인가(The Weather Makers-The History and Future Impact of Climate Change 8장, Tim Flannery, 2005, 번역본 『기후 창조자』). 인간은 이런 지질학적 시간 차원에서 벌어지는 움직임을 머리로 이해할 수 있을진 몰라도 가슴으로 느낄 수는 없다.

지질학적 시간 단위에서 벌어지는 기후 급변들은 인간의 기후 변화 대책을 허망하게 만들기도 한다. 6500만 년 전 직경 10km짜리 소행성이 멕시코 유카탄 반도 부근에 충돌하면서 지구엔 파멸적 기후재앙이 덮쳐왔다. 그때 1억 5000만 년 이상 지구 표면을 지배하던 공룡이 멸종했다. 직경 10km 이상 소행성이나 혜성이 지구에 충돌하는 일은 5000만~1억 년의 빈도로 벌어진다고 한다.

1991년 필리핀 피나투보 화산의 분출로 지구 평균 기온이 2년 가까이 0.3~0.5도 정도 냉각됐다. 1815년 인도네시아의 탐보라 화산 폭발은 지구 반대편 유럽까지 냉각시켜 '여름 없는 해'로 기록되게 만들었다. 탐보라 화산 폭발은 피나투보 화산 폭발의 5~10배 위력이었다. 7만 4000년 전 인도네시아의 토바 화산 폭발은 탐보라 화산 폭발의 30배 이상 규모였다. 당시 기온이 1800년 이상 5도 정도 냉각됐다고 한다. 인간은 거의 멸종 수준으로 몰릴 정도까지 인구 규모가 줄었다는 것이 DNA 분석에서 나타난다고 한다.

이런 자연 재앙들은 인간의 힘으론 막을 수도, 예측할 수도 없는 일들이다. 그런 자연의 거대 급변이 언제 찾아올지 모르는데 온실가스를 내뿜지 말자고 하는 말이 무슨 의미가 있냐고 할 수가 있다.

그러나 인간에겐 인간의 시간이 있고, 인간이 인식하는 범위에서 느끼는 공간의 한계가 있다. 은하계엔 1000억 개의 별이 있고, 그런 은하계가 또 몇천억 개 있다고 한다. 인간이 하나의 종(種)으로서 유지돼온 20만 년은 지구 역사 46억 년의 2만분의 1도 안 되는 기간이다. 그렇게 보면 인간의 존재는 티끌이다. 그렇다고 인간 세계와 지구에서의 삶이 의미 없다고 하는 사람은 거의 없다. 사람이 길게 살아야 100년 살 수 있을 뿐이지만, 사람 인생이 덧없기만 한 것은 아닐 것이다. 인간에게는 인간의 공간과 시간이 있고, 그 한계 내에서 인간들은 고통과 아픔을 겪으면서 보람과 행복을 추구하며 산다. 인생에 끝이 있어서 더 절박하고 치열하게 사는 것일 수 있다.

'미래에의 책임'이란
윤리 차원의 결정을 해야

영국 런던의 과학박물관엔 '미래 길게 보는 시계(Clock of the Long Now)'

가 설치돼 있다. '1만 년 시계(10,000-year Clock)'라고도 불리는 장치다. 그 시계는 1년에 한 번 '연침(年針)'이 재깍 하고 움직이고, 100년에 한 번 '세기침(世紀針)'이 한 클릭을 간다. 그리고 1000년이 지나면 뻐꾸기가 튀어나와 '뻐꾹'하고 울고 들어가게 설계돼 있다. 이 시계는 수십 년 단위의 단기 시야에 매몰되지 말고 수천 년, 수만 년 뒤의 미래까지 살펴볼 수 있는 긴 시야를 갖자는 운동을 펴는 '롱 나우 재단(Long Now Foundation)'에서 설치한 시계다.

인간 사회는 과학기술의 숨막히는 발전, 시시각각의 수요-공급 밸러스가 지배하는 시장 경제, 4~5년 임기 단위로 의사결정자들의 책임을 묻는 선거 사이클에 파묻혀 지나가고 있다. 그런 수일, 수년짜리 짧은 안목에서 벗어나 먼 미래에의 책임성까지 갖자는 것이 롱 나우 재단 주장이다. 적어도 100년 단위의 세기(世紀)를 단위로 해서 미래를 내다보자는 것이다.

지구 기후 시스템이 의외로 불안정할 수 있다는 사실들이 지질학적 연구를 통해 확인됐다. 그런데다가 지구엔 지구 생태계가 감당하기 어려울 만큼 많은 인구로 가득차 있다. 그 많은 인구의 소비 수준은 인류 과거 문명 시절의 수십 배, 수백 배에 달한다. 작은 기후 급변이 파괴적 혼란을 몰고올 수 있다.

문제는 그런 변화가 먼 미래에 벌어질 수 있는 일이라는 점이다. 지금 세대의 선택이 수백 년, 수천 년 뒤 후손 세대의 운명에 큰 영향을 미칠 수 있다. 이런 전례 없는 도전 앞에서 인간사회가 고민하고 있는 것이 지금의 기후 변화 이슈이다.

현대를 사는 인간 집단은 지구 역사상 최초로 어쩌면 수만 년 미래까지의 기후를 좌지우지할 수 있는 영향력을 가진 존재가 됐다. 지질학계와 기후학계에선 최근의 산업문명이 등장한 이후 시대를 농업이 시작된 1만 1500년 전부터의 충적세(Holocene)와 구분해 인류세(Anthropocene)로 부르자는 주장이 대두돼 있다. 고등생물 등장 후 수억 년에 걸친 기후의 요동을 생각할 때 지금의 지구 기후와 환경이 가장 이상적인 것인가 하는 것은 장담할 수 없다. 그러나 최근 1만 년의 안정적이고 온화한 기후 환경 속에서 첨단의 인간 문명이 태어났다는 것만은 부인할 수 없다. 지금의 기후 조건이 인간과 생물권에 최선(最善)일지는 알 수 없어도, 최적(最適)에 상당히 가까이 가 있는 상태라고는 말할 수 있을 것이다.

거대 지구의 입장에서 보면 인간이 초래하는 생태 균형의 파괴나 인간 집단이 지구 표면에 만들고 있는 생채기 같은 것은 관심거리가 아닐지 모른다. 그러나 지금은 인간이라는 한 종(種)이 지구 생태계에서 강력한 지배력을 갖고 있다. 지구 역사상 처음으로 하나의 생물종이 지구 기후를 흔들어 놓을 수 있는 힘까지 갖게 되었다. 그리고 자신들에게 그런 힘과 영향력이 있다는 사실을 자각하고 있다.

그렇다면 지금의 미묘하고 위태위태한 기후와 생태 균형을 가급적 뒤흔들지 않게끔 노력하는 책임이 인간에게 있는 것은 아닐까. 현 세대 인간 집단의 무절제가 자칫 수천 년, 또는 수만 년간 미래 세대의 지구 기후에 영향을 끼칠 수 있다. 잘못하면 기후 시스템 자체가 무너져 '나쁜 균형'을 향해 굴러떨어질 수도 있다. 그럴 경우 후손 세대들은 수백 년에 불과한 방만한 화석 연료 시대를 살았던 선조 세대를 원망하게 될 것이다.

먼 미래 세대에의 책임감을 분별하는 것은 윤리적 접근이 아니면 불가능한 일이다. 자신들이 선택하지 않은 운명을 선조들로부터 물려받게 될 후손들을 배려하자는 것이다. 적어도 기후 안정성을 유지할 수 있다는 확신이 서기까지는 일단 화석 연료의 낭비적 소비에 브레이크를 걸 필요가 있다. 그러면서 화석 연료를 대체할 대안(代案) 에너지를 찾아내야 할 것이다. 우리 세대의 절제로 온난화도 늦추면서 화석 연료 재고(在庫)를 5만, 10만 년 뒤 후손들이 빙기 도래 억제용으로 사용할 수 있게 남겨줄 수 있다면, 후손 세대는 그런 결정을 내린 세대를 분별력 있고 이타심 깊은 존재로 기억해줄 것이다.

책 원고를 봄에 넘기고 가을에 출간하게 되었다. 그 사이 겪은 여름이 보통 여름이 아니었다. '폭염 지옥'이라는 말이 나왔을 정도였다. 8월 한 달 내리 밤잠을 설쳤다. 방에서 자다 도저히 견디지 못해 거실로 나와 자는 일이 반복됐다. 에어컨을 틀어야 견딜 수 있었기 때문에 전기료 폭탄을 맞은 가정이 속출했다. 가정용 전기요금 누진제 불만도 폭발했다.

그전까지는 1994년 여름 폭염이 제일 심했다. 김일성이 사망했던 그해 여름 더위를 기억하는 사람이 많다. 2016년 여름은 1994년에 못지않았다. 더 혹독했던 것 같다. 낮 최고 기온이 33도 이상인 날을 폭염(暴炎)으로 친다. 8월 23일까지 2016년 여름 폭염 일수는 24일이었다. 1994년의 29일에 육박했다. 오후 6시부터 다음날 오전 9시까지의 최저기온이 25도 이상이면 열대야로 잡는다. 열대야 일수도 1994년 여름엔 36일이었는데, 2016년엔 8월 23일까지 33일이었다.

여름 햇빛이 뜨거우면 대기 중 오존 농도가 높아진다. 오존은 질소산화물과 탄화수소 등 대기오염 물질이 햇볕과 광화학반응을 일으켜 생겨난다. 오존경보 제도가 처음 도입된 것은 1995년이다. 그 후 2015년까지 연평균 오존주의보 발령 횟수가 69회였다. 그런데 2016년엔 8월 25일 현재 이미 234회 발령됐다. 8월 하순까지 폭염으로 폐사한 닭, 오리, 돼지 등 가축이 400만 마리나 된다는 통계도 있었다.

2016년의 수은주 상승은 세계적 현상이었다. 미국항공우주국 (NASA) 산하 갓다드 우주연구소(GISS)는 2016년 7월 세계 평균 기온이 1951~1980년 30년 평균보다 섭씨 0.84도 높았다고 8월 15일 발표했다. GISS 개빈 슈미트(Gavin Schmidt) 소장은 "기온 관측이 시작된 이래 2016년 7월 기온이 월평균 기온으로 압도적 최고를 기록했다"고 말했다. 체계적인 기온 관측이 시작된 것은 1880년부터다. 1880년 1월부터 2016년 7월까지 136년 7개월의 기간 중 2016년 7월 기온이 최고였다는 것이다.

뿐만 아니다. 9월 12일 발표된 2016년 8월 기온 역시 역대 어느 해보다 압도적으로 높았다. 2016년의 1월부터 8월까지 8개월은 모두 월 단위 평균 기온으로 따져 1880년 이래 137년 가운데 최고 기온을 기록했다. 이건 NASA 홈페이지에 수록된 〈그림 1〉 그래프를 보면 알 수 있다. 그래프는 1880년 이래 연도별로 매달 세계 평균 기온을 표시한 것이다. 2016년 1~7월 매달 평균 기온은 그 어떤 해 평균치보다 압도적으로 높은 걸 알 수 있다. 7개월 연속 역대 월별 최고 기온을 기록했다.[*]

그런데 2016년의 급격한 기온 상승은 혹 정상 기후 시스템에서도 나타날 수 있는 '변칙적 일탈'에 불과한 것은 아닐까? 한두 해 기온이 변

---

[*] 한 가지 의문이 생긴다. 지구에 내리쬐는 태양빛 세기는 지구궤도 변화 요인을 감안하지 않을 경우 일정하다. 북반구의 여름은 남반구의 겨울이고, 북반구의 겨울은 남반구의 여름이 된다. 따라서 1년 열두 달 내내 지구 전역의 평균 기온은 대체로 일정해야 할 것 같다. 그런데 그래프에서는 왜 7월이 높고 1월이 낮은가 하는 것이다. 이건 육지가 주로 북반구에 위치하기 때문이다. 육지는 태양빛을 받을 경우 바다보다 손쉽게 데워진다. 따라서 북반구가 여름철인 7월이 지구 전체 기온도 가장 높은 것이다. 겨울철에는 육지가 바다보다 빨리 식어 더 차가워진다. 따라서 북반구가 겨울인 1월의 지구 평균 기온이 가장 낮다.

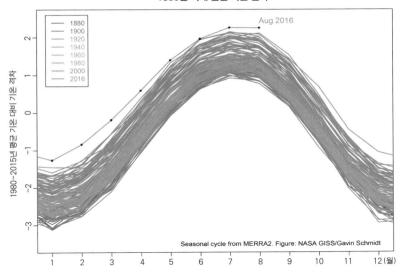

그림 1   1880년 이후 매달 지구 평균 기온을 표시한 그래프. 1980~2015년 평균 기온값에 대비한 기온 격차를 나타냈다. 선 하나하나가 특정 연도의 1월부터 12월까지 기온을 나타낸다. 2016년 9월 12일 NASA 사이트(http://data.giss.nasa.gov/gistemp/news/20160816)에서 인용했다.

칙적으로 움직이는 것은 인위적 온난화가 없는 자연 상태에서도 어쩌다 생길 수 있지 않느냐는 점이다. 그 가능성을 배제할 수는 없다. 이미 20년 이상 전인 1994년의 한반도 여름 기온은 2016년 수준으로 더웠다. 그렇다면 2016년 여름 폭염을 반드시 지구 온난화 탓으로 여길 수 있겠느냐는 말이 나올 수 있다.

주목할 점은 한 해 전인 2015년 역시 '기온 관측 사상 최고'를 기록했던 해였다는 사실이다. GISS가 1880년 이래 매달 지구 평균 기온을 일목요연하게 정리한 표(http://data.giss.nasa.gov/gistemp/tabledata_v3/GLB. Ts.txt)를 보면, 2015년의 열두 달 평균 기온은 1951~80년 평균 기온보다 섭씨 0.98도 높았다. 지구 평균 기온을 계산하기 시작한 첫해인 1880년보다는 1.51도 높았다. 그런데 2016년 경우 2015년을 훌쩍 뛰어넘는 기온 상승치를 기록했다. 1~7월 일곱 달 평균 기온으로 따져 1880년에 비해 1.86도나 높았다.

GISS 자료를 보면 1880년 이래 2015년까지 136년 가운데 기온이 높았던 순서대로 랭킹 10위까지를 나열하면 2015년(1951~80년 30년 평균값 대비 플러스 0.98도) → 2010년(0.92도) → 2014년(0.88도) → 2005년(0.87도) → 2007년(0.85도) →1998년(0.83도) → 2013년(0.82도) →2002년(0.79도) → 2011년(0.78도) → 2009년(0.78도)의 순이었다. 1998년을 빼고는 모두 2000년대 들어선 다음이다.

1998년 기온이 상당히 높았던 이유는 강한 엘니뇨의 영향을 받았기 때문이다. 2015년, 2016년 역시 강력한 엘니뇨가 찾아왔던 해이다. 따라서 2015~16년의 기온 급상승은 지구 온난화 요인에다 엘니뇨 요인이 겹쳤기 때문으로 봐야 할 것이다. 엘니뇨 요인이 떨어져나갈 경우 기온 추세가 어떻게 바뀔지는 두고 봐야 한다. 2015~16년의 엘니뇨는 2016년 6월에 끝났다. 그런데도 2016년 7월의 지구 평균 기온은 역대 최고치를 갱신했다.

펜실베이니아 주립대 리처드 앨리 교수가 『지구 사용 설명서(Earth-The Operators' Manual, 2011)』라는 책에서 '밧줄론'을 폈다. 그린란드 빙하를 방문하고 미국으로 돌아가는 비행기 안에서 옆 좌석의 어느 상원의원 보좌관이 앨리 교수에게 물었다. "당신의 지구 온난화론을 지탱하는 단 하나의 가장 중요한 근거를 꼽으라면 무엇을 들겠는가?" 앨리 교수는 좀 머뭇거리다가 이렇게 되물었다고 한다. "밧줄을 구성하고 있는 많은 가닥 가운데 가장 중요한 가닥을 골라내라면 뭐라고 대답해야 합니까?" 밧줄 가닥 가운데 어느 한 가닥이 밧줄을 구성하는 것은 아니라는 것이다. 밧줄은 수많은 가닥이 꼬여 비로소 강력하고 단단한 밧줄이 되는 것이다(Earth-The Operators' Manual 6장, 2011).

기후 변화 이론은 과거 세대로부터 현재에 이르기까지 수많은 과학자들의 지식, 지혜, 경험, 연구에 바탕을 둔 것이다. 이 책에 등장하는 많은 과학자들 연구가 바로 기후 변화 이론을 구성하는 하나하나의 가닥들이다. 그 수많은 가닥들이 과학계 검증을 거쳐 기후 변화 이론이라는 밧줄을 이뤘다고 할 수 있다. 하나의 아이디어가 발표되면 그것은 다른 많은 가닥들과 꼬여 밧줄을 보강하게 된다. 각각의 논문은 많은 동료 학자들의 검증을 거친다. 그중 한두 개의 가닥을 칼로 잘라낸다고 밧줄 전체가 끊겨 나가지는 않는다.

우리는 자동차를 몰고 고속도로나 시내 도로를 운전하면서 자동차 시스템의 안전성을 의심하지 않는다. 혹시 브레이크를 밟았는데 제동이 안 되는 건 아닐까, 핸들을 오른쪽으로 틀었는데 바퀴는 왼쪽으로 돌아가는 건 아닐까 전전긍긍하며 운전하지는 않는다. 자동차는 100년 넘는 역사를 거쳐오면서 수많은 엔지니어와 과학자들에 의해 개선되어왔고, 무수한 사람들이 자동차를 몰면서 성능을 검증해왔다. 자동차가 움직이는 건 헨리 포드나 엘론 머스크 같은 한두 사람의 천재성의 산물이 아니다. 수천, 수만 명 뛰어난 전문가 집단의 축적된 지식이 구현된 것이 자동차이며, 소비자들은 그런 전문가 집단의 지혜를 신뢰하고 자동차를 운전한다. 그들 연구집단 개인 개인은 오랜 기간 도제식 전문 트레이닝을 거쳐 훈련된 사람들이다.

이 책에서 정리했던 기후 변화 이론도 200년 가까운 기간 동안 많은 과학자들의 연구가 축적된 결과다. 여러 반론이 제시됐고, 여전히 남아 있는 의문들이 있지만 전체적으로 지구에서 벌어지는 현상을 그럴 듯하게 설명하고 있다. 기후 변화 이론을 부정하려면 무수한 밧줄 가운데 어느 한두 가닥을 잘라서 되는 것이 아니라 가닥의 상당 부분을 끊어내야 한다. 그런 일이 생겨날 거라고 보긴 힘들다. '증거의 균형(balance of evidence)'을 종합적 관점에서 봐야 한다는 뜻이다.

밧줄 가닥 가운데 특별히 중요한 가닥도 있을 것이다. 예를 들면 실험실에서 적외선을 이산화탄소, 오존, 수증기 등의 온실가스에 투과시킬 때 각각의 온실가스가 적외선 특정 파장을 흡수시키는 걸 확인할 수 있다고 한다. 온실가스 분자들은 저마다 고유 진동을 갖고 있다. 그 진동들은 적외선의 특정 파장과 만날 때 공명을 일으켜 적외선 에너지를 흡수한다. 따라서 이산화탄소가 흡수하는 파장, 오존이 흡수하는 파장, 수증기가 흡수하는 특징적 파장이 각기 따로 있는 것이다. 그런데 지구 대기권 바깥을 도는 위성에서 지구로부터 나오는 적외선의 파장을 분석해보면 바로 각각의 온실가스가 흡수해내는 바로 그 파장들이 상당 부분 사라지거나 약해져 있다는 것을 알 수 있다고 한다. 온실가스들이 지구 표면으로부터 우주로 방사돼 나가는 적외선을 가로막고 있다는 사실이 적외선 파장 분석으로 증명되는 것이다. 실험실에서 확인된 물리 법칙이 위성 관측을 통해서도 정확하게 검증되는 것이다(Climate Change: A Multidisciplinary Approach 2장, William J. Burroughs, 2007).

궁금한 것은 이산화탄소의 온난화 능력이 얼마나 큰 것이기에 지구 기후를 바꿔놓을 수 있느냐는 것이다. 이산화탄소는 대기에서의 비중이 0.04%밖에 안 된다. 산업혁명 이후 증가한 것은 0.012% 정도다. 이 정도만 갖고도 지구 기후를 거의 1도 정도 끌어올렸다. 이산화탄소의 이런 온난화 능력을 알기 쉽게 표현할 방법이 없겠느냐는 것이다.

이걸 설명해줄 수 있는 적절한 논문이 하나 있다. 기후 변화 전문가인 조지프 롬 박사의 블로그(Climate Progress: https://thinkprogress.org/tagged/climate)에 실린 2009년 11월 11일자 글(Why solar energy trumps coal power: Exclusive new Caldeira analysis explains "the burning of organic carbon warms the Earth about 100,000 times more from climate effects than it does through the release of chemical energy in combustion.")에서 인용한 논문이다. 카네기과학연구소의 켄 칼데이라 박사가 '화석 연료에 의한 온난화(Warming from fossil fuels)'라는 제목으로 쓴 논문인데, 2002년 과학저널에 제출했던 것을 축약했다고 되어 있다.

롬 박사 블로그 글은 이런 뜻이다. 석유 스토브를 켜면 스토브에서 열이 나온다. 그 열은 석유가 연소되면서 나오는 화학 에너지이다. 그런데 석유 스토브는 열 에너지를 주위에 내뿜는 동시에 석유를 태우면서 이산화탄소도 배출한다. 그 이산화탄소는 대기 중으로 퍼져나가 오랜 기간 머물면서 지구로부터 방사되는 적외선을 붙잡아 대기를 덥히는 온난화 작용을 한다. 이 두 가지 에너지 작용(연소열의 화학 에너지와 이산화탄소의 온난화 에너지)의 크기를 비교해보면 온난화 에너지가 연소 에너지의 10만 배는 된다는 것이다.

너무 놀라운 내용이어서 칼데이라 박사의 원 논문을 읽어봤다. 불과 5쪽짜리 논문이다. 복잡한 수학공식이 나오고 전문적인 내용이어서 완전한 해독은 불가능했다. 그러나 전체적인 의미는 분명했다. 이산화탄소 수명까지 감안해서 화석 연료 연소로 배출된 이산화탄소의 복사강제력(지구를 덥히는 온난화 능력, time integrated radiative forcing)을 계산하면 몰(mol)당 450억 줄(J)이라는 것이다. 반면 유기탄소, 즉 화석 연료를 태울 때 나오는 직접적인 열 에너지(direct warming from the burning)는 배출된 이산화탄소 몰당 기준으로 48만 줄이라고 한다. 온난화 작용이 연소 에너지의 10만 배 크기라는 것이다.

칼데이라 박사 설명에 따르면 산업혁명 전 280ppm이었던 대기 중 CO_2 농도는 2002년 현재 373.1ppm까지 올라갔다. 이산화탄소 농도가 두 배가 될 때 지구에 가해지는 온난화 에너지(복사강제력)는 지구 표면 m^2당 3.7W라는 것이 2001년 나온 IPCC 3차 보고서의 견해였다. CO_2의 복사강제력은 로그함수 그래프를 그린다. 이것을 감안할 때 산업혁명 전 280ppm에서 2002년 373.1ppm으로 증가한 CO_2의 온난화 능력 추가분은 지구 표면 m^2당 1.53W라고 칼데이라 박사는 계산했다. 내리쬐는 태양이 지구를 덥히는 힘은 전 지구 표면으로 환산할 때 m^2당 340W이다. 인위적으로 배출돼 추가된 CO_2의 온난화 능력은 태양 세기의 대략 200분의 1 정도인 셈이다.

한편 인간이 태워 소비하는 화석 연료는 인간에 도움이 되는 작용 (난방, 운송, 조명 등)을 마치고 나면 결국 폐열로 환경 속에 분산된다. 우리가 자동차를 몰 때 소비하는 휘발유의 에너지는 최종적으로는 폐열로 바뀐다. 이산화탄소가 하는 것처럼 대기를 덥히는 작용을 한다. 그런데 칼데이라 박사에 따르면 인류가 소비하는 모든 에너지(2002년 41경1500조Btu)를 전 지구 표면에 365일, 24시간 내리쬐는 에너지 파워로 환산할 경우 그 값은 m^2당 0.027W이다. 인위적으로 배출된 CO_2의 온난화 능력(m^2당 1.53W)이 인류가 소비하는 에너지가 갖는 직접 열 작용 (0.027W)의 57배가 된다는 계산이다.

여기에다가 이산화탄소 수명은 수백 년, 수천 년 갈 수 있다는 걸 감안해야 한다. 반면 석탄을 태울 때 나오는 열은 석탄이 다 타면 사라진다. 이런 '수명 요인'까지 계산할 경우 화석 연료의 'CO_2 온난화 효과'가 직접 연소열의 10만 배가 된다는 것이다. 칼데이라 박사는 논문 결론 부분에서 "우리가 화석 연료를 태우면 그 화석 연료가 지구를 덥히는 전체 작용력 가운데 연료 연소로부터 직접 나오는 열의 비중은 불과 0.001%밖에 안 된다. 나머지 99.999%는 배출된 이산화탄소가 지구로부터 방출되는 적외선을 붙잡아두는 과정에서 발생하게 된다"고 요약했다. 조지프 롬 박사는 블로그에서 칼데이라 논문을 소개하면서 "(달리 말하면) 전기 헤어드라이어를 쓰는 행위로 인해 배출된 이산화탄소의 온난화 작용은 두 대의 보잉747기가 전 속력으로 이륙할 때 방출하는 에너지 크기와 비교할 만하다"고 표현했다.

'10만 배'라는 수치는 수백~수천 년까지 갈 수 있는 CO_2의 수명 기간 동안의 온난화 작용을 모두 합한 것이다. 따라서 좀 비현실적으로 느껴지는 수치일 수 있다. 좀 더 감각적으로 느낌이 와닿는 것은 '57배'라는 수치다. 2002년 한 해 동안 인류가 태운 화석 연료의 직접 열 배출량을 '1'로 가정해보자. 산업혁명 후 축적된 대기 중 CO_2 증가분(120ppm)이 2002년 한 해 동안 지구를 추가로 덥힌 온난화 작용은 '57' 만큼이라고 이해하면 된다. 우리는 매년 소비하는 화석 연료보다 57배 강력한 난로를 켜놓고 사는 셈이다. 2002년 57배였으므로, CO_2 농도가 400ppm을 돌파한 2016년은 60배 이상 도달해 있을 것이다.

우리는 그런 무서운 이산화탄소를 무지막지하게 대기 중에 쏟아붓고 있다. 한국인이 1년에 배출하는 CO_2는 12톤 정도다. 이건 성인 평균 몸무게(60kg)의 200배나 된다. 사람 수명을 80년으로 잡으면 한국인은 평생 몸무게의 1만 6000배에 달하는 이산화탄소를 배출하는 셈이다.

그 이산화탄소가 얼마나 엄청난 온난화 작용으로 지구를 쓸데없이 덥히고 있는지를 생각해봐야 한다. 그런데도 'CO$_2$ 온난화 효과'가 갖고 있는 복잡하고, 교묘하고, 모순적이고, 짓궂은, 그리고 위키드한 성질 때문에 사람들은 그 심각성을 제대로 못 느끼면서 살아가고 있다.

온난화는 처음엔 그 효과를 뚜렷하게 느끼기 힘들다는 특징이 있다. 진행 초기엔 부정적 효과와 긍정적 효과가 혼재돼 나타날 것이다. 그러나 시간이 흐르면서 차츰 부정적 효과가 긍정 효과를 압도하는 추세를 보일 것이다. 어느 순간엔가 갑작스레 기후 균형이 무너지는 '임계점'에 도달할 수 있다. 그 임계점이 언제 닥쳐올지 미리 알 수 없다는 것이 문제다. 느닷없이 푹 하고 '나쁜 균형'으로 굴러떨어질 때 인간 집단이 겪게 될 혼란이 어느 정도일지 상상만 할 수 있을 뿐이다. 더구나 지금은 지구에 너무 많은 사람이 살고 있다. 기후 변화에 따라 거주지를 옮겨다니는 식의 적응(adaptation) 방식으로 대응하기엔 지구가 너무 비좁아졌다.

물론 불확실 요소가 있다. 기후 변화 이론이 파산을 맞는 일이 절대 없을 거라고 100% 장담할 수는 없다. 상온 핵융합 같은 꿈의 에너지 신기술이 어느 순간 우리 앞에 '짠~' 하고 나타날 수도 있다. 그러나 생각하기 힘든 상황의 반전을 기대하면서 인간 운명을 거기에 맡기는 것은 어리석은 일이다. 중요한 것은 어떤 일이 벌어지더라도 대처가 가능한 '안전한 루트'의 선택이다.

기후 변화를 감당할 만한 수준으로 통제하는 데 드는 비용이 GDP의 1%라고도 하고, 2%라고도 한다. 세계 경제는 연 2% 정도씩은 성장해 왔다. 1%는 6개월치 성장분이며 2%면 1년분이다. 6개월, 또는 1년만큼 성장이 지체된다고 어마어마한 문제가 생기는 건 아닐 것이다. 그런 성장 지체를 감수해가다가 만일 기후 변화 이론이 사실과 다르다거나 또는 어떤 은탄환 에너지 기술이 등장한다면 그때부터 다시 종전 오던 길로 달려가면 된다. 얼마든지 중간 교정(mid course correction)이 가능한 문제다.

화석 연료는 온난화를 일으키는 '고약한 물질(wicked material)'이기도 하지만 고갈되고 나면 다시 축적되기 힘든 귀중한 자원이기도 하다. 광합성으로 생성되는 식물 몸체 속 탄소량은 연간 1000억 톤 정도라고 한다. 그 대부분은 얼마 가지 않아 미생물에 의해 분해된다. 지하에 묻히는 양은 연 5000만 톤에 불과하다. 우리가 연소시키는 화석 연료의 100분의 1도 안 된다. 게다가 그것들 대부분은 묻힌 다음에도 분해돼 지각 밖으로 새어나가거나 침식돼버린다. 자원으로 쓰기엔 너무 분산돼 묻혀 있기도 하다. 우리가 쓰는 화석 연료는 지난 5억 년간 지각 속에 보관된 것이다. 채굴 가능한 광맥이 형성돼 경제적으로 활용 가능한 양을 대략 5조 톤 정도로 잡는다. 5억 년 동안 5조 톤이 만들어졌다는 것은 생성-축적 스피드가 연 1만 톤밖에 안 된다는 뜻이다(Earth-The Operators' Manual 4장, 2011). 그런 자원을 우리는 축적 속도의 100만 배인 연간 거의 100억 톤씩 꺼내 쓰고 있다.

기후 변화론은 온실효과 개념을 최초로 제시한 프랑스 수학자 장 밥티스트 푸리에 이후 거의 200년의 이론 진화 과정을 거쳤다. 과학자들 견해가 대체적인 합의를 이뤘던 1980년대 말부터 따지면 30년 가까운 세월이 흘렀다. 그런데도 기후 변화에 대처하는 세계인의 일사불란한 행동은 요원한 상태다. 거대 과학 이론 가운데 기후 변화론만큼 대중

설득에 실패하고 제도적 대응을 이끌어내는 데도 거의 성과를 거두지 못한 경우도 드물 것이다. 인간 시야가 수천~수만 년 뒤 까마득한 미래는 물론, 수십~수백 년 뒤 닥쳐올 가까운 미래에 대한 책임감을 느끼기에도 너무 짧고 좁기 때문이다.

· Ralph B. **Alexander**, 2009: Global Warming False Alarm- The Bad Science behind the United Nations' Assertion that Man-made CO_2 Causes Global Warming

· Richard B. **Alley**, 2011: Earth-The Operators' Manual

· Harold **Ambler**, 2011: Don't Sell your Coat- Surprising Truth about Climate Change

· David **Archer**, 2009: The Long Thaw-How humans are changing the next 100,000 years of earth's climate

_____, 2010: The Climate Crisis-An Introductory Guide to Climate Change

_____, 2010: The Global Carbon Cycle

· Christopher **Booker**, 2009: The Real Global Warming Disaster

· Daniel B. **Botkin**, 2010: Powering the Future- A Scientist's Guide to Energy Independence

· Donald A. **Brown**, 2013: Climate Change Ethics- Navigating the Perfect Moral Storm

· Robert **Bryce**, 2010: Power Hungry- The Myth of "Green" Energy and the Real Fuels of the Future

· William J. **Burroughs**, 2007: Climate Change: A Multidisciplinary Approach

_____, 2005: Climate Change in Prehistory – The End of the Reign of Chaos

· Robert **Carter**, 2010: Climate: the Counter Consensus- A Paleoclimatologist Speaks

· Jered **Diamond**, 1997: Guns, Germs, and Steel, 번역본『총, 균, 쇠』

· Andrew **Dessler**, 2012: Introduction to Modern Climate Change

· Tim **Flannery**, 2005: The Weather Makers- The History and Future Impact of Climate Change, 번역본『기후 창조자』

· Thomas **Friedman**, 2008: Hot, Flat, and Crowded, 번역본『뜨겁고 평평하고 붐비는 세계』

· Andrey **Ganopolski et al**. , 2016: Critical Insolation-CO_2 relation for diagnosing past and future Glacial Inception, In *Nature 529*

· Stephen **Gardiner**, 2011: A Perfect Moral Storm-the ethical tragedy of climate change

· Christian **Gerondeau**, 2010: Climate: the Great Delusion- A Study of the Climatic and Political Unrealities

· Anthony **Giddens**, 2009: The Politics of Climate Change, 번역본『기후 변화의 정치학』

· Steve **Goreham**, 2010: Climatism!- Science, Common Sense, and the 21st Century's Hottest Topic

· Steve **Hallett** & John Wright, 2011: Life without Oil- Why We Must Shift to a New Energy Future

· Clive **Hamilton**, 2013: Earthmasters-The Dawn of the Age of Climate Engineering

· James **Hanson**, 2010: Storms of my Grandchildren: The Truth about coming Catastrophe and Our Last Chance to save Humanity

· Paul G. **Harris**, 2010: World Ethics and Climate Change- From International to Global Justice

· John **Houghton**, 2004: Global Warming: the complete briefing, 번역본『지구 온난화』

· Mike **Hulme**, 2009: Why We Disagree About Climate Change

· John **Imbrie** et al., 1979: Ice Ages : Solving the Mystery, 번역본『빙하기 그 비밀을 푼다』

· **IPCC**, 2013: Climate Change 2013: The Physical Science Basis

· _____, 2014: Synthesis Report 2014

· Dale **Jamieson**, 2014: Reason in a Dark Time- why the struggle against climate change failed and what it means for our future

· Mojib **Latif**, 2007: Bringen Wir das Klima aus dem Takt?, 번역본『기후 변화, 돌이킬 수 없는가』

· Nigel **Lawson**, 2008: An Appeal to Reason-A Cool Look at Global Warming

· Steven D. **Levitt** & Stephen J. Dubner, 2009: Super Freakonomics, 번역본『슈퍼 괴짜경제학』

· Bjørn **Lomborg**, 2007: Cool It-The Skeptical Environmentalist's guide to Global Warming, 번역본『쿨잇』

· _____, 2001: The Skeptical Environmentalist- measuring the Real State of the World, 번역본『회의적 환경주의자』

· Doug **Macdougall**, 2005: Frozen Earth- The Once and Future Story of Ice Ages, 번역본『우리는 지금 빙하기에 살고 있다』

· David JC **Mackay**, 2009: Sustainable Energy without the Hot Air

· Michael E. **Mann**, 2012: The Hockey Stick and the Climate Wars

· Patrick **Michaels**, 2009: Climate of Extremes: Global Warming Science They Don't Want You to Know

· George **Monbiot**, 2007: Heat- how to stop the planet from burning

· Richard A. **Muller**, 2012: Energy for Future Presidents- The Science behind the Headlines

  _____, 2008: Physics for Future Presidents, 번역본『대통령을 위한 물리학』

· Ted **Nordhaus** & Michael Shellenberger, 2007: Break Through; why we can't leave saving the planet to environmentalists

· William **Nordhaus**, 2013: The Climate Casino- Risk, Uncertainty, and Economics for a Warming World

· Naomi **Oreskes**, 2014: The Collapse of Western Civilization, 번역본『다가올 역사, 서양 문명의 몰락』

  _____, 2010: Merchants of Doubt- How a Handful of Scientists Obscured the Truth on Issues from Tobacco Smoke to Global Warming

· Fred **Pearce**, 2007: With Speed and Violence, 번역본『데드라인에 선 지구』

· Daniel D. **Perlmutter** & Robert L. Rothstein, 2011: The Challenge of Climate Change: Which Way Now?

· E. Kirsten **Peters**, 2012: The Whole Story of Climate- What Science Reveals about the Nature of Endless Change

· Roger **Pielke**, JR., 2010: The Climate Fix : what scientists and politicians won't tell you about global warming

· Ian **Plimer**, 2009: Heaven and Earth- global warming the missing science

· Robert **Rapier**, 2012: Power Plays- Energy Options in the Age of Peak Oil

· G. Dedrick **Robinson**, 2012: Global Warming: Alarmists, Skeptics, and Deniers-A Geoscientist Looks at the Science of Climate Change

· Joseph **Romm**, 2007: Hell and High Water- The Global Warming Solution

· William F. **Ruddiman**, 2014: Earth Transformed

  _____, 2008: Earth's Climate: Past and Future

  _____, 2005: Plows, Plagues, and Petroleum- how humans took control of climate

_____, 2008: Climatic Changes at Geologic Time Scale: An Overview, In *Gussow-Nuna Geoscience Conference*

_____, 2005: The Early Anthropogenic Hypothesis A Year Later, In *Climatic Change 69*: 427-434

_____, 2005 March: How Did Humans First Alter Global Climate, In *Scientific American*

_____, 2003: The Anthropogenic Greenhouse Era Began Thousands of Years Ago, In *Climatic Change 61*: 261-293

· Paul **Sabin**, 2013: The Bet- Paul Erlich, Julian Simon, and Our Gamble over Earth's Future

· Stephen **Schneider**, 2009: Science as a Contact Sport- Inside the Battle to Save Earth's Climate

_____, 1997: Laboratory Earth, 번역본『실험실 지구』

· Tony **Seba**, 2014: Clean Disruption of Energy and Transportation: How Silicon Valley Will Make Oil, Nuclear, Natural Gas, Coal, Electric Utilities and Conventional Cars Obsolete by 2030, 번역본『에너지 혁명 2030』

· Fred **Singer**, 2009: Unstoppable Global Warming: Every 1500 Years, 번역본『지구 온난화에 속지 마라』

· Peter **Singer** et al., 2002: One World- The Ethics of Globalization, 번역본『세계화의 윤리』

· Vaclav **Smil**, 2003: Energy at the Crossroads- Global Perspectives and Uncertainties, 번역본『새로운 지구를 위한 에너지 디자인』

· Jens **Soentgen** et al., 2009: CO_2 Lebenselixir und Klimakiller, 번역본『이산화탄소-지질권과 생물권의 중재자』

· Roy W. **Spencer**, 2010: The Grate Global Warming Blunder- How Mother Nature Fooled the World's Top Climate Scientists

_____, 2009: Climate Confusion- How Global Warming Hysteria Leads to Bad Science, Pandering Politicians and Misguided Policies that Hurt the Poor

· Per Espen **Stoknes**, 2015: What We Think About When We Try not to Think About Global Warming

· David G. **Victor**, 2011: Global Warming Gridlock- Creating More Effective Strategies for Protecting the Planet

· Tyler **Volk**, 2008: CO_2 rising- The World's Greatest Environmental Challenge

· Spencer R. **Weart**, 2003: The Discovery of Global Warming, 번역본『지구 온난화를 둘러 싼 대논쟁』

· Daniel **Yergin**, 2011: The Quest - Energy, Sequrity, and the Remaking of the Modern World

· 大河内直彦, 2008: チエンジング・ブルー；気候変動の謎に迫る, 번역본『얼음의 나이; 자연의 온도계에서 찾아낸 기후 변화의 메커니즘』

· 伊藤公紀, 2003：地球温暖化ー埋まってきたジグゾーパズル

· 江守正多, 2008：地球温暖化の予測は正しいのか？ー不確かな未来に科学が挑む

· 佐藤健太郎. 2013. 炭素文明論ー「元素の王者」が歴史を動かす

· 勾紅洋, 2010: 低碳陰謀, 번역본『저탄소의 음모』

· 김경렬, 2015: 판구조론- 아름다운 지구를 보는 새로운 눈

위키드
프라블럼

1판 1쇄 찍음 2016년 9월 20일
1판 1쇄 펴냄 2016년 9월 23일

지은이 한삼희

주간 김현숙 | **편집** 변효현, 김주희
디자인 이현정, 전미혜
영업 백국현, 도진호 | **관리** 김옥연

펴낸곳 궁리출판 | **펴낸이** 이갑수

등록 1999년 3월 29일 제300-2004-162호
주소 10881 경기도 파주시 회동길 325-12
전화 031-955-9818 | **팩스** 031-955-9848
홈페이지 www.kungree.com
전자우편 kungree@kungree.com
페이스북 /kungreepress | **트위터** @kungreepress

ⓒ 궁리, 2016.

ISBN 978-89-5820-411-4 93400

값 28,000원

이 책은 삼성언론재단의 저술 지원을 받아 출간되었습니다.